嵌入式C语言串口通信及应用实例教程

张辉 著

化学工业出版社
·北京·

内容简介

本书从初学者的角度，在介绍C语言串口通信基本知识和控件的基础上，结合典型测控应用实例，详细说明了串口通信参数设置、TTL协议、USB转串口、设备控制块、串口配置、串口操作与监测等具体细节与关键技术。书中介绍的温度自动采集、水位监测、热敏打印机等应用，可以直接用于指导读者的实际工作。此外，书中配套视频讲解，提供各环节的操作界面、源代码，方便读者直观地学习、掌握。

本书不仅可以为专业人员提供指导和帮助，而且能指导非专业人员快速入门，掌握C语言串口通信编程的精髓。

图书在版编目（CIP）数据

嵌入式C语言串口通信及应用实例教程 / 张辉著. 北京 : 化学工业出版社，2026. 2. -- ISBN 978-7-122-49317-0

Ⅰ. TP312.8

中国国家版本馆CIP数据核字第2025U8X413号

责任编辑：刘丽宏　　文字编辑：赵子杰　李亚楠
责任校对：李雨函　　装帧设计：刘丽华

出版发行：化学工业出版社
（北京市东城区青年湖南街13号　邮政编码100011）
印　　装：高教社（天津）印务有限公司
787mm×1092mm　1/16　印张22　字数544千字
2026年3月北京第1版第1次印刷

购书咨询：010-64518888　　售后服务：010-64518899
网　　址：http://www.cip.com.cn
凡购买本书，如有缺损质量问题，本社销售中心负责调换。

定　　价：138.00元

前言

串口通信是万物互联互通所需要的一种高性价比网络通信技术，在数字传感器、模 / 数转换等领域发挥着重要作用。

➢ **串口通信有什么重要性?**

串口以其低成本、高灵活性等优点被广泛应用于交通、银行、医疗、物流、餐饮、零售、冶金和化工等各个生产与生活领域，普遍存在于移动终端、便携仪器、智能仪表和微型打印机等设备中。随着人形机器人、嵌入式脑机接口、电子皮肤、柔性传感器等新型技术的发展，串口以其微小化优势在数据传输、语言翻译、影像展示、视频放映等方面将作为重要的通信桥梁，芯片内通信和芯片外互联将变得更加通用与普遍，促使串口通信在安全、效率、稳定性等方面不断提升与完善。

➢ **为什么采用 C 语言?**

2011 年，我完成了《Visual Basic 串口通信及编程实例》一书，重点围绕 MSComm 控件进行参数设置，实现串口通信; 2018 年，完成《嵌入式 MCGS 串口通信快速入门及编程实例》一书，基于国产自主研发 MCGS 组态软件，采用万能通信指令对 TTL、RS-232 和 RS-485 电平接口进行串口通信，快速完成界面设计与硬件驱动; 2025 年，完成《MCGS 串口通信从入门到精通实例教程》，将通信过程渗透到各个案例中。上述作品的共同点是依托组态软件和微软的通信控件，在灵活性、高效性方面仍有不足，不适合专业软件的开发，而 C 语言恰恰具有这方面的优势。采用 C 语言开发程序难度较大，采用 C 语言开发基于 Windows 的可视化界面程序难度更大，尤其是以案例展示时，必须具备显示界面、采集曲线、数据存储等功能，不仅涉及串口通信，还要增加可视化控件操作、多线程、AVL 二叉树等内容，极大增加了开发难度与强度。基于以上原因，我经过 20 余年的实践验证和案例筛选，将技术要点分解为若干小节，各章节间环环相扣、层层递进，降低了学习难度，引导读者由浅入深地学习和掌握串口通信的精髓。特奉献此技术盛宴，以飨读者!

➢ **本书讲述了哪些内容?**

本书从应用角度出发，设计为十章，分三个层次。第一层次为初级基础层，包括第 1 章到第 5 章；第二层为中级过渡层，包括第 6 章到第 8 章；第三层为高级应用层，包括第 9 章和第 10 章。

（1）初级基础层

第 1 章主要介绍 USB 转串口连接器驱动程序安装过程，基于 Windows API 的设备控制块、串口配置函数、串口操作函数和串口监测函数，针对每类函数设计了对应的控制台程序和 Win32 程序。第 2 章采用逐个串口遍历、注册表遍历和 GUID 遍历三种方式智能遍历计算机存在的可用串口，并设计相应的 Win32 程序展示遍历时间和效果。第 3 章讲述循环冗余校验码的计算过程，通过 Win32 程序计算不确定长度字节的校验码。第 4 章编制 Win32 程序展示所有 Windows API 串口函数的功能，读取和设置串口参数。第 5 章以微型打印机为例，阐述如何编制通信指令，如何控制打印机输出，完成初级基础层阶段技能训练和实例检验。

（2）中级过渡层

第 6 章重点讲述 AVL 自平衡二叉树排序算法，为后续绘图章节提供技术支持，主要包括向二叉树中插入、删除数据以及插入和删除数据后二叉树的再平衡，获取 AVL 树的最大值和最小值。第 7 章以时间为 X 轴，以随机产生的模拟数据为 Y 轴实时绘制曲线。第 8 章采用双缓冲内存技术存储随机产生数据，并交替存储内存数据到文件。

（3）高级应用层

第 9 章以 LD7014 数据采集模块为例，实时采集热电偶温度并以动态变化范围的曲线显示在 UI 界面，数据实时追加存储到文本文件。第 10 章以水位监测与控制系统为例，通过通信线程、显示线程、控制线程，实现数据实时采集、水位自动识别与控制、时钟事件触发等功能。

➢ **本书的特色是什么？**

本书的特色在于以 C 程序源代码为主角，文字和图表为配角，辅以讲解视频，模块化讲解应用技能，因此，每章节针对各个知识点专门定制设计了不同的 C 程序源代码，希望读者在阅读和调试 C 程序源代码的过程中全方位、深层次、多视角理解程序的逻辑架构、算法设计、内存管理、线程调度、数据通信和界面设计。

本书得到北京科技大学教材建设经费资助，得到北京科技大学教务处的全程支持。张四宗老师完成了全书校核。

由于著者水平有限，书中难免有不足之处，敬请批评指正。

著 者

目录

第1章 串口通信 001

第2章 串口自动识别 030

第3章 循环冗余校验 050

第4章 串口通信Win32程序 067

第5章 RS-232打印机 101

第6章 数据排序与极值 153

第7章 模拟画图 182

第8章 文件操作 221

第9章 温度自动采集 251

第10章 水位监测与控制系统 286

二维码视频教学目录

名称 页码

第1章 串口通信

知识点思维导图

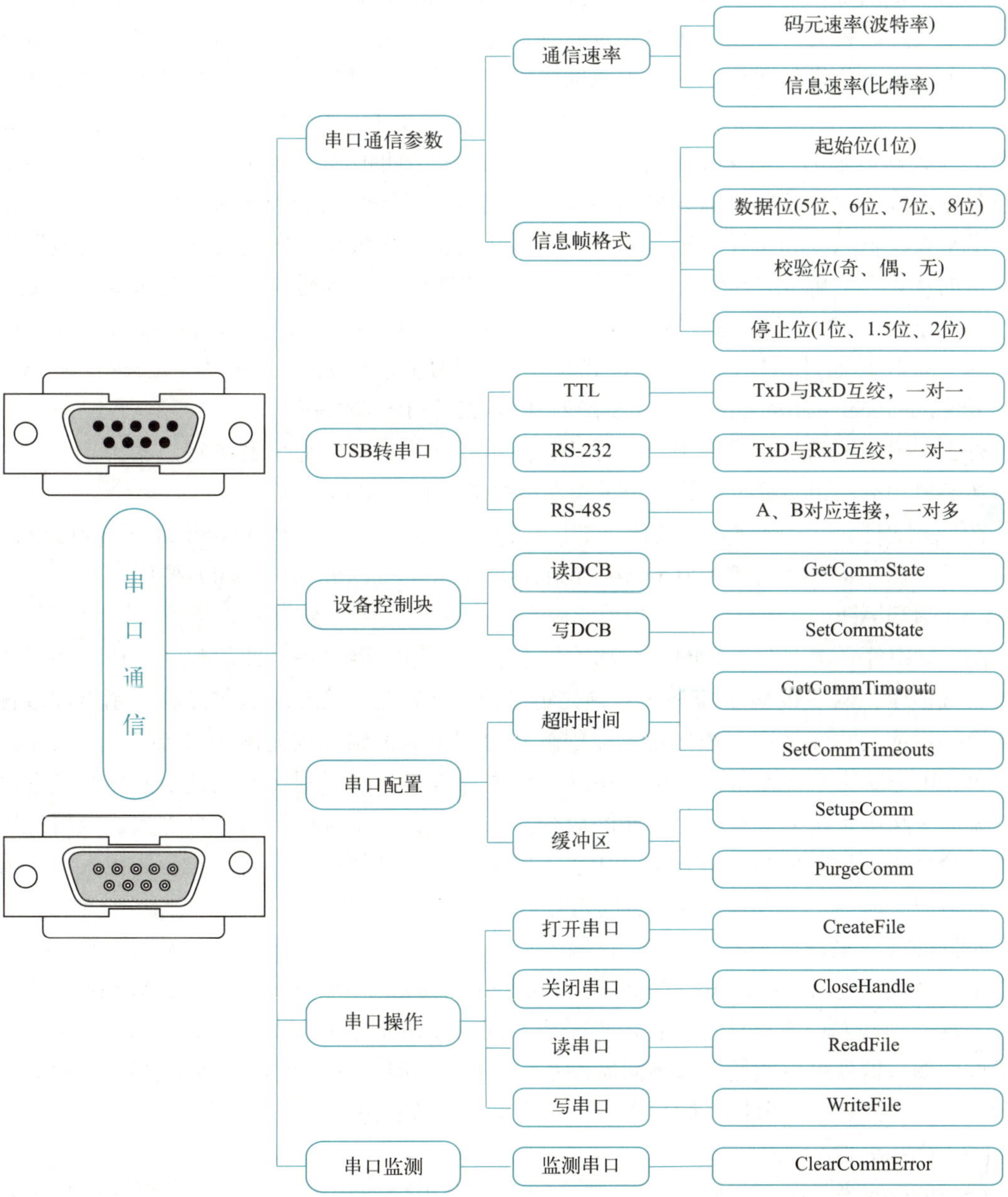

中央处理单元（central processing unit，CPU）与外部设备之间的连接与数据交换需要接口电路来实现，这些接口电路统称为输入/输出（input/output，I/O）接口。串口是I/O接口的一种，它是采用RS-232、RS-422或RS-485等标准协议进行串行通信的接口，因此被称为“串行通信接口”，又称为COM接口，在计算机的“设备管理器”中用端口“COM”表示。“串行通信接口”很容易理解为采用串行通信的接口，这种解释不全面，应该是采用异步串行通信的接口，那什么是串行通信呢？

串行通信是指在一条信号线上将数据一个比特一个比特地逐位进行传输，包括同步通信与异步通信。同步与异步是指约束数据传输的两种时钟方式，同步表示有时钟约束，异步表示没有时钟约束。同步通信是在约定的通信速率下，发送端与接收端的时钟信号频率和相位在收发过程中始终保持一致（同步），程序通过识别同步信号实现数据的发送与接收。例如，I^2C（inter-integrated circuit）和SPI（serial peripheral interface）是两种常见的同步通信。I^2C使用两根线，一根为时钟线，传输同步时钟信号，另一根为数据线，传输收发数据，数据在数据线上一位一位进行传输，但必须借助时钟线上的同步时钟信号，同步时钟信号如同齐步行进时的“一二一”口令，数据在同一时刻只能沿一个方向传输，因此，I^2C是在一根数据线上进行数据传输的一对多半双工同步通信；SPI包括四根线，分别是时钟线、主设备输出从设备输入线、主设备输入从设备输出线和片选线，时钟线用于同步时钟信号，数据在主设备输出从设备输入线和主设备输入从设备输出线两根数据线上同时进行传输，片选线用于选择通信的从设备，因此，SPI是一对多全双工同步通信。异步通信仅要求发送端与接收端采用相同的通信速率，对发送端与接收端的时钟信号没有约束（异步），因此，没有时钟线，发送端与接收端通过识别起始位与停止位实现数据的发送与接收，例如，UART（universal asynchronous receiver/transmitter）、RS-232、RS-422和RS-485等。

综上，串口通信是指采用串口进行的异步串行通信。串行通信概念宽，相当于全集，而串口通信概念窄，相当于全集的一个子集，串行通信包括串口通信。

在应用程序中，操作串口的方法主要包括三种：串口API（application programming interface）、CSerialPort类和MSComm（Microsoft communications control）控件。

（1）串口API

API是硬件（声卡驱动、网卡驱动、显卡驱动和通信接口等）或软件（操作系统、图形系统、数据库、网络和Web服务等）预先定义的一些常量、变量、数据结构、函数和过程等的集合，供应用程序访问，操作者无需理解其内部工作机制，也无需访问源码。以操作系统为例，API是操作系统预留给应用程序的一个调用接口，应用程序通过调用操作系统提供的API函数使操作系统去执行应用程序的命令，如果将操作系统理解为一个主人，应用程序相当于一个仆人，所有的执行过程必须由主人完成，仆人想做什么，只能先告知主人，主人再去执行对应的命令，主人为仆人准备的这些告知约定就是API。

不同的操作系统有不同的API，仅限各自的操作系统使用，例如，Windows的API不能用于Linux系统，同理，Linux的API不能用于Windows系统。由于大部分API由C或C++开发，这两种开发语言可以跨平台，只需要不同的编译器即可实现，因此，相同的源代码采用不同的编译器便可生成适用于不同操作系统的API。串口API就是访问串口的一系列函数，例如，打开串口、关闭串口、读写串口、监测串口通信状态等。

（2）CSerialPort类

CSerialPort类是基于C/C++语言开发的跨平台串口通信库，它通过不同平台的API跨平台对串口进行操作（打开、关闭、读写和监测等），旨在简化串口通信过程，使代码在不同平台间具有良好移植性。在 Windows 系统中，CSerialPort 类通过 API 函数 CreateFile 访问串口；在类 Unix 系统（如 Macintosh 或 Linux）中，则依赖于 open 访问串口，这种设计使得 CSerialPort 类能够在 Windows、Macintosh 和 Linux 等不同平台上运行，为开发者提供统一的 API，相当于在一个 CSerialPort 类中包含了不同平台的 API，无论在哪种平台都能实现串口通信。

（3）MSComm控件

ActiveX 控件是工作在 Windows、Macintosh 和 Linux 等软件平台应用程序或网页上，可重复使用的一个组件或自包含软件包。MSComm 控件是 Microsoft 公司开发的基于 MFC（Microsoft foundation class）进行串口通信的 ActiveX 控件，其使用范围仅限定为 Windows 操作系统，无法应用于 Macintosh、Linux 等平台。MFC 是微软采用 C++ 类封装 Windows 的 API 形成的类库，提供了大量 Windows 句柄（画刷、画笔和字体等）封装类、内建控件（文本框、按钮和组合框等）封装类和组件（日历、串口和视图等）封装类，并且包含一个应用程序框架，减少应用程序开发人员的工作量，使用方便，但难以理解。

综上所述，MSComm 控件和 CserialPort 类简单易学、使用方便，但封装严密、难以理解、约束明显，而串口 API 底层透明、架构清晰、操作灵活、平台多样。按学习难度排序，由难到易依次为串口 API、CserialPort 类和 MSComm 控件；按使用难度排序，由易到难依次为 MSComm 控件、CserialPort 类和串口 API。API 是操作系统提供的底层函数和过程，直接调用这些 API 需要开发者对底层细节有深入的理解，所以，学习基于 Windows API 的串口通信函数及编程方法，有利于全面牢固地掌握串口通信技能，对上层 CserialPort 类和 MSComm 控件的使用将如庖丁解牛一样游刃有余。

同步异步与API

1.1 串口通信参数

串口通信参数是指在串口通信过程中需要设置的波特率、奇偶校验、数据位和停止位等参数。发送端与接收端必须设置为相同的波特率，并且保持相同的信息帧格式（起始位、数据位、奇偶校验位和停止位等）和奇偶校验设置（奇校验、偶校验和无校验等）。

1.1.1 波特率

波特率与比特率都是数据通信速率，两者有什么区别？数据通信速率又称为数据传输速率，是指数据在信道中传输的速度，包括码元速率和信息速率两种表示方式。码元速率（R_B）是指每秒传送的码元数，单位为波特（baud），又称为波特率；信息速率（R_b）是指每秒传送的信息量，单位为比特每秒（bit/s，bps），又称为比特率。那么，码元数与信息量有何区别呢？

码元（codecell）是指时间轴上的一个对信号进行编码的单元。信号可以是符号、数字、颜色和音频等，对于同一个信号，由于采用的编码不同，编码后形成的码元个数也不相同。例如，要设计一套编码，这套编码能够区分 26 个大写英文字母。如果用二进制对 26 种不同的状态进行区分，则至少需要 5 位二进制数，因为二进制中每一位只能表示两种状态，即“0”和“1”，2 个位表示 2^2 种状态，3 个位表示 2^3 种状态，依次类推，要将 26 种状态全部区分开来，至少需要 5 个位（2^5=32）才能实现；而采用十进制对 26 个大写英文字母进行编码只需二个位即能实现，因为十进制的每一位能表示 10 种状态，即“0”“1”“2”至“9”，两个

位能表示 10^2 种状态，显然，对于十进制编码，至少需要 2 个位，即 2 个码元。通过上述分析可以看出，对于同一个符号，由于采用的编码不同，结果的位数也不同，二进制需要 5 位，十进制需要 2 位。在二进制中，每一位上的状态“0”和“1”是码元；十进制中每一位上的状态“0”“1”“2”至“9”也是码元。如果每秒传输 10 个大写英文字母，用二进制编码表示时每秒需传输 10×5=50 个码元，而用十进制编码时每秒只需传输 10×2=20 个码元。由此可以看出，波特率所指的码元与采用编码的进制有关，而比特率中的信息量是指对信号进行二进制编码时每秒所传输的码元数。所以，波特率与比特率的关系为

$$R_{\mathrm{B}} = \log_2 N \tag{1-1}$$

$$R_{\mathrm{b}} = \log_2 2 \tag{1-2}$$

$$R_{\mathrm{B}} / R_{\mathrm{b}} = \log_2 N / \log_2 2 = \log_2 N \tag{1-3}$$

式中，N 为信号的编码极数，即所使用编码的所有状态数，二进制时 N 为 2，十进制时 N 为 10。

在计算机中，符号采用二进制编码，高电平代表逻辑“1”，低电平代表逻辑“0”，所以每个符号所含的信息量刚好为 1 比特，因此，在计算机通信中，比特率与波特率数值相等，常将比特率称为波特率，即：1 波特 =1 位每秒（1bit/s）。

【例题 1】电传打字机传输速率为每秒 10 个字符，每个字符包含 11 个二进制位，则数据传输速率是多少？

【解】11 位每字符 ×10 字符每秒 =110 位每秒 =110 比特每秒 =110 码元每秒 =110 波特。

计算机中常用的波特率是：110、300、600、1200、2400、4800、9600、19200、28800、33600，有的甚至高达 56000。

在数据传输速率中还有一个概念，称为位时间，又称位周期。位时间是指传送一个二进制位所需的时间，用 T_{d} 表示。T_{d}=1 位 / 波特率。

【例题 2】试计算波特率为 110、300、600、1200、2400 时对应的位周期。

【解】各波特率对应的位周期分别为：

T_{110}=1/110 ≈ 0.0091（ms）；

T_{300}=1/300 ≈ 0.0033（ms）；

T_{600}=1/600 ≈ 0.0017（ms）；

T_{1200}=1/1200 ≈ 0.0008（ms）；

T_{2400}=1/2400 ≈ 0.0004（ms）。

1.1.2 信息帧格式

串口通信是异步通信（asynchronous communication，ASYNC），又称起止式异步通信，是计算机通信中常用的数据传输方式。它以字符为单位进行传输，字符之间没有固定的时间间隔要求，但每个字符中的各个位必须以固定时间间隔传送。收、发双方取得同步的方法是在信息帧格式中设置起始位和停止位。在一个有效字符正式发送前，发送端先发送一个低电平起始位（逻辑值为 0），然后发送字符中的各个数据位，在字符结束时再发送一个停止位，起始位至停止位构成一帧，停止位后面是不定长的空闲位，停止位和空闲位都规定为高电平（逻辑值为 1），这样就保证起始位开始处一定有一个下降沿，如图 1-1 所示。从图中可以看出，这种信息帧格式通过起始位和停止位实现字符的界定或同步，故称为起止式异步通信。

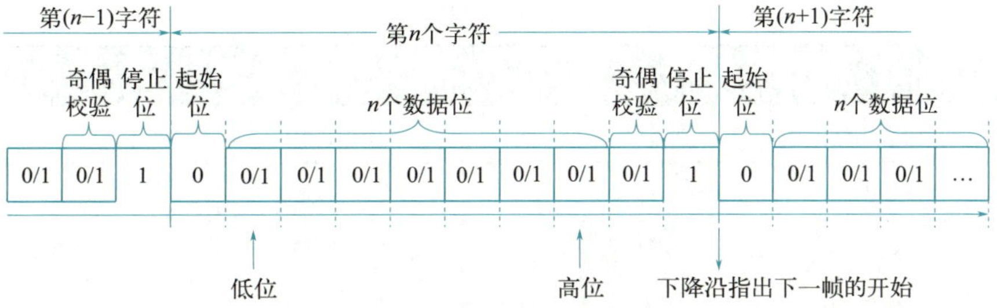

图 1-1 起止式异步通信信息帧格式

在异步通信中有两个比较重要的指标：波特率和信息帧格式。数据通常以字符或者字节为单位组成字符帧传送。字符帧由发送端逐帧发送，通过传输线被接收端逐帧接收。发送端和接收端可以由各自的时钟来控制数据的发送和接收，这两个时钟源彼此独立，互不同步，但发送端和接收端的数据传输速率必须相同，即波特率相同。

异步通信规定传输数据由起始位（start bit）、数据位（data bit）、奇偶校验位（parity）和停止位（stop bit）组成，如图 1-1 所示。这种由起始位开始、停止位结束所构成的一串信息称为帧（frame）（注意：异步通信中的“帧”与同步通信中“帧”是不同的，异步通信中的“帧”只包含一个字符，而同步通信中“帧”可包含几十个到上千个字符）。

① 起始位。起始位必须是持续一个位周期的逻辑 0 电平，标志着传送一个字符的开始，接收方可用起始位使自己的接收时钟与数据同步。

② 数据位。数据位紧跟在起始位之后，它是衡量通信中实际数据位的参数。当计算机发送一个信息帧时，数据位的个数可以是 5 位、6 位、7 位或 8 位，具体是几位取决于所传送的信息。比如，标准的 ASCII 码是 0 ～ 127（7 位），扩展的 ASCII 码是 0 ～ 255（8 位）。如果数据使用简单的文本（标准的 ASCII 码），那么数据位采用 7 位。传送数据时先传送帧的低位，后传送帧的高位。

③ 奇偶校验位。奇偶校验位仅占一位，用于进行奇校验或偶校验，也可以不设奇偶校验位。在串口通信中，有四种检错方式：偶、奇、高和低。当然没有校验位也是可以的。对于偶和奇校验的情况，串口会设置校验位（数据位后面的一位），用一个值确保传输的数据有偶数个或者奇数个逻辑 1。例如，如果数据是 01001110，那么对于偶校验，校验位为 0，保证逻辑 1 的位数是偶数个；如果是奇校验，校验位为 1，保证逻辑 1 的位数是奇数个，这样就有 5 个逻辑 1。高位和低位不真正检查数据，如进行奇校验时，数据 01001110 和 01110010 的校验位都是 1，但是这两个数据是不同的，因此，奇偶校验仅是对数据进行简单的置逻辑 1 或者置逻辑 0，不会对数据进行实质判断，这样做的好处是接收设备能够知道一个位的状态，有可能判断是否有噪声干扰了通信，以及传输和接收数据是否同步。

④ 停止位。停止位为 1 位、1.5 位或 2 位，可由软件设定。它一定是逻辑 1 电平，标志着传送一个字符的结束。由于数据在传输线上定时，并且每一个设备都有各自的时钟，很可能在通信中两台设备间出现了小小的不同步，因此，停止位不仅仅是表示传输的结束，而且能够为计算机提供校正时钟同步的机会，适用于停止位的位数越多，不同时钟同步的容忍程度越大，但是，数据传输率也越慢。

⑤ 空闲位。空闲位表示线路处于空闲状态，停止位结束到下一帧的起始位之间的空闲位要由高电平来填充（只要不发送下一帧，线路上就始终为空闲位），此时线路上为逻辑 1 电平。

综合以上分析，将各位顺序、逻辑状态和位数总结列于表 1-1。

表 1-1 异步通信信息帧格式

位	英文缩写	逻辑状态	位数
起始位	Begin(B)	逻辑 0	1 位
数据位	Data(D0、D1、D2 等)	逻辑 0 或逻辑 1	5 位、6 位、7 位、8 位
校验位	奇校验为 Odd(O)、偶校验为 Even(E)	逻辑 0 或逻辑 1	1 位或无
停止位	Stop(S)	逻辑 1	1 位、1.5 位或 2 位
空闲位	Idle(I)	逻辑 1	任意数量

【例题 3】传送 8 个位的数据 45H（01000101），奇校验，1 个停止位，则信号线上的波形是何种形式？（注意：低位在前，高位在后。）

【解】根据异步通信信息帧格式，将帧按起始位、数据位、奇偶校验位和停止位的顺序排列，其中高电平表示“1”，低电平表示“0”，如图 1-2 所示。

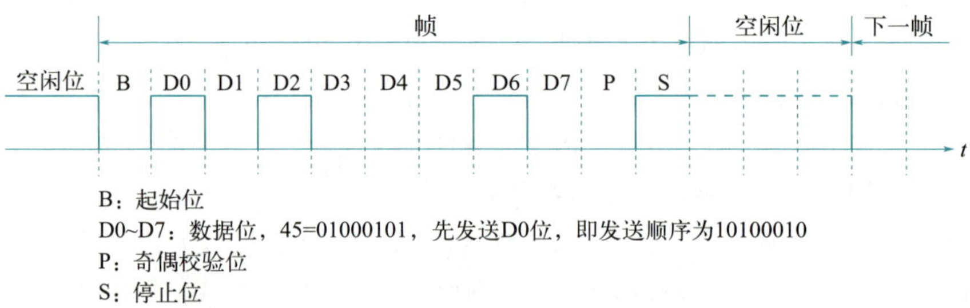

图 1-2 异步通信帧格式

【例题 4】异步通信的波特率设置为 9600，每个字符占 8 个数据位、1 个起始位、1 个停止位，无奇偶校验位，如果连续传送，则每秒传送多少个字符？

【解】在此异步通信过程中，没有奇偶校验位，所以数据发送顺序为

1 个起始位 + 8 个数据位 + 0 个奇偶校验位 + 1 个停止位 = 10 个位

由于帧连续发送，所以中间没有空闲位，则实际传送每个字符需要传送 10 个位，每秒传送 9600 个比特，相当于 960（9600/10）个字符。

1.2 USB转串口

早期串口为 25 针，用于工业中的监测与控制；后来简化为 9 根电压信号针，用于数据通信和控制。25 针和 9 针接口主要用于工控机和台式 PC 机。随着笔记本电脑的轻薄化和台式 PC 机办公功能的专业化，25 针和 9 针串口逐渐减少甚至消失，尤其是笔记本电脑，已无法设置针式串口，导致串口转向另一趋势——USB 转串口。这种串口只保留了具有通信功能的数据针脚，即插即用，方便扩充，适用于多种串行通信接口标准。

USB 转串口可以分为以下三类。

（1）TTL

TTL 是指晶体管—晶体管逻辑（transistor-transistor logic），主要用于单片机，逻辑 1 电压一般为 3.3 ～ 5.0V，逻辑 0 电压为 0V，没有转换芯片，与外部设备连接时要保持电压和

极性一致，否则容易烧损 TTL 电路。TTL 串口包括三个端子：TxD（transmitted data）、RxD（received data）和 GND（ground）。发送端的 TxD 与接收端的 RxD 相连，发送端的 RxD 与接收端的TxD相连，由于TTL串口采用单端驱动，发送端的GND必须与接收端的GND相连，保证发送端与接收端的 TxD 与 RxD 有相同的电压基准。TTL 串口是一对一通信，即一个发送端，一个接收端。

（2）RS-232

USB 转串口中 RS-232 包括三个端子：TxD、RxD 和 GND。TxD 和 RxD 端子逻辑 1 电压范围为 −3 ～ −15V，逻辑 0 电压范围为 +3 ～ +15V，这两个端子的电压范围较高，逻辑 1 和逻辑 0 的极性与 TTL 相反，因此，RS-232 与 TTL 连接时必须通过电路实现逻辑和电压的转换。RS-232 串口是一对一通信，即一个发送端、一个接收端。发送端的 GND 与接收端的 GND 相连，保证电压基准相同，发送端的 TxD 与接收端的 RxD 相连，发送端的 RxD 与接收端的 TxD 相连。

（3）RS-485

RS-485 包括 A+ 与 B− 两个端子。在发送端，逻辑 1 表示 A+ 与 B− 两线间的电压差为 +2 ～ +6V，逻辑 0 表示 A+ 与 B− 两线间的电压差为 −2 ～ −6V；在接收端，A+ 与 B− 两线间的电压大于 200mV 时为逻辑 1，小于 −200mV 时为逻辑 0。RS-485 通过识别从机的地址实现一对多通信，包括一台主机和多台从机，主机的 A+ 端子与各从机的 A+ 端子相连，主机的 B− 端子与各从机的 B− 端子相连。

1.2.1 硬件连接

当台式机提供的串口不够用，或者使用笔记本电脑时，必须采用 USB 转串口。图 1-3 是一种常用 USB 转换器接线，一端为 USB Type A 公头，另一端为 USB Type B 公头，USB 转换器的输出端有 8 个端子，具有 TTL、RS-232 和 RS-485 三种通信功能。这种 USB 转换器内部安装有芯片，当插入 USB 接口时，会检测硬件，如果芯片类型较老，则可以直接找到并安装对应驱动程序，如果采用较新的芯片，则需要手动安装驱动程序。

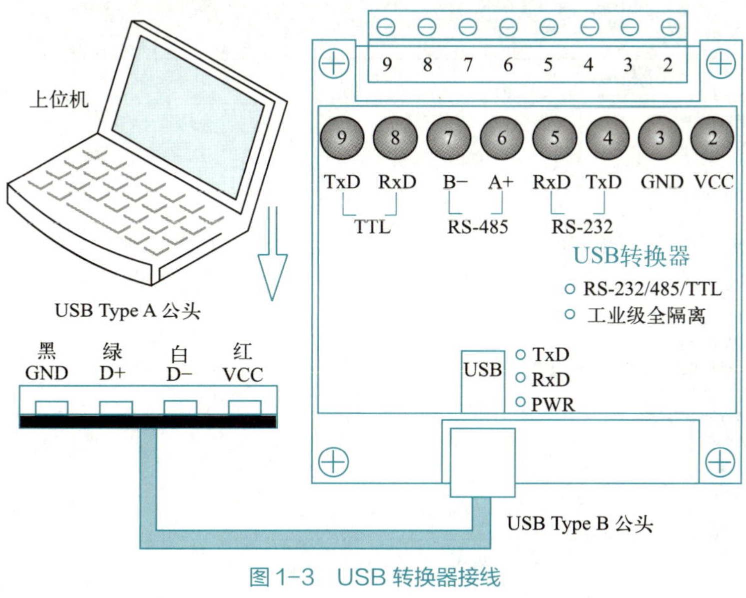

图 1-3 USB 转换器接线

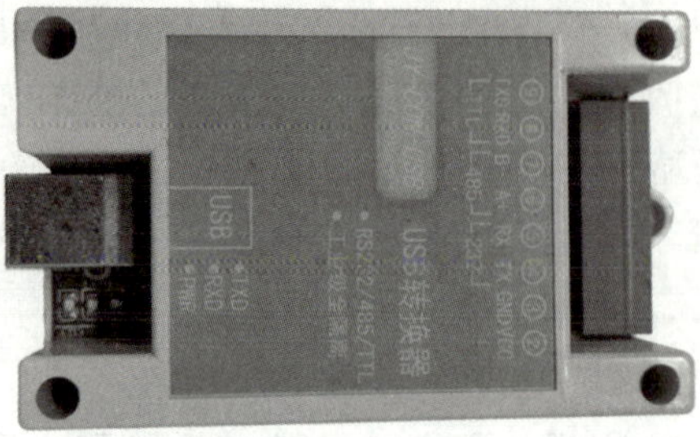

图 1-4　USB 转换器（CP210x 芯片）实物图

以 CP210x 芯片为例展开说明。如图 1-4 所示为一款市售 USB 转换器，可以转换 TTL/RS-232/RS-485 三种电平，RS-232 为简化形式，只有数据通信针，没有信号控制针。图 1-4 右侧为 USB 梯形接口，可以直接连接 USB 线，即插即用。图 1-4 左侧接线端子标号从②到⑨，②与③分别连接 VCC 和 GND，VCC 表示直流电源的正极，GND 表示直流电源的负极，通常不需要外接电源，通过 USB 供电即可满足要求；④和⑤是简化 RS-232 的接线端子；⑥和⑦分别表示 RS-485 的 A+ 和 B−，所有的 A+ 均连接在⑥端子，所有的 B− 均连接在⑦端子；⑧、⑨和③是 TTL 的三个端子，③与下位机的 GND 必须连在一起，⑧和⑨与下位机进行收—发对应连接，即⑧连接下位机的发送端子，⑨连接下位机的接收端子。内嵌芯片为 CP210x，大部分情况下需要手动安装驱动。将 USB 接口用线连接至电脑的 USB 处，计算机会自动检测新的硬件，经过一段时间后，系统提示没有安装相应驱动，说明这种内嵌芯片在 Win11 系统中识别起来非常困难，需要借助人工进行手动安装。

1.2.2　驱动安装

在电脑桌面上，将鼠标移至桌面左下角，选中“开始”按钮，点击鼠标右键，弹出菜单，选中“设备管理器”，在弹出的视窗中发现“其他设备”一项中“CP2102 USB to UART Bridge Controller”显示“!”，如图 1-5 所示，说明这个硬件设备的驱动存在问题，没有完全安装好，在这条记录上点击鼠标右键，弹出菜单，选中“更新驱动程序 (P)...”，弹出如图 1-6 所示界面。“自动搜索更新的驱动程序软件 (S)”用于已经安装了驱动的硬件，如果是第一次安装，点击“浏览计算机以查找驱动程序软件 (R)”，弹出如图 1-7 所示界面，选中“从计算机的设备驱动程序列表中选择 (L)”，有时，用户并不清楚所安装的设备叫什么名字，或者属于哪一类，因此，可以选中如图 1-8 所示的“显示所有设备”。

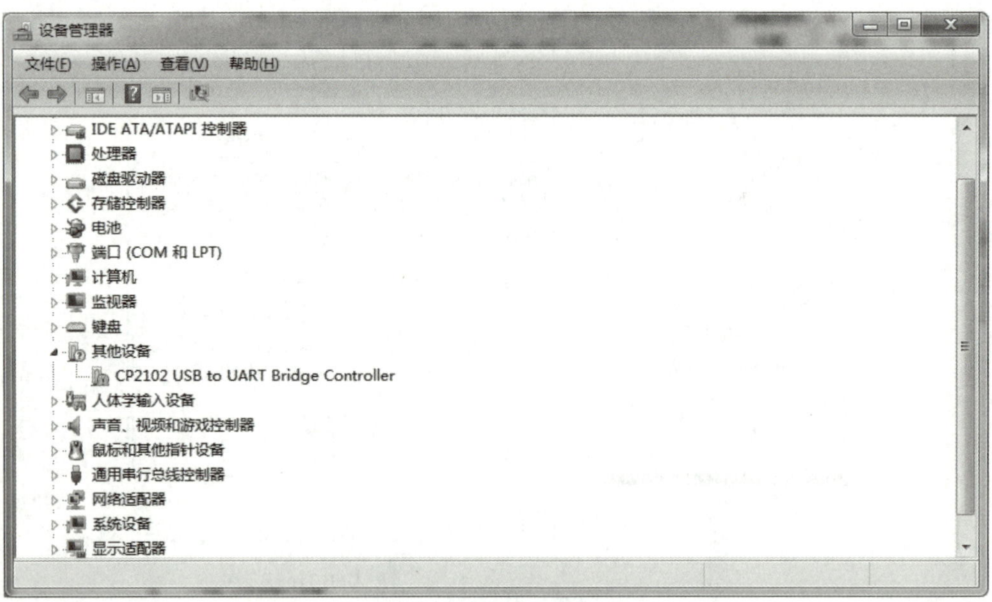

图 1-5　设备管理器窗口

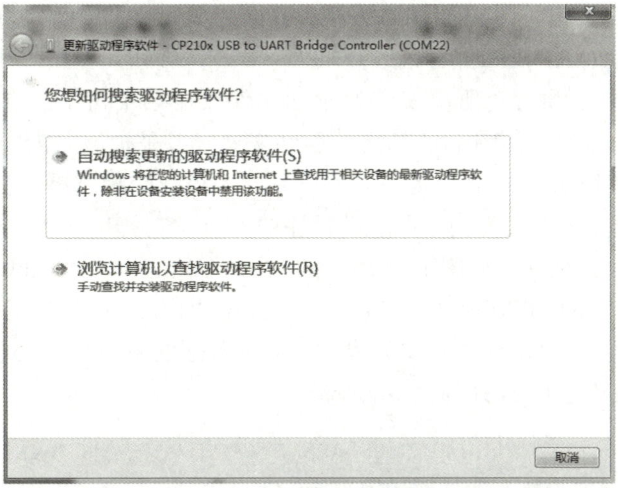

图 1-6　更新驱动程序界面

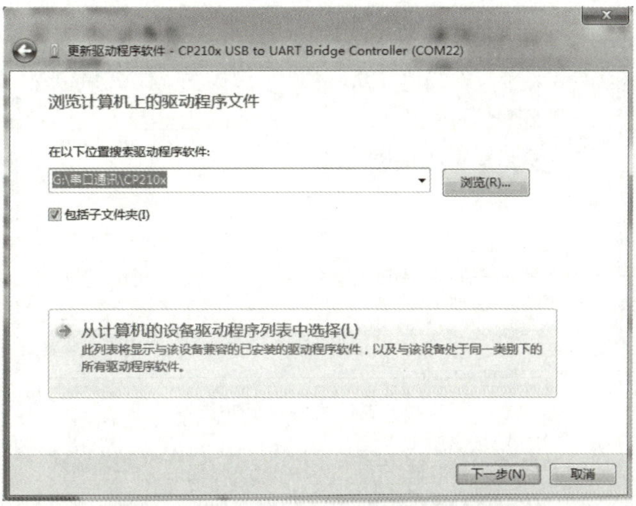

图 1-7　浏览计算机上的驱动程序文件界面

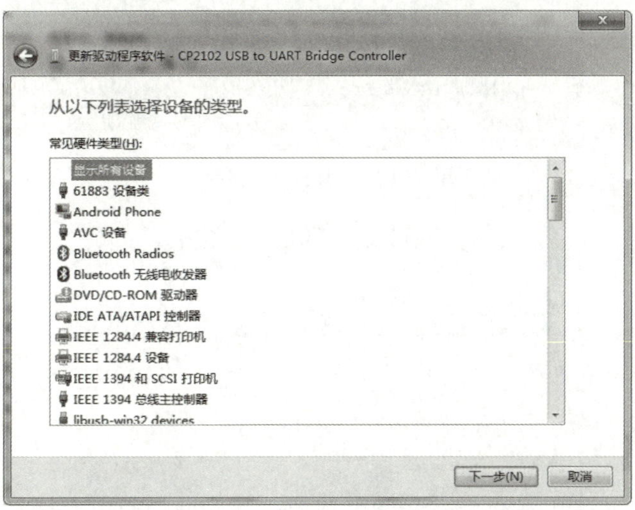

图 1-8　设备类型选择窗口

点击“下一步”按钮，弹出如图 1-9 所示界面，显示硬件中的芯片驱动型号“Silicon Labs CP210x USB to UART Bridge”。继续点击“下一步”按钮，弹出“从磁盘安装”对话框，如图 1-10 所示。用户必须清楚所要安装的驱动文件放在哪个盘中，点击“浏览 (B)...”按钮，找到文件所在的位置，如图 1-11 所示。驱动文件一般是扩展名为 inf 的文件，系统会自动给出所在目录下的所有安装信息文件，用户只要一个一个地选择，然后点击“打开 (O)”按钮，即可完成对这个配置文件内相关驱动程序的安装。安装完毕后，对应的驱动会显示出来，如图 1-12 所示。继续安装如图 1-13 所示的 inf 文件信息，当“slabvxd.inf”文件安装后，如图 1-14 所示，在“端口 (COM 和 LPT)”一项中出现“Silicon Labs CP210x USB to UART Bridge(COM4)”，说明串口驱动芯片安装成功，并且分配的串口为 COM4。串口名称随 USB 接口位置或是否插入其他 USB 外部设备而变动。

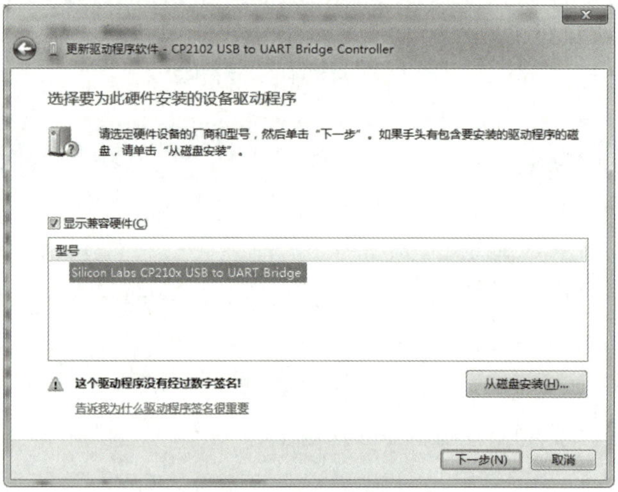

图 1-9　硬件选择窗口

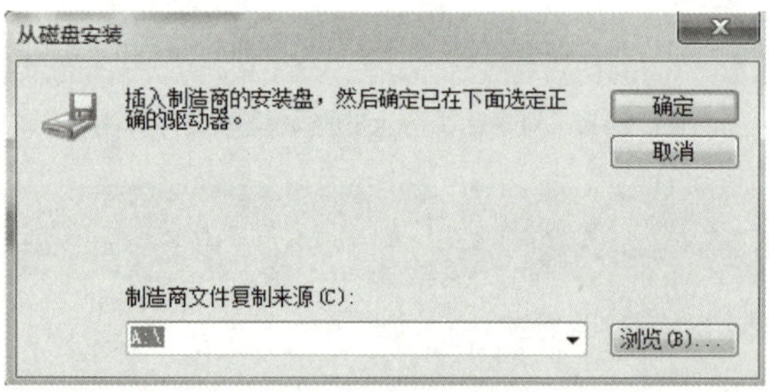

图 1-10　磁盘安装路径窗口

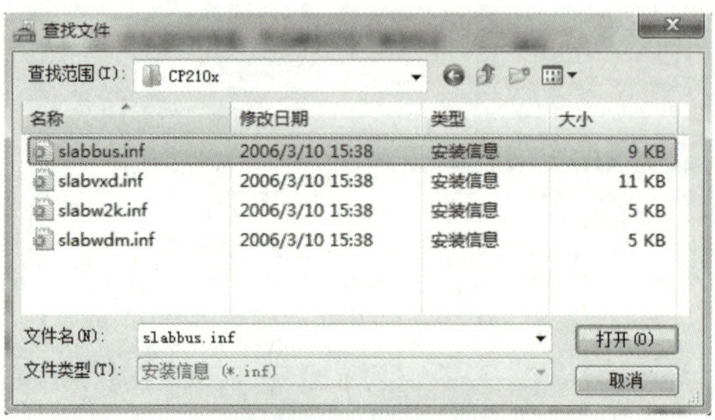

图 1-11　安装文件选择窗口

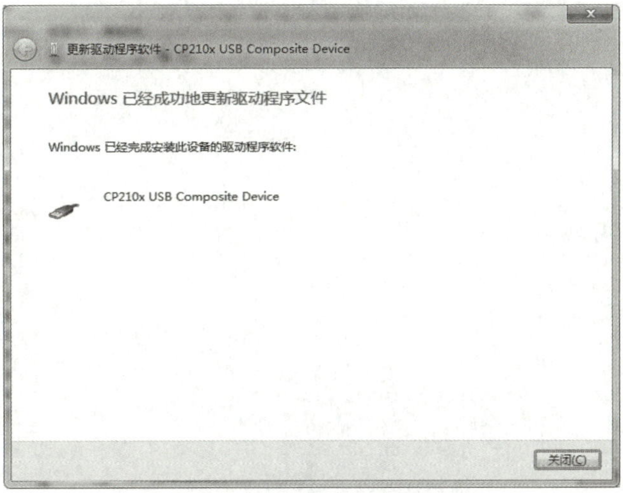

图 1–12　复合驱动安装完毕窗口

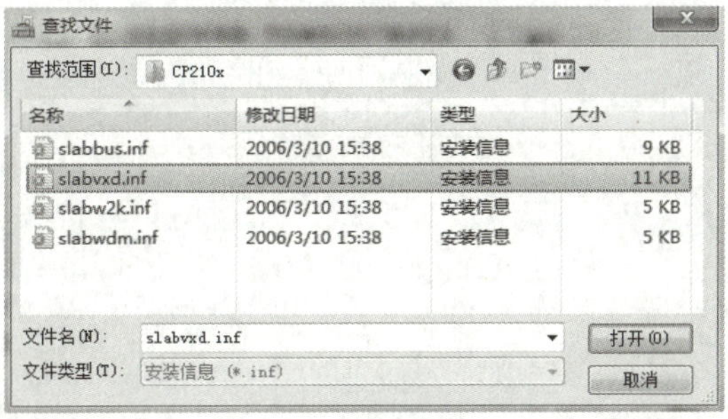

图 1–13　配置文件选择窗口

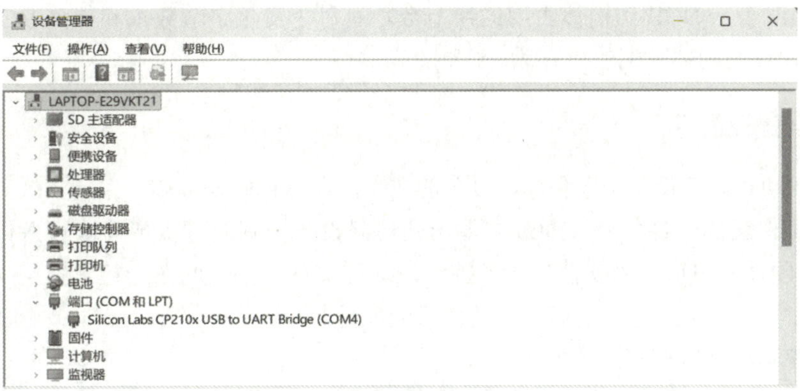

图 1–14　串口安装完毕窗口

读设备控制块_调试程序

1.3 设备控制块

设备控制块（device control block, DCB）是记录设备的硬件特性、连接与使用等管理和控制信息的数据结构。在串口通信中，设备控制块是串口操作的灵魂。掌握了串口 DCB 结构体内部各参数的含义，才可以对串口进行正确的设置，实现串口通信功能。DCB 结构体的定义包含在 WinBase.h 头文件中，其内容如下所示。

```
typedef struct _DCB
{
   DWORD DCBlength;        //sizeof(DCB), DCBlength变量为DWORD类型, 占4个字节
   DWORD BaudRate;         //Baudrate at which running, BaudRate变量为DWORD类型, 占4个字节
   DWORD fBinary: 1;       //Binary Mode (skip EOF check), fBinary变量占一个bit, 即1/8个字节
   DWORD fParity: 1;       //Enable parity checking, fParity变量占一个bit, 即1/8个字节
   DWORD fOutxCtsFlow:1;   //CTS handshaking on output, fOutxCtsFlow变量占一个bit, 即1/8个字节
   DWORD fOutxDsrFlow:1;   //DSR handshaking on output, fOutxDsrFlow变量占一个bit, 即1/8个字节
   DWORD fDtrControl:2;    //DTR Flow control, fBinary fDtrControl占两个bit, 即1/4个字节
   DWORD fDsrSensitivity:1;   //DSR Sensitivity, fDsrSensitivity变量占一个bit, 即1/8个字节
   DWORD fTXContinueOnXoff: 1;    //Continue TX when Xoff sent, fTXContinueOnXoff变量占一个bit,
即1/8个字节
   DWORD fOutX: 1;         //Enable output X-ON/X-OFF, fOutX变量占一个bit, 即1/8个字节
   DWORD fInX: 1;          //Enable input X-ON/X-OFF, fInX变量占一个bit, 即1/8个字节
   DWORD fErrorChar: 1;    //Enable Err Replacement, fErrorChar变量占一个bit, 即1/8个字节
   DWORD fNull: 1;         //Enable Null stripping, fNull变量占一个bit, 即1/8个字节
   DWORD fRtsControl:2;    //Rts Flow control, fRtsControl变量占两个bit, 即1/4个字节
   DWORD fAbortOnError:1;  //Abort all reads and writes on Error, fAbortOnError变量占一个bit, 即1/8
个字节
   DWORD fDummy2:17;       //Reserved, fDummy2变量占17个bit, 即17/8个字节
   WORD wReserved;         //Not currently used, wReserved变量为WORD类型, 占2个字节
   WORD XonLim;            //Transmit X-ON threshold, XonLim变量为WORD类型, 占2个字节
   WORD XoffLim;           //Transmit X-OFF threshold, XoffLim变量为WORD类型, 占2个字节
   BYTE ByteSize;          //Number of bits/byte, 4-8, ByteSize变量为BYTE类型, 占1个字节
   BYTE Parity;            //0-4=None,Odd,Even,Mark,Space, Parity变量为BYTE类型, 占1个字节
   BYTE StopBits;          //0,1,2=1, 1.5, 2 , StopBits变量为BYTE类型, 占1个字节
   char XonChar;           //Tx and Rx X-ON character, XonChar变量为char类型, 占1个字节
   char XoffChar;          //Tx and Rx X-OFF character, XoffChar变量为char类型, 占1个字节
   char ErrorChar;         //Error replacement char, ErrorChar变量为char类型, 占1个字节
   char EofChar;           //End of Input character, EofChar变量为char类型, 占1个字节
   char EvtChar;           //Received Event character, EvtChar变量为char类型, 占1个字节
   WORD wReserved1;        //Fill for now, wReserved1变量为WORD类型, 占2个字节
} DCB, *LPDCB;
```

DCBlength 表示 DCB 结构体占用的字节数，对每个变量字节数求和得到 DCBlength 变量的值为 28，即该结构体分配的内存为 28 个字节。

1.3.1 读设备控制块

设备控制块记录了设备状态和操作设备的信息，在 Windows 环境，采用 API 函数 CreateFile 建立与串口相对应的文件句柄，通过文件句柄访问设备控制块，实现读取设备信息或操作设备等功能。“硬件”串口与“软件”设备控制块通过文件句柄关联在一起，访问文件句柄相当于访问串口。

读设备控制块程序详细步骤如下。

① 计算机 USB 口插入 USB 转换器，右键点击桌面左下角“开始”按钮，在弹出菜单中选择“设备管理器”，在“设备管理器”窗口中点击“端口 (COM 和 LPT)”，检查是否存在 USB 转串口，此处对应串口为“Silicon Labs CP210x USB to UART Bridge(COM4)”。

② 打开 VS2019，弹出“Visual Studio 2019”界面，选择右侧“开始使用”菜单下方的“创建新项目 (N)”选项。

③ 在弹出的“创建新项目”界面中选择“空项目”，点击“下一步”。

④ 弹出“配置新项目”界面，在“项目名称 (J)”中输入“ReadDCB”，点击“位置 (L)”右侧的按钮，选择“桌面”为工作目录，再点击“配置新项目”界面右下角的“创建 (C)”按钮。

⑤ 在编辑界面右侧“解决方案资源管理器”中选中“源文件”，点击右键，在弹出菜

单中选择“添加 (D)”→“新建项 (W)…”，在弹出的“添加新项 -ReadDCB”界面中选择“C++ 文件 (.cpp)”，在“名称 (N)”后面的输入框中输入“ReadDCB.cpp”，点击界面右下角“添加 (A)”按钮。

读设备控制块_解释程序

⑥ 向 ReadDCB.cpp 文件中添加如下代码。

```
#include   <windows.h>
#include   <tchar.h>
#include   <stdio.h>
#include   <time.h>
int    main(int  argc, char* argv[])
{
   clock_t      StartTime=0;                  //开始时间
   clock_t      EndTime=0;                    //结束时间
   double       dDiffTime=0.0;                //时间差
   HANDLE       hCom;                         //串口句柄
   DCB      dcb;                              //设备控制块，device control block (DCB)

   //记录开始时间
   StartTime=clock();

   //打开串口
   hCom=CreateFile(TEXT("COM4"),
       GENERIC_READ | GENERIC_WRITE,          //允许读和写
       0,                                     //独占方式
       NULL,                                  //安全性属性结构，缺省值为NULL
       OPEN_EXISTING,                         //打开已存在的串口
       0,                                     //同步方式（阻塞方式）
       NULL);

   //打开串口失败
   if (hCom==(HANDLE)-1)
   {
       MessageBox(NULL, TEXT("打开COM失败！"), TEXT("Fail"), MB_ICONEXCLAMATION);
       return 0;
   }

   //设置背景与显示颜色，前面数字表示背景颜色，后面数字表示字体颜色
   //0：黑色；1：蓝色；2：绿色；3：青色；4：红色；5：品红色；6：黄色；7：白色，
   //8：灰色；9：亮蓝色；10：亮绿色；11：亮青色；12：亮红色；13：亮品红色；14：亮黄色；15：亮白色
   system("color F0");

   //获得串口状态
   GetCommState(hCom, &dcb);
   printf("设备控制块的大小为：%d个字节\n", sizeof(dcb));
   printf("DCBlength的值为：%d\n", dcb.DCBlength);
   printf("BaudRate的值为：%d\n", dcb.BaudRate);
   printf("fBinary的值为：%d\n", dcb.fBinary);
   printf("fParity的值为：%d\n", dcb.fParity);
   printf("fOutxCtsFlow的值为：%d\n", dcb.fOutxCtsFlow);
   printf("fOutxDsrFlow的值为：%d\n", dcb.fOutxDsrFlow);
   printf("fDtrControl的值为：%d\n", dcb.fDtrControl);
   printf("fDsrSensitivity的值为：%d\n", dcb.fDsrSensitivity);
   printf("fTXContinueOnXoff的值为：%d\n", dcb.fTXContinueOnXoff);
   printf("fOutX的值为：%d\n", dcb.fOutX);
   printf("fInX的值为：%d\n", dcb.fInX);
   printf("fErrorChar的值为：%d\n", dcb.fErrorChar);
   printf("fNull的值为：%d\n", dcb.fNull);
   printf("fRtsControl的值为：%d\n", dcb.fRtsControl);
   printf("fAbortOnError的值为：%d\n", dcb.fAbortOnError);
   printf("fDummy2的值为：%d\n", dcb.fDummy2);
   printf("wReserved的值为：%d\n", dcb.wReserved);
```

```
    printf("缓冲池开始传输阈值：%d\n", dcb.XonLim);
    printf("缓冲池停止传输阈值：%d\n", dcb.XoffLim);
    printf("数据位：%d\n", dcb.ByteSize);
    printf("奇偶校验位：%d\n", dcb.Parity);
    printf("停止位：%d\n", dcb.StopBits);
    printf("Xon字符：%#x\n", dcb.XonChar);
    printf("Xoff字符：%#x\n", dcb.XoffChar);
    printf("出错字符：%#x\n", dcb.ErrorChar);
    printf("结尾字符：%#x\n", dcb.EofChar);
    printf("事件字符：%#x\n", dcb.EvtChar);
    printf("wReserved1：%d\n", dcb.wReserved1);

    //关闭串口
    CloseHandle(hCom);                          //关闭串口

    //记录终止时间
    EndTime=clock();
    //计算消耗时间
    dDiffTime=(double)(EndTime - StartTime) / CLOCKS_PER_SEC;
    printf("\n程序运行时间: %.3lf秒\n\n", dDiffTime);

    //按"F5"键运行时会停留在运行结果
    system("pause");
    return  0;
}
```

⑦ 点击“项目 (P)”菜单，在下拉菜单中选择“ReadDCB 属性 (P)”，弹出“ReadDCB 属性页”，在“配置 (C)”后面的列表框中选择“Release”，在“配置属性”下方点击“高级”选项，在右侧对应栏中查找“MFC 的使用”，在其右侧的列表框中选择“使用标准 Windows 库”。

⑧ 选中“C/C++”下方“代码生成”选项，在右侧对应栏中查找“运行库”，在其右侧对应的列表框中选择“多线程 (/MT)”。

⑨ 在“生成 (B)”菜单中点击“清理解决方案 (C)”。

⑩ 在“调试 (D)”菜单中点击“开始调试 (S)”，运行程序。

⑪ 在桌面“ReadDCB”目录中查找“Release”子目录，找到“ReadDCB.exe”可执行文件，点击右键，在弹出的菜单中选择“以管理员身份运行”，点击“是”按钮，运行结果如图 1-15 所示。

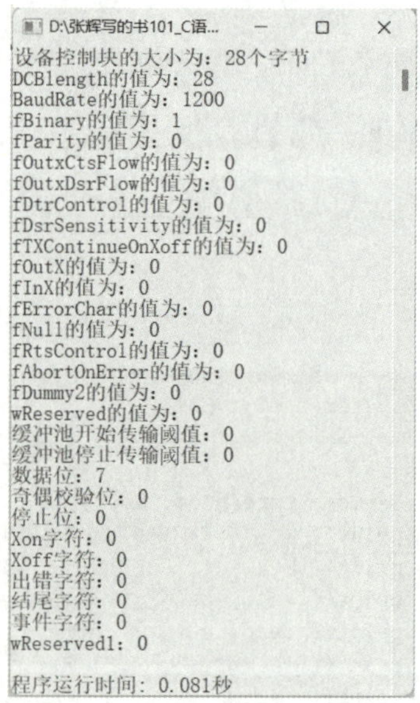

图 1-15 读串口设备控制块程序运行结果

1.3.2 写设备控制块

写设备控制块首先通过 Windows 的 API 函数 CreateFile 打开物理存在的串口，生成相应的文件句柄，然后，将串口对应的 DCB 各个参数通过 GetCommState 函数读入定义的 DCB 结构体变量中，修改结构体变量中各成员的值，最后，通过 SetCommState 函数将结构体变量写入 DCB 对应的串口句柄。串口参数被更改后将保持不变，直到下一次更改，不会自动恢复到默认值，操作后要及时恢复原来状态。

写设备控制块

【例题 5】采用控制台方式编写程序获取串口的各项参数，并将其通信波特率改为 9600，8 个数据位，奇校验，0 个停止位。（注：数据位为 5 时，停止位不能为 2，对应参数值为 2；数据位为 6、7 和 8 时，停止位不能为 1.5，对应参数值为 1。）

【解】 采用 C 语言编写程序源代码如下。

```
#include    <windows.h>
#include    <tchar.h>
#include    <stdio.h>
#include    <time.h>
int    main(int  argc, char* argv[])
{
    int                 i=0;                    //序号
    clock_t             StartTime=0;            //开始时间
    clock_t             EndTime=0;              //结束时间
    HANDLE              hCom;                   //串口句柄
    HANDLE              hConsole;               //控制台句柄
    DCB                 dcb;                    //设备控制块，device control block (DCB)
    double              dDiffTime=0.0;          //时间差
    COORD               point;                  //输出光标的位置

    //记录开始时间
    StartTime=clock();

    //打开串口
    hCom=CreateFile(TEXT("COM4"),
        GENERIC_READ | GENERIC_WRITE,           //允许读和写
        0,                                      //独占方式
        NULL,                                   //安全性属性结构，缺省值为NULL
        OPEN_EXISTING,                          //打开已存在的串口
        0,                                      //同步方式（阻塞方式）
        NULL);

    //打开串口失败
    if (hCom==(HANDLE)-1)
    {
        MessageBox(NULL, TEXT("打开COM失败！"), TEXT("Fail"), MB_ICONEXCLAMATION);
        return 0;
    }

    //读取串口DCB参数
    GetCommState(hCom, &dcb);

    //获得控制台句柄
    hConsole=GetStdHandle(STD_OUTPUT_HANDLE);

    //设置背景颜色为白色，字体颜色为绿色
    SetConsoleTextAttribute(hConsole, BACKGROUND_INTENSITY | FOREGROUND_GREEN\
        |BACKGROUND_RED | BACKGROUND_GREEN | BACKGROUND_BLUE);
    //清屏（clear screen），保证整屏都是白色
    system("cls");

    //将光标设置到(0, 0)
    point.X=0;
    point.Y=0;
    SetConsoleCursorPosition(hConsole, point);

    //输出表头
    printf("%-40s\n", "\t\t修改前DCB参数");
    printf("%-6s%-28s%-6s\n", "序号", "变量名称", "value");

    //输出内容
    printf("%-6d%-28s%-6d\n", i++, "BaudRate的值为：", dcb.BaudRate);
```

```
printf("%-6d%-28s%-6d\n", i++, "数据位：", dcb.ByteSize);
printf("%-6d%-28s%-6d\n", i++, "奇偶校验位：", dcb.Parity);
printf("%-6d%-28s%-6d\n", i++, "停止位：", dcb.StopBits);

//修改波特率-->9600
dcb.BaudRate=9600;
//修改数据位-->8
dcb.ByteSize=8;
//修改校验位-->奇校验
dcb.Parity=1;
//修改停止位-->0
//(1) 数据位为5时，停止位不能为2；
//(2) 数据位为6、7和8时，停止位不能为1；
//(3) 停止位为0、1和2时，对应1bit、1.5bits和2bits
dcb.StopBits=0;

//将配置好的参数写入串口DCB
SetCommState(hCom, &dcb);

//重新读取串口DCB参数
GetCommState(hCom, &dcb);

//记数器清零
i=0;
//设置字体为红色
SetConsoleTextAttribute(hConsole, BACKGROUNDINTENSITY | FOREGROUND_RED\
    |BACKGROUND_RED | BACKGROUND_GREEN | BACKGROUND_BLUE);

// 将光标设置到(40, 0)
point.X=40;
point.Y=0;
SetConsoleCursorPosition(hConsole, point);

//输出表头
printf("%-40s\n", "\t\t修改后DCB参数");
point.Y++;
SetConsoleCursorPosition(hConsole, point);
printf("%-6s%-28s%-6s\n", "序号", "变量名称", "value");

//输出修改后的参数内容
point.Y++;
SetConsoleCursorPosition(hConsole, point);
printf("%-6d%-28s%-6d\n", i++, "BaudRate的值为：", dcb.BaudRate);
point.Y++;
SetConsoleCursorPosition(hConsole, point);
printf("%-6d%-28s%-6d\n", i++, "数据位：", dcb.ByteSize);
point.Y++;
SetConsoleCursorPosition(hConsole, point);
printf("%-6d%-28s%-6d\n", i++, "奇偶校验位：", dcb.Parity);
point.Y++;
SetConsoleCursorPosition(hConsole, point);
printf("%-6d%-28s%-6d\n", i++, "停止位：", dcb.StopBits);

//关闭串口
CloseHandle(hCom);                          //关闭串口

//记录结束时间
EndTime=clock();
//计算消耗时间
dDiffTime=(double)(EndTime - StartTime) / CLOCKS_PER_SEC;
printf("\n程序运行时间：%.3lf秒\n\n", dDiffTime);
```

```
    //按"F5"键运行时会停留在运行结果
    system("pause");
    return  0;
}
```

Windows 控制台程序运行结果如图 1-16 所示。

```
                    修改前DCB参数                                       修改后DCB参数
序号   变量名称                          value 序号   变量名称                          value
0      BaudRate的值为:                   1200   0     BaudRate的值为:                   9600
1      数据位:                           7      1     数据位:                           8
2      奇偶校验位:                       0      2     奇偶校验位:                       1
3      停止位:                           0      3     停止位:                           0

程序运行时间: 0.113秒

请按任意键继续. . . |
```

图 1-16 配置串口程序运行结果

1.4 串口配置

串口通信涉及访问串口的时间、输入缓冲区和输出缓冲区大小设置，串口配置包括超时时间配置、输入输出缓冲区配置等。

超时时间配置

1.4.1 超时时间配置

串口读写超时分为间隔超时与总超时，如图 1-17 所示。间隔超时是指在读取两个相邻字节时的最大时间延迟，仅支持读操作；总超时是指读操作或写操作总共消耗的最长时间，既支持读操作也支持写操作。串口读写超时不同于 ReadFile 函数和 WriteFile 函数的返回时间，在重叠操作方式下，ReadFile 函数和 WriteFile 函数执行完后立即返回，与超时没有关系，而串口通信包括电路信号的传输，需要一定时间，间隔超时与总超时限定的是串口通信时间，

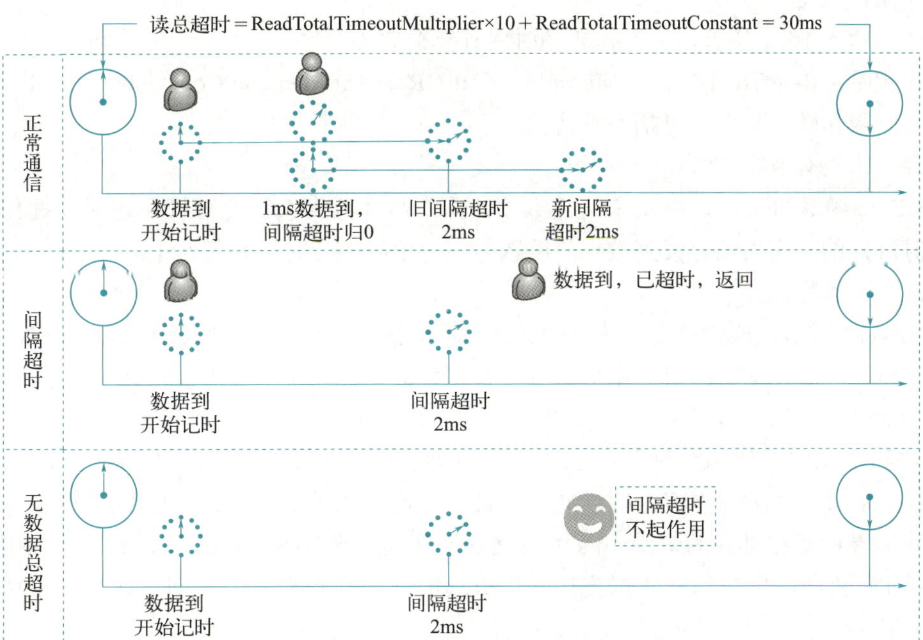

图 1-17 间隔超时与总超时通信

ReadFile 函数和 WriteFile 函数虽然执行完毕，但串口通信可能仍在执行中，这是软件与硬件的差别，需要两者之间进行同步。

超时参数查询通过 GetCommTimeouts 函数读取 COMMTIMEOUTS 结构体的内容，通过 SetCommTimeouts 函数将 COMMTIMEOUTS 结构体的内容写入串口寄存器进行超时设置。COMMTIMEOUTS 结构的成员都以毫秒为单位。

COMMTIMEOUTS 结构的定义为：

```
typedef struct _COMMTIMEOUTS
{
    DWORD ReadIntervalTimeout;              //读间隔超时，ms
    DWORD ReadTotalTimeoutMultiplier;       //读时间系数
    DWORD ReadTotalTimeoutConstant;         //读时间常量，ms
    DWORD WriteTotalTimeoutMultiplier;      //写时间系数
    DWORD WriteTotalTimeoutConstant;        //写时间常量，ms
} COMMTIMEOUTS, *LPCOMMTIMEOUTS;
```

间隔超时和总超时的设置互不相关，超时参数的设置包括以下几种情况。

（1）读间隔超时失效

ReadIntervalTimeout 为 0，不使用读间隔超时。

（2）读总超时失效

ReadTotalTimeoutMultiplier 和 ReadTotalTimeoutConstant 都为 0，在读操作时忽略总超时数。

（3）写总超时失效

WriteTotalTimeoutMultiplier 和 WriteTotalTimeoutConstant 都为 0，在写操作时忽略总超时数。

（4）读缓冲区后立即返回

ReadIntervalTimeout 为 MAXDWORD(0xFFFFFFFF)，并且 ReadTotalTimeoutConstant 和 ReadTotalTimeoutMultiplier 都为 0，在读输入缓冲区中的内容后立即完成，不管是否读入指定个数的字节。

（5）用户设定

例如，读入 10 个字节，读操作总超时的计算公式为

读总超时 = ReadTotalTimeoutMultiplier × 10 + ReadTotalTimeoutConstant

串口读操作较为复杂，包括两种情况。

情况一：没有数据。

ReadFile 函数执行时，串口未传输数据，串口缓冲区为空，此时读总超时发挥作用，在读总超时规定的时间内没有读到数据，函数返回，读间隔超时没有起作用。

情况二：有数据。

如图 1-17 所示，假设读总超时为 30ms，读间隔超时为 2ms，执行 ReadFile 后，读总超时开始计时，如果在第 5ms 时，串口进行了数据传输，输入缓冲区内接收到一个字节，此时，读间隔超时开始计时，在读完输入缓冲区的一个字节后，读操作开始等待 2ms，在这 2ms 内如果接收到了第二个字节，则间隔超时重置 0 并计时，如果第三个字节到来的时间超过了 2ms，那么 ReadFile 函数立即返回，此时，读总超时没有到达 30ms。如果在 30ms 总计时结束之前，所有的数据都在间隔为 2ms 的时间内到达输入缓冲区，则成功完成一次读操作。如果 30ms 时间已到，串口仍有数据到达，则 ReadFile 函数也会立即返回，此时，读总超时发挥作用。

通过以上分析可以总结得到读总超时与读间隔超时的区别：读间隔超时发生在总超时时

间内，并用串口进行了数据的传输；读总超时可以没有数据传输，或者数据量太大，超过设定的读总超时时间，会截断数据，读取的数据不完全。

【例题 6】采用控制台方式编写程序获取串口的超时设定参数。

【解】编写程序如下。

```
#include    <windows.h>
#include    <tchar.h>
#include    <stdio.h>
#include    <time.h>
int    main(int  argc, char * argv[])
{
    clock_t      StartTime=0;        //开始时间
    clock_t      EndTime=0;          //结束时间
    double       dDiffTime=0.0;      //时间差
    HANDLE       hCom;               //串口句柄
    COMMTIMEOUTS TimeOuts;           //超时设定参数

    //开始时间
    StartTime=clock();
    hCom=CreateFile(TEXT("COM4"),
                        GENERIC_READ|GENERIC_WRITE,      //允许读和写
                        0,                               //独占方式
                        NULL,                            //安全性属性结构，缺省值为NULL
                        OPEN_EXISTING,                   //打开已存在的串口
                        0,                               //同步方式（阻塞方式）
                        NULL);
    if(hCom==(HANDLE)-1)
    {
        MessageBox(NULL, TEXT("打开COM失败！"), TEXT("Fail"), MB_ICONEXCLAMATION);
        return 0;
    }
    GetCommTimeouts(hCom, &TimeOuts);                    //获取超时设定参数
    TimeOuts.ReadIntervalTimeout=2;
    TimeOuts.ReadTotalTimeoutMultiplier=4;
    TimeOuts.ReadTotalTimeoutConstant=20;
    TimeOuts.WriteTotalTimeoutMultiplier=0;
    TimeOuts.WriteTotalTimeoutConstant=0;
    SetCommTimeouts(hCom, &TimeOuts);
    GetCommTimeouts(hCom, &TimeOuts);
    printf("读间隔超时：%dms\n", TimeOuts.ReadIntervalTimeout);
    printf("读总超时因子：%dms\n", TimeOuts.ReadTotalTimeoutMultiplier);
    printf("读总超时常量：%dms\n", TimeOuts.ReadTotalTimeoutConstant);
    printf("写总超时因子：%dms\n", TimeOuts.WriteTotalTimeoutMultiplier);
    printf("写总超时常量：%dms\n", TimeOuts.WriteTotalTimeoutConstant);

    //关闭串口
    CloseHandle(hCom);

    //终止时间
    EndTime=clock();
    //计算消耗时间
    dDiffTime=(double)(EndTime - StartTime)/CLOCKS_PER_SEC;
    printf("\n程序运行时间：%.3lf秒\n\n", dDiffTime);

    //按"F5"键运行时会停留在运行结果
    system("pause");
    return   0;
}
```

程序运行结果如图 1-18 所示。

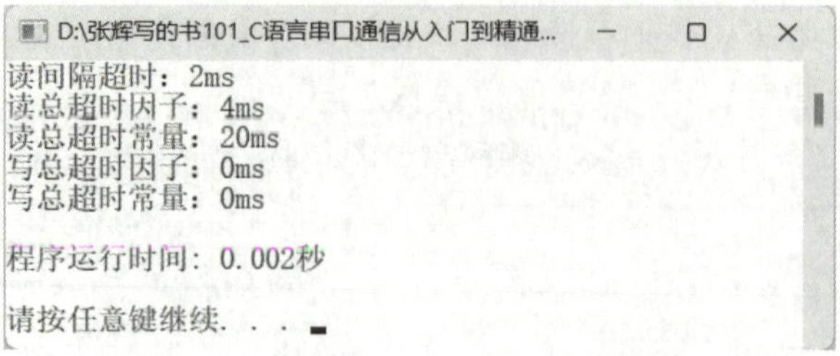

图 1-18　获得超时设定参数程序运行结果

输入输出缓冲区配置

1.4.2　输入输出缓冲区配置

串口缓冲区包括输入缓冲区与输出缓冲区。输入缓冲区对外部输入的数据暂时存储，又称为接收缓冲区；输出缓冲区暂时存储向外发送的数据，又称为发送缓冲区。通信速率与处理数据的节奏不匹配时容易发生数据丢失。如图 1-19 所示，A 与 B 进行通信，设定缓冲区大小为 1024 个字节，以 A 的输入缓冲区为例，第 1 个到达的字节为 D_1，第 2 个到达的字节为 D_2，第 1024 个到达的字节为 D_{1024}，当第 1025 个字节到达时，输入缓冲区已满，则直接丢掉该字节，导致 A 接收不到，为了保证后续的字节能被接收，A 需要不断地将字节从输入缓冲区取走处理，如果一次取走 10 个字节，则后续的字节按队列向前移，相当于第 11 个字节排在了第 1 位，第 1024 个字节排在了第 1014 位，腾空 10 个字节存储外部数据。如果 A 处理数据字节数大于外部数据到达的字节数，则不会丢失数据；反之，会造成数据的丢失。这是串口通信的特色，通信包括硬件电路与软件程序两部分，外部设备为硬件，内部驱动为软件，两者执行的时间不在一个数量级，软件速度远远大于硬件，因此，软件函数执行完后要等待硬件的执行结果，这样造成软件与硬件的执行速度不匹配，需要缓冲区调整两者之间的速度，如同自然界中的河流与水库、电路中的电流与电容、供电系统的电网与储能等。河流受季节影响水量时大时小，水库或自然的湖泊起到“削峰填谷”的作用，使下游河道中的水流保持稳定。

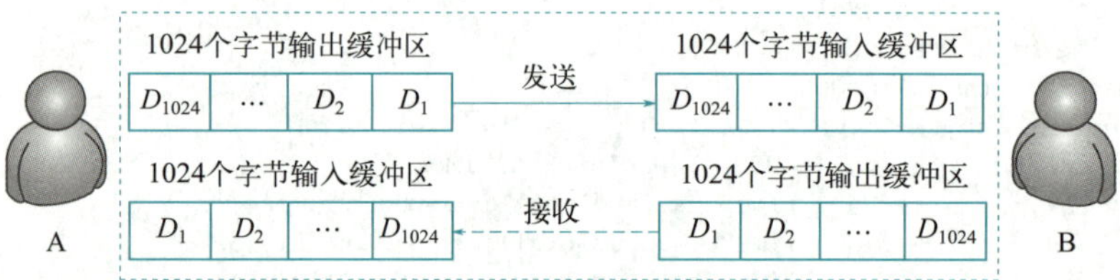

图 1-19　输入缓冲区与输出缓冲区

设置缓冲区大小采用 SetupComm 函数，函数原型如下。

```
BOOL WINAPI SetupComm(
   HANDLE hFile,                    //串口句柄
   DWORD dwInQueue,                 //输入缓冲区大小
   DWORD dwOutQueue                 //输出缓冲区大小
);
```

输入缓冲区和输出缓冲区设置过大，会消耗大量内存；设置太小，起不到调节作用。其大小需根据通信速率和软件处理数据的快慢合理配置。

在对串口读写前，先要通过 PurgeComm 函数清空输入输出缓冲区，否则，接收到的数据是以前存放在接收缓冲区的旧数据，发送的数据也是以前存放在发送缓冲区的旧数据。

缓冲区清空函数原型如下。

```
BOOL PurgeComm(
   HANDLE hFile,          //串口句柄
   DWORD dwFlags          //需要完成的操作
);
```

参数 dwFlags 指定要完成的操作，可以是下列值的组合：

PURGE_TXABORT 中断所有写操作并立即返回，即使写操作还没有完成；

PURGE_RXABORT 中断所有读操作并立即返回，即使读操作还没有完成；

PURGE_TXCLEAR 清除输出缓冲区；

PURGE_RXCLEAR 清除输入缓冲区。

【例题 7】 通信过程中监测输入缓冲区与输出缓冲区字节个数。

【解】 程序如下。

```
#include    <windows.h>
#include    <tchar.h>
#include    <stdio.h>
#include    <time.h>
int     main(int  argc, char* argv[])
{
    BOOL        bRet;                          //函数返回状态
    TCHAR       Receive[64]={ 0 };
    char Send[]="abc";                         //共4个字符，包括'\0'
    int         i=0;                           //计数器
    clock_t     StartTime=0;                   //开始时间
    clock_t     EndTime=0;                     //结束时间
    HANDLE      hCom;                          //串口句柄
    DWORD       dwRead;                        //实际读取的字节数
    DWORD       dwBytesWritten;                //实际写入的字节数
    DWORD       dwErrorFlags;
    COMSTAT     ComStat;                       //串口状态
    double      dDiffTime=0.0;                 //时间差

    //记录开始时间
    StartTime=clock();

    //打开串口
    hCom=CreateFile(TEXT("COM4"),
        GENERIC_READ | GENERIC_WRITE,          //允许读和写
        0,                                     //独占方式
        NULL,                                  //安全性属性结构，缺省值为NULL
        OPEN_EXISTING,                         //打开已存在的串口
        0,                                     //同步方式（阻塞方式）
        NULL);
    if (hCom==(HANDLE)-1)
    {
        MessageBox(NULL, TEXT("打开COM失败！"), TEXT("Fail"), MB_ICONEXCLAMATION);
        return  -1;
    }

    //设置输入输出缓冲区大小
    SetupComm(hCom, 512, 512);

    //监测串口输入缓冲区与输出缓冲区
    printf("每次不清空输入输出缓冲区\n");
    ClearCommError(hCom, &dwErrorFlags, &ComStat);
    printf("%d-->初始状态\n输入缓冲区有%d个字节，输出缓冲区有%d个字节\n", i, ComStat.cbInQue,
ComStat.cbOutQue);

    //循环输出数据，监测输入输出缓冲区字节个数
```

```
    do
    {
        i=i + 1;
        //向串口输出缓冲区写入数据，保证TTL电平或RS-232的发送引脚与接收引脚短接
        bRet=WriteFile(hCom, Send,sizeof(Send) / sizeof(Send[0]), &dwBytesWritten, NULL);
        if (!bRet)
        {
            MessageBox(NULL, TEXT("写串口失败！"), TEXT("Fail"), MB_ICONHAND);
            return  -3;
        }

        //延迟10 ms，等待通信完成
        Sleep(10);
        //监测串口输入缓冲区与输出缓冲区
        ClearCommError(hCom, &dwErrorFlags, &ComStat);
        printf("%d-->输出字符\n输入缓冲区有%d个字节，输出缓冲区有%d个字节\n", i, ComStat.cbInQue,
ComStat.cbOutQue);
    } while (i < 3);

    //每次清空输入缓冲区和输出缓冲区
    i=0;
    PurgeComm(hCom, PURGE_TXABORT | PURGE_RXABORT | PURGE_TXCLEAR | PURGE_RXCLEAR);
    printf("\n每次清空输入输出缓冲区\n");
    ClearCommError(hCom, &dwErrorFlags, &ComStat);
    printf("%d-->初始状态\n输入缓冲区有%d个字节，输出缓冲区有%d个字节\n", i, ComStat.cbInQue,
ComStat.cbOutQue);

    //循环输出数据，监测输入输出缓冲区字节个数
    do
    {
        i=i + 1;
        //向串口输出缓冲区写入数据，保证TTL电平或RS-232的发送引脚与接收引脚短接
        bRet=WriteFile(hCom, Send,sizeof(Send) / sizeof(Send[0]), &dwBytesWritten, NULL);
        if (!bRet)
        {
            MessageBox(NULL, TEXT("写串口失败！"), TEXT("Fail"), MB_ICONHAND);
            return  -3;
        }
        //延迟10 ms，等待通信完成
        Sleep(10);
        //清空输入缓冲区和输出缓冲区，监测串口输入缓冲区与输出缓冲区
        PurgeComm(hCom, PURGE_TXABORT | PURGE_RXABORT | PURGE_TXCLEAR | PURGE_RXCLEAR);
        ClearCommError(hCom, &dwErrorFlags, &ComStat);
        printf("%d-->输出字符\n输入缓冲区有%d个字节，输出缓冲区有%d个字节\n", i, ComStat.cbInQue,
ComStat.cbOutQue);
    } while (i < 3);

    //关闭串口
    CloseHandle(hCom);

    //终止时间
    EndTime=clock();
    //计算消耗时间
    dDiffTime=(double)(EndTime - StartTime) / CLOCKS_PER_SEC;
    printf("\n程序运行时间：%.3lf秒\n\n", dDiffTime);

    //按"F5"键运行时会停留在运行结果
    system("pause");
    return  0;
}
```

该程序运行过程中必须保证 RS-232 接口或 TTL 接口的 TxD 引脚与 RxD 引脚短接，数

据发送后通过 TxD 引脚输出，经过短路线进入 RxD 引脚，存储在输入缓冲区。Windows 控制台程序运行结果如图 1-20 所示，每次发送 4 个字节，当不清空输入输出缓冲区时，每次进入输入缓冲区 4 个字节，可以时刻监测到输入缓冲区内字节个数的变化。当清空输入输出缓冲区时，缓冲区的数据被移除，故字节个数为零。

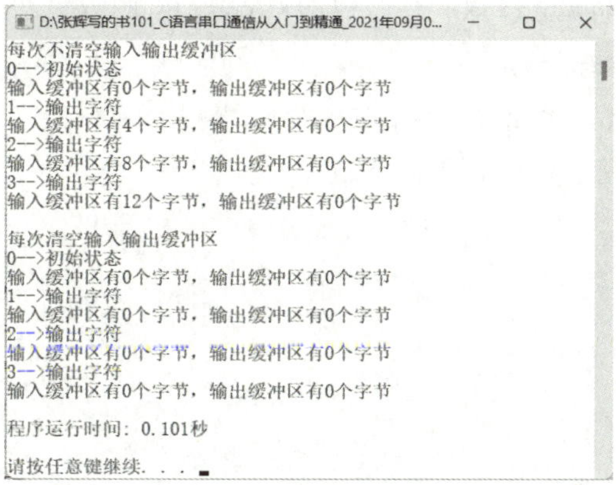

图 1-20 监测输入输出缓冲区程序运行结果

1.5 串口操作

1.5.1 打开关闭串口

打开关闭串口

打开串口用 API 函数 CreateFile 实现，该函数的原型如下。

```
HANDLE CreateFile(LPCTSTR lpFileName,
              DWORD     dwDesiredAccess,
              DWORD     dwShareMode,
              LPSECURITY_ATTRIBUTES      lpSecurityAttributes,
              DWORD     dwCreationDistribution,
              DWORD     dwFlagsAndAttributes,
              HANDLE    hTemplateFile
);
```

参数详解如下。

lpFileName：要打开的串口名，当串口号小于 10 时，串口名为“COMX”，如“COM1”“COM2”……“COM9”；当串口号大于 9 时，串口名为“\\.\COMX”，如“\\.\COM10”“\\.\COM11”……“\\.\COM255”。在 C 语言编程时，由于“\”要用“\\”表示，所以实际语句应为“\\\\.\\COMX”。

dwDesiredAccess：指定串口访问的类型，可以是读（GENERIC_READ）、写（GENERIC_WRITE）或既读又写（GENERIC_READ| GENERIC_WRITE）。

dwShareMode：指定共享属性，串口不能共享，只能以独占方式使用，该参数必须为 0。

lpSecurityAttributes：引用安全性属性结构，缺省值为 NULL。

dwCreationDistribution：创建标志，由于串口一直存在，不需要创建，对串口操作该参数必须置为 OPEN_EXISTING。

dwFlagsAndAttributes：属性描述，用于指定该串口是否进行异步操作，该值为 FILE_FLAG_OVERLAPPED 表示使用异步的 I/O，该值为 0 表示同步 I/O 操作。串口的操作有两种操作方式：同步操作方式（阻塞操作方式）和异步操作方式（重叠操作方式）。同步操作时，API 函数会阻塞，直到串口操作完成后才能返回；异步操作时，API 函数会立即返回，串口操作在后台进行，避免线程阻塞。

hTemplateFile：对于串口，该参数必须置为 NULL。

关闭串口采用 CloseHandle 函数，其参数为 CreateFile 函数返回的句柄，函数原型如下。

```
BOOL CloseHandle(HANDLE hObject);
```

【例题 8】 采用控制台方式编写程序打开与关闭串口 COM4。

【解】 打开关闭串口程序 C 源代码如下。

```
#include    <windows.h>
#include    <tchar.h>
#include    <stdio.h>
#include    <time.h>
int     main(int  argc, char * argv[])
{
    clock_t       StartTime=0;                                  //开始时间
    clock_t       EndTime=0;                                    //结束时间
    double        dDiffTime=0.0;                                //时间差
    HANDLE        hCom;                                         //串口句柄

    StartTime=clock();                                          //开始时间
    hCom=CreateFile(TEXT("COM4"),
                         GENERIC_READ|GENERIC_WRITE, //允许读和写
                         0,                          //独占方式
                         NULL,                       //安全性属性结构，缺省值为NULL
                         OPEN_EXISTING,              //打开已存在的串口
                         0,                          //同步方式（阻塞方式）
                         NULL);
    if(hCom==(HANDLE)-1)
    {
        MessageBox(NULL, TEXT("打开COM失败！"), TEXT("Fail"), MB_ICONEXCLAMATION);
    }
    else
    {
        MessageBox(NULL, TEXT("打开COM成功！"), TEXT("欢迎学习串口通信！ "), MB_ICONEXCLAMATION);
        CloseHandle(hCom);
        MessageBox(NULL, TEXT("关闭COM成功！"), TEXT("串口通信真有趣！ "), MB_ICONEXCLAMATION);
    }
    //终止时间
    EndTime=clock();
    //计算消耗时间
    dDiffTime=(double)(EndTime - StartTime)/CLOCKS_PER_SEC;
    printf("\n程序运行时间：%.3lf秒\n\n", dDiffTime);

    //按"F5"键运行时会停留在运行结果
    system("pause");
    return  0;
}
```

运行结果如图 1-21 所示。

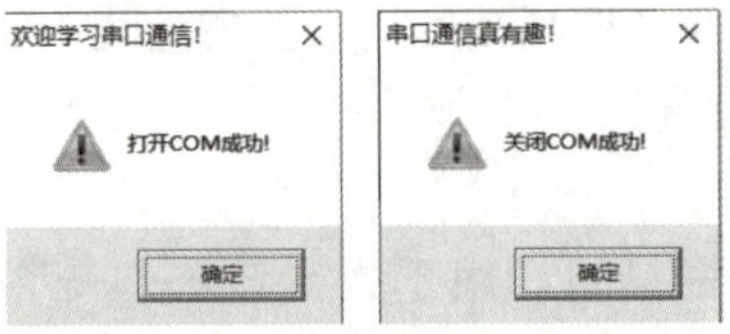

图 1-21　打开关闭串口程序运行结果

1.5.2 读写串口

读写串口

串口读写建议使用阻塞操作方式，这种方式既可应用于嵌入式系统，也可应用于微软操作系统。但是，重叠操作方式无法应用于基于 WinCE 的嵌入式操作系统，其使用范围较小。

串口读写的关键在于 DCB 与 COMMTIMEOUTS 结构体参数的设置，主要表现在以下几个方面。

（1）串口共享方式为独占模式

串口是一种硬件资源，类似于显示器、网卡。当 A 程序打开串口前，已经按 A 程序的通信模式对各参数进行了设置，例如，通信波特率设为 9600、数据位设为 7 等，A 程序使用完关闭串口，B 程序开始使用，但 B 程序的通信波特率应为 1200，若忘记重新对 DCB 结构体参数进行设置，将导致通信失败。由此可见，DCB 与 COMMTIMEOUTS 结构体在使用前需要按要求进行设置。

（2）通信参数双向一致

通信是 A 与 B 的交流，假设 A 为主机，B 为从机，A 主机中 DCB 结构体参数的设置要与从机一致，例如，主机与某种仪表通信，仪表的通信波特率为 2400，而主机设成了 9600，两者不相同，通信无法进行。

（3）超时设定恰当

COMMTIMEOUTS 结构体中，如果读总超时或写总超时设置太长，将导致主机 ReadFile 与 WriteFile 函数等待时间过长；如果读总超时或写总超时设置太短，外部从机的数据还未到达而函数已执行完毕，将导致丢失数据。两种情况都会影响正常的通信功能。

【例题 9】 采用控制台方式编写程序对串口进行读写操作。

【解】 程序如下。

```
#include   <windows.h>
#include   <tchar.h>
#include   <stdio.h>
#include   <time.h>
int    main(int  argc, char* argv[])
{
    BOOL              bRet;                  //函数返回状态
    TCHAR             Receive[64]={ 0 };
    char Send[]="1234567";                   //共8个字符，包括'\0'
    int               i=0;                   //计数器
    clock_t           StartTime=0;           //开始时间
    clock_t           EndTime=0;             //结束时间
    HANDLE hCom;                             //串口句柄
    DWORD             dwRead;                //实际读取的字节数
    DWORD             dwBytesWritten;        //实际写入的字节数
    DWORD             dwErrorFlags;
    COMSTAT           ComStat;               //串口状态
    double            dDiffTime=0.0;         //时间差

    //记录开始时间
    StartTime=clock();
    hCom=CreateFile(TEXT("COM4"),
        GENERIC_READ | GENERIC_WRITE,        //允许读和写
        0,                                   //独占方式
        NULL,                                //安全性属性结构，缺省值为NULL
        OPEN_EXISTING,                       //打开已存在的串口
        0,                                   //同步方式（阻塞方式）
```

```
        NULL);
    if (hCom==(HANDLE)-1)
    {
        MessageBox(NULL, TEXT("打开COM失败!"), TEXT("Fail"), MB_ICONEXCLAMATION);
        return -1;
    }

    //设置输入输出缓冲区大小
    SetupComm(hCom, 16, 16);

    //写串口
    PurgeComm(hCom, PURGE_TXABORT | PURGE_RXABORT | PURGE_TXCLEAR | PURGE_RXCLEAR);

    //写串口前检测输入缓冲区与输出缓冲区
    ClearCommError(hCom, &dwErrorFlags, &ComStat);
    printf("******1-->写串口前******\n");
    printf("输入缓冲区有%d个字节，输出缓冲区有%d个字节\n", ComStat.cbInQue, ComStat.cbOutQue);
    bRet=WriteFile(hCom, Send,sizeof(Send) / sizeof(Send[0]), &dwBytesWritten, NULL);
    if (!bRet)
    {
        MessageBox(NULL, TEXT("写串口失败!"), TEXT("Fail"), MB_ICONHAND);
        return -3;
    }
    //写串口后检测输入缓冲区与输出缓冲区
    Sleep(10);
    ClearCommError(hCom, &dwErrorFlags, &ComStat);
    printf("******2-->写串口后******\n");
    printf("输入缓冲区有%d个字节，输出缓冲区有%d个字节\n", ComStat.cbInQue, ComStat.cbOutQue);
    //读串口
    bRet=ReadFile(hCom, Receive,sizeof(Receive) / sizeof(Receive[0]), &dwRead, NULL);
    if (!bRet)
    {
        MessageBox(NULL, TEXT("读串口失败!"), TEXT("Fail"), MB_ICONHAND);
        return -2;
    }
    Sleep(10);
    ClearCommError(hCom, &dwErrorFlags, &ComStat);
    printf("******3-->读串口后******\n");
    printf("输入缓冲区有%d个字节，输出缓冲区有%d个字节\n", ComStat.cbInQue, ComStat.cbOutQue);

    //关闭串口
    CloseHandle(hCom);
    //记录终止时间
    EndTime=clock();
    dDiffTime=(double)(EndTime - StartTime) / CLOCKS_PER_SEC;          //计算消耗时间
    printf("\n程序运行时间：%.3lf秒\n\n", dDiffTime);

    //按"F5"键运行时会停留在运行结果
    system("pause");
    return 0;
}
```

Windows 控制台程序运行结果如图 1-22 所示。如图 1-22（a）所示为 RS-232 发送引脚与 RS-232 接收引脚未短接的运行结果，写串口时，数据未能通过发送引脚到达接收引脚，输入缓冲区接收不到数据；如图 1-22（b）所示为 RS-232 发送引脚与 RS-232 接收引脚短接的运行结果，数据从发送引脚输出，经短路线到达接收引脚，再进入输入缓冲区，在未从输入缓冲区读数据时，数据一直保存在输入缓冲区，故能获取当前输入缓冲区内字节的个数，当通过 ReadFile 函数从输入缓冲区读取数据时，数据从输入缓冲区移除，此时输入缓冲区被清空，输入缓冲区内字节个数为零。

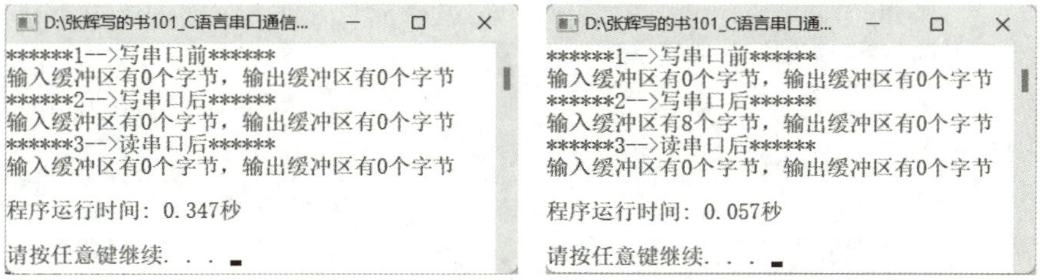

(a)　　　　(b)

图 1-22　读写串口程序运行结果

1.6 串口监测

对串口进行读操作时，预先应用 ClearCommError 函数清除已有通信错误，同时对串口通信状态进行监测，ClearCommError 函数的原型如下。

```
BOOL ClearCommError(
   HANDLE hFile,                    //串口句柄
   LPDWORD lpErrors,                //指向接收错误码的变量
   LPCOMSTAT lpStat                 //指向通信状态缓冲区
);
```

串口监测

参数 lpStat 指向一个 COMSTAT 结构体，该结构体返回串口通信状态信息。COMSTAT 结构体包含串口通信信息，结构定义如下。

```
typedef struct  _COMSTAT{
   DWORD fCtsHold:1;      //Tx waiting for CTS signal
   DWORD fDsrHold:1;      //Tx waiting for DSR signal
   DWORD fRlsdHold:1;     //Tx waiting for RLSD signal
   DWORD fXoffHold:1;     //Tx waiting, XOFF char rec"d
   DWORD fXoffSent:1;     //Tx waiting, XOFF char sent
   DWORD fEof:1;          //EOF character sent
   DWORD fTxim:1;         //character waiting for Tx
   DWORD fReserved:25;    //reserved
   DWORD cbInQue;         //bytes in input buffer
   DWORD cbOutQue;        //bytes in output buffer
}COMSTAT, *LPCOMSTAT;
```

【例题 10】采用控制台方式编写程序获取串口的通信状态并清除通信错误。

【解】程序如下。

```
#include   <windows.h>
#include   <tchar.h>
#include   <stdio.h>
#include   <time.h>
int    main(int  argc, char* argv[])
{
   BOOL         bRet;                          //函数返回状态
   TCHAR        Receive[64]={ 0 };
   char Send[]="abc";                          //共4个字符，包括'\0'
   int          i=0;                           //计数器
   clock_t      StartTime=0;                   //开始时间
   clock_t      EndTime=0;                     //结束时间
   HANDLE       hCom;                          //串口句柄
   COMSTAT      ComStat;                       //串口状态
   DWORD dwErrorFlags;
```

```
DWORD        dwRead;                        //实际读取的字节数
DWORD        dwBytesWritten;                //实际写入的字节数
double       dDiffTime=0.0;                 //时间差
//开始时间
StartTime=clock();

//打开串口
hCom=CreateFile(TEXT("COM4"),
    GENERIC_READ | GENERIC_WRITE,           //允许读和写
    0,                                      //独占方式
    NULL,                                   //安全性属性结构，缺省值为NULL
    OPEN_EXISTING,                          //打开已存在的串口
    0,                                      //同步方式（阻塞方式）
    NULL);
if (hCom==(HANDLE)-1)
{
    MessageBox(NULL, TEXT("打开COM失败！"), TEXT("Fail"), MB_ICONEXCLAMATION);
    return 0;
}
//1-->发送数据前监测串口状态
printf("\n1-->发送数据前监测串口状态\n");
ClearCommError(hCom, &dwErrorFlags, &ComStat);
printf("错误标志(dwErrorFlags):%d\n", dwErrorFlags);
printf("fCtsHold=%#x\n", ComStat.fCtsHold);
printf("fDsrHold=%#x\n", ComStat.fDsrHold);
printf("fRlsdHold=%#x\n", ComStat.fRlsdHold);
printf("fXoffHold=%#x\n", ComStat.fXoffHold);
printf("fXoffSent=%#x\n", ComStat.fXoffSent);
printf("fEof=%#x\n", ComStat.fEof);
printf("fTxim=%#x\n", ComStat.fTxim);
printf("输入缓冲区有%d个字节\n", ComStat.cbInQue);
printf("输出缓冲区有%d个字节\n", ComStat.cbOutQue);
//2-->向串口写数据后监测串口状态
printf("\n2-->向串口写数据后监测串口状态\n");
bRet=WriteFile(hCom, Send,sizeof(Send) / sizeof(Send[0]), &dwBytesWritten, NULL);
if (!bRet)
{
    MessageBox(NULL, TEXT("写串口失败！"), TEXT("Fail"), MB_ICONHAND);
    return  -3;
}
//等待10 ms
Sleep(10);
ClearCommError(hCom, &dwErrorFlags, &ComStat);
printf("错误标志(dwErrorFlags):%d\n", dwErrorFlags);
printf("fCtsHold=%#x\n", ComStat.fCtsHold);
printf("fDsrHold=%#x\n", ComStat.fDsrHold);
printf("fRlsdHold=%#x\n", ComStat.fRlsdHold);
printf("fXoffHold=%#x\n", ComStat.fXoffHold);
printf("fXoffSent=%#x\n", ComStat.fXoffSent);
printf("fEof=%#x\n", ComStat.fEof);
printf("fTxim=%#x\n", ComStat.fTxim);
printf("输入缓冲区有%d个字节\n", ComStat.cbInQue);
printf("输出缓冲区有%d个字节\n", ComStat.cbOutQue);
//3-->从串口读数据后监测串口状态
printf("\n3-->从串口读数据后监测串口状态\n");
//读串口
bRet=ReadFile(hCom, Receive,sizeof(Receive) / sizeof(Receive[0]), &dwRead, NULL);
if (!bRet)
{
    MessageBox(NULL, TEXT("读串口失败！"), TEXT("Fail"), MB_ICONHAND);
    return  -2;
}
```

```
    //等待10 ms
    Sleep(10);
    ClearCommError(hCom, &dwErrorFlags, &ComStat);
    printf("错误标志(dwErrorFlags): %d\n", dwErrorFlags);
    printf("fCtsHold=%#x\n", ComStat.fCtsHold);
    printf("fDsrHold=%#x\n", ComStat.fDsrHold);
    printf("fRlsdHold=%#x\n", ComStat.fRlsdHold);
    printf("fXoffHold=%#x\n", ComStat.fXoffHold);
    printf("fXoffSent=%#x\n", ComStat.fXoffSent);
    printf("fEof=%#x\n", ComStat.fEof);
    printf("fTxim=%#x\n", ComStat.fTxim);
    printf("输入缓冲区有%d个字节\n", ComStat.cbInQue);
    printf("输出缓冲区有%d个字节\n", ComStat.cbOutQue);
    //关闭串口
    CloseHandle(hCom);
    //终止时间
    EndTime=clock();
    dDiffTime=(double)(EndTime - StartTime) / CLOCKS_PER_SEC;          //计算消耗时间
    printf("\n程序运行时间: %.3lf秒\n\n", dDiffTime);

    //按"F5"键运行时会停留在运行结果
    system("pause");
    return  0;
}
```

Windows 控制台程序运行结果如图 1-23 所示。如图 1-23（a）所示为发送数据前读取串口状态参数获得的值；将 RS-232 的发送引脚 TxD 与接收引脚 RxD 短接后，通过 WriteFile 函数写串口发现输入缓冲区接收到 4 个字节数据，如图 1-23（b）所示；通过 ReadFile 函数从串口读取数据后，输入缓冲区的数据被取走，此时输入缓冲区字节个数为零，如图 1-23（c）所示。

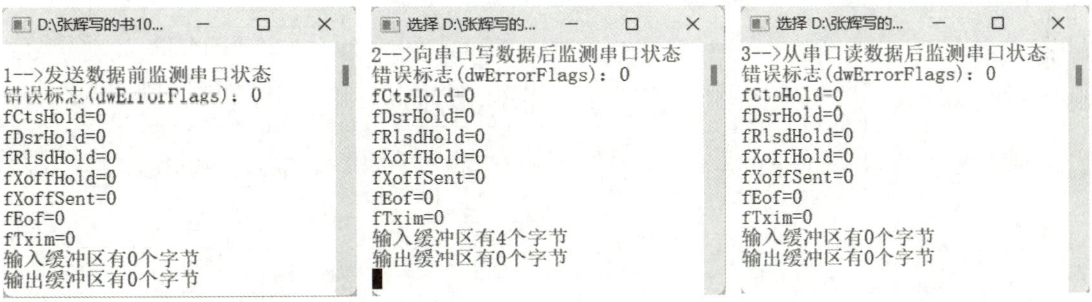

(a)　(b)　(c)

图 1-23　串口监测程序运行结果

第2章

串口自动识别

知识点思维导图

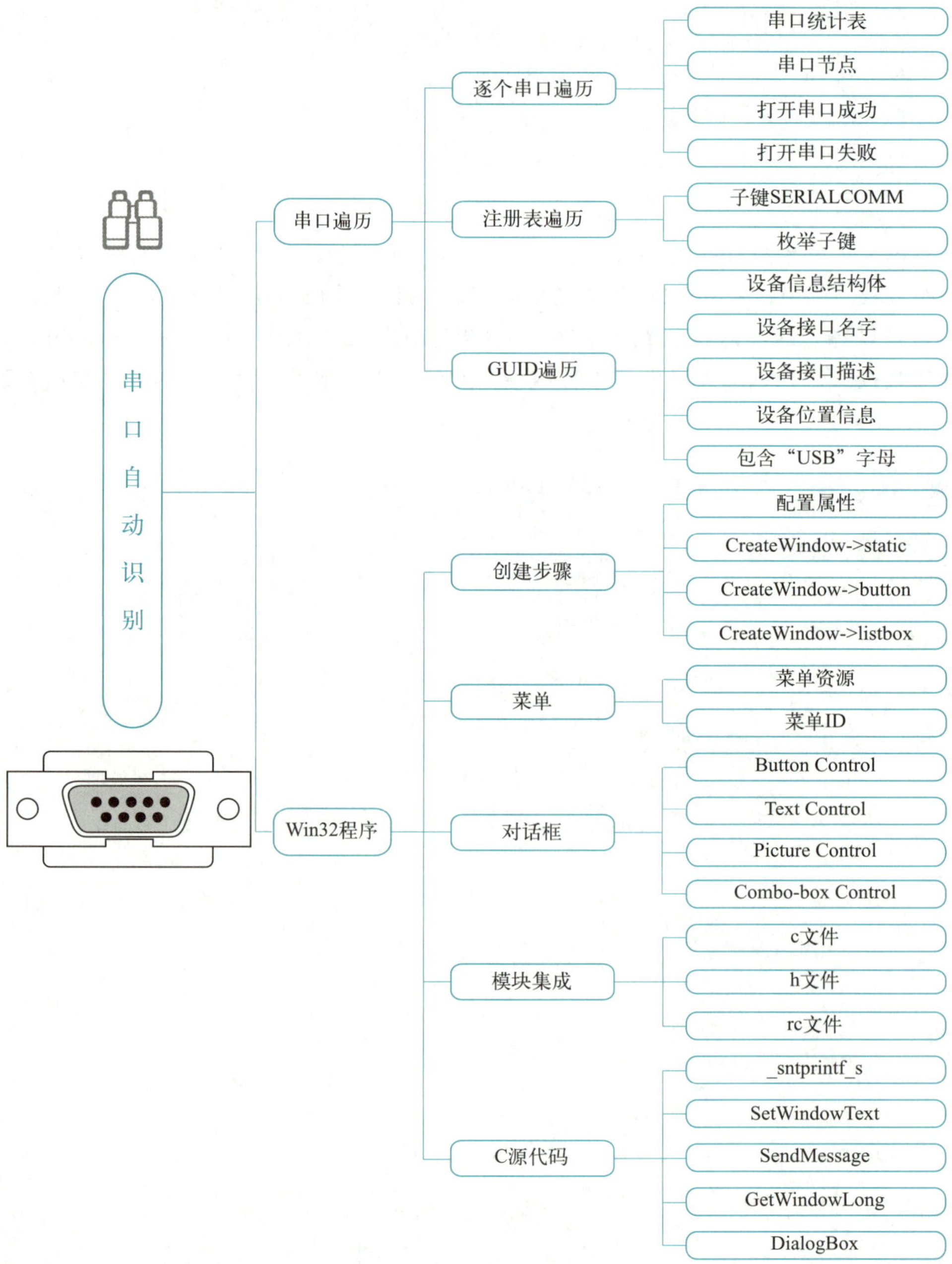

串口属于独享硬件资源，不能同时访问，当一个进程与之通信时，其他进程无法与之建立连接。编程过程中经常发生类似的误操作：一个程序在操作串口，另一个程序又要打开串口。串口通信过程中，操作者想了解设备具有多少个串口，可用的串口有几个，此时就需要自动检测该设备的串口使用情况。串口自动识别可以智能化地扫描侦测各个串口的状态信息，例如：存在几个串口，哪几个串口在使用中，哪几个串口处于空闲状态。

2.1 串口遍历

串口遍历就是查找计算机具有的所有串口并识别每个串口的工作状态。在涉及串口通信的应用软件开发过程中，需要智能检测应用软件所在计算机的串口资源以及串口使用情况，在建立通信、串口状态检测和断开通信过程中，必须时刻监测串口状态。

2.1.1 逐个串口遍历

逐个串口遍历是指依次打开与关闭从 1 至 255 的各个串口，如果能正常打开与关闭，说明该串口存在并且空闲；如果无法打开，说明串口可能正在被其他程序占用，也可能不存在，需要依据返回的错误码进行判断。遍历结束后，统计出所有存在的串口、工作的串口和空闲的串口。这种遍历串口方法统计范围固定，耗用时间长。

由于串口的个数不确定，无法用固定数组存储串口信息，因此采用串口统计表与串口节点两种结构体完成对未知数目串口的遍历与统计。如图 2-1（a）所示，串口统计表包含串口统计表本身结构体字节数、存在串口数、使用串口数、空闲串口数以及指向首串口节点的串口节点指针，该结构体如同一张统计信息清单，将所有串口的使用情况进行汇总，该结构体末尾项的串口节点指针如同火车的车头一样，指向具体的串口节点，形成链表，链表中的每一个节点代表一个存在的串口，包括串口节点结构体字节数、是否存在、是否使用、是否空闲、串口名和串口节点指针，其中串口名是访问串口的重要信息，打开与关闭串口函数通过串口名对串口进行操作。如图 2-1（b）所示的 N-S 图是 EnumerateCom 函数的设计流程，串

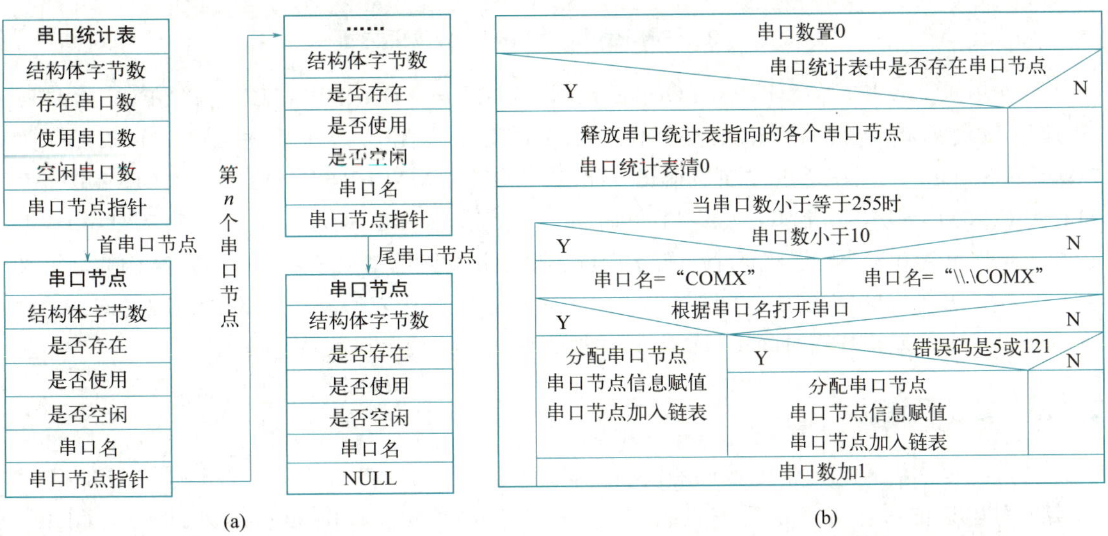

图 2-1　串口统计表结构体与 EnumerateCom 函数设计流程 N-S 图

口统计表如同一个变量一样，每次统计都要对其进行清零，函数在遍历各个串口前，无论其是否已有填充信息，都要先对链表进行拆解，然后再重新分配内存与清零，因为每次运行都会追加新的串口信息到该链表，如果不拆解则会导致重复信息的累加。建立新的串口统计表后，依次打开串口1到串口255的各个串口，此时，需要构建串口名，对小于10的串口号，其串口名为“COM1”“COM2”“COM3”……“COMX”；当串口号大于等于10时，串口名为“\\.\COM10”“\\.\COM11”“\\.\COM12”……“\\.\COMX”。如果打开串口成功，说明该串口存在并且处于空闲状态，此时分配内存，建立串口节点，填写该串口的串口名、是否存在、是否使用、是否空闲等信息，并将该串口节点挂载到串口统计表指向的链表，完成一个串口节点的遍历。如果打开串口失败，根据返回的错误信息码判断该串口状态，如果错误码是5或121，说明该串口存在，但是正在被其他程序使用，此时建立对应的串口节点，填写节点信息，将该串口节点挂载到串口统计表中，串口数增加1，继续下一个串口的甄别。

2.1.2 注册表遍历

通过设备注册表可以查看所有串口，在键盘上按下“Win”+“R”键，在弹出的对话框中输入“regedit”后点击“确定”按钮，弹出如图2-2所示界面。注册表是计算机管理各种资源的“管家”。

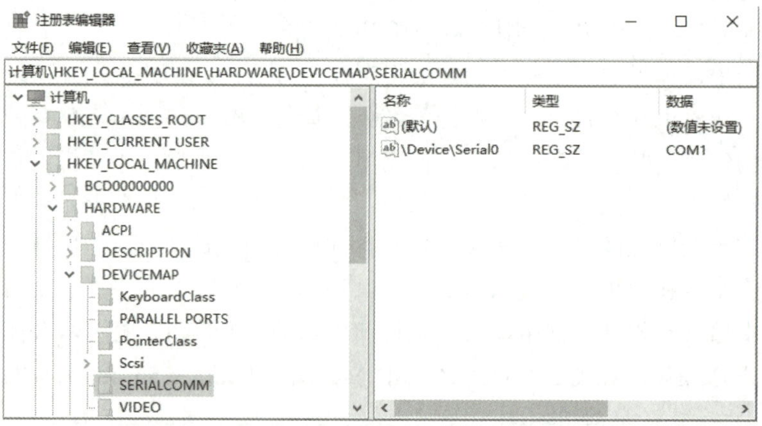

图2-2 注册表编辑器串口子键内容展示界面

依次用鼠标双击主键“HKEY_LOCAL_MACHINE”→“HARDWARE”→“DEVICEMAP”得到串口对应的子键“SERIALCOMM”，在图2-2右侧窗口中观察到串口的名称为“\Device\Serial0”。程序通过注册表键值“HKEY_LOCAL_MACHINE\HARDWARE\DEVICEMAP\SERIALCOMM”遍历串口能够大大降低检测时间，设计流程如图2-3所示。当子键“SERIALCOMM”内容的项目不为0时，程序将逐个遍历子键内容值，将得到的串口填入串口节点结构体，追加到串口统计表指向的链表中，当遍历结束后，填充串口统计表信息。子键“SERIALCOMM”内容条目较少，遍历耗用时间短，因此，注册表遍历是遍历串口的首选技术。

2.1.3 GUID遍历

目前，台式机和笔记本电脑已经没有9针串口，但USB接口较多，只能通过USB转串口实现对串口的操作。设备对串口通过全局唯一标识符（globally unique identifier，GUID）识别，通过GUID_DEVINTERFACE_COMPORT关键字获得硬件设备访问入口，依次获得各

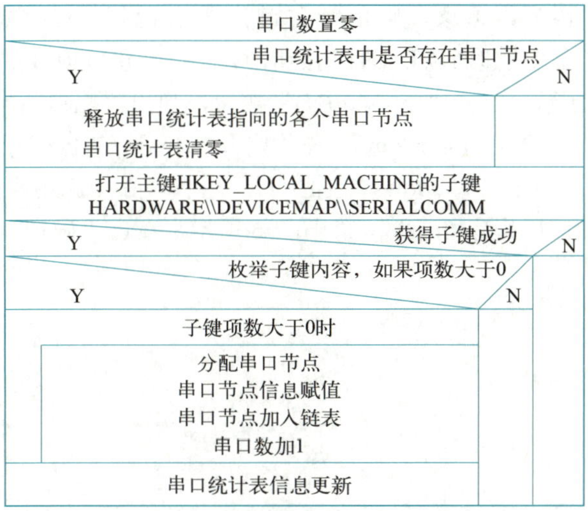

图 2-3　设备注册表遍历串口设计流程 N-S 图

种设备特征参数和状态数据，例如，设备名称和设备描述等，通过对比 SPDRP_LOCATION_INFORMATION 关键字对应内容中是否含有“USB”三个字母，确定其是否为 USB 转串口设备。这种方式称为 API 方式，即用操作系统提供的 API 函数查询串口，与逐个串口遍历和注册表遍历相比，这种方式能够发现 USB 转换形成的串口，运行时间介于上述两者之间，API 函数查找串口设计流程如图 2-4 所示。

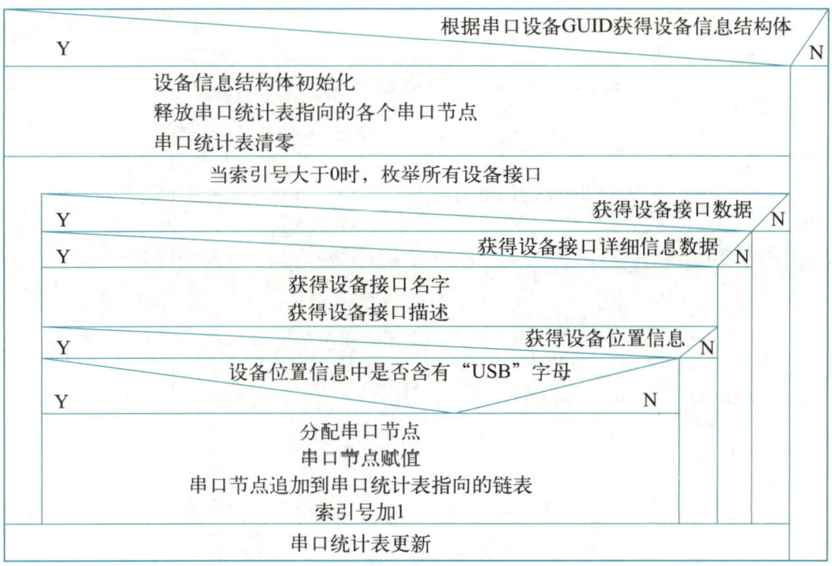

图 2-4　API 函数查找串口设计流程 N-S 图

2.2　Win32程序

2.2.1　创建步骤

用鼠标左键点击桌面左下角“开始”按钮，在弹出菜单中点击“全部 >”按钮展开菜单，查找“Visual Studio 2019”菜单项，用鼠标左键点击后运行 VS2019，弹出“Visual Studio 2019”窗体，在右侧点击“创建新项目 (N)”按钮，弹出“创建新项目”窗口，选择“Windows 桌面向导”，如图 2-5 所示，点击“下一步 (N)”按钮，弹出“配置新项目”窗口，在“项目名称 (J)”对应的输入框中输入“FindCom”，在“位置 (L)”下方的输入框中选择“桌面”目录，点击“创建 (C)”按钮，弹出“Windows 桌面项目”窗体，在“应用程序类型 (T)”下方的下拉列表框中选择“桌面应用程序 (.exe)”，如图 2-6 所示，点击“确定”按钮完成“FindCom”空解决方案的创建。

图 2-5　创建新项目窗体项目模板选择界面

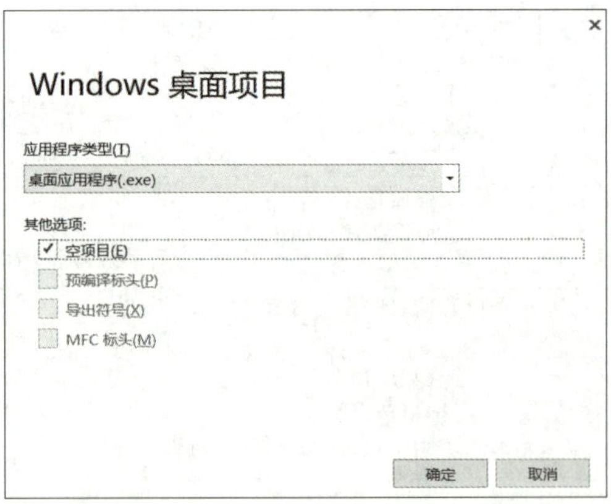

图 2-6　Windows 桌面项目窗体设置界面

在“解决方案资源管理器”中选择“源文件”，右键弹出菜单，选择“添加 (D)”→“新建项 (W)...”，弹出“添加新项 -FindCom”窗口，选择“C++ 文件 (.cpp)”，在下方“名称 (N)”后方的输入框中输入“FindCom.cpp”，点击“添加 (A)”按钮，完成源文件的创建。

在工具栏中点击“x86”右侧下拉按钮，选择“配置管理器 ...”，弹出“配置管理器”窗口，在“活动解决方案配置 (C):”下方的列表框中选择“Release”，在“活动解决方案平台 (P):”下方选择“< 新建 ...>”，如图 2-7 所示，在“新建解决方案平台”中选择“Win32”平台，点击“确定”按钮。

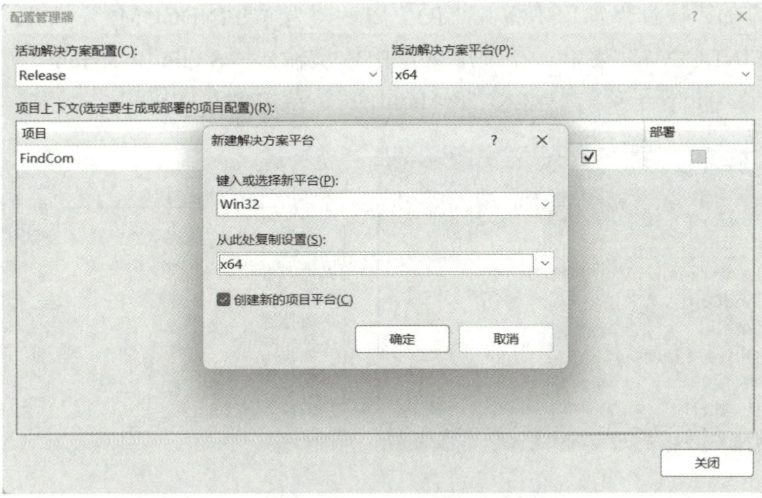

图 2-7　配置管理器界面

在工具栏中选择“Release”版本，点击“项目 (P)”菜单中“FindCom 属性 (P)”按钮，弹出“FindCom 属性页”窗体，如图 2-8 所示，在“配置属性”下方选择“高级”选项，在右侧列表框中查找“MFC 的使用”，在其右侧通过下拉按钮选择“使用标准 Windows 库”。展开“C/C++”选项，选择下方“代码生成”，在右侧列表框中查找“运行库”，对应选项选择“多线程 (/MT)”，点击“应用”按钮，再点击“确定”按钮，完成参数配置。

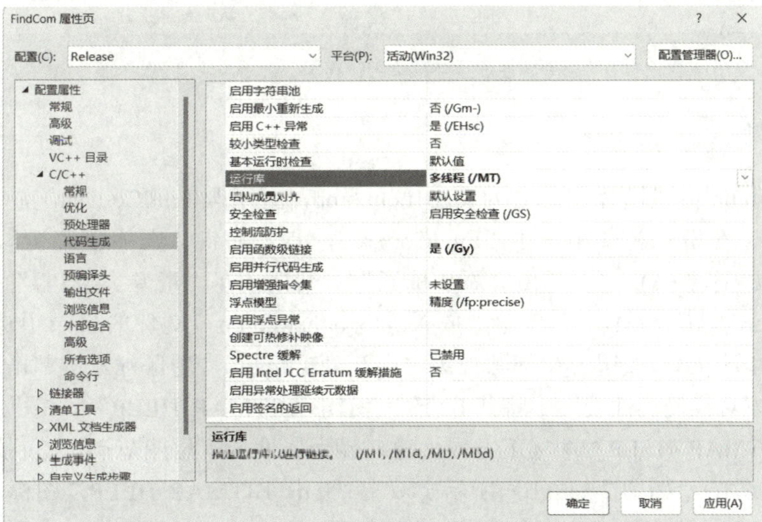

图 2-8　文件属性页配置界面

串口查询_菜单

2.2.2　菜单

在如图 2-9（a）所示的“解决方案资源管理器”界面中选中“资源文件”，点击右键，在弹出菜单中选中“添加 (D)”，再选择“资源 (R)...”，弹出如图 2-9（b）所示的“添加资源”窗口，选择“Menu”选项，点击“新建 (N)”按钮，此时会同时建立“FindCom.rc”资源文件，在“解决方案资源管理器”中展开“资源文件”，在下方选择“FindCom.rc”文件，用鼠标左键双击该文件，弹出“资源视图 -FindCom”视图窗口，双击生成的“Menu”图标，选中菜单名称，在下方的“属性”窗口中将其“ID”属性改为“"FINDCOM"”，如图 2-10 所示。双击新建立的“FINDCOM”菜单，在顶层菜单中依次输入“&File”“&Help”，在 File 子菜单中输入“E&xit”，Help 子菜单中输入“&About...”，菜单创建完毕。

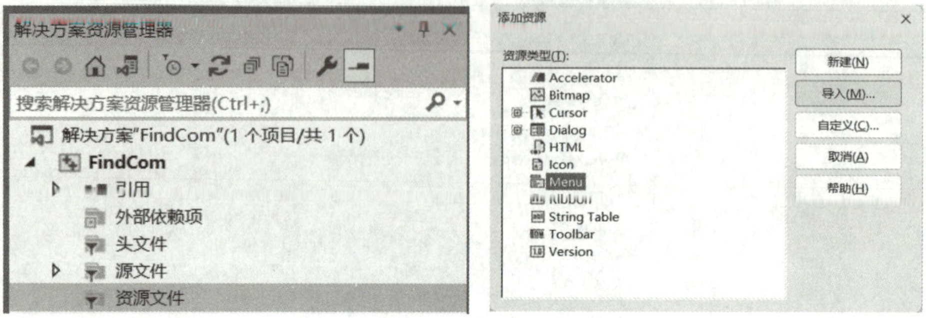

(a) (b)

图 2-9　创建资源文件界面

(a) (b) (c)

图 2-10　菜单属性设置与菜单创建界面

2.2.3　对话框

串口查询_对话框

准备一张 bmp 格式图片，命名为 logo_help.bmp，置于与 FindCom.sln 同一个目录下。在资源视图中选中“FindCom.rc”，点击右键，在弹出菜单中选择“添加资源 (A)...”，弹出“添加资源”对话框，在“资源类型 (T)”列表框中选择“Bitmap”，点击“导入 (M)...”按钮，放置“logo_help.bmp”文件的目录中选中 logo_help.bmp，点击“打开 (O)”按钮，在资源视图中展开“Bitmap”，用鼠标左键单击下方对应的位图图标，在下方对应的属性视图中将其 ID 改为“IDB_BITMAP_HELP”，如图 2-11（a）所示。单击“IDB_BITMAP_HELP”图标下方属性窗口显示属性的“位图节点”，仅能看到“杂项”属性，可以修改 ID，如图 2-11（b）所示；双击“IDB_BITMAP_HELP”图标下方属性窗口显示属性的“位图编辑器”，可以看到“外观”“位置”和“杂项”等属性，如图 2-11（c）所示。

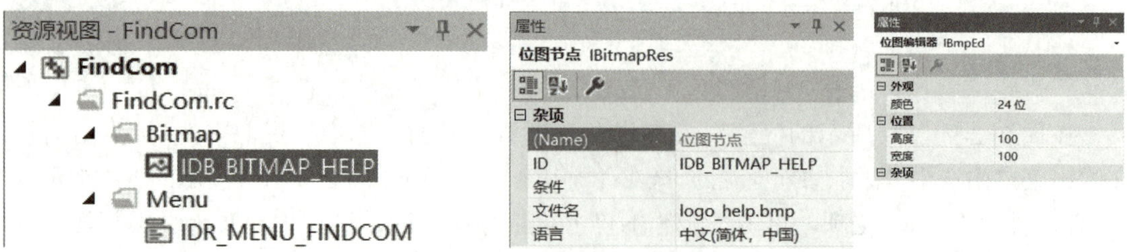

(a) (b) (c)

图 2-11　位图节点与位图编辑器切换界面

打开资源视图，用鼠标左键选中“FindCom.rc”项，右键弹出菜单，选择“添加资源(A)…”，弹出“添加资源”窗口，在“资源类型 (T):”下方的列表框中选择“Dialog”，展开后选择“IDD_DIALOGBAR”，点击“新建 (N)”按钮，资源视图中出现“Dialog”项，展开后显示对话框的名字为“IDD_DIALOGBAR”，左键单击“IDD_DIALOGBAR”，在下方的属性窗口中显示“对话框节点”，修改其 ID 为“ABOUTBOX”，此时，资源视图中对话框名字变为修改后的“ABOUTBOX”。在资源视图中双击“ABOUTBOX”，在下方属性窗口中显示“"ABOUTBOX"(Dialog)”，在属性视图中“边框”属性设为“Thin”,“标题栏”设为“False”,“样式”设为“Popup”,“系统菜单”设为“True”,“使用系统字体”设为“False”,“字体 (大小)”设为“Times New Roman(9)”。

从工具箱中向对话框加入“Picture Control”控件，“ID”属性设为“IDC_STATIC_HELP_LOGO”,“类型”属性设为“Bitmap”,“Image”属性选择资源视图中的“IDB_BITMAP_HELP”。

从工具箱中向对话框依次加入三个“Text Control”文本控件，将三个文本控件的“描述文字”属性分别改为“姓名：张辉”“电话：136713913××”和“Email：zhanghui56@×××.cn”,“ID”属性全部为“IDC_STATIC”，将按钮控件的“描述文字”属性改为“确定”,“ID”属性设为“IDOK”。

从工具箱中向对话框加入一个“Combo Box”组合框控件，单击组合框右边的下拉箭头按钮，组合框的轮廓区域扩展，通过鼠标调整下拉列表区域大小，再次单击下拉箭头按钮关闭组合框的下拉列表部分，在属性窗口中将其 ID 改为“IDC_COMBO1”。

一个完整的帮助对话框界面设计完毕，如图 2-12 所示。

图 2-12　帮助对话框设计界面

2.2.4　模块集成

将 MainFindCom.h 和 MainFindCom.c 文件拷入解决方案文件“FindCom.sln”所在目录下，在资源视图中点击右键，在弹出菜单中，点击“添加 (D)”和“现有项 (G)…”，找到解决方案文件“FindCom.sln”所在目录，选中 MainFindCom.h 和 MainFindCom.c 文件，点击“添加 (A)”按钮，将 C 程序头文件与源代码文件与菜单与对话框关联，同时移除原来新建的“FindCom.cpp”文件。点击“调试 (D)”菜单中的“开始调试 (S)”按钮，或者直接按下“F5”键，程序开始运行，结果如图 2-13（a）所示，点击“注册表遍历”按钮，显示如图 2-13（b）所示窗口，表明计算机与一个串口相连，该串口名字为“COM4”，并且处于空闲状态。

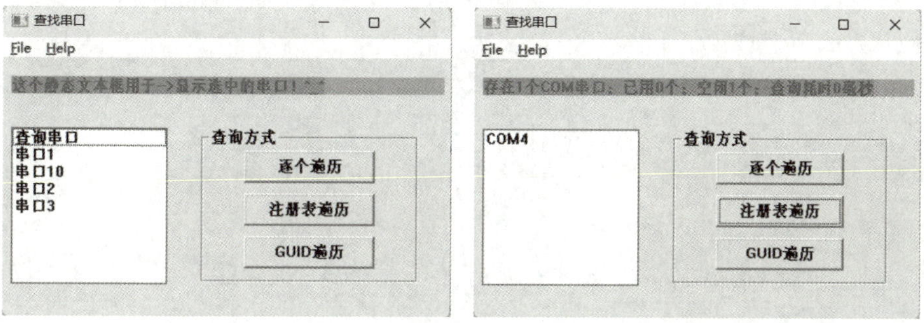

(a)　(b)

图 2-13　FindCom 程序运行结果

串口查询_用户控件

2.2.5 C源代码

```
//*******************MainFindCom.h*******************
#ifndef     MST_MAINPERMEALILITY_H
  #define      MST_MAINPERMEALILITY_H
  LRESULT      CALLBACK MainWndProc (HWND hwnd, UINT message, WPARAM wParam, LPARAM lParam);
  BOOL         CALLBACK AboutDlgProc (HWND hWnd, UINT wMsg, WPARAM wParam, LPARAM lParam);
#endif //MST_MAINPERMEALILITY_H

//*******************MainFindCom.c*******************
#include    <windows.h>
#include    <tchar.h>
#include    <initguid.h>
#include    <Setupapi.h>
#include    "resource.h"

#define     ID_LIST_COM                     1
#define     ID_STATIC_SHOW                  2
#define     ID_BTN_FRAME_MEANS              3
#define     ID_BTN_NUM_ENUM                 4
#define     ID_BTN_REG_ENUM                 5
#define     ID_BTN_GUID_ENUM                6

#pragma comment(lib, "setupapi.lib")

//串口设备的GUID号，GUID关键字用DEFINE_GUID来预定义，共计16个字节，4-2-2-(8*1)
#ifndef GUID_DEVINTERFACE_COMPORT
  DEFINE_GUID(GUID_DEVINTERFACE_COMPORT, 0x86e0d1e0L, 0x8089, 0x11d0, 0x9c, 0xe4, 0x08, 0x00,
0x3e, 0x30, 0x1f, 0x73);
#endif

typedef struct tagCOMSTATISTICS{
        DWORD    cbSize;                                 //结构体字节数
        int  iCountExist;                                //存在串口数
        int  iCountInUse;                                //使用中串口数
        int  iCountIdle;                                 //闲置串口数
        struct tagCOMNODE *pcnHead;
}COMSTATISTICS, *PCOMSTATISTICS;

typedef struct tagCOMNODE {
        DWORD    cbSize;                                 //结构体字节数
        BOOL     fExist;                                 //串口存在标志
        BOOL     fInUse;                                 //串口使用标志
        BOOL     fIdle;                                  //串口闲置标志
        TCHAR    szComName[7];                           //串口名
        struct tagCOMNODE * pcnNext;                     //指向下一个结构体的指针
} COMNODE, *PCOMNODE;

LRESULT CALLBACK MainWndProc(HWND hwnd, UINT message, WPARAM wParam, LPARAM lParam);
BOOL CALLBACK AboutDlgProc (HWND hwnd, UINT wMsg, WPARAM wParam, LPARAM lParam);
void OutputDbgInfo(const TCHAR *format, ...);
int EnumerateCom(COMSTATISTICS * pcsComSta);
int EnumRegCom(COMSTATISTICS * pcsComSta);
int EnumGUIDCom(COMSTATISTICS * pcsComSta);

int WINAPI WinMain(HINSTANCE hInstance, HINSTANCE hPrevInstance, PSTR szCmdLine, int iCmdShow)
{
        static TCHAR szAppName[]=TEXT("查找串口");
        HWND     hwnd;
        MSG      msg;
        WNDCLASS  wndclass;
```

```
    hwnd=FindWindow(szAppName, NULL);
    if (hwnd)
    {
        //在窗体最小化时使用
        SetForegroundWindow((HWND)(((DWORD)hwnd)|0x01));
    return 0;
}
wndclass.style=CS_HREDRAW | CS_VREDRAW ;
wndclass.lpfnWndProc=MainWndProc ;
wndclass.cbClsExtra=0 ;
wndclass.cbWndExtra=0 ;
wndclass.hInstance=hInstance ;
wndclass.hIcon=LoadIcon (NULL, IDI_APPLICATION) ;
wndclass.hCursor=LoadCursor (NULL, IDC_ARROW) ;
wndclass.hbrBackground=(HBRUSH) (COLOR_WINDOW) ;
wndclass.lpszMenuName=TEXT("FINDCOM") ;
wndclass.lpszClassName=szAppName ;

if (!RegisterClass (&wndclass))
{
    MessageBox (NULL, TEXT ("注册窗口类失败!"), szAppName, MB_ICONERROR) ;
    return 0 ;
}
hwnd=CreateWindow (szAppName, TEXT ("查找串口"),
                   WS_OVERLAPPEDWINDOW,
                   20, 20,
                   430, 300,
                   NULL, NULL, hInstance, NULL) ;
//避免重复运行程序
if (!IsWindow (hwnd))
        return 0;
//显示窗体
ShowWindow (hwnd, iCmdShow) ;
UpdateWindow (hwnd) ;
//消息泵处理消息
while (GetMessage (&msg, NULL, 0, 0))
{
    TranslateMessage (&msg) ;
    DispatchMessage (&msg) ;
}

return msg.wParam ;
}

LRESULT CALLBACK MainWndProc (HWND hwnd, UINT message, WPARAM wParam, LPARAM lParam)
{
    static HWND hwndListCom, hwndStaticCom;
    static COMSTATISTICS  comsta;
    HDC hdc ;
    PAINTSTRUCT ps ;
    int cxChar, cyChar ;
    int wmId, wmEvent;

    switch (message)
    {
    case WM_CREATE :
        {
        HWND  hwndTemp ;

        calloc(1,sizeof(COMSTATISTICS)) ;
        comsta.cbSize=sizeof(COMSTATISTICS) ;
        comsta.pcnHead=NULL ;
```

```
    cxChar=LOWORD (GetDialogBaseUnits ());
    cyChar=HIWORD (GetDialogBaseUnits ());

    hwndStaticCom=CreateWindow (TEXT ("static"), TEXT("Hello!"),
                        WS_CHILD | WS_VISIBLE| SS_LEFT ,
                        cxChar, cyChar,
                        400, cyChar,
                        //GetSystemMetrics (SM_CXSCREEN)/5, cyChar,
                        hwnd, (HMENU) ID_STATIC_SHOW,
                        (HINSTANCE) GetWindowLong (hwnd, GWL_HINSTANCE),
                        NULL) ;

    hwndListCom=CreateWindow (TEXT ("listbox"), NULL,
                        WS_CHILD | WS_VISIBLE | LBS_STANDARD,
                        cxChar, cyChar * 4,
                        cxChar * 16 + GetSystemMetrics (SM_CXVSCROLL),      //列表框的右边框宽度
                        cyChar * 10,
                        hwnd, (HMENU) ID_LIST_COM,
                        (HINSTANCE) GetWindowLong (hwnd, GWL_HINSTANCE),
                        NULL) ;

    SetWindowText (hwndStaticCom, TEXT("这个文本框用于-->显示选中的串口! ^_^")) ;
    SendMessage (hwndListCom, LB_ADDSTRING, 0, (LPARAM)TEXT("查询串口")) ;
    SendMessage (hwndListCom, LB_ADDSTRING, 0, (LPARAM)TEXT("串口1")) ;
    SendMessage (hwndListCom, LB_ADDSTRING, 0, (LPARAM)TEXT("串口2")) ;
    SendMessage (hwndListCom, LB_ADDSTRING, 0, (LPARAM)TEXT("串口3")) ;
    SendMessage (hwndListCom, LB_ADDSTRING, 0, (LPARAM)TEXT("串口10")) ;

    hwndTemp=CreateWindow(TEXT("BUTTON"), TEXT("查询方式"),
                        WS_CHILD|WS_VISIBLE|BS_GROUPBOX,
                        23 * cxChar, cyChar * 4, 200, cyChar * 9,
                        hwnd, (HMENU)ID_BTN_FRAME_MEANS,
                        (HINSTANCE) GetWindowLong (hwnd, GWL_HINSTANCE),
                        NULL) ;

    hwndTemp=CreateWindow ( TEXT("button"), TEXT("逐个遍历"),
                        WS_CHILD | WS_VISIBLE | BS_PUSHBUTTON,
                        28 * cxChar, 85, 120, 30,
                        hwnd, (HMENU) ID_BTN_NUM_ENUM,
                        NULL, NULL) ;

    hwndTemp=CreateWindow ( TEXT("button"), TEXT("注册表遍历"),
                        WS_CHILD | WS_VISIBLE | BS_PUSHBUTTON,
                        28 * cxChar, 125, 120, 30,
                        hwnd, (HMENU) ID_BTN_REG_ENUM,
                        NULL, NULL) ;

    hwndTemp=CreateWindow ( TEXT("button"), TEXT("GUID遍历"),
                        WS_CHILD | WS_VISIBLE | BS_PUSHBUTTON,
                        28 * cxChar, 165, 120, 30,
                        hwnd, (HMENU) ID_BTN_GUID_ENUM,
                        NULL, NULL) ;


    }
    return 0 ;

case WM_PAINT :
    {
        hdc=BeginPaint (hwnd, &ps) ;
        EndPaint (hwnd, &ps) ;
    }
    return 0 ;
```

```
    case WM_CTLCOLORSTATIC:
        {
            HDC hdcStaticShowCom ;
            int nStaticID ;

            hdcStaticShowCom=(HDC)wParam ;
            nStaticID=GetWindowLong((HWND)lParam, GWL_ID) ;
            if (ID_STATIC_SHOW==nStaticID)
            {
                SetTextColor(hdcStaticShowCom,RGB(255, 0, 0));
                SetBkColor(hdcStaticShowCom,RGB(0, 255, 0));
                return (INT_PTR)(HBRUSH)(GetStockObject(LTGRAY_BRUSH));
                //return (INT_PTR)CreateSolidBrush(RGB(255, 255, 255));
            }
        }
        break;

    case WM_SETFOCUS :
        SetFocus (hwndListCom) ;
        return 0 ;

    case WM_COMMAND:
        {
            wmId   =LOWORD(wParam);
            wmEvent=HIWORD(wParam);
            //分析菜单选择
            switch (wmId)
            {
            case ID_LIST_COM:
                {
                    int  iIndex=0, iLength=0;
                    TCHAR  * pszComName;
                    if(LBN_SELCHANGE==wmEvent)
                    {
                        iIndex =SendMessage (hwndListCom, LB_GETCURSEL, 0, 0);
                        iLength=SendMessage (hwndListCom, LB_GETTEXTLEN, iIndex, 0) + 1 ;
                        pszComName=calloc (iLength,sizeof (TCHAR)) ;
                        SendMessage (hwndListCom, LB_GETTEXT, iIndex, (LPARAM) pszComName);
                        SetWindowText (hwndStaticCom, pszComName) ;
                        free (pszComName) ;
                    }
                }
                break;

            case ID_BTN_NUM_ENUM:
                {
                    DWORD  dwStartTick ;
                    DWORD  dwElapse ;
                    int    iRet;
                    TCHAR szShow[MAX_PATH]={0};
                    COMNODE * pTemp;

                    dwStartTick=GetTickCount();
                    iRet=EnumerateCom(&comsta);
                    dwElapse=GetTickCount() - dwStartTick ;
                    _sntprintf_s(szShow, sizeof(szShow)/sizeof(TCHAR), sizeof(szShow), TEXT("存
在%d个COM串口；已用%d个；空闲%d个；查询耗时%ld毫秒"), comsta.iCountExist , comsta.iCountInUse,
comsta.iCountIdle , dwElapse);
                    SetWindowText(hwndStaticCom, szShow);

                    SendMessage (hwndListCom, LB_RESETCONTENT, 0, 0) ;
                    pTemp=comsta.pcnHead ;
```

```
                while(pTemp !=NULL)
                {
                    SendMessage (hwndListCom, LB_ADDSTRING, 0, (LPARAM)pTemp->szComName );
                    pTemp=pTemp->pcnNext ;
                }
            }
            break;

        case ID_BTN_REG_ENUM:
            {
                DWORD  dwStartTick ;
                DWORD  dwElapse ;
                int    iRet;
                TCHAR szShow[MAX_PATH]={0};
                COMNODE * pTemp;

                dwStartTick=GetTickCount();
                iRet=EnumRegCom( &comsta );
                dwElapse=GetTickCount() - dwStartTick ;
                _sntprintf_s(szShow, sizeof(szShow)/sizeof(TCHAR), sizeof(szShow), TEXT("存
在%d个COM串口；已用%d个；空闲%d个；查询耗时%ld毫秒"), comsta.iCountExist , comsta.iCountInUse,
comsta.iCountIdle , dwElapse);
                SetWindowText(hwndStaticCom, szShow);
                SendMessage (hwndListCom, LB_RESETCONTENT, 0, 0) ;
                pTemp=comsta.pcnHead ;
                while(pTemp !=NULL)
                {
                    SendMessage (hwndListCom, LB_ADDSTRING, 0, (LPARAM)pTemp->szComName );
                    pTemp=pTemp->pcnNext ;
                }
            }
            break;
        case ID_BTN_GUID_ENUM:
            {
                DWORD  dwStartTick ;
                DWORD  dwElapse ;
                int    iRet;
                TCHAR szShow[MAX_PATH]={0};
                COMNODE * pTemp;
                dwStartTick=GetTickCount();
                iRet=EnumGUIDCom( &comsta );
                dwElapse=GetTickCount() - dwStartTick ;
                _sntprintf_s(szShow, sizeof(szShow)/sizeof(TCHAR), sizeof(szShow), TEXT("存
在%d个COM串口；已用%d个；空闲%d个；查询耗时%ld毫秒"), comsta.iCountExist , comsta.iCountInUse,
comsta.iCountIdle , dwElapse);
                SetWindowText(hwndStaticCom, szShow);
                SendMessage (hwndListCom, LB_RESETCONTENT, 0, 0) ;
                pTemp=comsta.pcnHead ;
                while(pTemp !=NULL)
                {
                    SendMessage (hwndListCom, LB_ADDSTRING, 0, (LPARAM)pTemp->szComName );
                    pTemp=pTemp->pcnNext ;
                }
            }
            break;
        case ID_HELP_ABOUT:
            {
                DialogBox ((HINSTANCE)GetWindowLong(hwnd, GWL_HINSTANCE), TEXT ("aboutbox"),
hwnd, AboutDlgProc);
                return 0;
            }
            break;
```

```
            case ID_FILE_EXIT:
                {
                    SendMessage (hwnd, WM_CLOSE, 0, 0);
                    return 0;
                }
                break;

            default:
                break;
            }
        }
        return 0;
    case WM_DESTROY :
    {
        COMNODE * pp;
        COMNODE * pn;

        pp=comsta.pcnHead ;
        while( pp !=NULL )
        {
            pn=pp->pcnNext ;
            free(pp) ;
            pp=pn ;
        }
        comsta.pcnHead=NULL ;
        PostQuitMessage (0) ;
    }
    return 0 ;
    }
    return DefWindowProc (hwnd, message, wParam, lParam) ;
}
//=========================================================================
//                          "About..."对话框
//=========================================================================
BOOL  CALLBACK AboutDlgProc (HWND hwnd, UINT wMsg, WPARAM wParam, LPARAM lParam)
{
    switch (wMsg)
    {
    case WM_INITDIALOG:
        SendMessage ( GetDlgItem (hwnd, IDC_COMBO1), CB_ADDSTRING, 0, (LPARAM)TEXT("北京科技大学"));
        SendMessage ( GetDlgItem (hwnd, IDC_COMBO1), CB_ADDSTRING, 0, (LPARAM)TEXT("能环学院"));
        SendMessage ( GetDlgItem (hwnd, IDC_COMBO1), CB_ADDSTRING, 0, (LPARAM)TEXT("热能系"));
        SendMessage ( GetDlgItem (hwnd, IDC_COMBO1), CB_SETCURSEL, 2 , 0);
        return  TRUE;

    case WM_COMMAND:
        switch (LOWORD (wParam))
        {
        case  IDOK:
        case  IDCANCEL:
            EndDialog (hwnd, 0);
            return TRUE;
        }
        break;
    }
    return FALSE;
}
//=========================================================================
//                          在输出窗口输出中间调试内容
//=========================================================================
void OutputDbgInfo(const TCHAR *format, ...)
{
```

逐个遍历

```
    TCHAR szData[MAX_PATH]={0};
    va_list arg;
    va_start(arg, format);
    _vsntprintf_s(szData, MAX_PATH, _TRUNCATE, format, arg);
    va_end(arg);
    OutputDebugString(szData);
}

//===========================================================================
//                        功  能： 从1到255遍历每一个COM串口
//===========================================================================
int EnumerateCom(COMSTATISTICS * pcsComSta)
{
    HANDLE hCom=NULL;
    DWORD dwErrorCode;

    int iNumOfCom=0;
    int iCountOfIdle=0;
    int iCountOfInUse=0;
    //临时存储串口号，例如"COM2"、"\\.\\COM256"
    TCHAR  szComName[16]={0};
    COMNODE * pp;
    COMNODE * pn;
    COMNODE ** ppcnTail;
    COMNODE * pTemp;

    //对结构体+链表进行初始化
    pp=pcsComSta->pcnHead ;
    while( pp !=NULL )
    {
        pn=pp->pcnNext ;
        free(pp) ;
        pp=pn ;
    }
    memset(pcsComSta, 0, sizeof(COMSTATISTICS));
    pcsComSta->cbSize=sizeof(COMSTATISTICS);
    ppcnTail=&(pcsComSta->pcnHead) ;
    do
    {
        iNumOfCom++;
        if (iNumOfCom > 255)
        {
            break;
        }
        if (iNumOfCom < 10)
        {
            _sntprintf_s(szComName, sizeof(szComName)/sizeof(TCHAR), 16, TEXT("COM%d"), iNumOfCom);
        }
        else
        {
            _sntprintf_s(szComName, sizeof(szComName)/sizeof(TCHAR), 16, TEXT("\\\\.\\COM%d"), iNumOfCom);
        }//if (iNumOfCom < 10)
        hCom=CreateFile(szComName, GENERIC_READ|GENERIC_WRITE, 0, 0, OPEN_EXISTING, 0, 0);
        if ( INVALID_HANDLE_VALUE==hCom )
        {
            LPVOID lpMsgBuf=NULL;
            dwErrorCode=GetLastError();
            FormatMessage(FORMAT_MESSAGE_ALLOCATE_BUFFER|FORMAT_MESSAGE_FROM_SYSTEM, NULL,
dwErrorCode, LANG_NEUTRAL, (LPWSTR)&lpMsgBuf, 0, NULL);
            OutputDbgInfo(TEXT("%d-->%s\n"), dwErrorCode, lpMsgBuf );
            LocalFree( lpMsgBuf );
            lpMsgBuf=NULL;
```

```
            if (dwErrorCode==5||dwErrorCode==121) //5-->拒绝访问；121-->对应信号灯超时时间已到
            {
                iCountOfInUse++;
                pTemp=calloc(1,sizeof(COMNODE)) ;
                if(NULL==pTemp)
                    return  -1;                                        //表示分配内存失败
                pTemp->cbSize=sizeof(COMNODE) ;
                *ppcnTail=pTemp ;
                ppcnTail=&(pTemp->pcnNext) ;
                pTemp->fExist=1 ;
                pTemp->fIdle=0 ;
                pTemp->fInUse=1 ;
                _sntprintf_s(pTemp->szComName, sizeof(pTemp->szComName)/sizeof(TCHAR),
sizeof(pTemp->szComName), TEXT("COM%d"), iNumOfCom);
                continue;
            }
            if (dwErrorCode==2)//no exist, 2-->找不到指定的文件
            {
                continue;
            }
        }//if ( INVALID_HANDLE_VALUE==hCom )
        iCountOfIdle++;
        pTemp=calloc(1,sizeof(COMNODE)) ;
        if(NULL==pTemp)
            return  -1;                                                //表示分配内存失败
        pTemp->cbSize=sizeof(COMNODE) ;
        *ppcnTail=pTemp ;
        ppcnTail=&(pTemp->pcnNext) ;
        pTemp->fExist=1 ;
        pTemp->fIdle=0 ;
        pTemp->fInUse=0 ;
        _sntprintf_s(pTemp->szComName, sizeof(pTemp->szComName)/sizeof(TCHAR), sizeof(pTemp-
>szComName), TEXT("COM%d"), iNumOfCom);
        if(hCom)
        {
            CloseHandle(hCom);
            hCom=INVALID_HANDLE_VALUE ;
        }
    }while(TRUE);
    pcsComSta->iCountExist=iCountOfIdle + iCountOfInUse;
    pcsComSta->iCountIdle=iCountOfIdle;
    pcsComSta->iCountInUse=iCountOfInUse;
    return  0;      //表示成功
}
//=============================================================================
//功  能: 从注册表的"HARDWARE\\DEVICEMAP\\SERIALCOMM"子键遍历每一个COM串口
//=============================================================================
int EnumRegCom(COMSTATISTICS * pcsComSta)
{
    HKEY     hKey;
    int      iRet;
    DWORD dwIndex=0; //当一个键具有多个值项时，用于跟踪值项数，用于返回函数值，作用域为函数体范围
    COMNODE * pp;
    COMNODE * pn;
    COMNODE ** ppcnTail;
    COMNODE * pTemp;

    iRet=RegOpenKeyEx( HKEY_LOCAL_MACHINE,                        //注册表的主键
                TEXT("HARDWARE\\DEVICEMAP\\SERIALCOMM"),   //注册表的子键，不能以"\"开头
                (DWORD)NULL,
                KEY_READ,                                         //访问注册表的权限
                &hKey);                                           //指向键句柄的指针
```

注册表遍历

```
  if(ERROR_SUCCESS==iRet )        //如果成功打开串口注册表
  {
      TCHAR  szNameOfEntry[MAX_PATH]={0};
      BYTE  szDataOfEntry[MAX_PATH]={0};

      DWORD  dwCountOfName;        //用于存放值项名称的字符串空间大小
      DWORD  dwCountOfData;        //用于存放值项数据的字符串空间大小
      DWORD  dwType;               //每一个值项数据对应的类型，例如：REG_SZ,REG_MULTI_SZ,BINARY，等
      //该参数既用作输入，也用作输出，所以要在使用前赋值，保证大小足够用
      dwCountOfName=sizeof(szNameOfEntry)/sizeof(szNameOfEntry[0]);
      //该参数既用作输入，也用作输出，所以要在使用前赋值，保证大小足够用
      dwCountOfData= sizeof(szDataOfEntry)/sizeof(szDataOfEntry[0]);
      //对结构体和链表进行初始化
      pp=pcsComSta->pcnHead ;
      while( pp !=NULL )
      {
          pn=pp->pcnNext ;
          free(pp) ;
          pp=pn ;
      }
      memset(pcsComSta, 0, sizeof(COMSTATISTICS));
      pcsComSta->cbSize=sizeof(COMSTATISTICS);
      ppcnTail=&(pcsComSta->pcnHead) ;
      do
      {
          dwCountOfName=sizeof(szNameOfEntry)/sizeof(szNameOfEntry[0]);
          dwCountOfData=sizeof(szDataOfEntry)/sizeof(szDataOfEntry[0]);
          memset(szNameOfEntry, 0, dwCountOfName);
          memset(szDataOfEntry, 0, dwCountOfData);
          iRet=RegEnumValue(hKey, dwIndex, szNameOfEntry, &dwCountOfName, NULL, &dwType,
(LPBYTE)szDataOfEntry, &dwCountOfData);

          if (ERROR_NO_MORE_ITEMS==iRet)
          {
              break;                          //如果遍历完所有的值项，则退出do循环
          }

          dwIndex++;                          //查到的COM串口数累计加1

          pTemp=calloc(1,sizeof(COMNODE)) ;
          if(NULL==pTemp)
              return  1;                      //表示分配内存失败
          pTemp->cbSize=sizeof(COMNODE) ;
          *ppcnTail=pTemp ;
          ppcnTail=&(pTemp->pcnNext) ;
          pTemp->fExist=1 ;
          pTemp->fIdle=1 ;
          pTemp->fInUse=0 ;
          _sntprintf_s(pTemp->szComName, sizeof(pTemp->szComName)/sizeof(TCHAR) - 1 ,
sizeof(pTemp->szComName)/sizeof(TCHAR) - 1, TEXT("%s"), szDataOfEntry);
      }while(TRUE);

      pcsComSta->iCountExist=dwIndex;
      pcsComSta->iCountIdle=dwIndex;
      pcsComSta->iCountInUse=0;
      RegCloseKey(hKey);          //关闭注册表
  }
  return  0;                      //表示成功
}

//功  能：通过SetupAPI检测该计算机上可以使用的串口
//pcsComSta-->串口统计结构体
```

GUID 遍历

```
//返回值：0-->成功
//              -1-->SetupDiEnumDeviceInterfaces failed！
//              -2-->SetupDiGetDeviceInterfaceDetail failed！
//              -3-->分配内存失败
int EnumGUIDCom(COMSTATISTICS * pcsComSta)
{
   GUID * pGUID_DEV=(GUID*)&GUID_DEVINTERFACE_COMPORT;          //串口设备GUID号
   HDEVINFO  hDevInfo=INVALID_HANDLE_VALUE;                     //设备信息结构体
   BOOL  bEnumDone=TRUE;
   SP_DEVICE_INTERFACE_DATA  sp_dev_interface_data;             //GUID与设备状态
   SP_DEVICE_INTERFACE_DETAIL_DATA * pDetailData=NULL;          //设备路径
   DWORD  dwDetailDataSize=0;
   DWORD  dwIndex=0;
   int iExistOfCom=0;
   COMNODE * pp;
   COMNODE * pn;
   COMNODE ** ppcnTail;
   COMNODE * pTemp;
   hDevInfo=SetupDiGetClassDevs(
            pGUID_DEV,                               //指向GUID的指针
            NULL,                                    //NULL代表获取pGUID_DEV指向注册表处的所有设备信息
            NULL,                                    //顶级窗口的句柄
            DIGCF_PRESENT | DIGCF_DEVICEINTERFACE
                                                     //在设备信息结构中使用的控制选项，可以是以下数值：
                  //DIGCF_PRESENT                      //只返回当前存在的设备
                  //DIGCF_ALLCLASSES                   //返回所有已安装的设备
                  //DIGCF_PROFILE                      //只返回当前硬件配置文件中的设备
                  //DIGCF_DEVICEINTERFACE              //返回所有支持的设备
                  //DIGCF_DEFAULT                      //只返回与系统默认设备相关的设备
            );
   if (INVALID_HANDLE_VALUE==hDevInfo)
   {
      return  -1;                                    //打开设备注册表失败
   }
   sp_dev_interface_data.cbSize=sizeof(SP_DEVICE_INTERFACE_DATA);
   dwDetailDataSize=sizeof(SP_DEVICE_INTERFACE_DETAIL_DATA) + 2 * MAX_PATH + sizeof(TCHAR);
   pDetailData=(SP_DEVICE_INTERFACE_DETAIL_DATA * ) calloc(dwDetailDataSize, sizeof(char));
   pDetailData->cbSize=sizeof(SP_DEVICE_INTERFACE_DETAIL_DATA);
   //对结构体和链表进行初始化，删掉原来链表存有的信息
   pp=pcsComSta->pcnHead ;
   while( pp !=NULL )
   {
      pn=pp->pcnNext ;
      free(pp) ;
      pp=pn ;
   }

   memset(pcsComSta, 0, sizeof(COMSTATISTICS));
   pcsComSta->cbSize=sizeof(COMSTATISTICS);
   ppcnTail=&(pcsComSta->pcnHead) ;

   for (dwIndex=0; bEnumDone; dwIndex++)
   {
      bEnumDone=SetupDiEnumDeviceInterfaces(
                  hDevInfo,
                  NULL,                              //NULL表示遍历所有
                  pGUID_DEV,
                  dwIndex,
                  &sp_dev_interface_data             //将索引值对应的设备信息放入此指针所指向的结构中
      );

      if (bEnumDone)
```

```
    {
        SP_DEVINFO_DATA sp_devinfo_data={ sizeof(SP_DEVINFO_DATA) };
        bEnumDone=SetupDiGetDeviceInterfaceDetail(
                    hDevInfo,
                    &sp_dev_interface_data,
                    pDetailData,
                    dwDetailDataSize,
                    NULL,
                    &sp_devinfo_data);
        if (bEnumDone)
        {
            TCHAR * pstrDevPath=pDetailData ->DevicePath ;
            TCHAR szName[256]={0};
            TCHAR szDesc[256]={0};
            TCHAR  szLocInfo[256]={0};
            BOOL  bUsbDevice=FALSE;
            BOOL bSuccess=SetupDiGetDeviceRegistryProperty(
                                    hDevInfo,
                                    &sp_devinfo_data,
                                    SPDRP_FRIENDLYNAME,
                                    NULL,
                                    (PBYTE)szName,
                                    sizeof(szName),
                                    NULL);
            bSuccess=bSuccess &&SetupDiGetDeviceRegistryProperty(
                                    hDevInfo,
                                    &sp_devinfo_data,
                                    SPDRP_DEVICEDESC,
                                    NULL,
                                    (PBYTE)szDesc,
                                    sizeof(szDesc),
                                    NULL);
            if (SetupDiGetDeviceRegistryProperty(
                                    hDevInfo,
                                    &sp_devinfo_data,
                                    SPDRP_COMPATIBLEIDS,      //SPDRP_LOCATION_INFORMATION
                                    NULL,
                                    (PBYTE)szLocInfo,
                                    sizeof(szLocInfo),
                                    NULL))
            {
                bUsbDevice=(wcsncmp(szLocInfo, TEXT("USB"), 3)==0);
            }

            if (bSuccess)
            {
                OutputDbgInfo(TEXT("接口%d\t\t%s\t\t\t\t%s\t\t%d\n"), dwIndex+1, szName, szDesc, 
bUsbDevice);
                //提取COMX串口号
                iExistOfCom++;
                pTemp=calloc(1,sizeof(COMNODE)) ;
                if(NULL==pTemp)
                    return  -3;                           //表示分配内存失败
                pTemp->cbSize=sizeof(COMNODE) ;
                *ppcnTail=pTemp ;
                ppcnTail=&(pTemp->pcnNext) ;
                pTemp->fExist=1 ;
                pTemp->fIdle=1 ;
                pTemp->fInUse=0 ;
                _stscanf_s(szName, TEXT("%*[^(](%[^)]"), pTemp->szComName, _countof(pTemp-
>szComName));
            }
```

```
            }
            else
            {
                OutputDbgInfo(TEXT("%s\n"), TEXT("SetupDiGetDeviceInterfaceDetail failed！ ") );
                return -2;
            }
        }
        else
        {
            DWORD dwErrorCode=GetLastError();
            if (dwErrorCode !=ERROR_NO_MORE_ITEMS)
            {
                OutputDbgInfo(TEXT("%s\n"), TEXT("SetupDiEnumDeviceInterfaces failed！ ") );
                return -1;
            }
        }
    }
    pcsComSta->iCountExist=iExistOfCom;
    pcsComSta->iCountIdle=iExistOfCom;
    pcsComSta->iCountInUse=0;
    if(pDetailData !=NULL)
        free(pDetailData);
    if(hDevInfo !=INVALID_HANDLE_VALUE)
        SetupDiDestroyDeviceInfoList( hDevInfo );
    return  0;              //表示成功完成任务
}
```

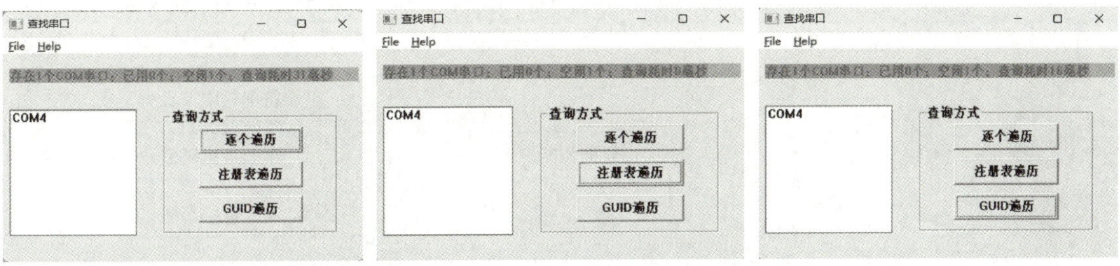

图 2-14　不同串口查询方法运行结果对比

串口识别程序运行结果如图 2-14 所示，逐个遍历串口耗时 31ms，硬件 GUID 遍历为 16ms，注册表遍历最快。三种方法得到的结果一致，均能找到设备存在的串口。

第3章

循环冗余校验

知识点思维导图

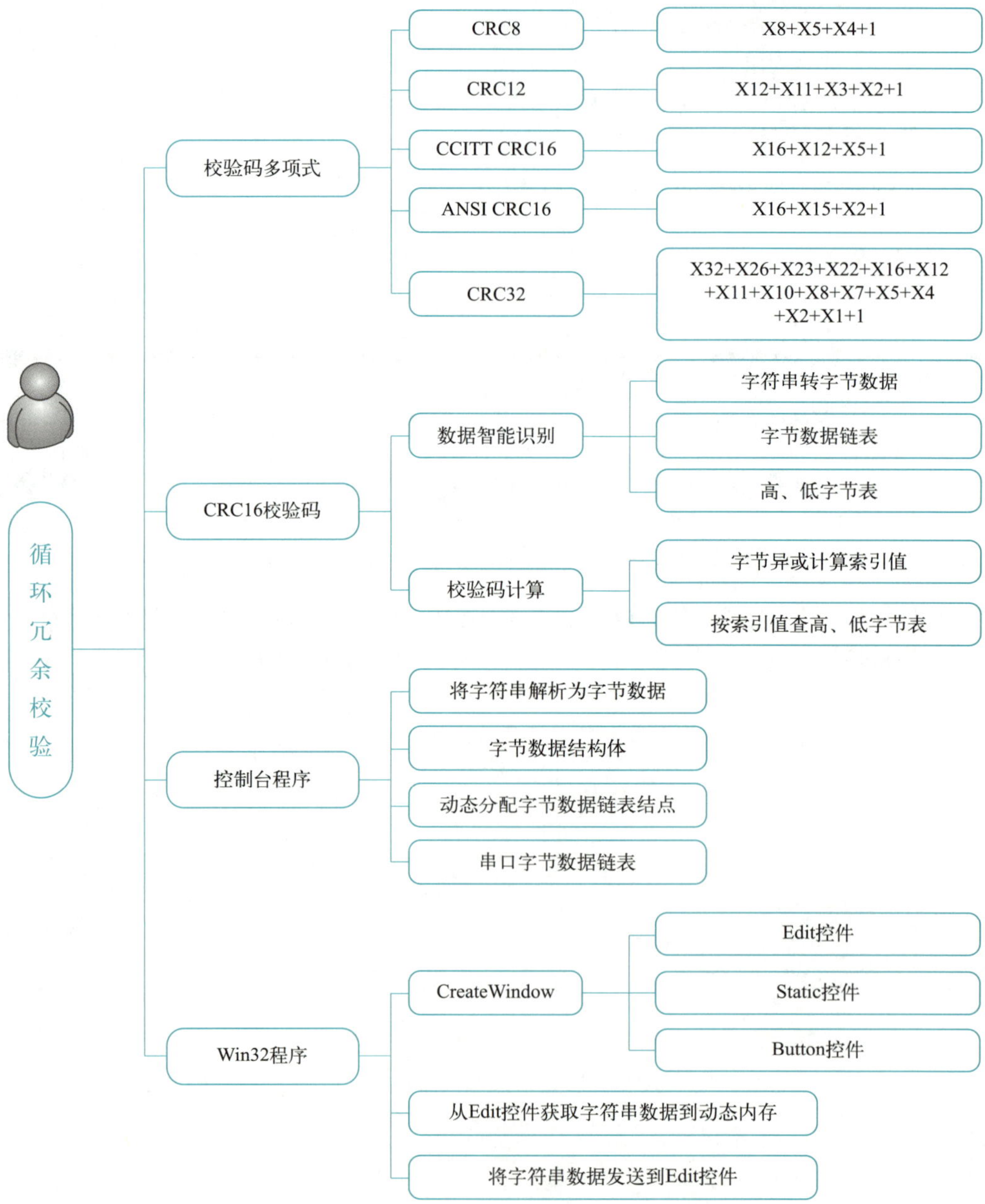

3.1 校验码多项式

循环冗余校验（cyclic redundancy check，CRC）是一种数据纠错校验方法。通信过程中，线缆、接口、电磁干扰、雷电等因素会导致数据传输出现错误，例如发送端发送了数据1，接收端接收到数据2。针对这种误码，需要找到一种措施，及时发现这个错误的接收码。校验方法很多，其中最简单的一种校验方法是求和校验，将传送的数据以字节为单位相加求和，并将总和传给接收方，接收方对收到的数据也计算总和，并与收到的总和校验码进行比较，如果传输中出现误码，总和校验码会出现差异，从而知道有误码产生，可以让发送方重新发送数据。

循环冗余校验码

循环冗余校验是将数据列除以某个固定的数，将所得余数作为校验码，这样，无论数据多大，余数总不会超过除数，而除数是多少呢？主要包括以下几种。

（1）CRC8

对应的除数多项式为X8+X5+X4+1，这实际上是将二进制的某个位置1，上面的多项式就是要对第0位、第4位、第5位和第8位置1，其余位全为0，表示成完整的二进制数是$(0000\ 0001\ 0011\ 0001)_2$，换算为十六进制即为$(01\ 31)_{16}$。

（2）CRC12

对应多项式为X12+X11+X3+X2+1，对第0位、第2位、第3位、第11位和第12位置1，其余位全为0，表示成完整的二进制数是$(0001\ 1000\ 0000\ 1101)_2$，换算为十六进制即为$(18\ 0D)_{16}$。

（3）CCITT CRC16

对应多项式为X16+X12+X5+1，对第0位、第5位、第12位和第16位置1，其余位全为0，表示成完整的二进制数是$(0001\ 0001\ 0000\ 0010\ 0001)_2$，换算为十六进制即为$(01\ 10\ 21)_{16}$。

（4）ANSI CRC16

多项式为X16+X15+X2+1，对第0位、第2位、第15位和第16位置1，其余位全为0，表示成完整的二进制数是$(0001\ 1000\ 0000\ 0000\ 0101)_2$，换算为十六进制即为$(01\ 80\ 05)_{16}$。

（5）CRC32

对应多项式X32+X26+X23+X22+X16+X12+X11+X10+X8+X7+X5+X4+X2+X1+1，对第0位、第1位、第2位、第4位、第5位、第7位、第8位、第10位、第11位、第12位、第16位、第22位、第23位、第26位、第32位置1，其余位全为0，表示成完整的二进制数是$(0001\ 0000\ 0100\ 1100\ 0001\ 0001\ 1101\ 1011\ 0111)_2$，换算为十六进制即为$(01\ 04\ C1\ 1D\ B7)_{16}$。

根据CRC校验原理可知，在CRC8中出现了误码但没发现的概率是$1/2^8$，CRC16的概率是$1/2^{16}$，而CRC32的概率则是$1/2^{32}$，一般在数据不多的情况下用CRC16校验，而在整个文件的校验中一般用CRC32校验。

CRC的确定，说明找到了除数，被除数为待处理的数据序列，两者可以进行除法运算：首先是被除数与除数高位对齐后，被除数减去除数，得到差；如果差大于除数，除数再与差的最高位对齐，进行减法；直到差比除数小，最后的这个差就是余数。CRC的加法不进位，减法不借位。例如：10减去01，结果是11，而不是借位减法得到的01。所以，CRC的加法和减法所得的结果是一样的，10加01的结果是11，10减01的结果也是11，这其实就是异或操作，即不同为1，相同为0。

3.2 CRC16校验码

3.2.1 数据智能识别

用户通过人机交互界面输入的指令为字符型数据，仪器接收的指令为十六进制，需要程序智能识别数据的有效性和数据个数，比如，数据中是否含有非法字符，如何对字节进行区分与计数等。此处采用链表方式对字符串数据进行甄别，剔除字符之间的分隔符。如图 3-1 所示，每找到一个或两个连续的十六进制字符，将其转化为字节数据，存入链表，链表根据字符串数据的多少不断扩展，直到字符串内容为空，由于链表采用动态内存分配方式，无需知道数据个数，当字符串统计完毕后，字节个数即为已知，再通过动态分配内存方式分配已知个数的字节数组，用该字节数组计算 CRC，这样，程序能够灵活确定字节个数，根据需要分配内存，用完后释放堆，保证模块的完整性。

字符串		十六进制
“24␣1E␣3F␣48␣9D␣7E”		24 1E 3F 48 9D 7E
数字字符	“0” - “0”	0x30 – 0x30 = 0
	“1” - “0”	0x31 – 0x30 = 1
	“2” - “0”	0x32 – 0x30 = 2
	“...” - “0”	0x3X – 0x30 = X
	“9” - “0”	0x39 – 0x30 = 9
字母字符	“A” - “A”	0x41-0x41+10=10=A
	“B” - “A”	0x42-0x41+10=11=B
	“C” - “A”	0x43-0x41+10=12=C
	“D” - “A”	0x44-0x41+10=13=D
	“E” - “A”	0x45-0x41+10=14=E
	“F” - “A”	0x46-0x41+10=15=F

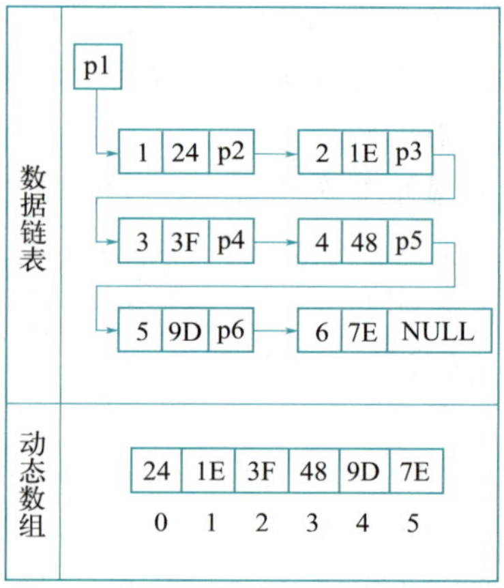

图 3-1 字符串转化为十六进制计算过程

3.2.2 校验码计算

Modbus 与 USB 均采用多项式 X16+X15+X2+1(0x8005) 对应的 16 位 CRC16 校验码。为了提高运算速度，往往将 CRC 校验码做成表格，如图 3-2 和图 3-3 所示，高字节部分对应图 3-2，

```
0x00,   0xC1,  0x81,  0x40,  0x01,  0xC0,  0x80,  0x41,  0x01,  0xC0,  0x80,  0x41,  0x00,  0xC1,  0x81,  0x40,
0x01,   0xC0,  0x80,  0x41,  0x00,  0xC1,  0x81,  0x40,  0x00,  0xC1,  0x81,  0x40,  0x01,  0xC0,  0x80,  0x41,
0x01,   0xC0,  0x80,  0x41,  0x00,  0xC1,  0x81,  0x40,  0x00,  0xC1,  0x81,  0x40,  0x01,  0xC0,  0x80,  0x41,
[0x00],④0xC1,  0x81,  0x40,  0x01,  0xC0,  0x80,  0x41,  0x01,  0xC0,  0x80,  0x41,  0x00,  0xC1,  0x81,  0x40,
0x01,   0xC0,  0x80,  0x41,  0x00,  0xC1,  0x81,  0x40,  0x00,  0xC1,  0x81,  0x40,  0x01,  0xC0,  0x80,  0x41,
0x00,   0xC1,  0x81,  0x40,  0x01,  0xC0,  0x80,  0x41,  0x01,  0xC0,  0x80,  0x41,  0x00,  0xC1,  0x81,  0x40,
0x00,   0xC1,  0x81,  0x40,  0x01,  0xC0,  0x80,  0x41,  0x01,  0xC0,  0x80,  0x41,  0x00,  0xC1,  0x81,  0x40,
0x01,   0xC0,  0x80,  0x41,  0x00,  0xC1,  0x81,  0x40,  0x00,  0xC1,  0x81,  0x40,  0x01,  0xC0,  0x80,  0x41,
0x01,   0xC0,  0x80,  0x41,  0x00,  0xC1,  0x81,  0x40,  0x00,  0xC1,  0x81,  0x40,  0x01,  0xC0,  0x80,  0x41,
0x00,   0xC1,  0x81,  0x40,  0x01,  0xC0,  0x80,  0x41,  0x01,  0xC0,  0x80,  0x41,  0x00,  0xC1,  0x81,  0x40,
0x00,②[0xC1], 0x81,  0x40,  0x01,③[0xC0], 0x80,  0x41,  0x01,  0xC0,  0x80,  0x41,  0x00,  0xC1,  0x81,  0x40,
0x01,   0xC0,  0x80,  0x41,  0x00,  0xC1,  0x81,  0x40,  0x00,  0xC1,  0x81,  0x40,  0x01,  0xC0,  0x80,  0x41,
0x00,   0xC1,  0x81,  0x40,  0x01,  0xC0,  0x80,  0x41,  0x01,  0xC0,  0x80,  0x41,  0x00,  0xC1,  0x81,  0x40,
0x01,   0xC0,  0x80,  0x41,  0x00,  0xC1,  0x81,  0x40,  0x00,  0xC1,  0x81,①[0x40], 0x01,  0xC0,  0x80,  0x41,
0x01,   0xC0,  0x80,  0x41,  0x00,  0xC1,⑤[0x81], 0x40,  0x00,  0xC1,  0x81,⑥[0x40], 0x01,  0xC0,  0x80,  0x41,
0x00,   0xC1,  0x81,  0x40,  0x01,  0xC0,  0x80,  0x41,  0x01,  0xC0,  0x80,  0x41,  0x00,  0xC1,  0x81,  0x40,
```

图 3-2 循环冗余校验码高字节部分查表过程

低字节部分对应图 3-3。通过查表快速计算一系列字节中每个字节的校验码，然后通过叠加累计运算，得到最终的校验码。

```
0x00,   0xC0,   0xC1,   0x01,   0xC3,   0x03,   0x02,   0xC2,   0xC6,   0x06,   0x07,   0xC7,   0x05,   0xC5,   0xC4,   0x04,
0xCC,   0x0C,   0x0D,   0xCD,   0x0F,   0xCF,   0xCE,   0x0E,   0x0A,   0xCA,   0xCB,   0x0B,   0xC9,   0x09,   0x08,   0xC8,
0xD8,   0x18,   0x19,   0xD9,   0x1B,   0xDB,   0xDA,   0x1A,   0x1E,   0xDE,   0xDF,   0x1F,   0xDD,   0x1D,   0x1C,   0xDC,
0x14,④0xD4,   0xD5,   0x15,   0xD7,   0x17,   0x16,   0xD6,   0xD2,   0x12,   0x13,   0xD3,   0x11,   0xD1,   0xD0,   0x10,
0xF0,   0x30,   0x31,   0xF1,   0x33,   0xF3,   0xF2,   0x32,   0x36,   0xF6,   0xF7,   0x37,   0xF5,   0x35,   0x34,   0xF4,
0x3C,   0xFC,   0xFD,   0x3D,   0xFF,   0x3F,   0x3E,   0xFE,   0xFA,   0x3A,   0x3B,   0xFB,   0x39,   0xF9,   0xF8,   0x38,
0x28,   0xE8,   0xE9,   0x29,   0xEB,   0x2B,   0x2A,   0xEA,   0xEE,   0x2E,   0x2F,   0xEF,   0x2D,   0xED,   0xEC,   0x2C,
0xE4,   0x24,   0x25,   0xE5,   0x27,   0xE7,   0xE6,   0x26,   0x22,   0xE2,   0xE3,   0x23,   0xE1,   0x21,   0x20,   0xE0,
0xA0,   0x60,   0x61,   0xA1,   0x63,   0xA3,   0xA2,   0x62,   0x66,   0xA6,   0xA7,   0x67,   0xA5,   0x65,   0x64,   0xA4,
0x6C,   0xAC,   0xAD,   0x6D,   0xAF,   0x6F,   0x6E,   0xAE,   0xAA,   0x6A,   0x6B,   0xAB,   0x69,   0xA9,   0xA8,   0x68,
0x78,②0xB8,   0xB9,   0x79,   0xBB,③0x7B,   0x7A,   0xBA,   0xBE,   0x7E,   0x7F,   0xBF,   0x7D,   0xBD,   0xBC,   0x7C,
0xB4,   0x74,   0x75,   0xB5,   0x77,   0xB7,   0xB6,   0x76,   0x72,   0xB2,   0xB3,   0x73,   0xB1,   0x71,   0x70,   0xB0,
0x50,   0x90,   0x91,   0x51,   0x93,   0x53,   0x52,   0x92,   0x96,   0x56,   0x57,   0x97,   0x55,   0x95,   0x94,   0x54,
0x9C,   0x5C,   0x5D,   0x9D,   0x5F,   0x9F,   0x9E,   0x5E,   0x5A,   0x9A,   0x9B,①0x5B,   0x99,   0x59,   0x58,   0x98,
0x88,   0x48,   0x49,   0x89,   0x4B,   0x8B,⑤0x8A,   0x4A,   0x4E,   0x8E,   0x8F,⑥0x4F,   0x8D,   0x4D,   0x4C,   0x8C,
0x44,   0x84,   0x85,   0x45,   0x87,   0x47,   0x46,   0x86,   0x82,   0x42,   0x43,   0x83,   0x41,   0x81,   0x80,   0x40,
```

图 3-3　循环冗余校验码低字节部分查表过程

假定要校验的字节序列为 24 1E 3F 48 9D 7E，如图 3-4 所示，通过分步计算得到循环冗余校验码。

	pBuff[0]	uchCRCHi	uchCRCLo	uIndex	auchCRCHigh[uIndex]	auchCRCLow[uIndex]
①	0x24	0xFF	0xFF	0x24^0xFF=**0xDB**	auchCRCHigh[**0xDB**]	auchCRCLow[**0xDB**]
		0xFF			**0x40**	**0x5B**
		0x5B	0x40^0xFF=**0xBF**			
②	0x1E	**0x5B**	**0xBF**	0x1E^0xBF=**0xA1**	auchCRCHigh[**0xA1**]	auchCRCLow[**0xA1**]
					0xC1	**0xB8**
		0xB8	0xC1^0x5B=**0x9A**			
③	0x3F	**0xB8**	**0x9A**	0x3F^0x9A=**0xA5**	auchCRCHigh[**0xA5**]	auchCRCLow[**0xA5**]
					0xC0	**0x7B**
		0x7B	0xC0^0xB8=**0x78**			
④	0x48	**0x7B**	**0x78**	0x48^0x78=**0x30**	auchCRCHigh[**0x30**]	auchCRCLow[**0x30**]
					0x00	**0x14**
		0x14	0x00^0x7B=**0x7B**			
⑤	0x9D	**0x14**	**0x7B**	0x9D^0x7B=**0xE6**	auchCRCHigh[**0xE6**]	auchCRCLow[**0xE6**]
					0x81	**0x8A**
		0x8A	0x81^0x14=**0x95**			
⑥	0x7E	**0x8A**	**0x95**	0x7E^0x95=**0xEB**	auchCRCHigh[**0xEB**]	auchCRCLow[**0xEB**]
					0x40	**0x4F**
		0x4F	0x40^0x8A=**0xCA**			

图 3-4　循环冗余校验码计算过程

初始值 uchCRCHi=0xFF；

初始值 uchCRCLo=0xFF。

（1）第一个字节 0x24

取字节序列的第一个字节 0x24。

uIndex=0x24 ^ uchCRCLo=0x24 ^ 0xFF=0xDB；

0xDB 代表从 0 开始的第 13(D) 行和第 11(B) 列，如图 3-2 和图 3-3 中“①”所示，取出对应的高字节 0x40 和低字节 0x5B，计算校验码低字节与高字节。

uchCRCLo=auchCRCHigh[0xDB] ^ 0xFF=0x40 ^ 0xFF=0xBF；

uchCRCHi=auchCRCLow[0xDB]=0x5B。

（2）第二个字节 0x1E

取字节序列的第二个字节 0x1E。

uIndex=0x1E ^ uchCRCLo=0x1E ^ 0xBF=0xA1;

uchCRCLo=auchCRCHigh[0xA1] ^ 0x5B=0xC1 ^ 0x5B=0x9A ;

uchCRCHi=auchCRCLow[0xA1]=0xB8。

（3）第三个字节 0x3F

取字节序列的第三个字节 0x3F。

uIndex=0x3F ^ uchCRCLo=0x3F ^ 0x9A=0xA5;

uchCRCLo=auchCRCHigh[0xA5] ^ 0xB8=0xC0 ^ 0xB8=0x78;

uchCRCHi=auchCRCLow[0xA5]=0x7B。

（4）第四个字节 0x48

取字节序列的第四个字节 0x48。

uIndex=0x48 ^ uchCRCLo=0x48 ^ 0x78=0x30;

uchCRCLo=auchCRCHigh[0x30] ^ 0x7B=0x00 ^ 0x7B=0x7B ;

uchCRCHi=auchCRCLow[0x30]=0x14。

（5）第五个字节 0x9D

取字节序列的第五个字节 0x9D。

uIndex=0x9D ^ uchCRCLo=0x9D ^ 0x7B=0xE6;

uchCRCLo=auchCRCHigh[0xE6] ^ 0x14=0x81 ^ 0x14=0x95;

uchCRCHi=auchCRCLow[0xE6]=0x8A。

（6）第六个字节 0x7E

取字节序列的第六个字节 0x7E。

uIndex=0x7E ^ uchCRCLo=0x7E ^ 0x95=0xEB ;

uchCRCLo=auchCRCHigh[0xEB] ^ 0x8A=0x40 ^ 0x8A=0xCA ;

uchCRCHi=auchCRCLow[0xEB]=0x4F。

通过上述计算可得，CRC 校验码的低字节为 0xCA，高字节为 0x4F，完整 CRC 为 0x4FCA。

3.3 控制台程序

3.3.1 创建步骤

控制台程序

为了深入分析和理解 CRC 计算过程，编制控制台程序，逐步显示 CRC 的计算步骤。

计算 CRC 的控制台程序详细步骤如下。

① 用鼠标左键点击桌面左下角“开始”按钮，在弹出菜单中点击“全部>”按钮展开菜单，查找“Visual Studio 2019”菜单项，鼠标左键点击后运行 VS2019。

② 在弹出“Visual Studio 2019”窗体的右侧点击“创建新项目 (N)”按钮，弹出“创建新项目”窗口，选择“空项目”选项，点击“下一步 (N)”按钮，弹出“配置新项目”窗口，在“项目名称 (J)”对应的输入框中输入“CRC_Console”，在“位置 (L)”下方的输入框中选择“桌面”目录，点击“创建 (C)”按钮完成“CRC_Console”空解决方案的创建。

③ 在“解决方案资源管理器”中选择“源文件”，右键弹出菜单，选择“添加 (D)”→“新建项 (W)…”，弹出“添加新项 -CRC_Console”窗口，选择“C++ 文件 (.cpp)”，在下方“名

称 (N)”后方的输入框中输入“CRC_Console.cpp”，点击“添加 (A)”按钮，完成源文件的创建，再将“CRC_Console.cpp”重命名为“CRC_Console.c”，点击工具栏的“全部保存”按钮。

④ 向 CRC_Console.c 添加 3.3.2 小节中的 C 源代码。

⑤ 点击“项目 (P)”菜单，在下拉菜单中选择“CRC_Console 属性 (P)”，弹出“CRC_Console 属性页”，在“配置 (C)”后面的列表框中选择“Release”，在“配置属性”下方点击“高级”选项，在右侧对应栏中查找“MFC 的使用”，在其右侧的列表框中选择“使用标准 Windows 库”。

⑥ 选中“C/C++”下方“代码生成”选项，在右侧对应栏中查找“运行库”，在其右侧对应的列表框中选择“多线程 (/MT)”，点击“应用 (A)”按钮，再点击“确定”按钮。

⑦ 在“生成 (B)”菜单中点击“清理解决方案 (C)”，再点击“清理 CRC_Console(N)”按钮。

⑧ 在“调试 (D)”菜单中点击“开始调试 (S)”，运行程序。

⑨ 在桌面“CRC_Console”目录中查找“Release”子目录，找到“CRC_Console.exe”可执行文件，点击右键，在弹出的菜单中选择“以管理员身份运行”，点击“是”按钮，运行结果如图 3-5 所示，程序将字符串中的空格去掉，重新将有效数据放入链表节点中，对有效的字节进行运算，得到 CRC 的高字节与低字节。

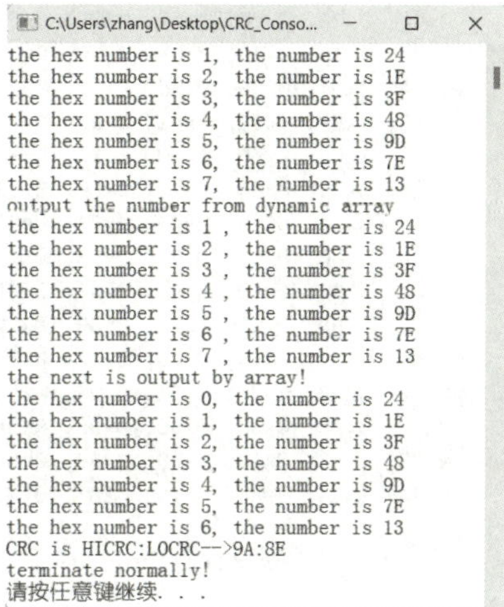

图 3-5　CRC 计算过程控制台程序运行结果

3.3.2　C 源代码

```
//******************CRC_Console.c*********************
//功  能:           查表计算CRC
//**************************************************
#include   <windows.h>
#include   <tchar.h>
#include   <stdio.h>
#include   <stdlib.h>

//定义十六进制节点结构体
typedef struct  tagHexNode {
   unsigned short int  nNum;
   BYTE  byHex;
   struct tagHexNode* pNext;
}HEXNODE, * PHEXNODE;

//高位字节的CRC值
static const unsigned char auchCRCHi[]={
   0x00, 0xC1, 0x81, 0x40, 0x01, 0xC0, 0x80, 0x41, 0x01, 0xC0, 0x80, 0x41, 0x00, 0xC1, 0x81, 0x40,
   0x01, 0xC0, 0x80, 0x41, 0x00, 0xC1, 0x81, 0x40, 0x00, 0xC1, 0x81, 0x40, 0x01, 0xC0, 0x80, 0x41,
   0x01, 0xC0, 0x80, 0x41, 0x00, 0xC1, 0x81, 0x40, 0x00, 0xC1, 0x81, 0x40, 0x01, 0xC0, 0x80, 0x41,
   0x00, 0xC1, 0x81, 0x40, 0x01, 0xC0, 0x80, 0x41, 0x01, 0xC0, 0x80, 0x41, 0x00, 0xC1, 0x81, 0x40,
   0x01, 0xC0, 0x80, 0x41, 0x00, 0xC1, 0x81, 0x40, 0x00, 0xC1, 0x81, 0x40, 0x01, 0xC0, 0x80, 0x41,
   0x00, 0xC1, 0x81, 0x40, 0x01, 0xC0, 0x80, 0x41, 0x01, 0xC0, 0x80, 0x41, 0x00, 0xC1, 0x81, 0x40,
   0x00, 0xC1, 0x81, 0x40, 0x01, 0xC0, 0x80, 0x41, 0x01, 0xC0, 0x80, 0x41, 0x00, 0xC1, 0x81, 0x40,
   0x01, 0xC0, 0x80, 0x41, 0x00, 0xC1, 0x81, 0x40, 0x00, 0xC1, 0x81, 0x40, 0x01, 0xC0, 0x80, 0x41,
   0x01, 0xC0, 0x80, 0x41, 0x00, 0xC1, 0x81, 0x40, 0x00, 0xC1, 0x81, 0x40, 0x01, 0xC0, 0x80, 0x41,
   0x00, 0xC1, 0x81, 0x40, 0x01, 0xC0, 0x80, 0x41, 0x01, 0xC0, 0x80, 0x41, 0x00, 0xC1, 0x81, 0x40,
```

```
    0x00, 0xC1, 0x81, 0x40, 0x01, 0xC0, 0x80, 0x41, 0x01, 0xC0, 0x80, 0x41, 0x00, 0xC1, 0x81, 0x40,
    0x01, 0xC0, 0x80, 0x41, 0x00, 0xC1, 0x81, 0x40, 0x00, 0xC1, 0x81, 0x40, 0x01, 0xC0, 0x80, 0x41,
    0x00, 0xC1, 0x81, 0x40, 0x01, 0xC0, 0x80, 0x41, 0x01, 0xC0, 0x80, 0x41, 0x00, 0xC1, 0x81, 0x40,
    0x01, 0xC0, 0x80, 0x41, 0x00, 0xC1, 0x81, 0x40, 0x00, 0xC1, 0x81, 0x40, 0x01, 0xC0, 0x80, 0x41,
    0x01, 0xC0, 0x80, 0x41, 0x00, 0xC1, 0x81, 0x40, 0x00, 0xC1, 0x81, 0x40, 0x01, 0xC0, 0x80, 0x41,
    0x00, 0xC1, 0x81, 0x40, 0x01, 0xC0, 0x80, 0x41, 0x01, 0xC0, 0x80, 0x41, 0x00, 0xC1, 0x81, 0x40
};

//低位字节的CRC值
static const unsigned char auchCRCLo[]={
    0x00, 0xC0, 0xC1, 0x01, 0xC3, 0x03, 0x02, 0xC2, 0xC6, 0x06, 0x07, 0xC7, 0x05, 0xC5, 0xC4, 0x04,
    0xCC, 0x0C, 0x0D, 0xCD, 0x0F, 0xCF, 0xCE, 0x0E, 0x0A, 0xCA, 0xCB, 0x0B, 0xC9, 0x09, 0x08, 0xC8,
    0xD8, 0x18, 0x19, 0xD9, 0x1B, 0xDB, 0xDA, 0x1A, 0x1E, 0xDE, 0xDF, 0x1F, 0xDD, 0x1D, 0x1C, 0xDC,
    0x14, 0xD4, 0xD5, 0x15, 0xD7, 0x17, 0x16, 0xD6, 0xD2, 0x12, 0x13, 0xD3, 0x11, 0xD1, 0xD0, 0x10,
    0xF0, 0x30, 0x31, 0xF1, 0x33, 0xF3, 0xF2, 0x32, 0x36, 0xF6, 0xF7, 0x37, 0xF5, 0x35, 0x34, 0xF4,
    0x3C, 0xFC, 0xFD, 0x3D, 0xFF, 0x3F, 0x3E, 0xFE, 0xFA, 0x3A, 0x3B, 0xFB, 0x39, 0xF9, 0xF8, 0x38,
    0x28, 0xE8, 0xE9, 0x29, 0xEB, 0x2B, 0x2A, 0xEA, 0xEE, 0x2E, 0x2F, 0xEF, 0x2D, 0xED, 0xEC, 0x2C,
    0xE4, 0x24, 0x25, 0xE5, 0x27, 0xE7, 0xE6, 0x26, 0x22, 0xE2, 0xE3, 0x23, 0xE1, 0x21, 0x20, 0xE0,
    0xA0, 0x60, 0x61, 0xA1, 0x63, 0xA3, 0xA2, 0x62, 0x66, 0xA6, 0xA7, 0x67, 0xA5, 0x65, 0x64, 0xA4,
    0x6C, 0xAC, 0xAD, 0x6D, 0xAF, 0x6F, 0x6E, 0xAE, 0xAA, 0x6A, 0x6B, 0xAB, 0x69, 0xA9, 0xA8, 0x68,
    0x78, 0xB8, 0xB9, 0x79, 0xBB, 0x7B, 0x7A, 0xBA, 0xBE, 0x7E, 0x7F, 0xBF, 0x7D, 0xBD, 0xBC, 0x7C,
    0xB4, 0x74, 0x75, 0xB5, 0x77, 0xB7, 0xB6, 0x76, 0x72, 0xB2, 0xB3, 0x73, 0xB1, 0x71, 0x70, 0xB0,
    0x50, 0x90, 0x91, 0x51, 0x93, 0x53, 0x52, 0x92, 0x96, 0x56, 0x57, 0x97, 0x55, 0x95, 0x94, 0x54,
    0x9C, 0x5C, 0x5D, 0x9D, 0x5F, 0x9F, 0x9E, 0x5E, 0x5A, 0x9A, 0x9B, 0x5B, 0x99, 0x59, 0x58, 0x98,
    0x88, 0x48, 0x49, 0x89, 0x4B, 0x8B, 0x8A, 0x4A, 0x4E, 0x8E, 0x8F, 0x4F, 0x8D, 0x4D, 0x4C, 0x8C,
    0x44, 0x84, 0x85, 0x45, 0x87, 0x47, 0x46, 0x86, 0x82, 0x42, 0x43, 0x83, 0x41, 0x81, 0x80, 0x40
};
unsigned short GenCRC16(unsigned char* pBuff, unsigned short nBuffLen);

int main(int argc, char* argv[])
{
    TCHAR* pTempStr=TEXT(" 24 1E 3F 48 9D 7E 13");
    TCHAR*        p;
    unsigned char  nCounts=0;          //十六进制计数器
    TCHAR*        pB;
    TCHAR*        pE;
    BOOL          bEndAbnormal=0;      //非正常结束标志
    BOOL          bHexBegin=1;         //开始碰到第一个字符标志
    BYTE          byTemp=0;            //每次获得的十六进制数

    HEXNODE* pp;                       //删除链表中元素使用的前驱节点指针
    HEXNODE* pn;                       //删除链表中元素使用的后继节点指针
    HEXNODE* pTemp;                    //动态分配内存的临时指针
    HEXNODE* pHead=NULL;               //头指针
    HEXNODE**    pphnTail;             //添加结构体变量时的地址指针，指向要将结构体单元连接在一起的尾指针
    BYTE*    pByte=NULL ;              //连续字节空间的头指针

    //指针赋初值
    p=pTempStr;
    pB=pTempStr;
    pE=pTempStr;
    pphnTail=&pHead;

    //对字符串进行检验，如果有非十六进制字符则退出。
    while (*p !=0)
    {
        if ((*p==TEXT(' ')) || (*p <=TEXT('9') && *p >=TEXT('0')) || (*p <=TEXT('F') && *p
>=TEXT('A')) || (*p <=TEXT('f') && *p >=TEXT('a')))
        {
            if (*p==TEXT(' '))
            {
                if (!bHexBegin)
```

```
            {
                pE=p;
                bHexBegin=1;
                nCounts++;

                pTemp=(HEXNODE *)calloc(1, sizeof(HEXNODE));
                if (NULL==pTemp)
                    return  2;
                pTemp->nNum=nCounts;
                pTemp->byHex=byTemp;
                (*pphnTail)=pTemp;
                pphnTail=&(pTemp->pNext);
                printf("the hex number is %d, the number is %02X\n", pTemp->nNum, pTemp->byHex);
                byTemp=0;
            }
        }
        else
        {
            if (bHexBegin)
            {
                pB=p;
                bHexBegin=0;
            }
            if (*p <=TEXT('9') && *p >=TEXT('0'))
                byTemp=byTemp << 4 | (*p -TEXT('0'));
            else if (*p <=TEXT('F') && *p >=TEXT('A'))
                byTemp=byTemp << 4 | (*p -TEXT('A') + 10);
            else if (*p <=TEXT('f') && *p >=TEXT('a'))
                byTemp=byTemp << 4 | (*p -TEXT('a') + 10);
        }
        p++;
        //当行处于结尾时，要进行处理，因为没有空格了，属于一种特例条件
        if (*p==0)
        {
            if (!bHexBegin)
            {
                nCounts++;
                //分配内存并置零
                pTemp=(HEXNODE *)calloc(1, sizeof(HEXNODE));
                if (NULL==pTemp)
                    return  2;

                pTemp->nNum=nCounts;
                pTemp->byHex=byTemp;
                (*pphnTail)=pTemp;
                pphnTail=&(pTemp->pNext);
                printf("the hex number is %d, the number is %02X\n", pTemp->nNum, pTemp->byHex);

            }
        }
    }
    else
    {
        bEndAbnormal=1;
        break;
    }
}

printf("output the number from dynamic array\n");

//输出动态内存的数据
pp=pHead;
```

```
while (pp !=NULL)
{
    printf("the hex number is %d , the number is %02X\n", pp->nNum, pp->byHex);
    pp=pp->pNext;
}

//当输入字符正常时，将十六进制从链表转向连续的BYTE内存区，以便于计算CRC
if (!bEndAbnormal)
{
    int i=0;
    unsigned short  nCRC16;

    pByte=calloc(nCounts,sizeof(BYTE));
    if (NULL==pByte)
        return  2;
    pp=pHead;
    while (pp !=NULL)
    {
        *(pByte + pp->nNum - 1)=pp->byHex;
        pp=pp->pNext;
    }

    //打印输出
    printf("the next is output by array!\n");
    for (i=0; i < nCounts; i++)
    {
        printf("the hex number is %d, the number is %02X\n", i, *(pByte + i));
    }

    //计算CRC校验码
    nCRC16=GenCRC16(pByte, nCounts);
    printf("CRC is HICRC:LOCRC-->%02X:%02X\n", HIBYTE(nCRC16), LOBYTE(nCRC16));

}

//对动态分配的内存进行释放
pp=pHead;
while (pp !=NULL)
{
    pn=pp->pNext;
    free(pp);
    pp=pn;
}

//释放连续区内存
if (pByte !=NULL)
{
    free(pByte);
    pByte=NULL;
}

//程序有两个出口，bEndAbnormal不为0的是一组，bEndAbnormal等于0的为一组
if (bEndAbnormal)
{
    //退出循环，表示有非法字符
    _tprintf_s(TEXT("illegal characters, check carefully!\n"));
    system("pause");
    return  1;
}
else
{
    //动态分配字节型数据，然后计算CRC
```

```
        _tprintf_s(TEXT("terminate normally!\n"));
        system("pause");
        return 0;
    }
}

//功能：计算指定数据长度的CRC
unsigned short GenCRC16(unsigned char* pBuff, unsigned short nBuffLen)
{
    unsigned char uchCRCHi=0xFF;
    unsigned char uchCRCLo=0xFF;
    unsigned uIndex;
    //对每个字节进行处理
    while (nBuffLen--)
    {
        uIndex=uchCRCLo ^ *pBuff++;
        uchCRCLo=uchCRCHi ^ auchCRCHi[uIndex];
        uchCRCHi=auchCRCLo[uIndex];
    }
    //返回高字节和低字节
    return (uchCRCHi << 8 | uchCRCLo);
}
```

3.4 Win32程序

3.4.1 创建步骤

Win32 程序采用 Windows 界面与用户交互信息，用户通过文本框等输入信息，通过按钮、列表框、组合框、菜单等进行选择与控制，操作方便，但底层程序架构要满足 Windows 框架，不仅包含计算 CRC 的代码，还要涉及操作 Windows 控件的代码、Windows 消息驱动机制和进程调度管理等，代码理解困难。

Win32 程序

计算 CRC 的 Win32 程序详细步骤如下。

① 用鼠标左键点击桌面左下角“开始”按钮，在弹出菜单中点击“全部>”按钮展开菜单，查找“Visual Studio 2019”菜单项，鼠标左键点击后运行 VS2019。

② 在弹出“Visual Studio 2019”窗体的右侧点击“创建新项目 (N)”按钮，弹出“创建新项目”窗口，选择“Windows 桌面向导”选项，点击“下一步 (N)”按钮，弹出“配置新项目”窗口，在“项目名称 (J)”对应的输入框中输入“CRC_Win32”，在“位置 (L)”下方的输入框中选择“桌面”目录，点击“创建 (C)”按钮，弹出“Windows 桌面项目”窗口，在“桌面程序类型”下方列表框中选择“桌面应用程序 (.exe)”，“其他选项：”下方勾选“空项目 (E)”，点击“确定”按钮完成“CRC_Win32”空 Win32 解决方案的创建。

③ 在“解决方案资源管理器”中选择“源文件”，右键弹出菜单，选择“添加 (D)”→“新建项 (W)...”，弹出“添加新项 -CRC_Win32”窗口，选择“C++ 文件 (.cpp)”，在下方“名称 (N)”后方的输入框中输入“CRC_Win32.cpp”，点击“添加 (A)”按钮，完成源文件的创建，继续添加“CalCRC.cpp”文件；在“解决方案资源管理器”中选择“头文件”，右键弹出菜单，选择“添加 (D)”→“新建项 (W)...”，弹出“添加新项 -CRC_Win32”窗口，选择“头文件 (.h)”，在下方“名称 (N)”后方的输入框中输入“CalCRC.h”，点击“添加 (A)”按钮，完成头文件的创建，点击工具栏的“全部保存”按钮。

④ 向 CalCRC.h、CalCRC.cpp 和 CRC_Win32.cpp 添加 3.4.2 小节中的 C 源代码。

⑤ 点击“项目 (P)”菜单，在下拉菜单中选择“CRC_Win32 属性 (P)”，弹出“CRC_Win32 属性页”，在“配置 (C)”后面的列表框中选择“Release”，在“配置属性”下方点击“高级”选项，在右侧对应栏中查找“MFC 的使用”，在其右侧的列表框中选择“使用标准 Windows 库”。

⑥ 选中“C/C++”下方“代码生成”选项，在右侧对应栏中查找“运行库”，在其右侧对应的列表框中选择“多线程 (/MT)”，点击“应用 (A)”按钮，再点击“确定”按钮。

⑦ 在“生成 (B)”菜单中点击“清理解决方案 (C)”，再点击“清理 CRC_Win32(N)”按钮。

⑧ 在“调试 (D)”菜单中点击“开始调试 (S)”，运行程序。

⑨ 在桌面“CRC_Win32”目录中查找“Release”子目录，找到“CRC_Win32.exe”可执行文件，点击右键，在弹出的菜单中选择“以管理员身份运行”，点击“是”按钮，运行结果如图 3-6 所示，程序将字符串中的空格去掉，重新将有效数据放入链表节点中，对有效的字节进行运算，得到 CRC 的高字节与低字节。

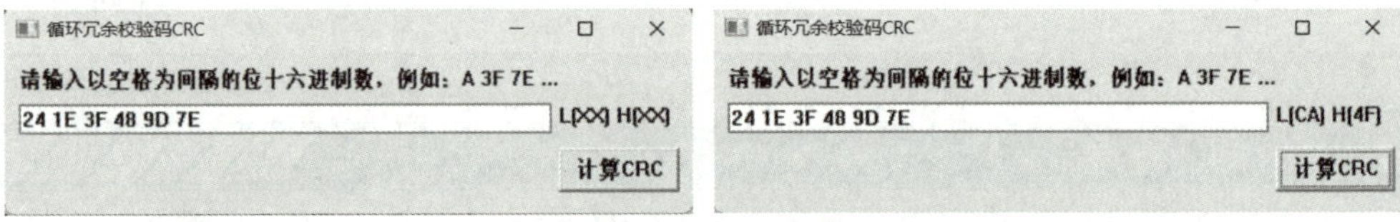

图 3-6 CRC 计算过程 Win32 程序运行结果

3.4.2 C源代码

```
//********************CRC_Win32.cpp********************
#include    <windows.h>
#include    <stdio.h>
#include    "CalCRC.h"
#define     ID_STATIC_PROMPT        1001
#define     ID_EDIT_INSTRUCT        1002
#define     ID_STATIC_CRC           1003
#define     ID_BTN_CAL_CRC          1004
LRESULT CALLBACK WndProc(HWND, UINT, WPARAM, LPARAM);

int WINAPI WinMain(HINSTANCE hInstance,
   HINSTANCE hPrevInstance,
   PSTR  szCmdLine,
   int iCmdShow)
{
   static TCHAR szAppName[]=TEXT("CalCRC");
   HWND         hwnd;
   MSG          msg;
   WNDCLASS wndclass;

   wndclass.style=CS_HREDRAW | CS_VREDRAW;
   wndclass.lpfnWndProc=WndProc;
   wndclass.cbClsExtra=0;
   wndclass.cbWndExtra=0;
   wndclass.hInstance=hInstance;
   wndclass.hIcon=LoadIcon(NULL, IDI_APPLICATION);
   wndclass.hCursor=LoadCursor(NULL, IDC_ARROW);
   wndclass.hbrBackground=(HBRUSH)(COLOR_WINDOW);
   wndclass.lpszMenuName=NULL;
```

```
    wndclass.lpszClassName=szAppName;
    if (!RegisterClass(&wndclass))
    {
        MessageBox(NULL, TEXT("Program requires Windows NT!"), szAppName, MB_ICONERROR);
        return 0;
    }
    hwnd=CreateWindow(szAppName, TEXT("循环冗余校验码CRC"),
        WS_OVERLAPPEDWINDOW,
        400, 200,
        480, 240,
        NULL, NULL, hInstance, NULL);

    ShowWindow(hwnd, iCmdShow);
    UpdateWindow(hwnd);
    while (GetMessage(&msg, NULL, 0, 0))
    {
        TranslateMessage(&msg);
        DispatchMessage(&msg);
    }
    return msg.wParam;
}

LRESULT CALLBACK WndProc(HWND hwnd, UINT message, WPARAM wParam, LPARAM lParam)
{
    static  HWND hwndTemp;
    int     cxChar, cyChar;
    int     wmId, wmEvent;

    switch (message)
    {
    case WM_CREATE:
        cxChar=LOWORD(GetDialogBaseUnits());
        cyChar=HIWORD(GetDialogBaseUnits());

        hwndTemp=CreateWindow(TEXT("static"), TEXT("请输入以空格为间隔的位十六进制数，例如：A 3F 7E ..."),
            WS_CHILDWINDOW | WS_VISIBLE | SS_LEFT,
            10, 10,
            400, 20,
            hwnd, (HMENU)ID_STATIC_PROMPT,
            ((LPCREATESTRUCT)lParam)->hInstance,
            NULL);

        hwndTemp=CreateWindow(TEXT("edit"), TEXT("24 1E 3F 48 9D 7E"),
            WS_CHILD | WS_VISIBLE | WS_BORDER | ES_LEFT | ES_AUTOHSCROLL,
            10, 35,
            360, 20,hwnd, (HMENU)ID_EDIT_INSTRUCT,
            (HINSTANCE)GetWindowLong(hwnd, GWL_HINSTANCE), NULL);

        hwndTemp=CreateWindow(TEXT("static"), TEXT("L(XX) H(XX)"),
            WS_CHILDWINDOW | WS_VISIBLE | SS_LEFT,
            375, 35,
            100, 20,hwnd, (HMENU)ID_STATIC_CRC,
            (HINSTANCE)GetWindowLong(hwnd, GWL_HINSTANCE), NULL);

        hwndTemp=CreateWindow(TEXT("button"), TEXT("计算CRC"),
            WS_CHILD | WS_VISIBLE | BS_PUSHBUTTON,
            375, 65,
            80, 30,
            hwnd, (HMENU)ID_BTN_CAL_CRC,
            (HINSTANCE)GetWindowLong(hwnd, GWL_HINSTANCE), NULL);
        return 0;
```

```
    case WM_COMMAND:
        wmId=LOWORD(wParam);
        wmEvent=HIWORD(wParam);

        switch (wmId)      //分析菜单选择
        {
        case ID_BTN_CAL_CRC:
        {
            unsigned short  nCRC16=0;
            int  iRet=0;
            int iLength=0;
            HWND  hwndTempCRC;
            TCHAR* pszInstruction;
            TCHAR* pszBuffer;
            hwndTempCRC=GetDlgItem(hwnd, ID_EDIT_INSTRUCT);
            iLength=SendMessage(hwndTempCRC, WM_GETTEXTLENGTH, 0, 0);

            pszInstruction=(TCHAR*)calloc(iLength + 1, sizeof(TCHAR));          //从文本框中获取字
符串，转化为指令
            SendMessage(hwndTempCRC, WM_GETTEXT, iLength + 1, (LPARAM)pszInstruction);

            iRet=CalculateCRC(pszInstruction, &nCRC16);

            pszBuffer=(TCHAR*)calloc(16, sizeof(TCHAR));
            wsprintf(pszBuffer, TEXT("L(%02X) H(%02X)"), LOBYTE(nCRC16), HIBYTE(nCRC16));
//"L"表示Low, "H"表示High
            SendMessage(GetDlgItem(hwnd, ID_STATIC_CRC), WM_SETTEXT, 0, (LPARAM)pszBuffer);
            if (pszInstruction !=NULL)                  //释放堆内存
                free(pszInstruction);
            if (pszBuffer !=NULL)                       //释放堆内存
                free(pszBuffer);
        }
        break;

        default:
            break;
        }
        return 0;

    case WM_DESTROY:
        PostQuitMessage(0);
        return 0;
    }
    return DefWindowProc(hwnd, message, wParam, lParam);
}
//********************CalCRC.h********************
#ifndef ZH_CALCRC_H
#define ZH_CALCRC_H

int CalculateCRC(TCHAR* pInstructStr, unsigned short* nCRC16);
unsigned short GenCRC16(unsigned char* pBuff, unsigned short nBuffLen);
#endif // ZH_CALCRC_H
//********************CalCRC.cpp********************
#include    <windows.h>
#include    <tchar.h>
#include    <stdio.h>
#include    <stdlib.h>
#include    "CalCRC.h"

typedef struct  tagHexNode {
    unsigned short int      nNum;
    BYTE                    byHex;
```

```
    struct tagHexNode* pNext;
}HEXNODE, * PHEXNODE;
//高位字节CRC值，array unsigned char
static const unsigned char auchCRCHigh[]={
    0x00,0xC1,0x81,0x40,0x01,0xC0,0x80,0x41,0x01,0xC0,0x80,0x41,0x00,0xC1,0x81,0x40,
    0x01,0xC0,0x80,0x41,0x00,0xC1,0x81,0x40,0x00,0xC1,0x81,0x40,0x01,0xC0,0x80,0x41,
    0x01,0xC0,0x80,0x41,0x00,0xC1,0x81,0x40,0x00,0xC1,0x81,0x40,0x01,0xC0,0x80,0x41,
    0x00,0xC1,0x81,0x40,0x01,0xC0,0x80,0x41,0x01,0xC0,0x80,0x41,0x00,0xC1,0x81,0x40,
    0x01,0xC0,0x80,0x41,0x00,0xC1,0x81,0x40,0x00,0xC1,0x81,0x40,0x01,0xC0,0x80,0x41,
    0x00,0xC1,0x81,0x40,0x01,0xC0,0x80,0x41,0x01,0xC0,0x80,0x41,0x00,0xC1,0x81,0x40,
    0x00,0xC1,0x81,0x40,0x01,0xC0,0x80,0x41,0x01,0xC0,0x80,0x41,0x00,0xC1,0x81,0x40,
    0x01,0xC0,0x80,0x41,0x00,0xC1,0x81,0x40,0x00,0xC1,0x81,0x40,0x01,0xC0,0x80,0x41,
    0x01,0xC0,0x80,0x41,0x00,0xC1,0x81,0x40,0x00,0xC1,0x81,0x40,0x01,0xC0,0x80,0x41,
    0x00,0xC1,0x81,0x40,0x01,0xC0,0x80,0x41,0x01,0xC0,0x80,0x41,0x00,0xC1,0x81,0x40,
    0x00,0xC1,0x81,0x40,0x01,0xC0,0x80,0x41,0x01,0xC0,0x80,0x41,0x00,0xC1,0x81,0x40,
    0x01,0xC0,0x80,0x41,0x00,0xC1,0x81,0x40,0x00,0xC1,0x81,0x40,0x01,0xC0,0x80,0x41,
    0x00,0xC1,0x81,0x40,0x01,0xC0,0x80,0x41,0x01,0xC0,0x80,0x41,0x00,0xC1,0x81,0x40,
    0x01,0xC0,0x80,0x41,0x00,0xC1,0x81,0x40,0x00,0xC1,0x81,0x40,0x01,0xC0,0x80,0x41,
    0x01,0xC0,0x80,0x41,0x00,0xC1,0x81,0x40,0x00,0xC1,0x81,0x40,0x01,0xC0,0x80,0x41,
    0x00,0xC1,0x81,0x40,0x01,0xC0,0x80,0x41,0x01,0xC0,0x80,0x41,0x00,0xC1,0x81,0x40,
};
//低位字节CRC值，array unsigned char
static const unsigned char auchCRCLow[]={
    0x00,0xC0,0xC1,0x01,0xC3,0x03,0x02,0xC2,0xC6,0x06,0x07,0xC7,0x05,0xC5,0xC4,0x04,
    0xCC,0x0C,0x0D,0xCD,0x0F,0xCF,0xCE,0x0E,0x0A,0xCA,0xCB,0x0B,0xC9,0x09,0x08,0xC8,
    0xD8,0x18,0x19,0xD9,0x1B,0xDB,0xDA,0x1A,0x1E,0xDE,0xDF,0x1F,0xDD,0x1D,0x1C,0xDC,
    0x14,0xD4,0xD5,0x15,0xD7,0x17,0x16,0xD6,0xD2,0x12,0x13,0xD3,0x11,0xD1,0xD0,0x10,
    0xF0,0x30,0x31,0xF1,0x33,0xF3,0xF2,0x32,0x36,0xF6,0xF7,0x37,0xF5,0x35,0x34,0xF4,
    0x3C,0xFC,0xFD,0x3D,0xFF,0x3F,0x3E,0xFE,0xFA,0x3A,0x3B,0xFB,0x39,0xF9,0xF8,0x38,
    0x28,0xE8,0xE9,0x29,0xEB,0x2B,0x2A,0xEA,0xEE,0x2E,0x2F,0xEF,0x2D,0xED,0xEC,0x2C,
    0xE4,0x24,0x25,0xE5,0x27,0xE7,0xE6,0x26,0x22,0xE2,0xE3,0x23,0xE1,0x21,0x20,0xE0,
    0xA0,0x60,0x61,0xA1,0x63,0xA3,0xA2,0x62,0x66,0xA6,0xA7,0x67,0xA5,0x65,0x64,0xA4,
    0x6C,0xAC,0xAD,0x6D,0xAF,0x6F,0x6E,0xAE,0xAA,0x6A,0x6B,0xAB,0x69,0xA9,0xA8,0x68,
    0x78,0xB8,0xB9,0x79,0xBB,0x7B,0x7A,0xBA,0xBE,0x7E,0x7F,0xBF,0x7D,0xBD,0xBC,0x7C,
    0xB4,0x74,0x75,0xB5,0x77,0xB7,0xB6,0x76,0x72,0xB2,0xB3,0x73,0xB1,0x71,0x70,0xB0,
    0x50,0x90,0x91,0x51,0x93,0x53,0x52,0x92,0x96,0x56,0x57,0x97,0x55,0x95,0x94,0x54,
    0x9C,0x5C,0x5D,0x9D,0x5F,0x9F,0x9E,0x5E,0x5A,0x9A,0x9B,0x5B,0x99,0x59,0x58,0x98,
    0x88,0x48,0x49,0x89,0x4B,0x8B,0x8A,0x4A,0x4E,0x8E,0x8F,0x4F,0x8D,0x4D,0x4C,0x8C,
    0x44,0x84,0x85,0x45,0x87,0x47,0x46,0x86,0x82,0x42,0x43,0x83,0x41,0x81,0x80,0x40,
};

//功能：计算字符串指令CRC码
//pInstructStr -->字符串指令
//nCRC16     -->CRC码
//返回值：0-->成功
//        -1-->含有非十六进制字符
//        -2-->内存分配失败
int CalculateCRC(TCHAR* pInstructStr, unsigned short* nCRC16)
{
    TCHAR* p;                              //临时指针
    unsigned char    nCounts=0;            //十六进制计数器
    TCHAR* pB;                             //开始指针，pointer begin
    TCHAR* pE;                             //结尾指针，pointer end
    BOOL     bEndAbnormal=0;               //非正常结束标志
    BOOL     bHexBegin=1;                  //开始碰到第一个十六进制字符标志
    BYTE     byTemp=0;                     //每次获得的十六进制数

    HEXNODE* pp;                           //删除链表中元素使用的前驱节点指针，pointer previous
    HEXNODE* pn;                           //删除链表中元素使用的后继节点指针，pointer next
    HEXNODE* pTemp;                        //动态分配内存的临时指针
    HEXNODE* pHead=NULL;                   //头指针
    HEXNODE** pphnTail;                    //添加结构体变量时的地址指针，指向要将结构体单元连接在一起的尾指针
```

```
BYTE* pByte=NULL;                  //连续字节空间的头指针

p=pInstructStr;
pB=pInstructStr;
pE=pInstructStr;
pphnTail=&pHead;

//处理每一个字符
while (*p !=0)
{
    //"十六进制字符"或"空格"
    if ((*p==TEXT(' ')) || (*p <=TEXT('9') && *p >=TEXT('0')) || (*p <=TEXT('F') && *p
>=TEXT('A')) || (*p <=TEXT('f') && *p >=TEXT('a')))
    {
        //空格
        if (*p==TEXT(' '))
        {
            //不是第一次遇到十六进制字符，说明是2个或2个以上字符结尾
            if (!bHexBegin)
            {
                pE=p;
                bHexBegin=1;
                nCounts++;                  //找到一个字节
                pTemp=(HEXNODE*)calloc(1, sizeof(HEXNODE));
                //分配链表单元内存失败，返回
                if (NULL==pTemp)
                    return  -2;
                pTemp->nNum=nCounts;        //节点在链表中位置
                pTemp->byHex=byTemp;        //节点位置
                (*pphnTail)=pTemp;          //节点指针
                pphnTail=&(pTemp->pNext);
                byTemp=0;
            }
        }
        //十六进制字符
        else
        {
            //首次遇到十六进制字符
            if (bHexBegin)
            {
                pB=p;
                bHexBegin=0;
            }
            if (*p <=TEXT('9') && *p >=TEXT('0'))
                byTemp=byTemp << 4 | (*p -TEXT('0'));
            else if (*p <=TEXT('F') && *p >=TEXT('A'))
                byTemp=byTemp << 4 | (*p -TEXT('A') + 10);
            else if (*p <=TEXT('f') && *p >=TEXT('a'))
                byTemp=byTemp << 4 | (*p -TEXT('a') + 10);
        }
        p++;
        //当行处于结尾时，要进行处理，因为没有空格了，属于一种特例条件
        if (*p==0)
        {
            //将结尾符视为空格等同处理，有完整的字符
            if (!bHexBegin)
            {
                nCounts++;
                //分配链表单元
                pTemp=(HEXNODE*)calloc(1, sizeof(HEXNODE));
                //分配链表单元内存失败，返回
                if (NULL==pTemp)
```

```
                    return  -2;
                pTemp->nNum=nCounts;            //节点在链表中位置
                pTemp->byHex=byTemp;            //节点位置
                (*pphnTail)=pTemp;              //节点指针
                pphnTail=&(pTemp->pNext);
            }
        }
    }
    //遇到非"十六进制字符"或"空格"
    else
    {
        bEndAbnormal=1;                         //非正常退出
        break;                                  //退出循环
    }
}

//当输入字符正常时，将十六进制从链表转向连续的BYTE内存区，计算CRC
if (!bEndAbnormal)
{
    //分配连续的内存区，相当于数组
    pByte=(BYTE*)calloc(nCounts, sizeof(BYTE));
    //分配内存失败返回
    if (NULL==pByte)
        return  -2;
    //将链表中的数据存入数组
    pp=pHead;
    while (pp !=NULL)
    {
        *(pByte + pp->nNum - 1)=pp->byHex;      //数组序号从0开始，链表是从1开始
        pp=pp->pNext;
    }

    //计算CRC校验码
    *nCRC16=GenCRC16(pByte, nCounts);
}//if(!bEndAbnormal)

//对动态分配的内存进行释放
pp=pHead;
while (pp !=NULL)
{
    pn=pp->pNext;
    free(pp);
    pp=pn;
}

//释放连续区内存
if (pByte !=NULL)
{
    free(pByte);
}

if (bEndAbnormal)
{
    return  -1;  //失败，返回-1
}
else
{
    return  0;   //成功，返回
}
}

//功能：计算指令CRC码
```

```
//pBuff      -->指令首地址
//nBuffLen  -->指令长度
//返回值     -->CRC校验码
unsigned short GenCRC16(unsigned char* pBuff, unsigned short nBuffLen)
{
   int a;
   unsigned char uchCRCHi=0xFF;                //高字节初值
   unsigned char uchCRCLo=0xFF;                //低字节初值
   unsigned uIndex;                            //索引位置
   //对每个指令字节查表运算
   while (nBuffLen--)
   {
       uIndex=uchCRCLo ^ *pBuff++;
       uchCRCLo=uchCRCHi ^ auchCRCHigh[uIndex];
       uchCRCHi=auchCRCLow[uIndex];
       a=3;
   }
   return (uchCRCHi << 8 | uchCRCLo);
}
```

第4章

串口通信 Win32 程序

知识点思维导图

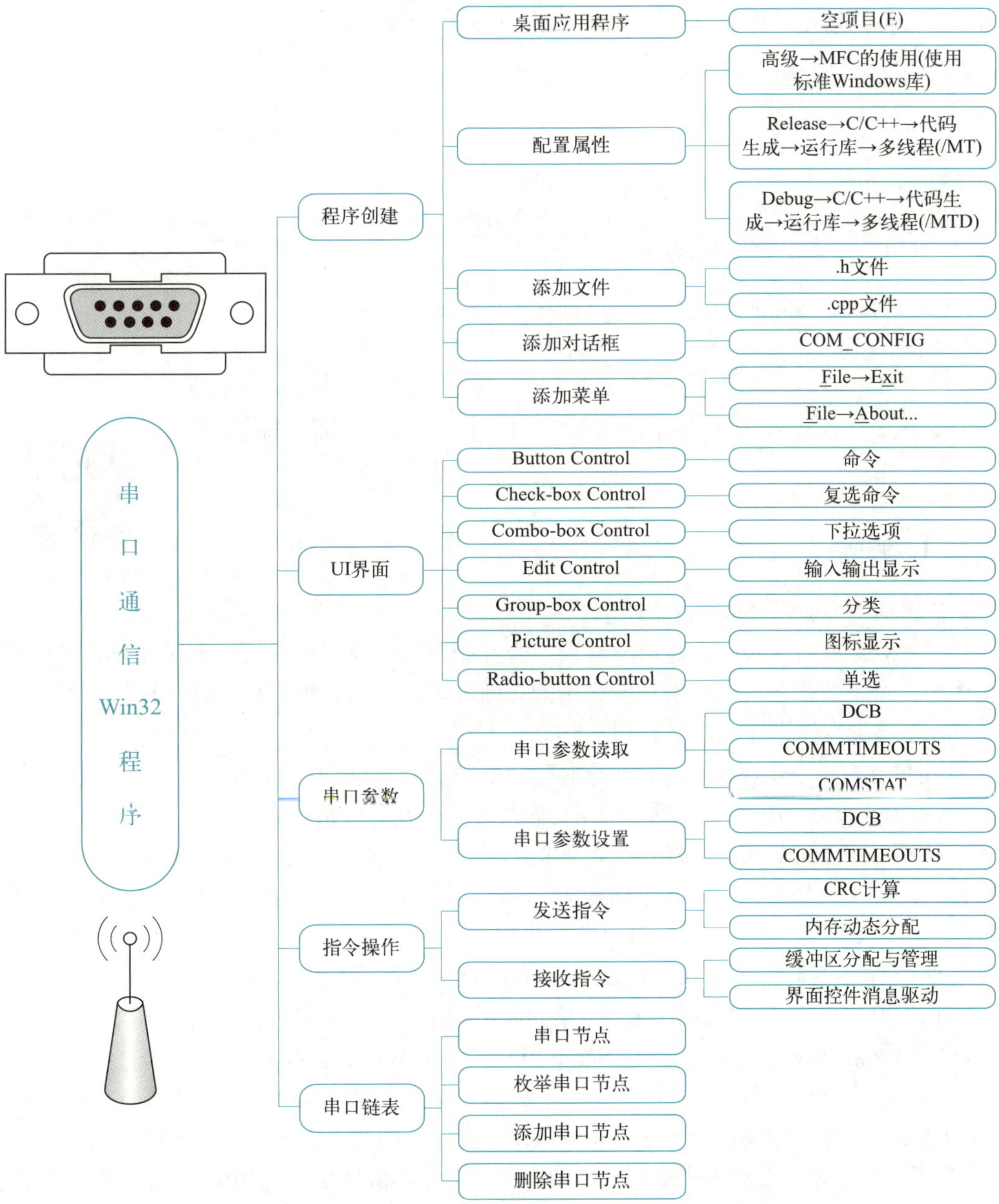

串口通信 API 提供了操作串口各参数的基本函数，用户需根据实际情况灵活运用各函数并使其相互配合，实现设计要求规定的功能。串口通信要实现的基本功能包括人机界面、串口遍历、参数配置、主机指令和从机应答等，通过各种控件完成人机界面的显示，实现底层通信指令的发送、接收、显示与逻辑关联。

4.1 程序设计

串口通信设计框架如图 4-1 所示，包括菜单、主界面两部分，菜单演示退出与帮助信息，主界面完成串口参数读取、串口参数设置、通信状态读取、发送指令和接收指令。程序运用了串口操作的大部分函数，通过 COMSTAT、COMMTIMEOUTS 和 DCB 等结构体对串口进行监测与操控，实现了界面控件、结构体数据和硬件参数的关联。

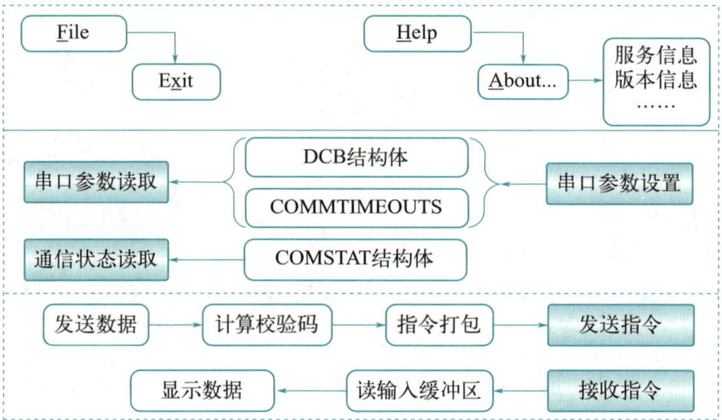

图 4-1 串口通信设计框架图

创建串口通信程序

4.1.1 UI界面

串口通信主界面设计如图 4-2 所示。

界面是对话框的一种，也是用户与程序交互的窗口，窗口外观设计不仅要包括串口相关结构体的各个参数，还要设计用户操作用的按钮、单选按钮、组合框和输入框等，对话框的设计按以下详细步骤进行。

① 用鼠标左键点击桌面左下角“开始”按钮，在弹出菜单中点击“全部>”按钮展开菜单，查找“Visual Studio 2019”菜单项，用鼠标左键点击后运行 VS2019。

② 在弹出“Visual Studio 2019”窗体的右侧点击“创建新项目 (N)”按钮，弹出“创建新项目”窗口，选择“Windows 桌面向导”选项，点击“下一步 (N)”按钮，弹出“配置新项目”窗口，在“项目名称 (J)”对应的输入框中输入“Serial_Win32”，在“位置 (L)”下方的输入框中选择“桌面”目录，点击“创建 (C)”按钮，弹出“Windows 桌面项目”窗口，在“桌面程序类型”下方列表框中选择“桌面应用程序 (.exe)”，在“其他选项：”下方勾选“空项目 (E)”，点击“确定”按钮完成“Serial_Win32”空 Win32 解决方案的创建。

③ 在“解决方案资源管理器”中选择“源文件”，右键弹出菜单，选择“添加 (D)”→“新建项 (W)…”，弹出“添加新项 - Serial_Win32”窗口，选择“C++ 文件 (.cpp)”，在下方“名称 (N)”后方的输入框中输入“Serial_Win32.c”，点击“添加 (A)”按钮，完成源文件的创建，

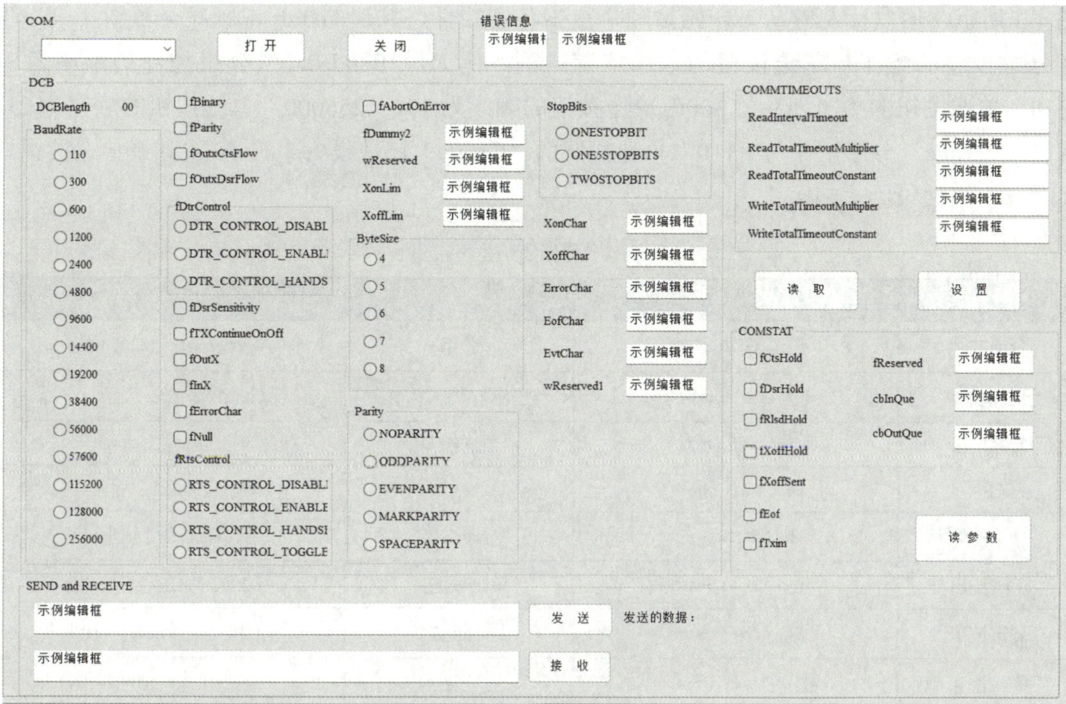

图 4-2　串口通信主界面设计图

继续添加“CalCRC.c”文件；在“解决方案资源管理器”中选择“头文件”，右键弹出菜单，选择“添加 (D)”→“新建项 (W)…”，弹出“添加新项 -Serial_Win32”窗口，选择“头文件 (.h)”，在下方“名称 (N)”后方的输入框中输入“CalCRC.h”，点击“添加 (A)”按钮，完成头文件的创建，点击工具栏的“全部保存”按钮。

④ 点击“项目 (P)”菜单，在下拉菜单中选择“Serial_Win32 属性 (P)”，弹出“Serial_Win32 属性页”，在“配置 (C)”后面的列表框中选择“Release”，在“配置属性”下方点击“高级”选项，在右侧对应栏中查找“MFC 的使用”，在其右侧的列表框中选择“使用标准 Windows 库”。

⑤ 选中“C/C++”下方“代码生成”选项，在右侧对应栏中查找“运行库”，在其右侧对应的列表框中选择“多线程 (/MT)”，点击“应用 (A)”按钮，再点击“确定”按钮。

⑥ 在“解决方案资源管理器”中点击“资源文件”，右键弹出菜单，选择“添加 (D)”→“资源 (R)…”，弹出“添加资源”窗口，选中“Dialog”，点击“新建 (N)”按钮。

⑦ 双击“Serial_Win32.rc”图标，打开资源视图，展开“Dialog”项，单击对话框的名字“IDD_DIALOG1”，在下方的属性窗口中显示“对话框节点”，修改其 ID 为“"COM_CONFIG"”，在资源视图中双击“"COM_CONFIG"”，在下方属性窗口中显示“"COM_CONFIG"(Dialog)”，在属性视图中将“边框”属性设为“Thin”，“标题栏”设为“False”，“样式”设为“Child”，“系统菜单”设为“False”，“使用系统字体”设为“False”，“字体 (大小)”设为“Times New Roman(9)”。

⑧ 向主界面对话框中加入各种控件，如表 4-1 所示，将各控件的“Caption”属性设为图 4-2 显示的内容。单选按钮被置于分组控件中，其先后顺序很关键，在菜单中选择“格式 (O)”，下拉菜单中选择“Tab 键顺序 (O)”，此时各控件左上角会显示蓝色的数码顺序，如

图 4-3 所示，用鼠标左键从 1 开始按顺序点击各个控件，控件的 Tab 键顺序会重新排列，保证分组控件的顺序与单选按钮的顺序依次排列，例如，“BaudRate” 分组控件的顺序为 8，“110” 单选按钮的顺序为 9，“300” 单选按钮的顺序为 10，“256000” 单选按钮的顺序为 23，将 “BaudRate” 分组控件与 “110” 单选按钮的 “Group” 属性设为 “True”，其余单选按钮的 “Group” 属性设为 “False”。

表 4-1 串口通信程序控件

控件名称	控件图示	功能	备注
分组控件	Group Box	分组	Group-box Control
组合框控件	Combo Box	显示、选择文本	Combo-box Control
普通按钮	Button	发送指令	Button Control
编辑控件	Edit Control	显示、编辑文本	Edit Control
文本控件	Static Text	显示文本	Text Control
单选按钮	Radio Button	单一项选择	Radio-button Control
复选按钮	Check Box	多项选择	Check-box Control
图片控件	Picture Control	显示图片	Picture Control

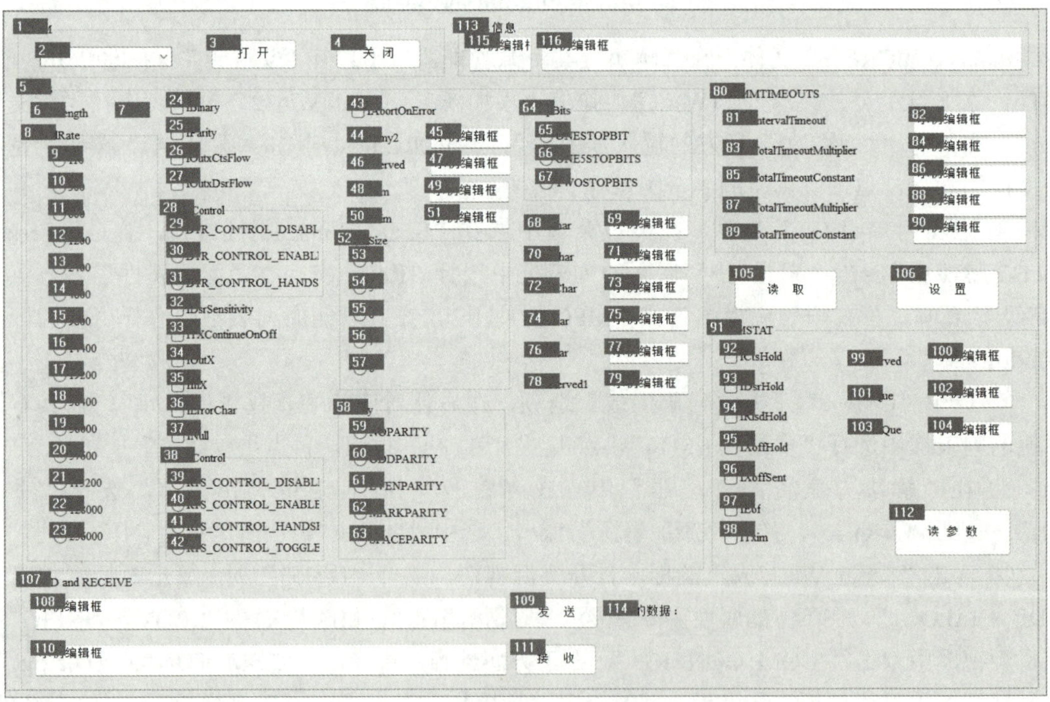

图 4-3 各控件 Tab 键顺序

⑨ 用同样方法添加 “"ABOUTBOX"” 对话框资源。在主程序 MainWndProc 中的 WM_CREATE 消息中通过 CreateDialogParam 函数调用 “ID” 为 “COM_CONFIG” 的对话框资源；在 WM_COMMAND 消息中，通过响应菜单中 ID 为 “ID_HELP_ABOUT” 的消息调用 DialogBox 函数，操作名为 “ABOUTBOX” 的模态对话框资源。

4.1.2　N-S 流程

目前，串口大多通过热插拔的 USB 与设备相连，当程序运行后，用户可能向设备插入新的串口，也可能将串口从设备上拔除，程序需要定期对串口进行扫描，实时更新设备的串口信息，例如串口个数、串口状态（是否存在、是否使用、是否空闲等）和串口名等。程序采用串口节点链表的方式记录串口信息，链表中的每个串口节点标明该串口的使用状态、串口名等，当程序开始运行，用户选择串口、打开串口和关闭串口时，程序通过 RefreshComLink 更新串口信息，通过 RefreshCboBox 更新组合框显示内容。RefreshComLink 函数设计流程如图 4-4 所示，该函数的功能是对串口链表指向的各个串口重新进行检查，根据检查结果重新将各个串口状态进行更新，有的串口已经被用户拔出，需要删除对应链表项，有的串口新插入，需要增加链表项。该函数在涉及串口操作的各个点执行，从而实现串口信息的刷新。RefreshCboBox 函数将串口显示内容与 RefreshComLink 函数中串口链表指向的内容同步，RefreshCboBox 函数操作应用于人机交互界面的信息更新。

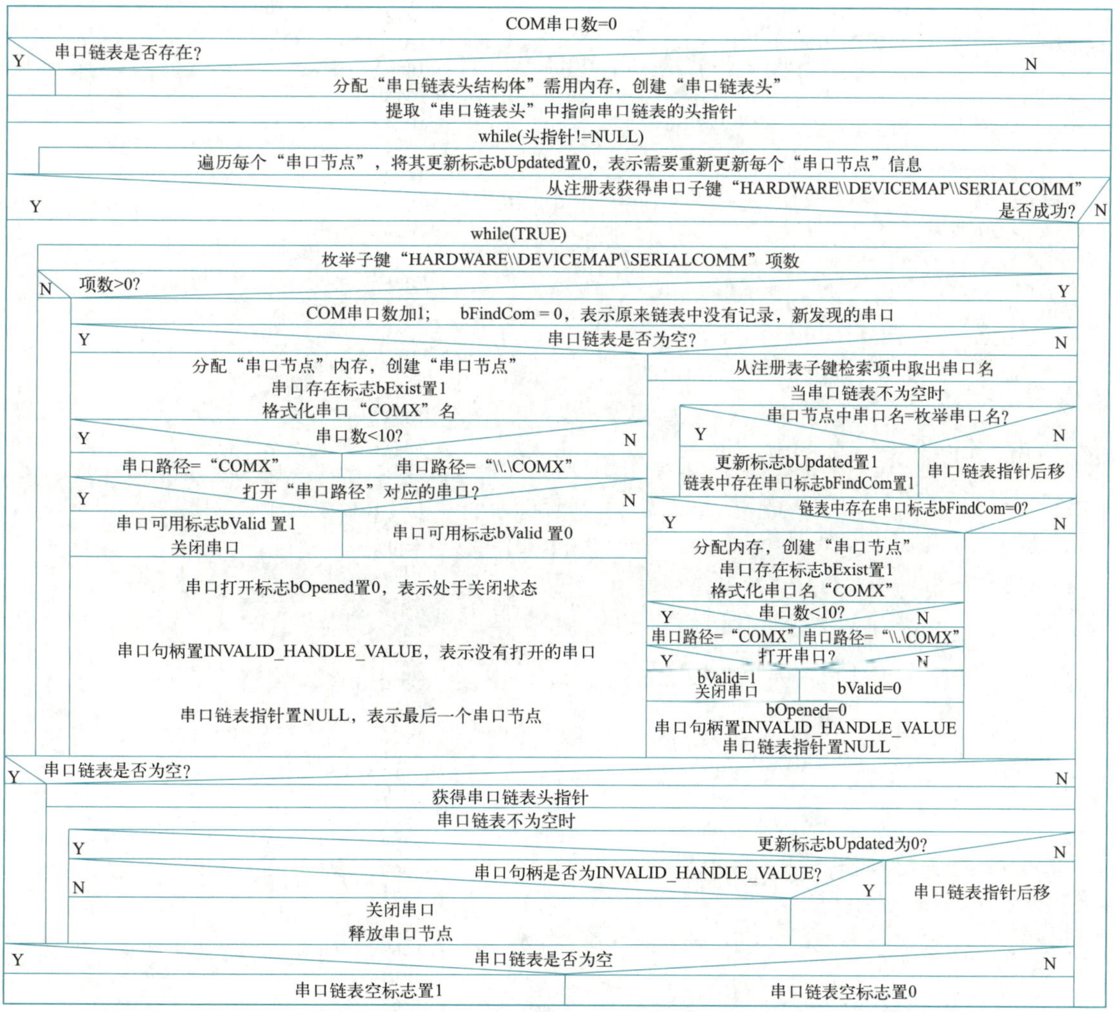

图 4-4　RefreshComLink 函数设计流程 N-S 图

4.2 C源代码

4.2.1 串口链表

```
//{{NO_DEPENDENCIES}}
// Microsoft Visual C++ 生成的包含文件
// 供 Serial_Win32.rc 使用
#define ID_BUTTON_GET_INFO                          2
#define IDD_DIALOG1                                 102
#define IDB_BITMAP_HELP                             103
#define IDC_STATIC_HELP_LOGO                        1001
#define IDC_BUTTON_SEND                             1003
#define IDC_BUTTON_RECEIVE                          1004
#define IDC_EDIT_SEND                               1005
#define IDC_EDIT_RECEIVE                            1006
#define IDC_BUTTON_OPENCOM                          1007
#define IDC_BUTTON_CLOSECOM                         1008
#define IDC_COMBO_COMGROUP                          1009
#define IDC_EDIT_READ_INTERVAL_TIMEOUT              1010
#define IDC_EDIT_READ_TOTAL_TIMEOUT_MULTIPLIER      1011
#define IDC_EDIT_READ_TOTAL_TIMEOUT_CONSTANT        1012
#define IDC_EDIT_WRITE_TOTAL_TIMEOUT_MULTIPLIER     1013
#define IDC_EDIT_WRITE_TOTAL_TIMEOUT_CONSTANT       1014
#define IDC_EDIT_FRESERVED                          1021
#define IDC_EDIT_CBINQUE                            1022
#define IDC_EDIT_CBOUTQUE                           1023
#define IDC_STATIC_BAUD                             1024
#define IDC_RADIO_110                               1025
#define IDC_RADIO_300                               1026
#define IDC_RADIO_600                               1027
#define IDC_RADIO_1200                              1028
#define IDC_RADIO_2400                              1029
#define IDC_RADIO_4800                              1030
#define IDC_RADIO_9600                              1031
#define IDC_RADIO_14400                             1032
#define IDC_RADIO_19200                             1033
#define IDC_RADIO_38400                             1034
#define IDC_RADIO_56000                             1035
#define IDC_RADIO_57600                             1036
#define IDC_RADIO_115200                            1037
#define IDC_RADIO_128000                            1038
#define IDC_RADIO_256000                            1039
#define IDC_RADIO_DTR_CONTROL_DISABLE               1045
#define IDC_RADIO_DTR_CONTROL_ENABLE                1046
#define IDC_RADIO_DTR_CONTROL_HANDSHAKE             1047
#define IDC_RADIO_RTS_CONTROL_DISABLE               1054
#define IDC_RADIO_RTS_CONTROL_ENABLE                1055
#define IDC_RADIO_RTS_CONTROL_HANDSHAKE             1056
#define IDC_RADIO_RTS_CONTROL_TOGGLE                1057
#define IDC_EDIT_FDUMMY2                            1059
#define IDC_EDIT_WRESERVED                          1060
#define IDC_EDIT_XON_LIM                            1061
#define IDC_EDIT_XOFF_LIM                           1062
#define IDC_RADIO_4                                 1063
#define IDC_RADIO_5                                 1064
#define IDC_RADIO_6                                 1065
#define IDC_RADIO_7                                 1066
#define IDC_RADIO_8                                 1067
```

解释串口通信程序

```
#define IDC_RADIO_NOPARITY                  1068
#define IDC_RADIO_ODDPARITY                 1069
#define IDC_RADIO_EVENPARITY                1070
#define IDC_RADIO_MARKPARITY                1071
#define IDC_RADIO_SPACEPARITY               1072
#define IDC_RADIO_ONESPOTBIT                1073
#define IDC_RADIO_ONE5STOPBITS              1074
#define IDC_RADIO_TWOSTOPBITS               1075
#define IDC_EDIT_Xon_CHAR                   1076
#define IDC_EDIT_Xoff_CHAR                  1077
#define IDC_EDIT_ERROR_CHAR                 1078
#define IDC_EDIT_EOF_CHAR                   1079
#define IDC_EDIT_EVT_CHAR                   1080
#define IDC_EDIT_WRESERVED1                 1081
#define IDC_CHECK_FBINARY                   1082
#define IDC_CHECK_FPARITY                   1083
#define IDC_CHECK_FOUTXCTSFLOW              1084
#define IDC_CHECK_FOUTXDSRFLOW              1085
#define IDC_STATIC_COMGROUP                 1086
#define IDC_CHECK_FDSRSENSITIVITY           1087
#define IDC_CHECK_FTXCONTINUEONOFF          1088
#define ID_BUTTON_SET_INFO                  1089
#define IDC_CHECK_FOUTX                     1090
#define IDC_STATIC_DCBLENGTH                1091
#define IDC_CHECK_FINX                      1092
#define IDC_CHECK_FERRORCHAR                1093
#define ID_BUTTON_READ_COMSTAT              1094
#define IDC_CHECK_FNULL                     1095
#define IDC_EDIT_ERROR_CODE                 1096
#define IDC_CHECK_FABORTONERROR             1097
#define IDC_CHECK_FCTSHOLD                  1098
#define IDC_CHECK_FDSRHOLD                  1099
#define IDC_CHECK_FRLSDHOLD                 1100
#define IDC_CHECK_FXOFFHOLD                 1101
#define IDC_CHECK_FXOFFSENT                 1102
#define IDC_CHECK_FEOF                      1103
#define IDC_CHECK_FTXIM                     1104
#define IDC_EDIT_ERROR_DESCRIPTION          1105
#define IDC_STATIC_SEND_DATA                1106
#define IDC_TREE1                           1108
#define ID_FILE_EXIT                        40001
#define ID_HELP_ABOUT                       40002

// Next default values for new objects
//
#ifdef APSTUDIO_INVOKED
#ifndef APSTUDIO_READONLY_SYMBOLS
#define _APS_NEXT_RESOURCE_VALUE        107
#define _APS_NEXT_COMMAND_VALUE         40003
#define _APS_NEXT_CONTROL_VALUE         1109
#define _APS_NEXT_SYMED_VALUE           101
#endif
#endif

//********************CalCRC.h********************
#ifndef ZH_CALCRC_H
   #define ZH_CALCRC_H
   int CalculateCRC(TCHAR* pTempStr, BYTE* pbyteInstruction, int* pRetCounts);
   unsigned short GenCRC16(unsigned char* pBuff, unsigned short nBuffLen);
#endif // ZH_CALCRC_H

//********************CalCRC.c********************
```

```
#include    <windows.h>
#include    <tchar.h>
#include    <stdio.h>
#include    <stdlib.h>
#include    "CalCRC.h"
//十六进制指令字节节点结构体
typedef struct  tagHexNode {
   unsigned short int              nNum;     //第nNum个字节
   BYTE     byHex;                           //字节内容
   struct    tagHexNode*  pNext;             //指向下一个字节的指针
}HEXNODE, * PHEXNODE;

//高位字节CRC值，array unsigned char
static const unsigned char auchCRCHigh[]={
   0x00,0xC1,  0x81,0x40,0x01,0xC0,  0x80,0x41,0x01,0xC0,  0x80,0x41,0x00,0xC1,  0x81,0x40,
   0x01,0xC0,  0x80,0x41,0x00,0xC1,  0x81,0x40,0x00,0xC1,  0x81,0x40,0x01,0xC0,  0x80,0x41,
   0x01,0xC0,  0x80,0x41,0x00,0xC1,  0x81,0x40,0x00,0xC1,  0x81,0x40,0x01,0xC0,  0x80,0x41,
   0x00,0xC1,  0x81,0x40,0x01,0xC0,  0x80,0x41,0x01,0xC0,  0x80,0x41,0x00,0xC1,  0x81,0x40,
   0x01,0xC0,  0x80,0x41,0x00,0xC1,  0x81,0x40,0x00,0xC1,  0x81,0x40,0x01,0xC0,  0x80,0x41,
   0x00,0xC1,  0x81,0x40,0x01,0xC0,  0x80,0x41,0x01,0xC0,  0x80,0x41,0x00,0xC1,  0x81,0x40,
   0x00,0xC1,  0x81,0x40,0x01,0xC0,  0x80,0x41,0x01,0xC0,  0x80,0x41,0x00,0xC1,  0x81,0x40,
   0x01,0xC0,  0x80,0x41,0x00,0xC1,  0x81,0x40,0x00,0xC1,  0x81,0x40,0x01,0xC0,  0x80,0x41,
   0x01,0xC0,  0x80,0x41,0x00,0xC1,  0x81,0x40,0x00,0xC1,  0x81,0x40,0x01,0xC0,  0x80,0x41,
   0x00,0xC1,  0x81,0x40,0x01,0xC0,  0x80,0x41,0x01,0xC0,  0x80,0x41,0x00,0xC1,  0x81,0x40,
   0x00,0xC1,  0x81,0x40,0x01,0xC0,  0x80,0x41,0x01,0xC0,  0x80,0x41,0x00,0xC1,  0x81,0x40,
   0x01,0xC0,  0x80,0x41,0x00,0xC1,  0x81,0x40,0x00,0xC1,  0x81,0x40,0x01,0xC0,  0x80,0x41,
   0x00,0xC1,  0x81,0x40,0x01,0xC0,  0x80,0x41,0x01,0xC0,  0x80,0x41,0x00,0xC1,  0x81,0x40,
   0x01,0xC0,  0x80,0x41,0x00,0xC1,  0x81,0x40,0x00,0xC1,  0x81,0x40,0x01,0xC0,  0x80,0x41,
   0x01,0xC0,  0x80,0x41,0x00,0xC1,  0x81,0x40,0x00,0xC1,  0x81,0x40,0x01,0xC0,  0x80,0x41,
   0x00,0xC1,  0x81,0x40,0x01,0xC0,  0x80,0x41,0x01,0xC0,  0x80,0x41,0x00,0xC1,  0x81,0x40,
};

//低位字节CRC值，array unsigned char
static const unsigned char auchCRCLow[]={
   0x00,0xC0,0xC1,0x01,0xC3,0x03,0x02,0xC2,0xC6,0x06,0x07,0xC7,0x05,0xC5,0xC4,0x04,
   0xCC,0x0C,0x0D,0xCD,0x0F,0xCF,0xCE,0x0E,0x0A,0xCA,0xCB,0x0B,0xC9,0x09,0x08,0xC8,
   0xD8,0x18,0x19,0xD9,0x1B,0xDB,0xDA,0x1A,0x1E,0xDE,0xDF,0x1F,0xDD,0x1D,0x1C,0xDC,
   0x14,0xD4,0xD5,0x15,0xD7,0x17,0x16,0xD6,0xD2,0x12,0x13,0xD3,0x11,0xD1,0xD0,0x10,
   0xF0,0x30,0x31,0xF1,0x33,0xF3,0xF2,0x32,0x36,0xF6,0xF7,0x37,0xF5,0x35,0x34,0xF4,
   0x3C,0xFC,0xFD,0x3D,0xFF,0x3F,0x3E,0xFE,0xFA,0x3A,0x3B,0xFB,0x39,0xF9,0xF8,0x38,
   0x28,0xE8,0xE9,0x29,0xEB,0x2B,0x2A,0xEA,0xEE,0x2E,0x2F,0xEF,0x2D,0xED,0xEC,0x2C,
   0xE4,0x24,0x25,0xE5,0x27,0xE7,0xE6,0x26,0x22,0xE2,0xE3,0x23,0xE1,0x21,0x20,0xE0,
   0xA0,0x60,0x61,0xA1,0x63,0xA3,0xA2,0x62,0x66,0xA6,0xA7,0x67,0xA5,0x65,0x64,0xA4,
   0x6C,0xAC,0xAD,0x6D,0xAF,0x6F,0x6E,0xAE,0xAA,0x6A,0x6B,0xAB,0x69,0xA9,0xA8,0x68,
   0x78,0xB8,0xB9,0x79,0xBB,0x7B,0x7A,0xBA,0xBE,0x7E,0x7F,0xBF,0x7D,0xBD,0xBC,0x7C,
   0xB4,0x74,0x75,0xB5,0x77,0xB7,0xB6,0x76,0x72,0xB2,0xB3,0x73,0xB1,0x71,0x70,0xB0,
   0x50,0x90,0x91,0x51,0x93,0x53,0x52,0x92,0x96,0x56,0x57,0x97,0x55,0x95,0x94,0x54,
   0x9C,0x5C,0x5D,0x9D,0x5F,0x9F,0x9E,0x5E,0x5A,0x9A,0x9B,0x5B,0x99,0x59,0x58,0x98,
   0x88,0x48,0x49,0x89,0x4B,0x8B,0x8A,0x4A,0x4E,0x8E,0x8F,0x4F,0x8D,0x4D,0x4C,0x8C,
   0x44,0x84,0x85,0x45,0x87,0x47,0x46,0x86,0x82,0x42,0x43,0x83,0x41,0x81,0x80,0x40,
};

int CalculateCRC(TCHAR* pTempStr, BYTE* pbyteInstruction, int* pRetCounts)
{
   //TCHAR  *  pTempStr=TEXT(" 2F 2F 2A 2F 5F ");
   TCHAR* p;                              //临时指针
   unsigned char    nCounts=0;            //十六进制计数器
   TCHAR* pB;                             //开始指针，pointer begin
   TCHAR* pE;                             //结尾指针，pointer end
   BOOL    bEndAbnormal=0;                //非正常结束标志
   BOOL    bHexBegin=1;                   //开始碰到第一个字符标志
   BYTE    byTemp=0;                      //每次获得的十六进制数
```

```
    unsigned short   nCRC16=0;

    HEXNODE* pp;                    //删除链表中元素使用的前驱节点指针
    HEXNODE* pn;                    //删除链表中元素使用的后继节点指针
    HEXNODE* pTemp;                 //动态分配内存的临时指针
    HEXNODE* pHead=NULL;            //头指针
    HEXNODE** pphnTail;             //添加结构体变量时的地址指针，指向要将结构体单元连接在一起的尾指针
    BYTE* pByte=NULL;               //连续字节空间的头指针

    p=pTempStr;
    pB=pTempStr;
    pE=pTempStr;
    pphnTail=&pHead;

    //对字符串进行检验，如果有非十六进制字符则退出
    while (*p !=0)
    {
        //"十六进制字符"或"空格"
        if ((*p==TEXT(' ')) || (*p <=TEXT('9') && *p >=TEXT('0')) || (*p <=TEXT('F') && *p
>=TEXT('A')) || (*p <=TEXT('f') && *p >=TEXT('a')))
        {
            //空格
            if (*p==TEXT(' '))
            {
                //不是第一次遇到十六进制字符，说明是2个或2个以上字符结尾
                if (!bHexBegin)
                {
                    pE=p;
                    bHexBegin=1;
                    nCounts++;
                    //分配链表单元内存
                    pTemp=(HEXNODE*)calloc(1, sizeof(HEXNODE));
                    if (NULL==pTemp)
                        return  2;
                    //填充链表节点信息
                    pTemp->nNum=nCounts;
                    pTemp->byHex=byTemp;
                    (*pphnTail)=pTemp;
                    pphnTail=&(pTemp->pNext);
                    byTemp=0;
                }
            }
            //十六进制字符
            else
            {
                //首次遇到十六进制字符
                if (bHexBegin)
                {
                    pB=p;
                    bHexBegin=0;
                }
                if (*p <=TEXT('9') && *p >=TEXT('0'))
                    byTemp=byTemp << 4 | (*p -TEXT('0'));
                else if (*p <=TEXT('F') && *p >=TEXT('A'))
                    byTemp=byTemp << 4 | (*p -TEXT('A') + 10);
                else if (*p <=TEXT('f') && *p >=TEXT('a'))
                    byTemp=byTemp << 4 | (*p -TEXT('a') + 10);
            }
            p++;
            //当行处于结尾时，要进行处理，因为没有空格了，属于一种特例条件
            if (*p==0)
            {
```

```
                //将结尾符视为空格等同处理，有完整的字符
                if (!bHexBegin)
                {
                    nCounts++;
                    //分配链表单元
                    pTemp=(HEXNODE*)calloc(1, sizeof(HEXNODE));
                    if (NULL==pTemp)
                        return  2;
                    //填充节点信息
                    pTemp->nNum=nCounts;
                    pTemp->byHex=byTemp;
                    (*pphnTail)=pTemp;
                    pphnTail=&(pTemp->pNext);
                }
            }
        }
        //遇到非"十六进制字符"或"空格"
        else
        {
            bEndAbnormal=1;          //非正常退出
            break;
        }
    }

    //当输入字符正常时，将十六进制从链表转向连续的BYTE内存区，以便于计算CRC
    if (!bEndAbnormal)
    {
        int  i=0;
        //分配连续的内存区，相当于数组
        pByte=(BYTE*)calloc(nCounts, sizeof(BYTE));
        if (NULL==pByte)
            return  2;
        //将链表中的数据存入数组
        pp=pHead;
        while (pp !=NULL)
        {
            *(pByte + pp->nNum - 1)=pp->byHex;
            pp=pp->pNext;
        }

        //计算CRC校验码
        nCRC16=GenCRC16(pByte, nCounts);
        //将数据拷入数组中
        for (i=0; i < nCounts; i++)
        {
            *(pbyteInstruction + i)=*(pByte + i);
        }
        //将CRC拷到数据后面，低字节在前，高字节在后
        *(pbyteInstruction + i)=LOBYTE(nCRC16);
        i++;
        *(pbyteInstruction + i)=HIBYTE(nCRC16);
        *pRetCounts=nCounts + 2;
    }

    //对动态分配的内存进行释放
    pp=pHead;
    while (pp !=NULL)
    {
        pn=pp->pNext;
        free(pp);
        pp=pn;
    }
```

```
    //释放连续区内存
    if (pByte !=NULL)
    {
        free(pByte);
    }
    //程序有两个出口，bEndAbnormal不为0的是一组，bEndAbnormal等于0的为另一组
    if (bEndAbnormal)
    {
        return  1;   //失败，返回1
    }
    else
    {
        return  0;   //成功，返回0
    }
}

//功能：计算指令CRC码
//pBuff         -->指令首地址
//nBuffLen      -->指令长度
//返回值         -->CRC校验码
unsigned  short  GenCRC16(unsigned char* pBuff, unsigned short nBuffLen)
{
    unsigned char uchCRCHi=0xFF;                        //高字节初值
    unsigned char uchCRCLo=0xFF;                        //低字节初值
    unsigned uIndex;                                    //索引位置
    //对每个指令字节查表运算
    while (nBuffLen--)
    {
        uIndex=uchCRCLo ^ *pBuff++;
        uchCRCLo=uchCRCHi ^ auchCRCHigh[uIndex];
        uchCRCHi=auchCRCLow[uIndex];
    }
    return (uchCRCHi << 8 | uchCRCLo);
}
```

4.2.2　主程序

```
/*==========================================================================
功　能：    查询串口配置，写入串口配置，对串口参数进行读取与写入
==========================================================================*/
//*******************Serial_Win32.c*******************
#include    <windows.h>
#include    <tchar.h>
#include    <initguid.h>
#include    "resource.h"
#include    "CalCRC.h"

typedef struct tagCOMHEAD {
    BOOL     bEmpty;                    //串口链表是否为空
    struct tagCOMINFO* pciHead;         //串口链表的头指针
}COMHEAD;

typedef struct tagCOMINFO {
    BOOL     bExist;                    //串口是否存在
    BOOL     bValid;                    //串口是否可用
    BOOL     bOpened;                   //串口是否处于打开状态
    BOOL     bUpdated;                  //串口链表是否更新过
    TCHAR    szComName[16];             //串口名字
    HANDLE       hcom;                  //打开串口时对应的句柄
    struct tagCOMINFO* pciNext;         //链表中指向下一个串口信息的指针
}COMINFO, * PCOMINFO;
```

```
static COMHEAD* pchComHead=NULL;
static HWND    hdlg;
static TCHAR   szAppName[]=TEXT("查询与配置串口");

BOOL   RefreshComLink(COMHEAD** ppchHead);
int        RefreshCboBox(HWND  hwndCboBox, COMHEAD** ppchHead, BOOL  bAppend);
BOOL   OpenCloseComInCboBox(HWND  hwndCboBox, COMHEAD** ppchHead, BOOL  bOpen);
HANDLE     GetHandleOfSelectedCom(HWND  hwndCboBox, COMHEAD** ppchHead);
LRESULT        CALLBACK MainWndProc(HWND hwnd, UINT message, WPARAM wParam, LPARAM lParam);
BOOL   CALLBACK AboutDlgProc(HWND hwnd, UINT wMsg, WPARAM wParam, LPARAM lParam);
BOOL   CALLBACK DlgProc(HWND hdlg, UINT message, WPARAM wParam, LPARAM lParam);
void   OutputDbgInfo(const TCHAR* format, ...);
void   DestructComlink(COMHEAD** ppchHead);

int    WINAPI WinMain(HINSTANCE hInstance, HINSTANCE hPrevInstance, PSTR szCmdLine, int iCmdShow)
{
  HWND         hwnd;
  MSG          msg;
  WNDCLASS     wndclass;

  hwnd=FindWindow(szAppName, NULL);
  if (hwnd)
  {
      SetForegroundWindow((HWND)(((DWORD)hwnd) | 0x01));          //在窗体最小化时使用
      return 0;
  }

  wndclass.style=CS_HREDRAW | CS_VREDRAW;
  wndclass.lpfnWndProc=MainWndProc;
  wndclass.cbClsExtra=0;
  wndclass.cbWndExtra=0;
  wndclass.hInstance=hInstance;
  wndclass.hIcon=LoadIcon(NULL, IDI_APPLICATION);
  wndclass.hCursor=LoadCursor(NULL, IDC_ARROW);
  wndclass.hbrBackground=(HBRUSH)GetStockObject(WHITE_BRUSH);      //(HBRUSH) (COLOR_WINDOW) ;
  wndclass.lpszMenuName=TEXT("COMCONFIG");
  wndclass.lpszClassName=szAppName;

  if (!RegisterClass(&wndclass))
  {
      MessageBox(NULL, TEXT("注册窗口类失败！"), szAppName, MB_ICONERROR);
      return 0;
  }

  hwnd=CreateWindow(szAppName, TEXT("查询与配置串口"),
      WS_OVERLAPPEDWINDOW | WS_CLIPCHILDREN,
      CW_USEDEFAULT, CW_USEDEFAULT,
      CW_USEDEFAULT, CW_USEDEFAULT,
      NULL, NULL, hInstance, NULL);

  if (!IsWindow(hwnd))
      return  0;                                        //避免重复运行程序

  ShowWindow(hwnd, iCmdShow);
  UpdateWindow(hwnd);

  while (GetMessage(&msg, NULL, 0, 0))
  {
      if (hdlg==0 || !IsDialogMessage(hdlg, &msg))
```

```
        {
            TranslateMessage(&msg);
            DispatchMessage(&msg);
        }
    }
    return   msg.wParam;
}

LRESULT CALLBACK MainWndProc(HWND hwnd, UINT message, WPARAM wParam, LPARAM lParam)
{
    int wmId, wmEvent;
    switch (message)
    {
    case WM_CREATE:
        hdlg=CreateDialogParam(((LPCREATESTRUCT)lParam)->hInstance, TEXT("COM_CONFIG"), hwnd,
DlgProc, (LPARAM)NULL);
        return   0;

    case WM_SETFOCUS:
        SetFocus(hdlg);
        return   0;

    case WM_COMMAND:
    {
        wmId=LOWORD(wParam);
        wmEvent=HIWORD(wParam);
        switch (wmId)                                          //分析菜单选择
        {
        case ID_HELP_ABOUT:
            DialogBox((HINSTANCE)GetWindowLong(hwnd, GWL_HINSTANCE), TEXT("aboutbox"), hwnd,
AboutDlgProc);
            return   0;
        case ID_FILE_EXIT:
            SendMessage(hwnd, WM_CLOSE, 0, 0);
            return   0;
        }
    }
    break;
    case     WM_DESTROY:
        DestructComlink(&pchComHead);
        PostQuitMessage(0);
        return   0;
    }
    return DefWindowProc(hwnd, message, wParam, lParam);
}

//=========================================================================
//                              "About..."对话框
//=========================================================================
BOOL CALLBACK AboutDlgProc(HWND hwnd, UINT wMsg, WPARAM wParam, LPARAM lParam)
{
    switch (wMsg)
    {
    case     WM_COMMAND:
        switch (LOWORD(wParam))
        {
        case IDOK:
        case IDCANCEL:
```

```
            EndDialog(hwnd, 0);
            return TRUE;
        }
        break;
    }
    return FALSE;
}
//========================================================================
//                          在输出窗口输出中间调试内容
//========================================================================
void OutputDbgInfo(const TCHAR* format, ...)
{
    TCHAR szData[MAX_PATH]={ 0 };
    va_list arg;
    va_start(arg, format);
    _vsntprintf_s(szData, MAX_PATH, _TRUNCATE, format, arg);
    va_end(arg);
    OutputDebugString(szData);
}
//========================================================================
//                          "串口参数配置与获取"对话框
//========================================================================
BOOL   CALLBACK DlgProc(HWND hdlg, UINT message, WPARAM wParam, LPARAM lParam)
{
    static  int iCurrentBaudRate=9600;
    static  int iCurrentfDtrControl=1;
    static  int iCurrentfRtsControl=0;
    static  int iCurrentByteSize=8;
    static  int iCurrentParity=0;
    static  int iCurrentStopBits=0;

    switch (message)
    {
    //创新过程
    case WM_CREATE:
    {
        ;
    }
    return  TRUE;
    //初始化
    case WM_INITDIALOG:
    {
        int  iRetValue=0;
        RefreshComLink(&pchComHead);                          //更新串口链表
        //更新显示串口的组合框的内容
        iRetValue=RefreshCboBox(GetDlgItem(hdlg, IDC_COMBO_COMGROUP), &pchComHead, 1);
        //存在串口，串口处于打开状态，"打开"按钮无效，"关闭"按钮有效
        if (iRetValue==3)
        {
            EnableWindow(GetDlgItem(hdlg, IDC_BUTTON_OPENCOM), FALSE);
            EnableWindow(GetDlgItem(hdlg, IDC_BUTTON_CLOSECOM), TRUE);
        }
        //存在串口，串口处于关闭状态，"打开"按钮有效，"关闭"按钮无效
        else if (iRetValue==2)
        {
            EnableWindow(GetDlgItem(hdlg, IDC_BUTTON_OPENCOM), TRUE);
            EnableWindow(GetDlgItem(hdlg, IDC_BUTTON_CLOSECOM), FALSE);
        }
```

```
    //不存在串口，"打开"按钮无效，"关闭"按钮无效
    else
    {
        EnableWindow(GetDlgItem(hdlg, IDC_BUTTON_OPENCOM), FALSE);
        EnableWindow(GetDlgItem(hdlg, IDC_BUTTON_CLOSECOM), FALSE);
    }
    SetWindowText(GetDlgItem(hdlg, IDC_EDIT_SEND), TEXT("01 03 00 00 00 01"));
    SendMessage(hdlg, WM_COMMAND, IDOK, 0);
}
return  TRUE;
//获得焦点
case WM_SETFOCUS:
    SetFocus(GetDlgItem(hdlg, IDC_EDIT_SEND));
    return  TRUE;
//命令按钮
case WM_COMMAND:
    switch (LOWORD(wParam))
    {
    case IDC_BUTTON_OPENCOM:
    {
        int iRetValue=0;

        OpenCloseComInCboBox(GetDlgItem(hdlg, IDC_COMBO_COMGROUP), &pchComHead, 1);
        iRetValue=RefreshCboBox(GetDlgItem(hdlg, IDC_COMBO_COMGROUP), &pchComHead, 0);
        if (iRetValue==3)
        {
            EnableWindow(GetDlgItem(hdlg, IDC_BUTTON_OPENCOM), FALSE);
            EnableWindow(GetDlgItem(hdlg, IDC_BUTTON_CLOSECOM), TRUE);
        }
        else if (iRetValue==2)
        {
            EnableWindow(GetDlgItem(hdlg, IDC_BUTTON_OPENCOM), TRUE);
            EnableWindow(GetDlgItem(hdlg, IDC_BUTTON_CLOSECOM), FALSE);
        }
        else
        {
            EnableWindow(GetDlgItem(hdlg, IDC_BUTTON_OPENCOM), FALSE);
            EnableWindow(GetDlgItem(hdlg, IDC_BUTTON_CLOSECOM), FALSE);
        }
    }
    return  TRUE;

    case IDC_RADIO_110:
        iCurrentBaudRate=CBR_110;
        return  TRUE;

    case IDC_RADIO_300:
        iCurrentBaudRate=CBR_300;
        return  TRUE;

    case IDC_RADIO_600:
        iCurrentBaudRate=CBR_600;
        return  TRUE;

    case IDC_RADIO_1200:
        iCurrentBaudRate=CBR_1200;
        return  TRUE;
```

```
case IDC_RADIO_2400:
    iCurrentBaudRate=CBR_2400;
    return  TRUE;

case IDC_RADIO_4800:
    iCurrentBaudRate=CBR_4800;
    return  TRUE;

case IDC_RADIO_9600:
    iCurrentBaudRate=CBR_9600;
    return  TRUE;

case IDC_RADIO_14400:
    iCurrentBaudRate=CBR_14400;
    return  TRUE;

case IDC_RADIO_19200:
    iCurrentBaudRate=CBR_19200;
    return  TRUE;

case IDC_RADIO_38400:
    iCurrentBaudRate=CBR_38400;
    return  TRUE;

case IDC_RADIO_56000:
    iCurrentBaudRate=CBR_56000;
    return  TRUE;

case IDC_RADIO_57600:
    iCurrentBaudRate=CBR_57600;
    return  TRUE;

case IDC_RADIO_115200:
    iCurrentBaudRate=CBR_115200;
    return  TRUE;

case IDC_RADIO_128000:
    iCurrentBaudRate=CBR_128000;
    return  TRUE;

case IDC_RADIO_256000:
    iCurrentBaudRate=CBR_256000;
    return  TRUE;

case IDC_RADIO_DTR_CONTROL_DISABLE:
    iCurrentfDtrControl=DTR_CONTROL_DISABLE;
    return  TRUE;

case IDC_RADIO_DTR_CONTROL_ENABLE:
    iCurrentfDtrControl=DTR_CONTROL_ENABLE;
    return  TRUE;

case IDC_RADIO_DTR_CONTROL_HANDSHAKE:
    iCurrentfDtrControl=DTR_CONTROL_HANDSHAKE;
    return  TRUE;

case IDC_RADIO_RTS_CONTROL_DISABLE:
    iCurrentfRtsControl=RTS_CONTROL_DISABLE;
```

```
        return  TRUE;

    case IDC_RADIO_RTS_CONTROL_ENABLE:
        iCurrentfRtsControl=RTS_CONTROL_ENABLE;
        return  TRUE;

    case IDC_RADIO_RTS_CONTROL_HANDSHAKE:
        iCurrentfRtsControl=RTS_CONTROL_HANDSHAKE;
        return  TRUE;

    case IDC_RADIO_RTS_CONTROL_TOGGLE:
        iCurrentfRtsControl=RTS_CONTROL_TOGGLE;
        return  TRUE;

    case IDC_RADIO_4:
        iCurrentByteSize=4;
        return  TRUE;

    case IDC_RADIO_5:
        iCurrentByteSize=5;
        return  TRUE;

    case IDC_RADIO_6:
        iCurrentByteSize=6;
        return  TRUE;

    case IDC_RADIO_7:
        iCurrentByteSize=7;
        return  TRUE;

    case IDC_RADIO_8:
        iCurrentByteSize=8;
        return  TRUE;

    case IDC_RADIO_NOPARITY:
        iCurrentParity=NOPARITY;
        return  TRUE;

    case IDC_RADIO_ODDPARITY:
        iCurrentParity=ODDPARITY;
        return  TRUE;

    case IDC_RADIO_EVENPARITY:
        EVENPARITY;
        iCurrentParity=EVENPARITY;
        return  TRUE;

    case IDC_RADIO_MARKPARITY:
        iCurrentParity=MARKPARITY;
        return  TRUE;

    case IDC_RADIO_SPACEPARITY:
        iCurrentParity=SPACEPARITY;
        return  TRUE;

    case IDC_RADIO_ONESPOTBIT:
        iCurrentStopBits=ONESTOPBIT;
        return  TRUE;
```

```
        case IDC_RADIO_ONE5STOPBITS:
            iCurrentStopBits=ONE5STOPBITS;
            return  TRUE;

        case IDC_RADIO_TWOSTOPBITS:
            iCurrentStopBits=TWOSTOPBITS;
            return  TRUE;

        case IDC_BUTTON_CLOSECOM:
        {
            int iRetValue=0;

            OpenCloseComInCboBox(GetDlgItem(hdlg, IDC_COMBO_COMGROUP), &pchComHead, 0);
                                                        //关闭串口
            iRetValue=RefreshCboBox(GetDlgItem(hdlg, IDC_COMBO_COMGROUP), &pchComHead, 0);
                                                        //更新组合框
            if (iRetValue==3)
            {
                EnableWindow(GetDlgItem(hdlg, IDC_BUTTON_OPENCOM), FALSE);
                EnableWindow(GetDlgItem(hdlg, IDC_BUTTON_CLOSECOM), TRUE);
            }
            else if (iRetValue==2)
            {
                EnableWindow(GetDlgItem(hdlg, IDC_BUTTON_OPENCOM), TRUE);
                EnableWindow(GetDlgItem(hdlg, IDC_BUTTON_CLOSECOM), FALSE);
            }
            else
            {
                EnableWindow(GetDlgItem(hdlg, IDC_BUTTON_OPENCOM), FALSE);
                EnableWindow(GetDlgItem(hdlg, IDC_BUTTON_CLOSECOM), FALSE);
            }
        }
        return  TRUE;

        case ID_BUTTON_GET_INFO:
        {
            if (IsWindowEnabled(GetDlgItem(hdlg, IDC_BUTTON_CLOSECOM)))
            {
                HANDLE    hCurrentCom;
                hCurrentCom=GetHandleOfSelectedCom(GetDlgItem(hdlg, IDC_COMBO_COMGROUP),
&pchComHead);
                if (INVALID_HANDLE_VALUE !=hCurrentCom)
                {
                    COMMTIMEOUTS CommTimeOuts;
                    int    i, nTempBaudRate;
                    DCB           dcbCurrentCom;

                    DWORD  dwErrorFlags;
                    COMSTAT       comstatCurrent;

                    dcbCurrentCom.DCBlength=sizeof(DCB);
                    if (!GetCommState(hCurrentCom, &dcbCurrentCom))
                    {
                        DWORD dwErrorCode=0;
                        LPVOID lpMsgBuf=NULL;

                        dwErrorCode=GetLastError();
```

```
                FormatMessage(FORMAT_MESSAGE_ALLOCATE_BUFFER | FORMAT_MESSAGE_FROM_
SYSTEM, NULL, dwErrorCode, LANG_NEUTRAL, (LPWSTR)&lpMsgBuf, 0, NULL);
                OutputDbgInfo(TEXT("获取信息：d%d-->%s\n"), dwErrorCode, lpMsgBuf);
                LocalFree(lpMsgBuf);
                lpMsgBuf=NULL;
            }

            SetDlgItemInt(hdlg, IDC_STATIC_DCBLENGTH, dcbCurrentCom.DCBlength, TRUE);
            iCurrentBaudRate=dcbCurrentCom.BaudRate;
            for (i=IDC_RADIO_110; i <=IDC_RADIO_256000; i++)
            {
                nTempBaudRate=GetDlgItemInt(hdlg, i, NULL, FALSE);
                if (nTempBaudRate==dcbCurrentCom.BaudRate)
                    break;
            }
            CheckRadioButton(hdlg, IDC_RADIO_110, IDC_RADIO_256000, i);

            CheckDlgButton(hdlg, IDC_CHECK_FBINARY, dcbCurrentCom.fBinary);
            CheckDlgButton(hdlg, IDC_CHECK_FPARITY, dcbCurrentCom.fParity);
            CheckDlgButton(hdlg, IDC_CHECK_FOUTXCTSFLOW, dcbCurrentCom.fOutxDsrFlow);
            CheckDlgButton(hdlg, IDC_CHECK_FOUTXDSRFLOW, dcbCurrentCom.fOutxDsrFlow);

            iCurrentfDtrControl=dcbCurrentCom.fDtrControl;
            CheckRadioButton(hdlg, IDC_RADIO_DTR_CONTROL_DISABLE, IDC_RADIO_DTR_CONTROL_
HANDSHAKE, IDC_RADIO_DTR_CONTROL_DISABLE + dcbCurrentCom.fDtrControl);

            CheckDlgButton(hdlg, IDC_CHECK_FDSRSENSITIVITY, dcbCurrentCom.fDsrSensitivity);
            CheckDlgButton(hdlg, IDC_CHECK_FTXCONTINUEONOFF, dcbCurrentCom.fTXContinueOnXoff);
            CheckDlgButton(hdlg, IDC_CHECK_FOUTX, dcbCurrentCom.fOutX);
            CheckDlgButton(hdlg, IDC_CHECK_FINX, dcbCurrentCom.fInX);
            CheckDlgButton(hdlg, IDC_CHECK_FERRORCHAR, dcbCurrentCom.fErrorChar);
            CheckDlgButton(hdlg, IDC_CHECK_FNULL, dcbCurrentCom.fNull);

            iCurrentfRtsControl=dcbCurrentCom.fRtsControl;
            CheckRadioButton(hdlg, IDC_RADIO_RTS_CONTROL_DISABLE, IDC_RADIO_RTS_CONTROL_
TOGGLE, IDC_RADIO_RTS_CONTROL_DISABLE + dcbCurrentCom.fRtsControl);

            CheckDlgButton(hdlg, IDC_CHECK_FABORTONERROR, dcbCurrentCom.fAbortOnError);

            SetDlgItemInt(hdlg, IDC_EDIT_FDUMMY2, dcbCurrentCom.fDummy2, TRUE);
            SetDlgItemInt(hdlg, IDC_EDIT_WRESERVED, dcbCurrentCom.wReserved, TRUE);
            SetDlgItemInt(hdlg, IDC_EDIT_XON_LIM, dcbCurrentCom.XonLim, TRUE);
            SetDlgItemInt(hdlg, IDC_EDIT_XOFF_LIM, dcbCurrentCom.XoffLim, TRUE);

            iCurrentByteSize=dcbCurrentCom.ByteSize;
            CheckRadioButton(hdlg, IDC_RADIO_4, IDC_RADIO_8, IDC_RADIO_4 +
dcbCurrentCom.ByteSize - 4);

            iCurrentParity=dcbCurrentCom.Parity;
            CheckRadioButton(hdlg, IDC_RADIO_NOPARITY, IDC_RADIO_SPACEPARITY, IDC_RADIO_
NOPARITY + dcbCurrentCom.Parity);

            iCurrentStopBits=dcbCurrentCom.StopBits;
            CheckRadioButton(hdlg, IDC_RADIO_ONESPOTBIT, IDC_RADIO_TWOSTOPBITS, IDC_
RADIO_ONESPOTBIT + dcbCurrentCom.StopBits);

            SetDlgItemInt(hdlg, IDC_EDIT_Xon_CHAR, dcbCurrentCom.XonChar, TRUE);
            SetDlgItemInt(hdlg, IDC_EDIT_Xoff_CHAR, dcbCurrentCom.XoffChar, TRUE);
```

```
                    SetDlgItemInt(hdlg, IDC_EDIT_ERROR_CHAR, dcbCurrentCom.ErrorChar, TRUE);
                    SetDlgItemInt(hdlg, IDC_EDIT_EOF_CHAR, dcbCurrentCom.EofChar, TRUE);
                    SetDlgItemInt(hdlg, IDC_EDIT_EVT_CHAR, dcbCurrentCom.EvtChar, TRUE);
                    SetDlgItemInt(hdlg, IDC_EDIT_WRESERVED1, dcbCurrentCom.wReserved1, TRUE);

                    GetCommTimeouts(hCurrentCom, &CommTimeOuts);
                    SetDlgItemInt(hdlg, IDC_EDIT_READ_INTERVAL_TIMEOUT, CommTimeOuts.
ReadIntervalTimeout, TRUE);
                    SetDlgItemInt(hdlg, IDC_EDIT_READ_TOTAL_TIMEOUT_MULTIPLIER, CommTimeOuts.
ReadTotalTimeoutMultiplier, TRUE);
                    SetDlgItemInt(hdlg, IDC_EDIT_READ_TOTAL_TIMEOUT_CONSTANT, CommTimeOuts.
ReadTotalTimeoutConstant, TRUE);
                    SetDlgItemInt(hdlg, IDC_EDIT_WRITE_TOTAL_TIMEOUT_MULTIPLIER, CommTimeOuts.
WriteTotalTimeoutMultiplier, TRUE);
                    SetDlgItemInt(hdlg, IDC_EDIT_WRITE_TOTAL_TIMEOUT_CONSTANT, CommTimeOuts.
WriteTotalTimeoutConstant, TRUE);

                    ClearCommError(hCurrentCom, &dwErrorFlags, &comstatCurrent);
                    CheckDlgButton(hdlg, IDC_CHECK_FCTSHOLD, comstatCurrent.fCtsHold);
                    CheckDlgButton(hdlg, IDC_CHECK_FDSRHOLD, comstatCurrent.fDsrHold);
                    CheckDlgButton(hdlg, IDC_CHECK_FRLSDHOLD, comstatCurrent.fRlsdHold);
                    CheckDlgButton(hdlg, IDC_CHECK_FXOFFHOLD, comstatCurrent.fXoffHold);
                    CheckDlgButton(hdlg, IDC_CHECK_FXOFFSENT, comstatCurrent.fXoffSent);
                    CheckDlgButton(hdlg, IDC_CHECK_FEOF, comstatCurrent.fEof);
                    CheckDlgButton(hdlg, IDC_CHECK_FTXIM, comstatCurrent.fTxim);
                    SetDlgItemInt(hdlg, IDC_EDIT_FRESERVED, comstatCurrent.fReserved, TRUE);
                    SetDlgItemInt(hdlg, IDC_EDIT_CBINQUE, comstatCurrent.cbInQue, FALSE);
                    SetDlgItemInt(hdlg, IDC_EDIT_CBOUTQUE, comstatCurrent.cbOutQue, FALSE);
                }
            }
        }
        return TRUE;

        case ID_BUTTON_READ_COMSTAT:
        {
            if (IsWindowEnabled(GetDlgItem(hdlg, IDC_BUTTON_CLOSECOM)))
            {
                HANDLE          hCurrentCom;
                hCurrentCom=GetHandleOfSelectedCom(GetDlgItem(hdlg, IDC_COMBO_COMGROUP),
&pchComHead);
                if (INVALID_HANDLE_VALUE !=hCurrentCom)
                {
                    DWORD       dwErrorFlags=0;
                    COMSTAT     comstatCurrent;
                    ClearCommError(hCurrentCom, &dwErrorFlags, &comstatCurrent);
                    CheckDlgButton(hdlg, IDC_CHECK_FCTSHOLD, comstatCurrent.fCtsHold);
                    CheckDlgButton(hdlg, IDC_CHECK_FDSRHOLD, comstatCurrent.fDsrHold);
                    CheckDlgButton(hdlg, IDC_CHECK_FRLSDHOLD, comstatCurrent.fRlsdHold);
                    CheckDlgButton(hdlg, IDC_CHECK_FXOFFHOLD, comstatCurrent.fXoffHold);
                    CheckDlgButton(hdlg, IDC_CHECK_FXOFFSENT, comstatCurrent.fXoffSent);
                    CheckDlgButton(hdlg, IDC_CHECK_FEOF, comstatCurrent.fEof);
                    CheckDlgButton(hdlg, IDC_CHECK_FTXIM, comstatCurrent.fTxim);
                    SetDlgItemInt(hdlg, IDC_EDIT_FRESERVED, comstatCurrent.fReserved, TRUE);
                    SetDlgItemInt(hdlg, IDC_EDIT_CBINQUE, comstatCurrent.cbInQue, FALSE);
                    SetDlgItemInt(hdlg, IDC_EDIT_CBOUTQUE, comstatCurrent.cbOutQue, FALSE);
                }
            }
        }
```

```
        return  TRUE;

        case ID_BUTTON_SET_INFO:
        {
            if (IsWindowEnabled(GetDlgItem(hdlg, IDC_BUTTON_CLOSECOM)))
            {
                HANDLE              hCurrentCom;
                hCurrentCom=GetHandleOfSelectedCom(GetDlgItem(hdlg, IDC_COMBO_COMGROUP),
&pchComHead);
                if (INVALID_HANDLE_VALUE !=hCurrentCom)
                {
                    DCB             dcbCurrentCom;
                    COMMTIMEOUTS    CommTimeOuts;

                    dcbCurrentCom.DCBlength=(DWORD)sizeof(DCB);
                    GetCommState(hCurrentCom, &dcbCurrentCom);              //获取句柄DCB参数

                    if (!GetCommState(hCurrentCom, &dcbCurrentCom))
                    {
                        DWORD dwErrorCode=0;
                        LPVOID lpMsgBuf=NULL;

                        dwErrorCode=GetLastError();
                        FormatMessage(FORMAT_MESSAGE_ALLOCATE_BUFFER |
FORMAT_MESSAGE_FROM_SYSTEM, NULL, dwErrorCode, LANG_NEUTRAL, (LPWSTR)&lpMsgBuf, 0, NULL);
                        OutputDbgInfo(TEXT("设置结构体（读）：%d-->%s\n"), dwErrorCode, lpMsgBuf);
                        LocalFree(lpMsgBuf);
                        lpMsgBuf=NULL;
                    }
                    dcbCurrentCom.BaudRate=(DWORD)iCurrentBaudRate;
                    dcbCurrentCom.fBinary=(DWORD)IsDlgButtonChecked(hdlg, IDC_CHECK_
FBINARY)==BST_CHECKED;
                    dcbCurrentCom.fParity=(DWORD)IsDlgButtonChecked(hdlg, IDC_CHECK_
FPARITY)==BST_CHECKED;
                    dcbCurrentCom.fOutxDsrFlow=(DWORD)IsDlgButtonChecked(hdlg, IDC_CHECK_
FOUTXCTSFLOW)==BST_CHECKED;
                    dcbCurrentCom.fOutxDsrFlow=(DWORD)IsDlgButtonChecked(hdlg, IDC_CHECK_
FOUTXDSRFLOW)==BST_CHECKED;
                    dcbCurrentCom.fDtrControl=(DWORD)iCurrentfDtrControl;
                    dcbCurrentCom.fDsrSensitivity=(DWORD)IsDlgButtonChecked(hdlg, IDC_CHECK_
FDSRSENSITIVITY)==BST_CHECKED;
                    dcbCurrentCom.fTXContinueOnXoff=(DWORD)IsDlgButtonChecked(hdlg, IDC_CHECK_
FTXCONTINUEONOFF)==BST_CHECKED;
                    dcbCurrentCom.fOutX=(DWORD)IsDlgButtonChecked(hdlg, IDC_CHECK_FOUTX)==BST_CHECKED;
                    dcbCurrentCom.fInX=(DWORD)IsDlgButtonChecked(hdlg, IDC_CHECK_FINX)==BST_CHECKED;
                    dcbCurrentCom.fErrorChar=(DWORD)IsDlgButtonChecked(hdlg, IDC_CHECK_
FERRORCHAR)==BST_CHECKED;
                    dcbCurrentCom.fNull=(DWORD)IsDlgButtonChecked(hdlg, IDC_CHECK_FNULL)==BST_
CHECKED;
                    dcbCurrentCom.fRtsControl=(DWORD)iCurrentfRtsControl;
                    dcbCurrentCom.fAbortOnError=(DWORD)IsDlgButtonChecked(hdlg, IDC_CHECK_
FABORTONERROR)==BST_CHECKED;
                    dcbCurrentCom.fDummy2=(DWORD)GetDlgItemInt(hdlg, IDC_EDIT_FDUMMY2, NULL, TRUE);
                    dcbCurrentCom.wReserved=(WORD)GetDlgItemInt(hdlg, IDC_EDIT_WRESERVED, NULL, TRUE);
                    dcbCurrentCom.XonLim=(WORD)GetDlgItemInt(hdlg, IDC_EDIT_XON_LIM, NULL, TRUE);
                    dcbCurrentCom.XoffLim=(WORD)GetDlgItemInt(hdlg, IDC_EDIT_XOFF_LIM, NULL, TRUE);
                    dcbCurrentCom.ByteSize=(BYTE)iCurrentByteSize;
                    dcbCurrentCom.Parity=(BYTE)iCurrentParity;
```

```
                dcbCurrentCom.StopBits=(BYTE)iCurrentStopBits;
                dcbCurrentCom.XonChar=(char)GetDlgItemInt(hdlg, IDC_EDIT_Xon_CHAR, NULL, TRUE);
                dcbCurrentCom.XoffChar=(char)GetDlgItemInt(hdlg, IDC_EDIT_Xoff_CHAR, NULL, TRUE);
                dcbCurrentCom.ErrorChar=(char)GetDlgItemInt(hdlg, IDC_EDIT_ERROR_CHAR, NULL, TRUE);
                dcbCurrentCom.EofChar=(char)GetDlgItemInt(hdlg, IDC_EDIT_EOF_CHAR, NULL, TRUE);
                dcbCurrentCom.EvtChar=(char)GetDlgItemInt(hdlg, IDC_EDIT_EVT_CHAR, NULL, TRUE);
                dcbCurrentCom.wReserved1=(WORD)GetDlgItemInt(hdlg, IDC_EDIT_WRESERVED1,
NULL, TRUE);
                if (!SetCommState(hCurrentCom, &dcbCurrentCom)) //保存句柄DCB参数，这个地方以
前加了分号";"，所以总进入循环内，另外，参数的设置以前字节数为0，所以出错，出错代码为87
                {
                    DWORD dwErrorCode=0;
                    LPVOID lpMsgBuf=NULL;
                    dwErrorCode=GetLastError();
                    FormatMessage(FORMAT_MESSAGE_ALLOCATE_BUFFER | FORMAT_MESSAGE_FROM_
SYSTEM, NULL, dwErrorCode, LANG_NEUTRAL, (LPWSTR)&lpMsgBuf, 0, NULL);
                    OutputDbgInfo(TEXT("设置结构体（写）：%d-->%s\n"), dwErrorCode, lpMsgBuf);
                    LocalFree(lpMsgBuf);
                    lpMsgBuf=NULL;
                }
                //设定时间结构体
                GetCommTimeouts(hCurrentCom, &CommTimeOuts);
                CommTimeOuts.ReadIntervalTimeout=GetDlgItemInt(hdlg, IDC_EDIT_READ_INTERVAL_
TIMEOUT, NULL, TRUE);
                CommTimeOuts.ReadTotalTimeoutMultiplier=GetDlgItemInt(hdlg, IDC_EDIT_READ_
TOTAL_TIMEOUT_MULTIPLIER, NULL, TRUE);
                CommTimeOuts.ReadTotalTimeoutConstant=GetDlgItemInt(hdlg, IDC_EDIT_READ_
TOTAL_TIMEOUT_CONSTANT, NULL, TRUE);
                CommTimeOuts.WriteTotalTimeoutMultiplier=GetDlgItemInt(hdlg, IDC_EDIT_WRITE_
TOTAL_TIMEOUT_MULTIPLIER, NULL, TRUE);
                CommTimeOuts.WriteTotalTimeoutConstant=GetDlgItemInt(hdlg, IDC_EDIT_WRITE_
TOTAL_TIMEOUT_CONSTANT, NULL, TRUE);
                SetCommTimeouts(hCurrentCom, &CommTimeOuts);
            }
        }
    }
    return TRUE;

    case IDC_COMBO_COMGROUP:
    {
        if (HIWORD(wParam)==CBN_SELCHANGE);
        {
            int iRetValue=0;
            iRetValue=RefreshCboBox(GetDlgItem(hdlg, IDC_COMBO_COMGROUP), &pchComHead, 0);
            if (iRetValue==3)
            {
                EnableWindow(GetDlgItem(hdlg, IDC_BUTTON_OPENCOM), FALSE);
                EnableWindow(GetDlgItem(hdlg, IDC_BUTTON_CLOSECOM), TRUE);
            }
            else if (iRetValue==2)
            {
                EnableWindow(GetDlgItem(hdlg, IDC_BUTTON_OPENCOM), TRUE);
                EnableWindow(GetDlgItem(hdlg, IDC_BUTTON_CLOSECOM), FALSE);
            }
            else
            {
                EnableWindow(GetDlgItem(hdlg, IDC_BUTTON_OPENCOM), FALSE);
                EnableWindow(GetDlgItem(hdlg, IDC_BUTTON_CLOSECOM), FALSE);
```

```
            }
        }
    }
    return  TRUE;

    case IDC_BUTTON_SEND:                                              //发送指令
    {
        BYTE     byteInstruction[16]={ 0 };
        int iLength=0;
        int iRet=0;
        int i=0;
        int iRetCounts=0;
        TCHAR* pszRawInstruction;
        TCHAR* pszBuffer;

        //将输入的字节文本框中的字符内容转化为字节
        iLength=SendMessage(GetDlgItem(hdlg, IDC_EDIT_SEND), WM_GETTEXTLENGTH, 0, 0);
        pszRawInstruction=(TCHAR*)calloc(iLength + 1, sizeof(TCHAR));     //分配堆内存空间
        //从文本框获得数据，放在分配的堆内存中
        SendMessage(GetDlgItem(hdlg, IDC_EDIT_SEND), WM_GETTEXT, iLength + 1, (LPARAM)
pszRawInstruction);
        //将字符串转化为字节和字节个数
        iRet=CalculateCRC(pszRawInstruction, byteInstruction, &iRetCounts);

        //将字节数据+"发送的数据："6个字拷入到static显示控件中
        //分配堆内存
pszBuffer=(TCHAR*)calloc(_countof(TEXT("发送的数据：")) + 3 * sizeof(byteInstruction) + 1, sizeof(TCHAR));
//将"发送的数据："6个字拷入pszBuffer开始的内存
        wsprintf(pszBuffer, TEXT("%s"), TEXT("发送的数据："));
        //依次将字节转化为字符、拷入pszBuffer后续的内存，注意要减去"0"占用的空间，然后再继续
        for (i=0; i < iRetCounts; i++)
        {
            wsprintf(pszBuffer + _countof(TEXT("发送的数据：")) - 1 + 3 * i, (i==iRetCounts -
1) ? TEXT("%02X") : TEXT("%02X "), (*(byteInstruction + i)));
        }
        SendMessage(GetDlgItem(hdlg, IDC_STATIC_SEND_DATA), WM_SETTEXT, 0, (LPARAM)
pszBuffer);

        if (IsWindowEnabled(GetDlgItem(hdlg, IDC_BUTTON_CLOSECOM)))
        {
            HANDLE     hCurrentCom;
            hCurrentCom=GetHandleOfSelectedCom(GetDlgItem(hdlg, IDC_COMBO_COMGROUP),
&pchComHead);
            if (INVALID_HANDLE_VALUE !=hCurrentCom)
            {
                DWORD          dwErrorCode=0;
                DWORD          dwActLen=0;
                COMSTAT        comstat;

                SetupComm(hCurrentCom, 1024, 1024);                   //设置接收与发送的缓冲区大小
                ClearCommError(hCurrentCom, &dwErrorCode, &comstat); //清除错误信息+通信状态信息
                PurgeComm(hCurrentCom, PURGE_TXCLEAR);                //清除输出缓冲区

                if (!WriteFile(hCurrentCom, byteInstruction, iRetCounts, &dwActLen, NULL))
                {
                    LPVOID   lpMsgBuf=NULL;

                    dwErrorCode=GetLastError();
```

```
                    FormatMessage(FORMAT_MESSAGE_ALLOCATE_BUFFER | FORMAT_MESSAGE_FROM_
SYSTEM, NULL, dwErrorCode, LANG_NEUTRAL, (LPWSTR)&lpMsgBuf, 0, NULL);
                    SetDlgItemInt(hdlg, IDC_EDIT_ERROR_CODE, dwErrorCode, TRUE);
                    SetWindowText(GetDlgItem(hdlg, IDC_EDIT_ERROR_DESCRIPTION), (TCHAR*)
lpMsgBuf);
                    LocalFree(lpMsgBuf);
                    lpMsgBuf=NULL;
                }

                if (dwActLen !=iRetCounts)
                {
                    LPVOID  lpMsgBuf=NULL;
                    //格式化错误信息
                    dwErrorCode=GetLastError();
                    FormatMessage(FORMAT_MESSAGE_ALLOCATE_BUFFER | FORMAT_MESSAGE_FROM_
SYSTEM, NULL, dwErrorCode, LANG_NEUTRAL, (LPWSTR)&lpMsgBuf, 0, NULL);
                    SetDlgItemInt(hdlg, IDC_EDIT_ERROR_CODE, dwErrorCode, TRUE);
                    //错误信息码
                    SetWindowText(GetDlgItem(hdlg, IDC_EDIT_ERROR_DESCRIPTION), (TCHAR*)
lpMsgBuf);
                    LocalFree(lpMsgBuf);
                    lpMsgBuf=NULL;
                }
            }
        }
        //释放临时分配的堆内存
        if (pszRawInstruction !=NULL)  //释放堆内存
            free(pszRawInstruction);
        if (pszBuffer !=NULL)          //释放堆内存
            free(pszBuffer);
    }
    return  TRUE;

    case  IDC_BUTTON_RECEIVE:          //接收指令
    {
        if (IsWindowEnabled(GetDlgItem(hdlg, IDC_BUTTON_CLOSECOM)))
        {
            BYTE byteReceive[16]={ 0 };
            HANDLE    hCurrentCom;
            hCurrentCom=GetHandleOfSelectedCom(GetDlgItem(hdlg, IDC_COMBO_COMGROUP), &pchComHead);
            if (INVALID_HANDLE_VALUE !=hCurrentCom)
            {
                DWORD  dwActLen=0;
                DWORD  dwRecvLen=0;
                DWORD  dwElapse, dwPast;
                TCHAR* pszBuffer;
                DWORD  dwErrorCode=0;
                int  i=0;

                dwPast=GetTickCount();
                while (dwRecvLen < 7)
                {
                    dwElapse=GetTickCount() - dwPast;
                    if (dwElapse > 300)
                    {
                        break;
                    }
```

```
                        if (ReadFile(hCurrentCom, byteReceive + dwRecvLen, 7 - dwRecvLen, 
&dwActLen, NULL))
                        {
                              dwRecvLen +=dwActLen;
                        }
                        else
                        {
                              LPVOID   lpMsgBuf=NULL;
                              dwErrorCode=GetLastError();
                              FormatMessage(FORMAT_MESSAGE_ALLOCATE_BUFFER | FORMAT_MESSAGE_
FROM_SYSTEM, NULL, dwErrorCode, LANG_NEUTRAL, (LPWSTR)&lpMsgBuf, 0, NULL);
                              SetDlgItemInt(hdlg, IDC_EDIT_ERROR_CODE, dwErrorCode, TRUE);
                              SetWindowText(GetDlgItem(hdlg, IDC_EDIT_ERROR_DESCRIPTION), 
(TCHAR*)lpMsgBuf);
                              LocalFree(lpMsgBuf);
                              lpMsgBuf=NULL;
                        }
                    }
            //如果有这一句话，那么读一次后就清空输入缓冲区，如果没有这一句话，读进来多少输入缓冲区就少多少
                    //PurgeComm(hCurrentCom, PURGE_RXCLEAR) ;
                    pszBuffer=(TCHAR*)calloc(3 * sizeof(byteReceive) + 1, sizeof(TCHAR));
                                        //分配堆内存
            //依次将字节转化为字符、拷入pszBuffer后续的内存，注意要减去"0"占用的空间，然后再继续
                    for (i=0; i < 7; i++)
                    {
                        wsprintf(pszBuffer + 3 * i, (i==7 - 1) ? TEXT("%02X") : TEXT("%02X "), 
(*(byteReceive + i)));
                    }
                    SendMessage(GetDlgItem(hdlg, IDC_EDIT_RECEIVE), WM_SETTEXT, 0, (LPARAM)pszBuffer);
                }//if ( INVALID_HANDLE_VALUE !=hCurrentCom )
            }//if ( IsWindowEnabled( GetDlgItem(hdlg, IDC_BUTTON_CLOSECOM)) )
        }
        return  TRUE;
        case IDOK:
            InvalidateRect(GetParent(hdlg), NULL, TRUE);
            return  TRUE;
        }
    default:
        break;
    }
    return FALSE;
}

//功能：更新串口链表，统计各个串口使用情况
//ppchHead      -->指向串口链表的头指针
BOOL  RefreshComLink(COMHEAD** ppchHead)
{
    COMINFO* pp;
    COMINFO* pn;
    COMINFO** ppciTail=NULL;
    COMHEAD* pchTempHead;
    HKEY     hKey;
    int iRet;
    DWORD    dwIndex=0;    //当一个键具有多个值项时，用于跟踪值项数，用于返回函数值，作用域为函数体范围

    //当没有串口链表头时，新建一个表头信息
    if (NULL==(*ppchHead))
    {
```

```
        pchTempHead=(COMHEAD*)calloc(1, sizeof(COMHEAD));
        if (NULL==pchTempHead)
            return  1;                                  //表示分配内存失败
        (*ppchHead)=pchTempHead;
        (*ppchHead)->bEmpty=1;
        (*ppchHead)->pciHead=NULL;
    }
    //不管是空还是有数据，都获取头指针的地址
    ppciTail=&((*ppchHead)->pciHead);                   //指向串口链表的头

    //第一步，先将串口信息链表中的更新标志恢复为0，表示需要更新，遍历每个节点
    if (0==(*ppchHead)->bEmpty)                         //表示串口信息链表不为空
    {
        pp=(*ppchHead)->pciHead;
        while (pp !=NULL)
        {
            pp->bUpdated=0;                             //重新置为0，遍历标志，需要重新检索
            pp=pp->pciNext;
        }
    }

    //第二步，根据串口表头信息是不是空决定进行追加还是查找
    //查询注册表主键，指向串口所在的键值句柄
    iRet=RegOpenKeyEx(HKEY_LOCAL_MACHINE,               //注册表的主键
        TEXT("HARDWARE\\DEVICEMAP\\SERIALCOMM"),        //注册表的子键，不能以"\"开头
        (DWORD)NULL,
        KEY_READ,                                       //访问注册表的权限
        &hKey);                                         //指向键句柄的指针

    if (ERROR_SUCCESS==iRet)        //如果成功打开串口注册表，ERROR_SUCCESS=0
    {
        TCHAR   szNameOfEntry[MAX_PATH]={ 0 };
        BYTE szDataOfEntry[MAX_PATH]={ 0 };
        BOOL bFindCom=0;            //查找标志，如果原来的链表中有，就置为1，没有保持原来的0不变

        DWORD   dwCountOfName;      //用于存放值项名称的字符串空间大小
        DWORD   dwCountOfData;      //用于存放值项数据的字符串空间大小
        DWORD   dwType;             //每一个值项数据对应的类型，例如：REG_SZ,REG_MULTI_SZ,BINARY等
        do
        {
            //该参数既用作输入，也用作输出，所以要在使用前赋值，保证大小足够用
            dwCountOfName=sizeof(szNameOfEntry) / sizeof(szNameOfEntry[0]);
            //该参数既用作输入，也用作输出，所以要在使用前赋值，保证大小足够用
            dwCountOfData=sizeof(szDataOfEntry) / sizeof(szDataOfEntry[0]);

            memset(szNameOfEntry, 0, dwCountOfName);
            memset(szDataOfEntry, 0, dwCountOfData);
            iRet=RegEnumValue(hKey, dwIndex, szNameOfEntry, &dwCountOfName, NULL, &dwType,
(LPBYTE)szDataOfEntry, &dwCountOfData);
            if (ERROR_NO_MORE_ITEMS==iRet)
            {
                break;                                  //如果枚举完所有的值项，则退出do循环
            }
            else
            {
                dwIndex++;                              //查到的COM串口数累计加1
                bFindCom=0;                             //原来链表中没有，新发现的，置0
            }
            if (1==(*ppchHead)->bEmpty) //链表为空，链表内没有可用的串口
```

```
    {
        HANDLE    hcomTemp=NULL;
        TCHAR     szComName[16]={ 0 };
        int  nComNumber;

        COMINFO* pciTemp;
        pciTemp=(COMINFO*)calloc(1, sizeof(COMINFO));
        if (NULL==pciTemp)
            return  2;
        *ppciTail=pciTemp;
        ppciTail=&(pciTemp->pciNext);
        pciTemp->bExist=1;

        _sntprintf_s(pciTemp->szComName, sizeof(pciTemp->szComName) / sizeof(TCHAR) - 1,
sizeof(pciTemp->szComName) / sizeof(TCHAR) - 1, TEXT("%s"), szDataOfEntry);
        pciTemp->bUpdated=1;                                          //需要更新
        _stscanf_s(pciTemp->szComName, TEXT("COM%d"), &nComNumber);
        //格式化串口路径
        if (nComNumber < 10)
        {
            //串口路径为"COMX"
            _sntprintf_s(szComName, sizeof(szComName) / sizeof(TCHAR), 16, TEXT("%s"),
szDataOfEntry);
        }
        else
        {
            //串口路径为"\\.\COMX"
            _sntprintf_s(szComName, sizeof(szComName) / sizeof(TCHAR), 16,
TEXT("\\\\.\\%s"), szDataOfEntry);
        }
        //打开一个串口
        hcomTemp=CreateFile(szComName, GENERIC_READ | GENERIC_WRITE, 0, 0, OPEN_EXISTING, 0, 0);
        //存在串口，但是不能使用
        if (INVALID_HANDLE_VALUE==hcomTemp)
        {
            pciTemp->bValid=0;
        }
        //存在串口，可以使用
        else
        {
            pciTemp->bValid=1;
            CloseHandle(hcomTemp);                                //关闭串口，试探完毕
            hcomTemp=INVALID_HANDLE_VALUE;
        }

        pciTemp->bOpened=0;
        pciTemp->hcom=INVALID_HANDLE_VALUE;
        pciTemp->pciNext=NULL;
    }
    //链表内有已查询出来的串口，需要检索
    else
    {
        TCHAR  szTempComName[16]={ 0 };
        COMINFO** ppciTrace=NULL;
        _sntprintf_s(szTempComName, sizeof(szTempComName) / sizeof(TCHAR) - 1,
sizeof(szTempComName) / sizeof(TCHAR) - 1, TEXT("%s"), szDataOfEntry);
        ppciTrace=&((*ppchHead)->pciHead);
        pp=(*ppchHead)->pciHead;
        //一直找到底，全部检索完，中间找到也不退出，因为如果中间退出的话，就找不到尾指针了
```

```
        while (pp !=NULL)
        {
            //中间找到了，做个标志，将bFindCom赋为1
            if (!_tcsicmp(szTempComName, pp->szComName))
            {
                pp->bUpdated=1;
                bFindCom=1;
                break;
            }
            else
            {
                ppciTrace=&(pp->pciNext);            //将下一个节点的首地址保存
                pp=pp->pciNext;
            }
        }//while( pp !=NULL )

        if (0==bFindCom)    //到达了串口链表的末尾，需要在尾部将新的串口信息追加进去
        {
            COMINFO* pciNew;

            HANDLE          hcomNew=NULL;
            TCHAR           szNewComName[16]={ 0 };
            int   nComNew;

            pciNew=(COMINFO*)calloc(1, sizeof(COMINFO));
            if (NULL==pciNew)                         //分配新内存失败，返回
                return  3;
            *ppciTrace=pciNew;                        //将新节点追加到末尾
            pciNew->bExist=1;                         //发现了新的串口资源

            _sntprintf_s(pciNew->szComName, sizeof(pciNew->szComName) / sizeof(TCHAR) -
1, sizeof(pciNew->szComName) / sizeof(TCHAR) - 1, TEXT("%s"), szDataOfEntry);
            pciNew->bUpdated=1;                       //串口信息进行了更新

            _stscanf_s(pciNew->szComName, TEXT("COM%d"), &nComNew);
            if (nComNew < 10)
            {
                _sntprintf_s(szNewComName, sizeof(szNewComName) / sizeof(TCHAR), 16,
TEXT("%s"), szDataOfEntry);
            }
            else
            {
                _sntprintf_s(szNewComName, sizeof(szNewComName) / sizeof(TCHAR), 16,
TEXT("\\\\.\\%s"), szDataOfEntry);
            }
            //试着打开一个串口
            hcomNew=CreateFile(szNewComName, GENERIC_READ | GENERIC_WRITE, 0, 0, OPEN_
EXISTING, 0, 0);
            if (INVALID_HANDLE_VALUE==hcomNew) //存在串口，但是不能使用
            {
                pciNew->bValid=0;
            }
            //存在串口，可以使用
            else
            {
                pciNew->bValid=1;
                CloseHandle(hcomNew);                          //关闭串口，试探完毕
                hcomNew=INVALID_HANDLE_VALUE;
            }
```

```
                    pciNew->bOpened=0;
                    pciNew->hcom=INVALID_HANDLE_VALUE;
                    pciNew->pciNext=NULL;
                }//if ( 0==bFindCom )
            }
        } while (TRUE);
    }// if(ERROR_SUCCESS==iRet)

    //第三步，对链表中的更新过的没用的数据进行删除
    if (0==(*ppchHead)->bEmpty)
    {
        COMINFO** ppciTemp=NULL;
        ppciTemp=&((*ppchHead)->pciHead);
        pp=(*ppchHead)->pciHead;
        while (pp !=NULL)
        {
            if (0==pp->bUpdated)
            {
                *ppciTemp=pp->pciNext;
                ppciTemp=&(pp->pciNext);
                if (INVALID_HANDLE_VALUE !=pp->hcom)
                {
                    CloseHandle(pp->hcom);
                    pp->hcom=INVALID_HANDLE_VALUE;
                }
                pn=pp->pciNext;
                free(pp);
                pp=pn;
            }
            else
            {
                ppciTemp=&(pp->pciNext);
                pp=pp->pciNext;
            }
        }//while( pp !=NULL )

    }
    //找完后发现所有的都为0，表示都要删除，则链表为空
    if ((*ppchHead)->pciHead==NULL)
        (*ppchHead)->bEmpty=1;
    else
        (*ppchHead)->bEmpty=0;
    return FALSE;
}

//功能：清除串口链表
//ppchHead      -->指向串口链表的头指针
void DestructComlink(COMHEAD** ppchHead)
{
    COMINFO* pp;
    COMINFO* pn;
    if ((*ppchHead) !=NULL)
    {
        pp=(*ppchHead)->pciHead;                          //记录首地址的内容
        while (pp !=NULL)                                 //释放串口链表内存
        {
            pn=pp->pciNext;
            free(pp);
```

```
            pp=pn;
        }
        //释放串口头结构
        free(*ppchHead);
        *ppchHead=NULL;
    }
    return;
}
//功能：将串口信息数据结构中的数据上传到显示combobox控件中
//hwndCboBox    -->存放串口的组合框
//ppchHead      -->串口链表头指针
//bAppend       -->是否追加串口，1表示追加，0表示查找
//返回值        -->用于控制"打开"与"关闭"按钮
int   RefreshCboBox(HWND  hwndCboBox, COMHEAD** ppchHead, BOOL  bAppend)
{
    int iItemCounts=0;
    int iIndex=0;
    int iLength=0;
    BOOL    bFindCom=0;
    int iRetValue=0;

    iItemCounts=SendMessage(hwndCboBox, CB_GETCOUNT, 0, 0);
    if ((bAppend==0) && (iItemCounts==0))              //组合框内没有项
        return  0;
    if ((*ppchHead)->bEmpty==1)                        //本台计算机没有找到串口
        return  0;

    if (bAppend==1) //向组合框控件中追加串口条目项
    {
        COMINFO* pciComHead;
        TCHAR* pComName;

        pciComHead=(*ppchHead)->pciHead;
        while (NULL !=pciComHead)
        {
            SendMessage(hwndCboBox, CB_ADDSTRING, 0, (LPARAM)pciComHead->szComName);
            pciComHead=pciComHead->pciNext;
        }
        SendMessage(hwndCboBox, CB_SETCURSEL, 0, 0);          //设定第一条为默认条

        iIndex=SendMessage(hwndCboBox, CB_GETCURSEL, 0, 0);
        iLength=SendMessage(hwndCboBox, CB_GETLBTEXTLEN, iIndex, 0) + 1;
        pComName=calloc(iLength,sizeof(TCHAR));
        SendMessage(hwndCboBox, CB_GETLBTEXT, iIndex, (LPARAM)pComName);

        bFindCom=0;
        iRetValue=0;
        pciComHead=(*ppchHead)->pciHead;
        //一直找到底，全部检索完，中间找到也不退出，因为如果中间退出的话，就找不到尾指针了
        while (pciComHead !=NULL)
        {
            //中间找到了，做个标志，将bFindCom赋为1
            if (!_tcsicmp(pComName, pciComHead->szComName))
            {
                bFindCom=1;
                if ((pciComHead->bValid==1) && (pciComHead->bOpened==1))
                {
                    iRetValue=3;
                    break;
```

```
            }
            else  if ((pciComHead->bValid==1) && (pciComHead->bOpened==0))
            {
                iRetValue=2;
                break;
            }
            else
            {
                iRetValue=0;
                break;
            }
        }
        else
        {
            pciComHead=pciComHead->pciNext;
        }
    }//while( pciComHead !=NULL )
    if (bFindCom==0)
        iRetValue=0;
    free(pComName);
}
//从组合框控件中查找串口条目项
else  if (bAppend==0)
{
    COMINFO* pp;
    TCHAR* pComName;

    iIndex=SendMessage(hwndCboBox, CB_GETCURSEL, 0, 0);
    iLength=SendMessage(hwndCboBox, CB_GETLBTEXTLEN, iIndex, 0) + 1;
    pComName=calloc(iLength, sizeof(TCHAR));
    SendMessage(hwndCboBox, CB_GETLBTEXT, iIndex, (LPARAM)pComName);

    bFindCom=0;
    iRetValue=0;
    pp=(*ppchHead)->pciHead;
    //一直找到底，全部检索完，中间找到也不退出，因为如果中间退出的话，就找不到尾指针了
    while (pp !=NULL)
    {
        //中间找到了，做个标志，将bFindCom赋为1
        if (!_tcsicmp(pComName, pp->szComName))
        {
            bFindCom=1;
            if ((pp->bValid==1) && (pp->bOpened==1))
            {
                iRetValue=3;
                break;
            }
            else  if ((pp->bValid==1) && (pp->bOpened==0))
            {
                iRetValue=2;
                break;
            }
            else
            {
                iRetValue=0;
                break;
            }
        }
        else
```

```
            {
                pp=pp->pciNext;
            }
        }//while( pp !=NULL )

        if (bFindCom==0)
            iRetValue=0;
        free(pComName);                             //用完后释放堆内存
    }
    return  iRetValue;
}

//功能：打开或关闭组合框中选中的串口
//hwndCboBox    -->显示串口的组合框
//ppchHead      -->串口链表
//bOpen         -->bOpen为1表示打开，bOpen为0表示关闭
//返回值        -->打开或关闭串口结果，1表示成功，0表示失败
BOOL  OpenCloseComInCboBox(HWND  hwndCboBox, COMHEAD** ppchHead, BOOL  bOpen)
{
    int iIndex=0;
    int iLength=0;
    int nCurrentCom=0;                                   //串口号
    TCHAR* pComName=NULL;                                //串口路径
    TCHAR   szCurrentCom[16]={ 0 };                      //串口名
    HANDLE  hCurrentCom;
    BOOL    iRetFlag=FALSE;                              //默认值失败

    //从组合框获得选中串口
    iIndex=SendMessage(hwndCboBox, CB_GETCURSEL, 0, 0);
    iLength=SendMessage(hwndCboBox, CB_GETLBTEXTLEN, iIndex, 0) + 1;
    pComName=calloc(iLength,sizeof(TCHAR));
    SendMessage(hwndCboBox, CB_GETLBTEXT, iIndex, (LPARAM)pComName);
    //格式化串口名
    _stscanf_s(pComName, TEXT("COM%d"), &nCurrentCom);
    //如果串口号小于10，串口路径为"COMX"
    if (nCurrentCom < 10)
    {
        _sntprintf_s(szCurrentCom, sizeof(szCurrentCom) / sizeof(TCHAR), 16, TEXT("%s"), pComName);
    }
    //如果串口号大于等于10，串口路径为"\\.\COMX"
    else
    {
        _sntprintf_s(szCurrentCom, sizeof(szCurrentCom) / sizeof(TCHAR), 16, TEXT("\\\\.\\%s"), pComName);
    }
    //如果要打开串口
    if (bOpen==TRUE)
    {
        //打开当前串口
hCurrentCom=CreateFile(szCurrentCom, GENERIC_READ | GENERIC_WRITE, 0, 0, OPEN_EXISTING, 0, 0);
        //如果打开串口失败
        if (INVALID_HANDLE_VALUE==hCurrentCom)
        {
            RefreshComLink(ppchHead);                            //更新串口链表
            RefreshCboBox(hwndCboBox, ppchHead, 1);              //更新与串口链表关联的组合框
            iRetFlag=FALSE;
        }
        //如果打开串口成功
        else
        {
```

```
            COMINFO* pp;
            BOOL  bFindCom=FALSE;
            //从链表中查找选中的串口号
            pp=(*ppchHead)->pciHead;
            while (pp !=NULL)
            {
                if (!_tcsicmp(pComName, pp->szComName))
                {
                    bFindCom=TRUE;
                    pp->hcom=hCurrentCom;
                    pp->bOpened=TRUE;                  //找到返回
                    break;
                }
                else
                    pp=pp->pciNext;
            }//while( pp !=NULL )
            if (TRUE==bFindCom)
                iRetFlag=TRUE;
        }
    }
    //如果要关闭串口
    else
    {
        COMINFO* pp;
        BOOL bCloseSuccess=FALSE;

        pp=(*ppchHead)->pciHead;
        //从链表中查找选中的串口号
        while (pp !=NULL)
        {
            //如果与选中的串口名相同，关闭串口
            if (!_tcsicmp(pComName, pp->szComName))
            {
                if (CloseHandle(pp->hcom))
                {
                    bCloseSuccess=TRUE;
                    pp->hcom=INVALID_HANDLE_VALUE;
                    pp->bOpened=FALSE;
                }
                break;
            }
            //继续下一个串口
            else
                pp=pp->pciNext;
        }//while( pp !=NULL )

        if (TRUE==bCloseSuccess)
            iRetFlag=TRUE;
    }

    free(pComName);
    return  iRetFlag;
}

//功能：获得组合框中选中串口的句柄
//hwndCboBox    -->显示串口的组合框
//ppchHead      -->串口链表
//返回值        -->选中串口的句柄
HANDLE      GetHandleOfSelectedCom(HWND  hwndCboBox, COMHEAD** ppchHead)
```

```
{
    HANDLE       hSelectedCom=INVALID_HANDLE_VALUE;
    int iIndex=0;
    int iLength=0;
    TCHAR*    pComName=NULL;
    COMINFO* pp;

    //检测组合框中当前选中的串口
    iIndex=SendMessage(hwndCboBox, CB_GETCURSEL, 0, 0);               //获得当前选中项
    iLength=SendMessage(hwndCboBox, CB_GETLBTEXTLEN, iIndex, 0) + 1;   //选中项字符串的长度
    pComName=calloc(iLength,sizeof(TCHAR));                            //动态分配内存
    SendMessage(hwndCboBox, CB_GETLBTEXT, iIndex, (LPARAM)pComName);   //将选中字符串内容拷入内存

    //在链表中查找组合框中选中的串口
    pp=(*ppchHead)->pciHead;
    while (pp !=NULL)
    {
        if (!_tcsicmp(pComName, pp->szComName))
        {
            hSelectedCom=pp->hcom;            //找到串口句柄，退出
            break;
        }
        else
        {
            pp=pp->pciNext;
        }
    }//while ( pp !=NULL )

    free(pComName);               //释放串口名内存
    return    hSelectedCom;       //找到返回有效串口句柄；找不到返回INVALID_HANDLE_VALUE
}
```

运行结果如图 4-5 所示。

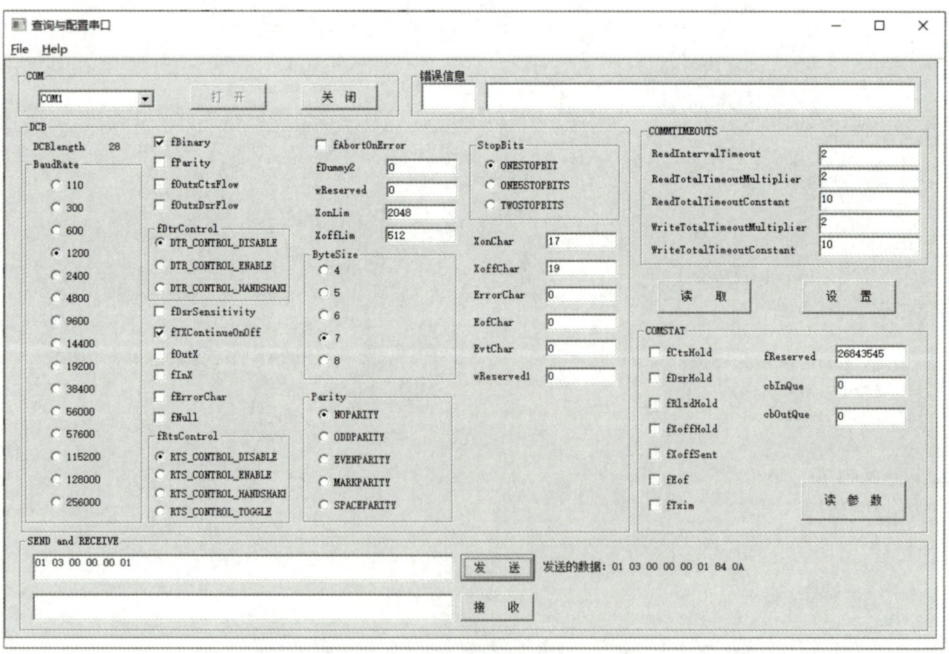

图 4-5　串口通信程序运行结果

第5章

RS-232 打印机

知识点思维导图

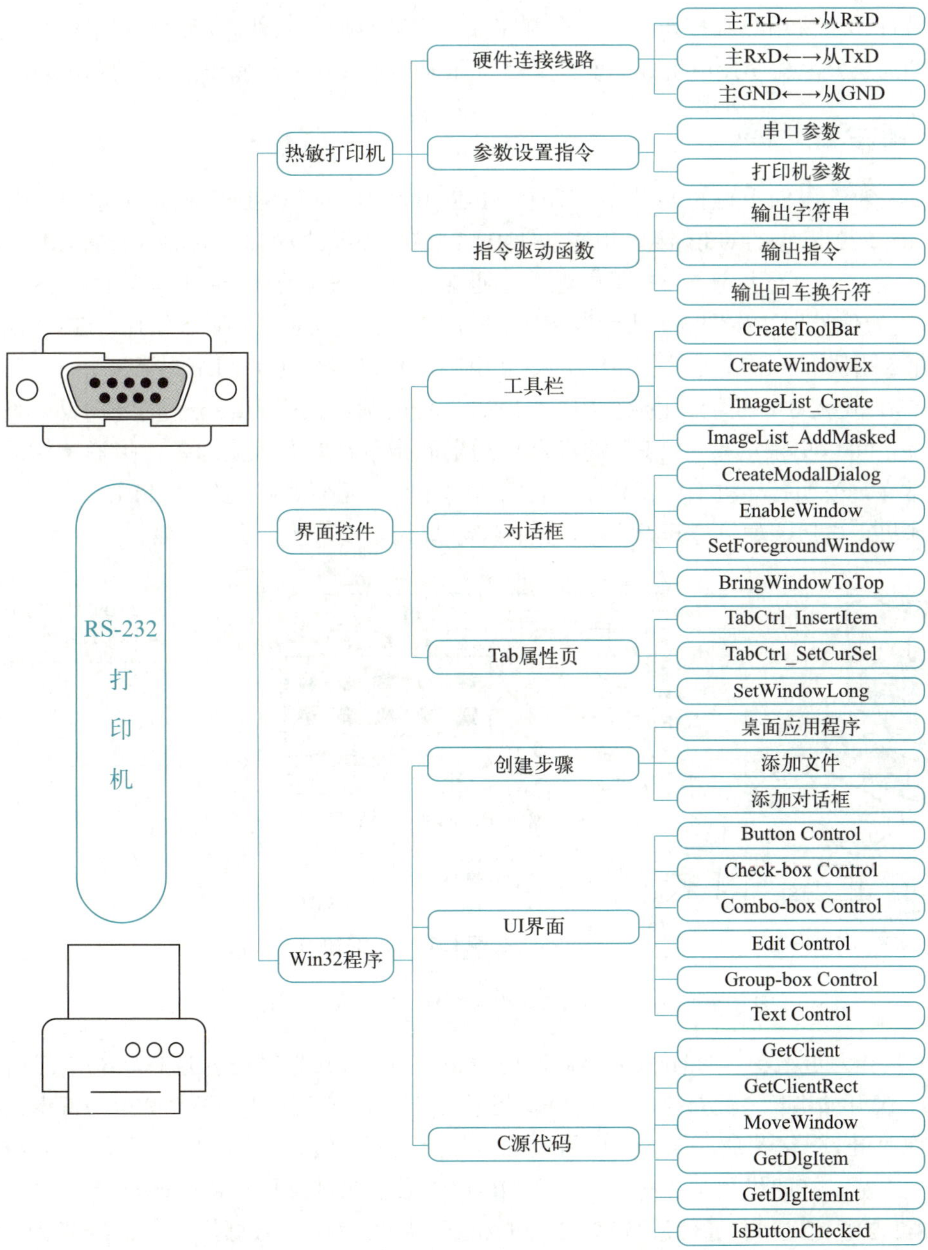

标签打印机、票据打印机和条码打印机等打印装置是采用热敏或针式打印输出的微型设备，内部装有嵌入式打印单元，体积小、重量轻、耗电少、便于携带，广泛应用于餐饮、零售、物流、金融、税控、警务、政务和仪器仪表等行业。该类打印机通过 RS-232 接口与芯片电路板或上位机通信，RS-232 接口包括两种通信电平，分别是 TTL（transistor-transistor logic）电平和 EIA（electronic industries alliance）电平。TTL 电平适合芯片级电路板与打印机之间的数据通信，EIA 电平适合上位机（触控屏、笔记本和台式机等）与打印机之间的数据通信，此处选择用户易于操作的 EIA 电平。

热敏打印机

5.1 热敏打印机

热敏打印机采用热敏打印技术，在打印头上安装有加热元件，加热并接触热敏纸后，热敏纸上的涂层发生化学反应生成图像或文字，无需墨水或粉盒，操作简便，打印速度快。

5.1.1 硬件连接线路

图 5-1 为常用的上位机与热敏打印机 SP-RMD9SH_E83AS 连接线路示意图。上位机与 USB 转 RS-232 模块的 USB 接口相连，USB 转 RS-232 模块的输出包括 Vcc、TxD、RxD 和 GND 四个端子，Vcc 接外部 5V 供电电源，通常省略，TxD 为发送数据端，RxD 为接收数据端，GND 为信号地，按图 5-1 所示连接方式与打印机后端的 EIA 接口相连，GND 端子连接 EIA 的第 5 引脚，RxD 端子连接 EIA 的第 2 引脚，TxD 端子连接 EIA 的第 3 引脚。打印机采用电压 5V，电流 3A 的直流电源供电。“SPRT”处的圆形按钮为纸仓盖的开门键，按下后打开纸仓盖，可以更换纸卷。“LF”键指示灯为电源指示灯，颜色为绿色，接通电源后，绿色指示灯常亮，表明打印机上电工作正常，可以与上位机进行串口通信。“SEL”键指示灯为红色，打印机上电后，如果打开纸仓盖，红色指示灯闪烁，表明纸仓盖异常。

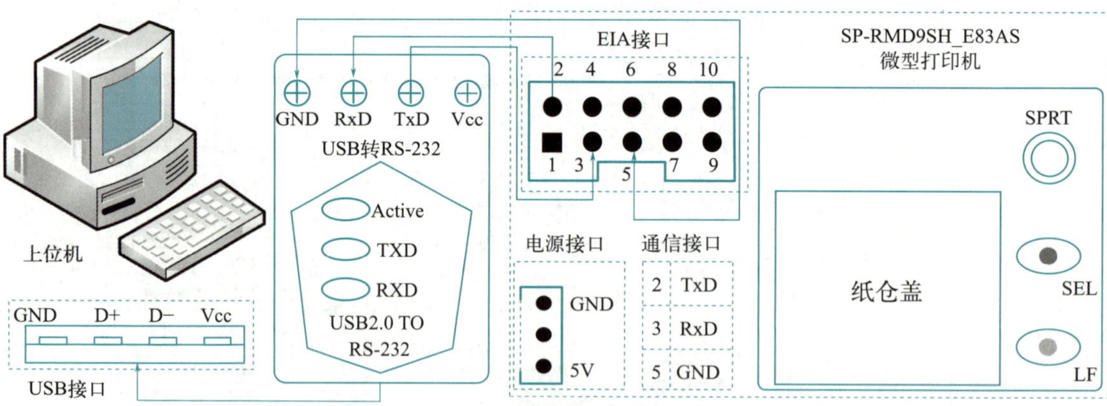

图 5-1 上位机与热敏打印机 SP-RMD9SH_E83AS 连接线路

“LF”键为走纸键，打印机上电后，先按下一次“SEL”键进入选择状态，然后按下一次“LF”键开始走纸，再按下一次“LF”键停止走纸，最后按下一次“SEL”键退出选择状态。按住“SEL”键不放，接通打印机电源，然后松开“SEL”键，打印机将打出自检样条，如图 5-2 所示。打印机类型“Model”为“RM”，表示热敏；接口“Interface”为“RS232”，表示 RS-232 通信接口；通信波特率“Baud Rate”为“9600”；数据位“Data bit”为“8”；流控制“Handshaking”为“RTS/CTS”；奇偶校验“Parity”为“None”；语言“Language Status”为“Chinese-GB2312”，表示简体中文；打印字符字体“Printing Font”为“12*24”点阵字体；打印浓度“Printing Density”为“Medium”，表示中等；纸灵敏度“Paper Sensor Setting”为“Medium”，表示中等；功耗级别“Power Level”为“3”；固定打印方向“Printing Direction”为“Normal”，表示正向；指令集“Command System”为“SPMP”；针打点阵兼容“Needle Type Printer Compatible”为“off”，表示为热敏打印机。

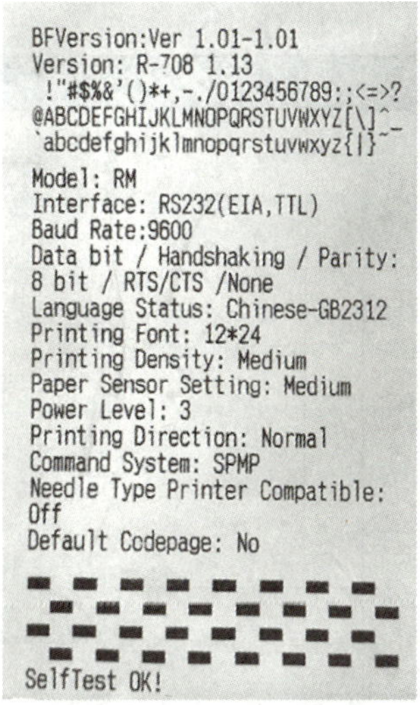

```
BFVersion:Ver 1.01-1.01
Version: R-708 1.13
 !"#$%&'()*+,-./0123456789:;<=>?
@ABCDEFGHIJKLMNOPQRSTUVWXYZ[\]^_
`abcdefghijklmnopqrstuvwxyz{|}~
Model: RM
Interface: RS232(EIA,TTL)
Baud Rate:9600
Data bit / Handshaking / Parity:
8 bit / RTS/CTS /None
Language Status: Chinese-GB2312
Printing Font: 12*24
Printing Density: Medium
Paper Sensor Setting: Medium
Power Level: 3
Printing Direction: Normal
Command System: SPMP
Needle Type Printer Compatible:
Off
Default Codepage: No
SelfTest OK!
```

图5-2 热敏打印机SP-RMD9SH_E83AS自检样条

5.1.2 参数设置指令

热敏打印机SP-RMD9SH_E83AS打印指令列表如表5-1所示，“1B 09”表示开始，“1B 15”表示结束，中间部分为参数设置指令。例如：将打印方向设为反向，对应的指令为“1B 63 01”，包含开始与结束时的完整指令为“1B 09 1B 63 01 1B 15”。

表5-1 热敏打印机SP-RMD9SH_E83AS打印指令

序号	参数主项	参数子项	十六进制指令
1	语言	英文	1B 09 1B 16 00 1B 15
		简体中文	1B 09 1B 16 01 1B 15
		繁体中文	1B 09 1B 16 02 1B 15
		国际繁体	1B 09 1B 16 03 1B 15
2	指令集	ESC/POS 指令集	1B 09 1B 18 00 1B 15
		SPMP 指令集	1B 09 1B 18 01 1B 15
		其他公司指令集	1B 09 1B 18 02 1B 15
3	字符字体	12×24	1B 09 1B 21 00 1B 15
		9×17	1B 09 1B 21 01 1B 15
		8×16	1B 09 1B 21 04 1B 15
4	纸灵敏度	低	1B 09 1B 28 00 1B 15
		中	1B 09 1B 28 01 1B 15
		高	1B 09 1B 28 02 1B 15
5	固定横向放大倍数	关闭	1B 09 1B 2F 00 1B 15
		1	1B 09 1B 2F 01 1B 15
		2	1B 09 1B 2F 02 1B 15
		3	1B 09 1B 2F 03 1B 15
		4	1B 09 1B 2F 04 1B 15
		5	1B 09 1B 2F 05 1B 15
		6	1B 09 1B 2F 06 1B 15
		7	1B 09 1B 2F 07 1B 15
		8	1B 09 1B 2F 08 1B 15

续表

序号	参数主项	参数子项	十六进制指令
6	固定纵向放大倍数	关闭	1B 09 1B 30 00 1B 15
		1	1B 09 1B 30 01 1B 15
		2	1B 09 1B 30 02 1B 15
		3	1B 09 1B 30 03 1B 15
		4	1B 09 1B 30 04 1B 15
		5	1B 09 1B 30 05 1B 15
		6	1B 09 1B 30 06 1B 15
		7	1B 09 1B 30 07 1B 15
		8	1B 09 1B 30 08 1B 15
7	固定行间距（$n\times0.125$）	关闭	1B 09 1B 31 00 00 1B 15
		开启，n 设为 10	1B 09 1B 31 01 0A 1B 15
8	固定打印方向	正向	1B 09 1B 32 00 1B 15
		反向	1B 09 1B 32 01 1B 15
		关闭	1B 09 1B 32 02 1B 15
9	指示灯显示	兼容 DIII	1B 09 1B 33 00 1B 15
		兼容 DIIIB	1B 09 1B 33 01 1B 15
10	测纸功能	关闭	1B 09 1B 34 00 1B 15
		开启	1B 09 1B 34 01 1B 15
11	纸将尽功能	关闭	1B 09 1B 35 00 1B 15
		开启	1B 09 1B 35 01 1B 15
12	功耗级别	0	1B 09 1B 36 04 1B 15
		1	1B 09 1B 36 00 1B 15
		2	1B 09 1B 36 01 1B 15
		3	1B 09 1B 36 02 1B 15
		4	1B 09 1B 36 03 1B 15
13	针打点阵兼容	热敏机型	1B 09 1B 37 00 1B 15
		96 点，16 字符 8 汉字	1B 09 1B 37 01 1B 15
		144 点，24 字符 12 汉字	1B 09 1B 37 02 1B 15
		240 点，40 字符 20 汉字	1B 09 1B 37 03 1B 15
		96 点，16 字符 6 汉字	1B 09 1B 37 04 1B 15
		144 点，24 字符 9 汉字	1B 09 1B 37 05 1B 15
		240 点，40 字符 15 汉字	1B 09 1B 37 06 1B 15
14	打印完毕自动走纸（等待时间：$n\times0.1$s)走纸距离：0 ~ 50mm)	关闭	1B 09 1B 38 00 1B 15
		开启（等待时间设为 10，走纸距离设为 10mm)	1B 09 1B 38 01 1B 2D 0A 1B 2E 0A 1B 15
15	执行 n 点行走纸	10 点行走纸	1B 09 1B 4A 0A 1B 15
16	打印方向	正向	1B 09 1B 63 00 1B 15
		反向	1B 09 1B 63 01 1B 15
17	打印浓度	低	1B 09 1B FD 00 1B 15
		中	1B 09 1B FD 01 1B 15
		高	1B 09 1B FD 02 1B 15

热敏打印机 SP-RMD9SH_E83AS 串口通信参数映射字节比特位示意图如图 5-3 所示。串口通信参数包括波特率、流控制、数据位、校验位和错误处理等，这些通信参数用一个字节中的各个位表示，例如，用字节的低三位 D0、D1 和 D2 表示通信波特率，“000”表示波特率为 1200，“001”表示波特率为 2400；用字节的 D3 位表示流控制，“0”表示 Xon/Xoff，“1”表示 RTS/CTS。

D7	D6	D5	D4	D3	D2	D1	D0

D7：错误处理	
0	忽略
1	打印“?”

D6	D5：校验	
0	0	EVEN
0	1	NONE
1	0	ODD

D4：数据位	
0	7位
1	8位

D3：流控制	
0	Xon/Xoff
1	RTS/CTS

D2	D1	D0：波特率	
0	0	0	1200
0	0	1	2400
0	1	0	4800
0	1	1	9600
1	0	0	19200
1	0	1	38400
1	1	0	57600
1	1	1	115200

图 5-3　热敏打印机 SP-RMD9SH_E83AS 串口通信参数映射字节比特位

如果将打印机通信参数设置为波特率 9600，无校验，8 个数据位，流控制采用 RTS/CTS，错误处理输出“?”字符，根据图 5-3 可知，波特率 9600 对应 D2 D1 D0 为“011”，RTS/CTS 流控制对应 D3 为“1”，8 个数据位对应 D4 位为“1”，无校验对应 D6 D5 为“01”，错误处理对应 D7 为“1”。整个字节为“1011 1011”，对应十六进制为“BB”，因此，发送指令为“1B 23 BB”，“1B”表示参数设置字节，“23”为功能字节，“BB”为数据字节，包含开始与结束的全部指令为“1B 09 1B 23 BB 1B 15”。

如果同时设置两个参数，例如，将字体改为 12×24，纸灵敏度设置为中等，则完整的指令为“1B 09 1B 21 00 1B 28 01 1B 15”。同理，如果有多个参数，则每个参数的设置指令置于开始指令和结束指令之间，一次性同时实现多个参数的设置。表 5-2 为同时设置多个参数的指令集合，上位机向打印机发送的完整指令为“1B 09 1B 16 01 1B 18 01 1B 21 00 1B 23 BB 1B 28 01 1B 2F 00 1B 30 00 1B 31 00 00 1B 32 02 1B 33 01 1B 34 01 1B 35 00 1B 36 02 1B 37 00 1B 38 00 1B 63 00 1B FD 01 1B 15”。

表 5-2　热敏打印机 SP-RMD9SH_E83AS 打印参数设置指令

序号	打印机参数设置	十六进制指令
1	开始	1B 09
2	语言：简体中文	1B 16 01
3	指令集：SPMP 指令集	1B 18 01
4	设置 12×24 字体	1B 21 00
5	波特率：9600 校验：NONE 数据位：8 流控制：RTS/CTS 错误处理：打印“？”	1B 23 BB
6	纸灵敏度：中	1B 28 01
7	固定横向放大倍数：关闭	1B 2F 00
8	固定纵向放大倍数：关闭	1B 30 00
9	固定行间距：关闭	1B 31 00 00

续表

序号	打印机参数设置	十六进制指令
10	固定打印方向：关闭	1B 32 02
11	指标灯显示：兼容 DIIIB	1B 33 01
12	测纸功能：开启	1B 34 01
13	纸将尽功能：关闭	1B 35 00
14	功率级别：3	1B 36 02
15	针打点阵兼容：热敏机型	1B 37 00
16	打印完毕自动走纸：关闭	1B 38 00
17	打印方向：正向	1B 63 00
18	打印浓度：中	1B FD 01
19	结束	1B 15

5.1.3 指令驱动函数

控制台打印程序

为了将打印指令传输至打印机，必须编写相应的指令驱动函数，本例采用 C 语言编写控制台程序，通过 RS-232 接口设置打印机参数，并向打印机输出内容信息。

打开“Visual Studio 2019”应用程序，在“Visual Studio 2019”界面“开始使用”菜单中选择“创建新项目 (N)”，在“创建新项目”界面中选择“控制台应用”，点击“下一步”，弹出“配置新项目”界面，在“项目名称 (J)”一栏中输入“PrinterInstruction”，“位置 (L)”一栏选择指定的文件夹，“解决方案名称 (M)”一栏采用默认值，不勾选“将解决方案和项目放在同一目录中 (D)”复选按钮，点击“创建 (C)”按钮，完成项目和解决方案的创建。将下述代码拷入 PrinterInstruction.cpp 文件中，按“F5”键或“Ctrl + F5”组合键运行程序。

```
#include    <windows.h>
#include    <tchar.h>
#include    <stdio.h>
#include    <time.h>

//宏定义
#define         PRINTER_PORT        3                   //打印机使用的串口接口，COM3

//打印机指令函数
HANDLE      PrinterOpenPort(LPCTSTR Port, int BaudRate, int DataBits, int StopBits, int Parity);
BOOL        PrinterClosePort(HANDLE         hComm);
BOOL        PrinterSendLF(HANDLE    hComm);
BOOL        PrinterSendString(HANDLE         hComm, const wchar_t* wchString);
BOOL        PrinterPrintingDirection(HANDLE  hComm, int  bPrintingDirection);

//主程序
int     main(int  argc, char* argv[])
{
    int Port;                                   //串口号
    TCHAR     PortStr[16];                      //串口路径名
    HANDLE    hComm;                            //串口句柄

    clock_t  StartTime=0;                       //开始时间
    clock_t  EndTime=0;                         //结束时间
    double   dDiffTime=0.0;                     //时间差
```

```
    StartTime=clock();                               //开始时间

    //设置打印机串口
    Port=PRINTER_PORT;
    if (Port < 10)
    {
        _stprintf_s(PortStr, 16, _T("COM%d"), Port);
    }
    else
    {
        _stprintf_s(PortStr, 16, _T("\\\\.\\COM%d"), Port);
    }

    //打开打印机串口
    hComm=PrinterOpenPort(PortStr, 9600, 8, ONESTOPBIT, NOPARITY);
    if (hComm==INVALID_HANDLE_VALUE)
    {
        MessageBox(NULL, TEXT("打开COM失败!"), TEXT("Fail"), MB_ICONEXCLAMATION);
        return    -1;                                //返回错误码，与串口错误码一致
    }

    //设置正向打印
    PrinterPrintingDirection(hComm, 0);
    //向打印机发送字符串
    PrinterSendString(hComm,TEXT("正向(Normal)!"));
    PrinterSendString(hComm,TEXT("黄鹤楼"));
    PrinterSendString(hComm,TEXT("唐·崔颢"));
    PrinterSendString(hComm,TEXT("昔人已乘黄鹤去，此地空余黄鹤楼。"));
    PrinterSendString(hComm,TEXT("黄鹤一去不复返，白云千载空悠悠。"));
    PrinterSendString(hComm,TEXT("晴川历历汉阳树，芳草萋萋鹦鹉洲。"));
    PrinterSendString(hComm,TEXT("日暮乡关何处是？烟波江上使人愁。"));

    //设置反向打印
    PrinterPrintingDirection(hComm, 1);
    //向打印机发送字符串
    PrinterSendString(hComm,TEXT("反向(Reverse)!"));
    PrinterSendString(hComm,TEXT("黄鹤楼"));
    PrinterSendString(hComm,TEXT("唐·崔颢"));
    PrinterSendString(hComm,TEXT("昔人已乘黄鹤去，此地空余黄鹤楼。"));
    PrinterSendString(hComm,TEXT("黄鹤一去不复返，白云千载空悠悠。"));
    PrinterSendString(hComm,TEXT("晴川历历汉阳树，芳草萋萋鹦鹉洲。"));
    PrinterSendString(hComm,TEXT("日暮乡关何处是？烟波江上使人愁。"));

    //关闭打印机串口
    PrinterClosePort(hComm);

    //终止时间
    EndTime=clock();
    //计算消耗时间
    dDiffTime=(double)(EndTime - StartTime) / CLOCKS_PER_SEC;
    printf("\n程序运行时间：%.3lf秒\n\n", dDiffTime);

    //按"F5"键运行时会停留在运行结果
    system("pause");
    return    0;
}

//打开打印机对应串口
HANDLE PrinterOpenPort(LPCTSTR Port, int BaudRate, int DataBits, int StopBits, int Parity)
{
    DCB       dcb;                                   //设备控制块
    BOOL      ret;                                   //返回值
```

```
COMMTIMEOUTS CommTimeOuts;

//打开串口
HANDLE   hComm=CreateFile(Port,
         GENERIC_READ | GENERIC_WRITE,             //允许读和写
         0,                                        //独占方式
         NULL,                                     //安全性属性结构，缺省值为NULL
         OPEN_EXISTING,                            //打开已存在的串口
         0,                                        //同步方式（阻塞方式）
         NULL);


//打开串口失败
if (hComm==INVALID_HANDLE_VALUE)
{
    return          0;
}

//读取串口的DCB
ret=GetCommState(hComm, &dcb);
//设置串口的DCB
dcb.BaudRate=BaudRate;
dcb.ByteSize=DataBits;
dcb.Parity=Parity;
dcb.StopBits=StopBits;
//禁止奇偶校验
dcb.fParity=FALSE;
dcb.fBinary=TRUE;
//禁止流量控制
dcb.fDtrControl=0;
dcb.fRtsControl=0;
dcb.fOutX=0;
dcb.fInX=0;
dcb.fTXContinueOnXoff=0;
//设置串口的DCB
ret=SetCommState(hComm, &dcb);
if (!ret)
{
    PrinterClosePort(hComm);
    return 0;
}

//设置串口事件：接收到一个字符
ret=SetCommMask(hComm, EV_RXCHAR);
//设置接收与发送的缓冲区大小
ret=SetupComm(hComm, 1024, 1024);

ret=GetCommTimeouts(hComm, &CommTimeOuts);
//接收字符间最大时间间隔
CommTimeOuts.ReadIntervalTimeout=100;
CommTimeOuts.ReadTotalTimeoutMultiplier=1;
//读数据总超时常量
CommTimeOuts.ReadTotalTimeoutConstant=100;
CommTimeOuts.WriteTotalTimeoutMultiplier=0;
CommTimeOuts.WriteTotalTimeoutConstant=0;
ret=SetCommTimeouts(hComm, &CommTimeOuts);
if (!ret)
{
    PrinterClosePort(hComm);
    return  0;
}
```

```
    //清除接收/发送缓冲区
    ret=PurgeComm(hComm, PURGE_TXCLEAR | PURGE_RXCLEAR);
    return hComm;
}

//关闭打印机对应串口
BOOL        PrinterClosePort(HANDLE          hComm)
{
    //串口处于关闭状态
    if (hComm==INVALID_HANDLE_VALUE)
    {
        return FALSE;
    }

    SetCommMask(hComm, 0);
    //清除接收/发送缓冲区
    PurgeComm(hComm, PURGE_TXCLEAR | PURGE_RXCLEAR);
    //关闭串口操作句柄
    CloseHandle(hComm);
    hComm=INVALID_HANDLE_VALUE;

    return   TRUE;
}

//向打印机发送换行字符，LF表示Line  Feed，即满行
BOOL        PrinterSendLF(HANDLE   hComm)
{
    char          ch=0x0A;
    DWORD         dwActlen=0;

    //操作串口失败，返回FALSE
    if (!WriteFile(hComm, &ch, 1, &dwActlen, NULL))
    {
        return          FALSE;
    }

    //成功写入字符，将内存中数据写入串口，返回TRUE
    FlushFileBuffers(hComm);
    return        TRUE;
}

//向打印机发送字符串
BOOL    PrinterSendString(HANDLE                hComm, const wchar_t*              wchString)
{
    DWORD         dwActlen;
    DWORD         dwNum;
    char*    pszString;

    dwActlen=0;
    //1个汉字占2个字节，1个字母占1个字节，1个结束符占1个字节
    dwNum=(DWORD)WideCharToMultiByte(CP_OEMCP, (DWORD)NULL, wchString, -1, NULL, 0, NULL, FALSE);

    pszString=(char*)malloc(dwNum);                        //分配堆内存
    if (pszString==NULL)
    {
        return FALSE;
    }

    WideCharToMultiByte(CP_OEMCP, (DWORD)NULL, wchString, -1, pszString, dwNum, NULL, FALSE);
    pszString[dwNum - 1]='\n';
    if (!WriteFile(hComm, pszString, dwNum, &dwActlen, NULL))
    {
```

```
        printf("未能输出字符串!\n");
    }

    FlushFileBuffers(hComm);                                    //将内存内容发送至打印机
    free(pszString);                                            //释放堆内存
    Sleep(100);                                                 //等待打印机打印完成

    return TRUE;
}

//设置打印方向，Printing  Direction
BOOL        PrinterPrintingDirection(HANDLE    hComm, int    bPrintingDirection)
{
    char        cmd[7];
    int       direction;
    DWORD       dwActlen=0;

    cmd[0]=0x1B;
    cmd[1]=0x09;
    cmd[2]=0x1B;
    cmd[3]=0x63;
    cmd[5]=0x1B;
    cmd[6]=0x15;

    //对bPrintingDirection取余
    bPrintingDirection=bPrintingDirection % 2;
    if (bPrintingDirection)
    {
        //设置反向打印
        cmd[4]=0x01;
    }
    else
    {
        //设置正向打印
        cmd[4]=0x00;
    }
    if (!WriteFile(hComm, cmd, sizeof(cmd), &dwActlen, NULL))
    {
        return FALSE;
    }
    FlushFileBuffers(hComm);
    Sleep(1000);
    return TRUE;
}
```

本程序通过设置“打印方向”参数将打印机的输出分别改为“正向”和“反向”，在不同打印方向条件下输出相同的内容，查看各自的输出效果，如图 5-4 所示。

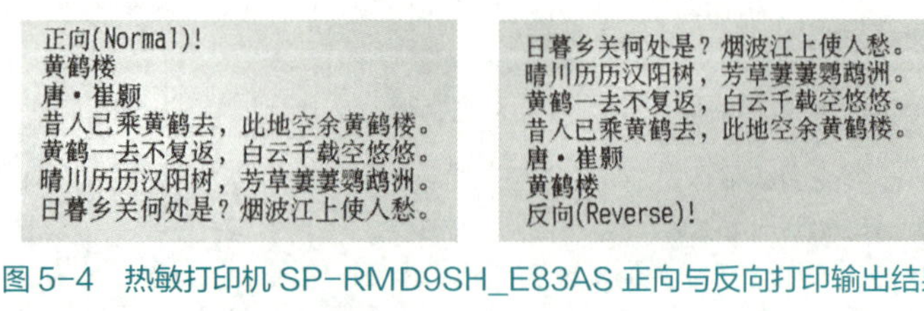

图 5-4　热敏打印机 SP-RMD9SH_E83AS 正向与反向打印输出结果

5.2 界面设计

界面是人机交互的必要途径，界面内的各个控件能够实现不同的功能，一般情况下，界面中控件的布置自上而下分别是菜单、工具栏、用户区和状态栏，对话框是常用的弹出子窗体，在窗体中可以布置各种按钮、文本输入框和 Tab 属性页等控件。本节将重点介绍工具栏、对话框、Tab 属性页和状态栏等控件，采用 Windows API 函数通过代码构建各种显示控件，可以减少对运行环境的依赖，增强程序的可移植性。

5.2.1 工具栏

Win32 程序 - 工具栏

工具栏是可视化界面的重要控件，本例采用 Win32 程序实现工具栏的创建，并在工具栏中添加 2 个按钮，点击按钮显示不同的 Windows 提示消息，具体操作过程如下。

① 运行“Visual Studio 2019”应用程序，启动集成开发环境。

② 在“Visual Studio 2019”窗体的右侧点击“创建新项目 (N)”按钮。

③ 在“创建新项目”窗口，选择“Windows 桌面向导”选项，点击“下一步 (N)”按钮。

④ 在“配置新项目”窗口“项目名称 (J)”对应的输入框中输入“ToolBar”，在“位置 (L)”下方的输入框中选择“桌面”目录，勾选“将解决方案和项目放在同一目录中 (D)”前面的方框，点击右下角“创建 (C)”按钮。

⑤ 在“Windows 桌面项目”窗口中的“应用程序类型 (T)”中选择“桌面应用程序 (.exe)”，勾选“空项目”前方的方框，点击“确定”按钮。

⑥ 在“解决方案资源管理器”中选中“源文件”，点击鼠标右键，依次选择“添加 (D)”→“新建项 (W)”按钮，在弹出界面“名称 (N):”后面的输入框中输入“ToolBar.cpp”，点击“添加 (A)”按钮，完成源文件的创建，将下述 C 源代码拷入“ToolBar.cpp”文件中。

⑦ 将“new_enable.bmp”和“new_disable.bmp”两个文件拷到“ToolBar.sln”所在目录。

⑧ 在“解决方案资源管理器”中选中“资源文件”，点击鼠标右键，依次选择“添加 (D)”→“资源 (R)...”按钮，在弹出界面中选择“Bitmap”，点击右侧的“导入 (M)...”按钮，从“ToolBar.sln”文件所在目录选中“new_disable.bmp”文件，点击“打开 (O)”按钮。然后用同样的方法导入“new_enable.bmp”文件。

⑨ 在“resource.h”文件中将“IDB_BITMAP1”改为“IDB_DISABLE”，将“IDB_BITMAP2”改为“IDB_ENABLE”。

⑩ 在“生成 (B)”菜单中点击“清理解决方案 (C)”，再点击“清理 ToolBar(N)”按钮。

⑪ 在“调试 (D)”菜单中点击“开始调试 (S)”，运行程序。

程序运行后，运行结果如图 5-5 所示。点击工具栏中的“保存”按钮，弹出消息框，显示“您按了 " 保存 " 按钮！”；点击工具栏中的“帮助”按钮，弹出消息框，显示“您按了 " 帮助 " 按钮！”。

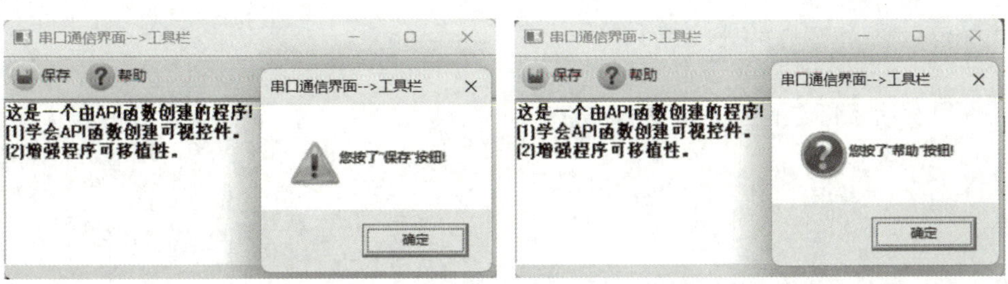

图 5-5 工具栏控件演示程序运行结果

```
#include        <windows.h>
#include        <tchar.h>
#include        <commctrl.h>
#include        "resource.h"

#pragma comment(lib, "comctl32.lib")

#define         IDC_EDT_LOG         109                                 //编辑框ID
#define         IDC_TOOLBAR         800                                 //工具栏ID
#define         IDB_SAVE            (WM_USER + 102)                     //工具栏中"保存"按钮
#define         IDB_HELP            (WM_USER + 103)                     //工具栏中"帮助"按钮

static TCHAR            szAppName[]=TEXT("串口通信界面-->工具栏");         //应用程序名称
static HINSTANCE        ghInst;                                         //实例句柄
static HBRUSH           hBrush;                                         //画刷
static HWND g_hWndToolBar;                                              //工具栏句柄

LRESULT         CALLBACK MainWndProc(HWND hWnd, UINT message, WPARAM wParam, LPARAM lParam);
HWND        CreateToolbar(HWND hParentWnd, HINSTANCE hInst);

int     WINAPI WinMain(HINSTANCE hInstance, HINSTANCE hPrevInstance, PSTR szCmdLine, int iCmdShow)
{
   HWND         hWnd;
   MSG      msg;
   WNDCLASS wndclass;

   hWnd=FindWindow(szAppName, NULL);
   if (hWnd)
   {
      SetForegroundWindow((HWND)(((DWORD)hWnd) | 0x01));                 //在窗体最小化时使用
      return 0;
   }
   ghInst=hInstance;
   wndclass.style=CS_HREDRAW | CS_VREDRAW;
   wndclass.lpfnWndProc=MainWndProc;
   wndclass.cbClsExtra=0;
   wndclass.cbWndExtra=0;
   wndclass.hInstance=hInstance;
   wndclass.hIcon=LoadIcon(NULL, IDI_APPLICATION);
   wndclass.hCursor=LoadCursor(NULL, IDC_ARROW);
   wndclass.hbrBackground=(HBRUSH)CreateSolidBrush(RGB(236, 233, 216));          //米黄色背底

   wndclass.lpszMenuName=NULL;
   wndclass.lpszClassName=szAppName;

   if (!RegisterClass(&wndclass))
   {
      MessageBox(NULL, TEXT("注册窗口类失败！"), szAppName, MB_ICONERROR);
      return 0;
   }

   hWnd=CreateWindow(szAppName, szAppName,
      WS_OVERLAPPEDWINDOW,
      0, 0, 740, 270,
      NULL, NULL, hInstance, NULL);

   //避免重复运行程序
   if (!IsWindow(hWnd))
   {
      MessageBox(NULL, TEXT("Create window fail!"), szAppName, MB_ICONERROR);
      return 0;
   }
```

```
    ShowWindow(hWnd, iCmdShow);
    UpdateWindow(hWnd);

    while (GetMessage(&msg, NULL, 0, 0))
    {
        TranslateMessage(&msg);
        DispatchMessage(&msg);
    }
    return   msg.wParam;
}

LRESULT CALLBACK MainWndProc(HWND hWnd, UINT message, WPARAM wParam, LPARAM lParam)
{
    int wmId, wmEvent;
    switch (message)
    {
        case WM_CREATE:
        {
            HWND hEdit;
            //创建画刷句柄
            hBrush=CreateSolidBrush(GetSysColor(COLOR_BACKGROUND));
            //创建工具栏
            g_hWndToolBar=CreateToolbar(hWnd, ghInst);
            hEdit=CreateWindowEx(WS_EX_STATICEDGE, TEXT("EDIT"), \
                TEXT("这是一个由API函数创建的程序！\r\n(1)学会API函数创建可视控件。\r\n(2)增强程序可
移植性。"),
                WS_CHILD | WS_VISIBLE | WS_VSCROLL | ES_LEFT | ES_NOHIDESEL | ES_MULTILINE | ES_
WANTRETURN,
                0, 38, 722, 137,
                hWnd, (HMENU)IDC_EDT_LOG, NULL, NULL);
        }
        return   0;

        case WM_COMMAND:
        {
            wmId=LOWORD(wParam);
            wmEvent=HIWORD(wParam);
            switch (wmId)                                              //分析菜单选择
            {
                case IDB_SAVE:                                         //保存按钮
                {
                    MessageBox(NULL, TEXT("您按了"保存"按钮!"), szAppName, MB_ICONEXCLAMATION);
                }
                break;

                case IDB_HELP:                                         //帮助按钮
                {
                    MessageBox(NULL, TEXT("您按了"帮助"按钮!"), szAppName, MB_ICONQUESTION);
                }
                break;

                default:
                    break;
            }
        }
        return 0;

        case WM_DESTROY:
        {
            DeleteObject(hBrush);
            PostQuitMessage(0);
        }
```

```
        return  0;
    }
    return DefWindowProc(hWnd, message, wParam, lParam);
}

//创建工具栏
HWND        CreateToolbar(HWND hParentWnd, HINSTANCE hInst)
{
#define         ICON_NUM   2
    HWND        hWndTB;
    TBBUTTON    tbb[ICON_NUM];
    HIMAGELIST  hImageList;
    HBITMAP     hBitmap;

    //创建工具栏
    hWndTB=CreateWindowEx(0, TOOLBARCLASSNAME, TEXT(""),
        WS_CHILD | WS_VISIBLE | WS_BORDER | TBSTYLE_FLAT | TBSTYLE_LIST | TBSTYLE_AUTOSIZE,
        0, 0, 0, 0,
        hParentWnd,
        (HMENU)IDC_TOOLBAR,
        hInst,
        NULL);

    //创建失败返回
    if (!hWndTB)
    {
        return NULL;
    }

    //向工具栏添加IDB_ENABLE背景图片
    SendMessage(hWndTB, TB_BUTTONSTRUCTSIZE, (WPARAM)sizeof(TBBUTTON), 0);
    hImageList=ImageList_Create(24, 24, ILC_COLOR24 | ILC_MASK, ICON_NUM, 0);
    hBitmap=LoadBitmap(hInst, MAKEINTRESOURCE(IDB_ENABLE));
    ImageList_AddMasked(hImageList, hBitmap,RGB(255, 255, 255));
    DeleteObject(hBitmap);
    SendMessage(hWndTB, TB_SETIMAGELIST, 0, (LPARAM)hImageList);

    //向工具栏添加IDB_DISABLE背景图片
    hImageList=ImageList_Create(24, 24, ILC_COLOR24 | ILC_MASK, ICON_NUM, 0);
    hBitmap=LoadBitmap(hInst, MAKEINTRESOURCE(IDB_DISABLE));
    ImageList_AddMasked(hImageList, hBitmap,RGB(255, 255, 255));
    DeleteObject(hBitmap);
    SendMessage(hWndTB, TB_SETDISABLEDIMAGELIST, 0, (LPARAM)hImageList);

    ZeroMemory(tbb, sizeof(tbb));
    tbb[0].iBitmap=MAKELONG(0, 0);
    tbb[0].fsState=TBSTATE_ENABLED;
    tbb[0].fsStyle=TBSTYLE_BUTTON | TBSTYLE_AUTOSIZE;
    tbb[0].idCommand=IDB_SAVE;
    tbb[0].iString=(INT_PTR)TEXT("保存");

    tbb[1].iBitmap=MAKELONG(1, 0);
    tbb[1].fsState=TBSTATE_ENABLED;
    tbb[1].fsStyle=TBSTYLE_BUTTON | TBSTYLE_AUTOSIZE;
    tbb[1].idCommand=IDB_HELP;
    tbb[1].iString=(INT_PTR)TEXT("帮助");

    SendMessage(hWndTB, TB_ADDBUTTONS, sizeof(tbb) / sizeof(TBBUTTON), (LPARAM)&tbb);
    SendMessage(hWndTB, TB_AUTOSIZE, 0, 0);

    return hWndTB;
}
```

5.2.2 对话框

Win32 程序 - 对话框

对话框和主程序窗体类似，需要单独创建类来实现。本例通过 C 源代码创建对话框类以及类的过程处理函数，通过用户自定义的过程处理函数与类默认过程处理函数共同完成消息的响应。项目的创建过程与工具栏类似，不同的操作步骤如下。

① 在“配置新项目”窗口“项目名称 (J)”对应的输入框中输入“Dialog”，在“位置 (L)”下方的输入框中选择“桌面”目录，勾选“将解决方案和项目放在同一目录中 (D)”前面的方框，点击右下角“创建 (C)”按钮。

② 在“解决方案资源管理器”中选中“源文件”，点击鼠标右键，依次选择“添加 (D)”→“新建项 (W)”按钮，在弹出界面“名称 (N):”后面的输入框中输入“Dialog.cpp”，点击“添加 (A)”按钮，完成源文件的创建，将下述 C 源代码拷入“Dialog.cpp”文件中。

程序运行后，运行结果如图 5-6 所示。点击工具栏中的“帮助”按钮，弹出对话框，显示相应的内容信息，点击“确定”按钮后提示界面消失。

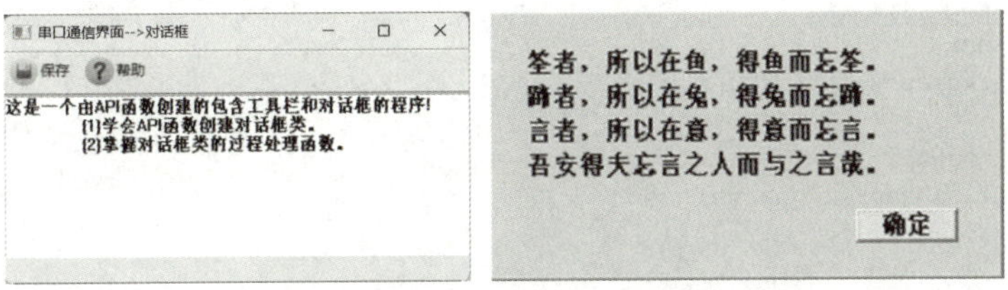

图 5-6 对话框类演示程序运行结果

```
#include    <windows.h>
#include    <tchar.h>
#include    <commctrl.h>
#include    "resource.h"
#pragma     comment(lib, "comctl32.lib")

//宏定义
#define         IDC_EDT_LOG         109                     //编辑框 ID
#define         IDC_TOOLBAR         800                     //工具栏 ID
#define         IDB_SAVE            (WM_USER + 102)         //工具栏中"保存"按钮 ID
#define         IDB_HELP            (WM_USER + 103)         //工具栏中"帮助"按钮 ID
#define         DLG_WIDTH           300                     //对话框宽度
#define         DLG_HEIGHT          160                     //对话框高度
static HINSTANCE        ghInst;                                     //主程序类实例句柄
static HINSTANCE        g_hInst=NULL;                               //对话框类实例句柄
static HWND         g_hWndToolBar;                                  //工具栏句柄
static TCHAR            szAppName[]=TEXT("串口通信界面-->对话框");      //应用程序名称

//对话框
static DLGPROC          sgUserProc=NULL;
static LPCTSTR          szDlgClsName=TEXT("__MyModalDialog");
int         CreateModalDialog(HWND hWndParent, HINSTANCE hInstParent, LPCTSTR title, DLGPROC
lpDialogFunc);
static LRESULT          CALLBACK __ModalWndProc(HWND hDlg, UINT message, WPARAM wParam, LPARAM
lParam);
INT_PTR             CALLBACK        AboutProc(HWND hDlg, UINT message, WPARAM wParam, LPARAM lParam);
void        DestroyModalDialog(HWND hDlg, int nExitCode);

//工具栏
HWND    CreateToolbar(HWND hParentWnd, HINSTANCE hInst);

//主程序过程处理函数
```

```
LRESULT         CALLBACK  MainWndProc(HWND hWnd, UINT message, WPARAM wParam, LPARAM lParam);

int    WINAPI   WinMain(HINSTANCE hInstance, HINSTANCE hPrevInstance, PSTR szCmdLine, int iCmdShow)
{
   HWND         hWnd;
   MSG          msg;
   WNDCLASS wndclass;

   hWnd=FindWindow(szAppName, NULL);
   if (hWnd)
   {
      SetForegroundWindow((HWND)(((DWORD)hWnd) | 0x01));              //在窗体最小化时使用
      return 0;
   }
   ghInst=hInstance;
   wndclass.style=CS_HREDRAW | CS_VREDRAW;
   wndclass.lpfnWndProc=MainWndProc;
   wndclass.cbClsExtra=0;
   wndclass.cbWndExtra=0;
   wndclass.hInstance=hInstance;
   wndclass.hIcon=LoadIcon(NULL, IDI_APPLICATION);
   wndclass.hCursor=LoadCursor(NULL, IDC_ARROW);
   wndclass.hbrBackground=(HBRUSH) (COLOR_WINDOW);              //灰色背底

   wndclass.lpszMenuName=NULL;
   wndclass.lpszClassName=szAppName;
   //如果注册窗口类失败，弹出提示信息
   if (!RegisterClass(&wndclass))
   {
      MessageBox(NULL, TEXT("注册窗口类失败!"), szAppName, MB_ICONERROR);
      return 0;
   }
   //创建应用程序窗体
   hWnd=CreateWindow(szAppName, szAppName,
      WS_OVERLAPPEDWINDOW,
      0, 0, 740, 270,
      NULL, NULL, hInstance, NULL);

   //避免重复运行程序
   if (!IsWindow(hWnd))
   {
      MessageBox(NULL, TEXT("Create window fail!"), szAppName, MB_ICONERROR);
      return 0;
   }

   ShowWindow(hWnd, iCmdShow);
   UpdateWindow(hWnd);

   while (GetMessage(&msg, NULL, 0, 0))
   {
      TranslateMessage(&msg);
      DispatchMessage(&msg);
   }
   return   msg.wParam;
}

LRESULT    CALLBACK MainWndProc(HWND hWnd, UINT message, WPARAM wParam, LPARAM lParam)
{
   int wmId, wmEvent;
   switch (message)
   {
      case WM_CREATE:
```

```
    {
        HWND        hEdit;

        //创建工具栏
        g_hWndToolBar=CreateToolbar(hWnd, ghInst);

        //创建文本框
        hEdit=CreateWindowEx(WS_EX_STATICEDGE, TEXT("EDIT"), \
            TEXT("这是一个由API函数创建的包含工具栏和对话框的程序!\r\n\t(1)学会API函数创建对话框
类。\r\n\t(2)掌握对话框类的过程处理函数。"),
            WS_CHILD | WS_VISIBLE | WS_VSCROLL | ES_LEFT | ES_NOHIDESEL | ES_MULTILINE | ES_
WANTRETURN,
            0, 38, 722, 137
            hWnd, (HMENU)IDC_EDT_LOG, NULL, NULL);
    }
    return  0;

    case WM_COMMAND:
    {
        wmId=LOWORD(wParam);
        wmEvent=HIWORD(wParam);
        switch (wmId)                                          //分析菜单选择
        {
            case IDB_SAVE:                                     //保存按钮
            {
                MessageBox(NULL, TEXT("您按了"保存"按钮!"), szAppName, MB_ICONEXCLAMATION);
            }
            break;

            case IDB_HELP:                                     //帮助按钮
            {
                g_hInst=ghInst;
                CreateModalDialog(hWnd, g_hInst, TEXT("版本信息"), AboutProc);
            }
            break;

            default:
                break;
        }
    }
    return 0;

    case WM_DESTROY:
    {
        PostQuitMessage(0);
    }
    return  0;
  }
  return  DefWindowProc(hWnd, message, wParam, lParam);
}

//创建工具栏
HWND        CreateToolbar(HWND hParentWnd, HINSTANCE hInst)
{
#define         ICON_NUM  2
  HWND          hWndTB;
  TBBUTTON tbb[ICON_NUM];
  HIMAGELIST    hImageList;
  HBITMAP       hBitmap;

  //创建工具栏
  hWndTB=CreateWindowEx(0, TOOLBARCLASSNAME, TEXT(""),
```

```
        WS_CHILD | WS_VISIBLE | WS_BORDER | TBSTYLE_FLAT | TBSTYLE_LIST | TBSTYLE_AUTOSIZE,
        0, 0, 0, 0,
        hParentWnd,
        (HMENU)IDC_TOOLBAR,
        hInst,
        NULL);

    //创建失败返回
    if (!hWndTB)
    {
        return NULL;
    }

    SendMessage(hWndTB, TB_BUTTONSTRUCTSIZE, (WPARAM)sizeof(TBBUTTON), 0);
    //向工具栏添加IDB_ENABLE背景图片
    hImageList=ImageList_Create(24, 24, ILC_COLOR24 | ILC_MASK, ICON_NUM, 0);
    hBitmap=LoadBitmap(hInst, MAKEINTRESOURCE(IDB_ENABLE));
    ImageList_AddMasked(hImageList, hBitmap,RGB(255, 255, 255));
    DeleteObject(hBitmap);
    SendMessage(hWndTB, TB_SETIMAGELIST, 0, (LPARAM)hImageList);

    //向工具栏添加IDB_DISABLE背景图片
    hImageList=ImageList_Create(24, 24, ILC_COLOR24 | ILC_MASK, ICON_NUM, 0);
    hBitmap=LoadBitmap(hInst, MAKEINTRESOURCE(IDB_DISABLE));
    ImageList_AddMasked(hImageList, hBitmap,RGB(255, 255, 255));
    DeleteObject(hBitmap);
    SendMessage(hWndTB, TB_SETDISABLEDIMAGELIST, 0, (LPARAM)hImageList);

    ZeroMemory(tbb, sizeof(tbb));
    tbb[0].iBitmap=MAKELONG(0, 0);
    tbb[0].fsState=TBSTATE_ENABLED;
    tbb[0].fsStyle=TBSTYLE_BUTTON | TBSTYLE_AUTOSIZE;
    tbb[0].idCommand=IDB_SAVE;
    tbb[0].iString=(INT_PTR)TEXT("保存");

    tbb[1].iBitmap=MAKELONG(1, 0);
    tbb[1].fsState=TBSTATE_ENABLED;
    tbb[1].fsStyle=TBSTYLE_BUTTON | TBSTYLE_AUTOSIZE;
    tbb[1].idCommand=IDB_HELP;
    tbb[1].iString=(INT_PTR)TEXT("帮助");

    SendMessage(hWndTB, TB_ADDBUTTONS, sizeof(tbb) / sizeof(TBBUTTON), (LPARAM)&tbb);
    SendMessage(hWndTB, TB_AUTOSIZE, 0, 0);

    return hWndTB;
}

//创建对话框类
int     CreateModalDialog(HWND hWndParent, HINSTANCE hInstParent, LPCTSTR title, DLGPROC lpDialogFunc)
{
    int NewPosX;
    int NewPosY;
    RECT      rect;
    MSG msg;
    HWND      hModDlg;
    WNDCLASS      wndclass;

    wndclass.style=CS_HREDRAW | CS_VREDRAW;
    wndclass.cbClsExtra=0;
    wndclass.cbWndExtra=0;
    wndclass.hInstance=hInstParent;
    wndclass.hIcon=NULL;
```

```
    wndclass.hCursor=LoadCursor(NULL, IDC_ARROW);
    wndclass.hbrBackground=(HBRUSH)CreateSolidBrush(RGB(236, 233, 216));
    wndclass.lpfnWndProc=__ModalWndProc;
    wndclass.lpszMenuName=NULL;
    wndclass.lpszClassName=szDlgClsName;
    if (!RegisterClass(&wndclass))
    {
        if (ERROR_CLASS_ALREADY_EXISTS !=GetLastError())
        {
            return -1;
        }
    }
    GetClientRect(hWndParent, &rect);
    NewPosX=(rect.right - rect.left - DLG_WIDTH) / 2;
    NewPosY=(rect.bottom - rect.top - DLG_HEIGHT) / 2;

    //如果对话框宽度或高度比应用程序窗口宽度或高度大
    if (NewPosX < 0) NewPosX=0;
    if (NewPosY < 0) NewPosY=0;
    EnableWindow(hWndParent, FALSE);
    sgUserProc=lpDialogFunc;

    hModDlg=CreateWindowEx(WS_EX_WINDOWEDGE, szDlgClsName, title,
        WS_OVERLAPPED | WS_POPUP | WS_SYSMENU | WS_DLGFRAME,
        NewPosX, NewPosY,
        DLG_WIDTH, DLG_HEIGHT,
        hWndParent, NULL,
        hInstParent, NULL);
    ShowWindow(hModDlg, SW_SHOW);
    UpdateWindow(hModDlg);
    while (GetMessage(&msg, NULL, 0, 0))
    {
        TranslateMessage(&msg);
        DispatchMessage(&msg);
    }
    EnableWindow(hWndParent, TRUE);
    SetForegroundWindow(hWndParent);
    BringWindowToTop(hWndParent);
    sgUserProc=NULL;
    return msg.wParam;
}

//对话框默认的过程处理函数
static  LRESULT  CALLBACK __ModalWndProc(HWND hDlg, UINT message, WPARAM wParam, LPARAM lParam)
{
    UNREFERENCED_PARAMETER(lParam);
    switch (message)
    {
        case WM_CLOSE:
            DestroyWindow(hDlg);
            return 0;

        case WM_DESTROY:
            PostQuitMessage(GetWindowLong(hDlg, GWL_USERDATA));
            return 0;

        default:
            break;
    }
    return  sgUserProc(hDlg, message, wParam, lParam);
}
```

```
//对话框用户定义的过程处理函数
INT_PTR    CALLBACK AboutProc(HWND hDlg, UINT message, WPARAM wParam, LPARAM lParam)
{
   switch (message)
   {
   case WM_CREATE:
       CreateWindow(TEXT("BUTTON"), TEXT("确定"),
            WS_CHILD | WS_VISIBLE,
            210, 115, 60, 20,
            hDlg, (HMENU)IDOK,
            NULL, NULL);
       return 0;

   case WM_COMMAND:
       if ((LOWORD(wParam)==IDOK) || (LOWORD(wParam)==IDCANCEL))
       {
            DestroyModalDialog(hDlg, LOWORD(wParam));
            return (INT_PTR)TRUE;
       }
       return 0;

   case WM_PAINT:
   {
       RECT rect={ 20, 20, 250, 40 };
       PAINTSTRUCT  ps;

       HDC  hDC=BeginPaint(hDlg, &ps);
       SetBkMode(hDC, TRANSPARENT);
       DrawText(hDC, TEXT("筌者，所以在鱼，得鱼而忘筌。"), -1, &rect, DT_LEFT | DT_VCENTER);
       rect.top +=20;
       rect.bottom +=20;
       DrawText(hDC, TEXT("蹄者，所以在兔，得兔而忘蹄。"), -1, &rect, DT_LEFT | DT_VCENTER);
       rect.top +=20;
       rect.bottom +=20;
       DrawText(hDC, TEXT("言者，所以在意，得意而忘言。"), -1, &rect, DT_LEFT | DT_VCENTER);
       rect.left=20;
       rect.top +=20;
       rect.bottom +=20;
       DrawText(hDC, TEXT("吾安得夫忘言之人而与之言哉。"), -1, &rect, DT_LEFT | DT_VCENTER);
       EndPaint(hDlg, &ps);
   }
   return 0;

   default:
       break;
   }
   return DefWindowProc(hDlg, message, wParam, lParam);
}

//析构类函数
void       DestroyModalDialog(HWND hDlg, int nExitCode)
{
   SetWindowLong(hDlg, GWL_USERDATA, (LONG)nExitCode);
   SendMessage(hDlg, WM_CLOSE, 0, 0);
}
```

5.2.3　Tab属性页

Win32程序-属性页

Tab 属性页可以通过相同的界面展示区存放不同类别的大体量内容，本例通过 C 源代码创建 Tab 属性页控件，在不同的属性页内创建各自的窗口类“TabClass1”和“TabClass2”。“TabClass1”类通过“_ContentParamSetProc”过程函数管理“内容参数设置”界面中的消息；“TabClass2”类通过“_PrintInfoSetProc”过程函数管理“打印信息”界面中的消息。

项目的创建过程与工具栏类似，不同的操作步骤如下。

① 在“配置新项目”窗口“项目名称(J)”对应的输入框中输入“Tab”，在“位置(L)”下方的输入框中选择“桌面”目录，勾选“将解决方案和项目放在同一目录中(D)”前面的方框，点击右下角“创建(C)”按钮。

② 在“解决方案资源管理器”中选中“源文件”，点击鼠标右键，依次选择“添加(D)”→“新建项(W)”按钮，在弹出界面“名称(N):”后面的输入框中输入“Tab.cpp”，点击“添加(A)”按钮，完成源文件的创建，将下述C源代码拷入“Tab.cpp”文件中。

```
#include    <windows.h>
#include    <tchar.h>
#include    <commctrl.h>
#pragma     comment(lib, "comctl32.lib")

#define         BUF_SIZE                256                 //数组大小
#define         MAX_TEXT_LEN            512                 //字符串大小

#define         PRINT_ITEM_NUM          8                   //打印项数
#define         TAB_PAGE_NUM            2                   //Tab属性页个数
#define         TAB_WIDTH               720                 //Tab属性页宽度
#define         TAB_HEIGHT              230                 //Tab属性页高度
#define         IDC_TABLE_PAGE          1000                //Tab属性页ID
#define         IDC_FRAME_CONTENT       1001                //内容参数方框ID
#define         IDC_FRAME_PRINT         1002                //打印信息方框ID

//内容参数方框内各控件的ID
#define         IDC_LBL_SUCCESS         1003
#define         IDC_LBL_RANK            1004
#define         IDC_LBL_RICH            1005
#define         IDC_LBL_LISTEN          1006
#define         IDC_LBL_LEISURE         1007
#define         IDC_LBL_HABIT           1008
#define         IDC_LBL_POOR            1009
#define         IDC_LBL_HUMBLE          1010

#define         IDC_PARAM_BASE          1012
#define         IDC_EDT_SUCCESS         IDC_PARAM_BASE
#define         IDC_EDT_RANK            (IDC_PARAM_BASE + 1)
#define         IDC_EDT_RICH            (IDC_PARAM_BASE + 2)
#define         IDC_EDT_LISTEN          (IDC_PARAM_BASE + 3)
#define         IDC_EDT_LEISURE         (IDC_PARAM_BASE + 4)
#define         IDC_EDT_HABIT           (IDC_PARAM_BASE + 5)
#define         IDC_EDT_POOR            (IDC_PARAM_BASE + 6)
#define         IDC_EDT_HUMBLE          (IDC_PARAM_BASE + 7)

//打印信息方框内各控件ID
#define         IDC_CHBX_SUCCESS        1600
#define         IDC_CHBX_RANK           1601
#define         IDC_CHBX_LEISURE        1602
#define         IDC_CHBX_RICH           1603
#define         IDC_CHBX_LISTEN         1604
#define         IDC_CHBX_HABIT          1605
#define         IDC_CHBX_POOR           1606
#define         IDC_CHBX_HUMBLE         1607

#define         IDC_EDIT_SUCCESS        1608
#define         IDC_EDIT_RANK           1609
```

```
#define         IDC_EDIT_LEISURE            1610
#define         IDC_EDIT_RICH               1611
#define         IDC_EDIT_LISTEN             1612
#define         IDC_EDIT_HABIT              1613
#define         IDC_EDIT_POOR               1614
#define         IDC_EDIT_HUMBLE             1615
#define         IDC_BUT_PRINT               1505                    //"打印"按钮ID
static TCHAR    szAppName[]=TEXT("串口通信界面-->Tab属性页");          //应用程序名
static HINSTANCE    ghInst;
static HINSTANCE    g_hInst=NULL;
static HWND hTabPage;                                  //TAB属性页句柄
static HWND hBtPrint;                                  //"打印"按钮句柄

//Tab属性页
void        CreateTabPages(HWND hParentWnd, int x, int y);
static HWND CreateTabWindows(LPCWSTR szClsName, WNDPROC lpfnWndProc, HWND hParentWnd, HINSTANCE
hInst, int x, int y, int width, int height);
void        HandleTabProc(int idTab, LPARAM lParam);
static LRESULT  CALLBACK   _ContentParamSetProc(HWND hWnd, UINT uMsg, WPARAM wParam, LPARAM lParam);
static LRESULT  CALLBACK   _PrintInfoSetProc(HWND hWnd, UINT uMsg, WPARAM wParam, LPARAM lParam);
int         CreatePrintView(HWND hWnd, int x, int y);
int         GetParamTextString(int CtrlID, LPTSTR buf, int len);
static LRESULT PrintViewProc(HWND hWnd, UINT msg, WPARAM wParam, LPARAM lParam);
LONG    SubclassFrame(HWND hWndSub, DWORD    SubclassFun);

typedef struct tagTabInfo_t
{
   TCHAR szTabClsName[10];
   WNDPROC lpfnTabProc;
   HWND hTabWnd;
}tagTabInfo_t;
static tagTabInfo_t tabinfo[TAB_PAGE_NUM]={
   {TEXT("TabClass1"), _ContentParamSetProc, NULL},
   {TEXT("TabClass2"), _PrintInfoSetProc, NULL}
};

//打印信息方框
typedef struct tagPRINT_ITEM
{
   HWND     hWndCheck;
   HWND     hName;
   HWND     hEdit;
}PRINT_ITEM_T;
static      WNDPROC  pfFrameOldProc=0;
static      PRINT_ITEM_T          gPrintItem[PRINT_ITEM_NUM];

static void CreateItem(HWND hParentWnd, int left, int top, int idChBx, int idEdit, TCHAR* title,
PRINT_ITEM_T* item);

LRESULT     CALLBACK MainWndProc(HWND hWnd, UINT message, WPARAM wParam, LPARAM lParam);

int     WINAPI   WinMain(HINSTANCE hInstance, HINSTANCE hPrevInstance, PSTR szCmdLine, int iCmdShow)
{
   HWND         hWnd;
   MSG          msg;
   WNDCLASS wndclass;

   hWnd=FindWindow(szAppName, NULL);
   if (hWnd)
   {
      SetForegroundWindow((HWND)(((DWORD)hWnd) | 0x01));          //在窗体最小化时使用
      return 0;
```

```
    }
    ghInst=hInstance;
    wndclass.style=CS_HREDRAW | CS_VREDRAW;
    wndclass.lpfnWndProc=MainWndProc;
    wndclass.cbClsExtra=0;
    wndclass.cbWndExtra=0;
    wndclass.hInstance=hInstance;
    wndclass.hIcon=LoadIcon(NULL, IDI_APPLICATION);
    wndclass.hCursor=LoadCursor(NULL, IDC_ARROW);
    wndclass.hbrBackground=(HBRUSH)CreateSolidBrush(RGB(236, 233, 216));        //米黄色背底

    wndclass.lpszMenuName=NULL;
    wndclass.lpszClassName=szAppName;

    if (!RegisterClass(&wndclass))
    {
        MessageBox(NULL, TEXT("注册窗口类失败!"), szAppName, MB_ICONERROR);
        return 0;
    }

    hWnd=CreateWindow(szAppName, szAppName,
        WS_OVERLAPPEDWINDOW,
        0, 0, 740, 275,
        NULL, NULL, hInstance, NULL);

    //避免重复运行程序
    if (!IsWindow(hWnd))
    {
        MessageBox(NULL, TEXT("Create window fail!"), szAppName, MB_ICONERROR);
        return 0;
    }

    ShowWindow(hWnd, iCmdShow);
    UpdateWindow(hWnd);

    while (GetMessage(&msg, NULL, 0, 0))
    {
        TranslateMessage(&msg);
        DispatchMessage(&msg);
    }
    return  msg.wParam;
}

LRESULT    CALLBACK MainWndProc(HWND hWnd, UINT message, WPARAM wParam, LPARAM lParam)
{
    int wmId, wmEvent;
    switch (message)
    {
    case WM_CREATE:
    {
        //创建属性页
        CreateTabPages(hWnd, 2, 2);
    }
    return  0;

    case WM_NOTIFY:
    {
        switch (wParam)
        {
        case IDC_TABLE_PAGE:
            HandleTabProc((INT)wParam, lParam);
            break;
```

```
        default:
            break;
        }
    }
    return  0;

    case WM_COMMAND:
    {
        wmId=LOWORD(wParam);
        wmEvent=HIWORD(wParam);
        //分析菜单选择
        switch (wmId)
        {
        default:
            break;
        }
    }
    return 0;

    case    WM_DESTROY:
    {
        PostQuitMessage(0);
    }
    return  0;
    }
    return DefWindowProc(hWnd, message, wParam, lParam);
}

//创建属性页
void  CreateTabPages(HWND hParentWnd, int x, int y)
{
    int i;
    TCITEM  item;
    static  int bInit=0;
    LPWSTR      tabname[TAB_PAGE_NUM]={ TEXT("内容参数设置"), TEXT("打印信息设置") };
    if (bInit)
    {
        return;
    }
    hTabPage=CreateWindowEx(0, TEXT("systabcontrol32"), NULL,
                            WS_CHILD | WS_VISIBLE | WS_CLIPSIBLINGS | WS_BORDER,
                            x, y, TAB_WIDTH, TAB_HEIGHT,
                            hParentWnd, (HMENU)IDC_TABLE_PAGE,
                            NULL, NULL);
    item.mask=TCIF_TEXT | TCIF_IMAGE;
    item.iImage=-1;
    for (i=0; i < TAB_PAGE_NUM; ++i)
    {
        item.pszText=tabname[i];
        TabCtrl_InsertItem(hTabPage, i, &item);
    }
    for (i=0; i < TAB_PAGE_NUM; i++)
    {
        tabinfo[i].hTabWnd=CreateTabWindows(tabinfo[i].szTabClsName, tabinfo[i].lpfnTabProc,
hTabPage, NULL, 4, 26, TAB_WIDTH - 10, TAB_HEIGHT - 32);
    }
    TabCtrl_SetCurSel(hTabPage, 0);
    ShowWindow(tabinfo[0].hTabWnd, TRUE);
    bInit=1;
}

//内容参数设置属性页内窗口类的过程处理函数
```

```
static LRESULT  CALLBACK   _ContentParamSetProc(HWND hWnd, UINT uMsg, WPARAM wParam, LPARAM lParam)
{
   static  HWND     hCtrl;
   switch (uMsg)
   {
      case WM_CREATE:
      {
            HWND hCtrl;
            HWND hFrame;
            hFrame=CreateWindow(TEXT("button"), TEXT("内容参数"),
               WS_CHILD | WS_VISIBLE | BS_GROUPBOX,
               6, 6, 700, 184,
               hWnd, (HMENU)IDC_FRAME_CONTENT,
               NULL, NULL);
            hCtrl=CreateWindow(TEXT("STATIC"), TEXT("通所礼:"),
               WS_CHILD | WS_VISIBLE | SS_LEFT,
               20, 30, 70, 20,
               hFrame, (HMENU)IDC_LBL_SUCCESS, NULL, NULL);
            hCtrl=CreateWindow(TEXT("STATIC"), TEXT("贵所进:"),
               WS_CHILD | WS_VISIBLE | SS_LEFT,
               20, 60, 70, 20,
               hFrame, (HMENU)IDC_LBL_RANK, NULL, NULL);
            hCtrl=CreateWindow(TEXT("STATIC"), TEXT("富所养:"),
               WS_CHILD | WS_VISIBLE | SS_LEFT,
               20, 90, 70, 20,
               hFrame, (HMENU)IDC_LBL_RICH, NULL, NULL);
            hCtrl=CreateWindow(TEXT("STATIC"), TEXT("听所行:"),
               WS_CHILD | WS_VISIBLE | SS_LEFT,
               20, 120, 70, 20,
               hFrame, (HMENU)IDC_LBL_LISTEN, NULL, NULL);
            hCtrl=CreateWindow(TEXT("STATIC"), TEXT("止所好:"),
               WS_CHILD | WS_VISIBLE | SS_LEFT,
               20, 150, 70, 20,
               hFrame, (HMENU)IDC_LBL_LEISURE, NULL, NULL);
            hCtrl=CreateWindow(TEXT("STATIC"), TEXT("习所言:"),
               WS_CHILD | WS_VISIBLE | SS_LEFT,
               380, 30, 70, 20,
               hFrame, (HMENU)IDC_LBL_HABIT, NULL, NULL);
            hCtrl=CreateWindow(TEXT("STATIC"), TEXT("穷所不受:"),
               WS_CHILD | WS_VISIBLE | SS_LEFT,
               380, 60, 70, 20,
               hFrame, (HMENU)IDC_LBL_POOR, NULL, NULL);
            hCtrl=CreateWindow(TEXT("STATIC"), TEXT("贱所不为:"),
               WS_CHILD | WS_VISIBLE | SS_LEFT,
               380, 90, 70, 20,
               hFrame, (HMENU)IDC_LBL_HUMBLE, NULL, NULL);

            hCtrl=CreateWindowEx(WS_EX_CLIENTEDGE, TEXT("EDIT"), TEXT("通则观其所礼"),
               WS_CHILD | WS_VISIBLE | WS_TABSTOP | ES_LEFT,  //典型风格
               92, 30, 220, 20,
               hFrame, (HMENU)IDC_EDT_SUCCESS, NULL, NULL);
            hCtrl=CreateWindowEx(WS_EX_CLIENTEDGE, TEXT("EDIT"), TEXT("贵则观其所进"),
               WS_CHILD | WS_VISIBLE | WS_TABSTOP | ES_LEFT,  //典型风格
               92, 60, 220, 20,
               hFrame, (HMENU)IDC_EDT_RANK, NULL, NULL);
            hCtrl=CreateWindowEx(WS_EX_CLIENTEDGE, TEXT("EDIT"), TEXT("富则观其所养"),
               WS_CHILD | WS_VISIBLE | WS_TABSTOP | ES_LEFT,  //典型风格
               92, 90, 220, 20,
               hFrame, (HMENU)IDC_EDT_RICH, NULL, NULL);
            hCtrl=CreateWindowEx(WS_EX_CLIENTEDGE, TEXT("EDIT"), TEXT("听则观其所行"),
               WS_CHILD | WS_VISIBLE | WS_TABSTOP | ES_LEFT,  //典型风格
               92, 120, 220, 20,
```

```
                hFrame, (HMENU)IDC_EDT_LISTEN, NULL, NULL);
            hCtrl=CreateWindowEx(WS_EX_CLIENTEDGE, TEXT("EDIT"), TEXT("止则观其所好"),
                WS_CHILD | WS_VISIBLE | WS_TABSTOP | ES_LEFT,  //典型风格
                92, 150, 220, 20,
                hFrame, (HMENU)IDC_EDT_LEISURE, NULL, NULL);
            hCtrl=CreateWindowEx(WS_EX_CLIENTEDGE, TEXT("EDIT"), TEXT("习则观其所言"),
                WS_CHILD | WS_VISIBLE | WS_TABSTOP | ES_LEFT,  //典型风格
                452, 30, 220, 20,
                hFrame, (HMENU)IDC_EDT_HABIT, NULL, NULL);
            hCtrl=CreateWindowEx(WS_EX_CLIENTEDGE, TEXT("EDIT"), TEXT("穷则观其所不受"),
                WS_CHILD | WS_VISIBLE | WS_TABSTOP | ES_LEFT | ES_MULTILINE,  //典型风格
                452, 60, 220, 20,
                hFrame, (HMENU)IDC_EDT_POOR, NULL, NULL);
            hCtrl=CreateWindowEx(WS_EX_CLIENTEDGE, TEXT("EDIT"), TEXT("贱则观其所不为"),
                WS_CHILD | WS_VISIBLE | WS_TABSTOP | ES_LEFT | ES_MULTILINE,  //典型风格
                452, 90, 220, 20,
                hFrame, (HMENU)IDC_EDT_HUMBLE, NULL, NULL);
        }
        break;
        default:
            return DefWindowProc(hWnd, uMsg, wParam, lParam);
    }
    return 0;
}

//打印信息设置属性页内窗口类的过程处理函数
static LRESULT CALLBACK _PrintInfoSetProc(HWND hWnd, UINT uMsg, WPARAM wParam, LPARAM lParam)
{
    switch (uMsg)
    {
        case WM_CREATE:
            CreatePrintView(hWnd, 6, 6);
            hBtPrint=CreateWindow(TEXT("BUTTON"), TEXT("打 印"),
                                  WS_CHILD | WS_VISIBLE,
                                  648, 160, 58, 30,
                                  hWnd, (HMENU)IDC_BUT_PRINT,
                                  NULL, NULL);
            break;
        case WM_COMMAND:
        {
            int wmId=LOWORD(wParam);
            switch (wmId)
            {
                case IDC_BUT_PRINT:
                    MessageBox(NULL, TEXT("您点击了"打印"按钮"), szAppName, MB_ICONEXCLAMATION);
                    break;
                default:
                    break;
            }
        }
            break;
        default:
            return DefWindowProc(hWnd, uMsg, wParam, lParam);
    }
    return 0;
}

//创建各个属性页内的窗口类
static HWND CreateTabWindows(LPCWSTR szClsName, WNDPROC lpfnWndProc, HWND hParentWnd, HINSTANCE
hInst, int x, int y, int width, int height)
{
    WNDCLASS wc;
```

```
    HWND      hWnd;

    wc.style=CS_HREDRAW;
    wc.cbClsExtra=0;
    wc.cbWndExtra=0;
    wc.hInstance=hInst;
    wc.hIcon=NULL;
    wc.hCursor=LoadCursor(NULL, IDC_ARROW);
    wc.hbrBackground=(HBRUSH)(COLOR_BTNFACE + 1);
    wc.lpszMenuName=NULL;
    wc.lpszClassName=szClsName;
    wc.lpfnWndProc=lpfnWndProc;
    if (RegisterClass(&wc)==0)
    {
        return  NULL;
    }
    hWnd=CreateWindow(szClsName,
            NULL, WS_CHILD |WS_BORDER,
            x, y, width, height,
            hParentWnd, NULL,
            hInst, NULL);
    return  hWnd;
}

//创建打印信息框内的内容
int    CreatePrintView(HWND hWnd, int x, int y)
{
    HWND hFrame;
    hFrame=CreateWindow(TEXT("BUTTON"), TEXT("打印信息"),
                    WS_CHILD | WS_VISIBLE | BS_GROUPBOX,
                    x, y, 640, 184,
                    hWnd, (HMENU)IDC_FRAME_PRINT,
                    NULL, NULL);
    pfFrameOldProc=(WNDPROC)SubclassFrame(hFrame, (DWORD)PrintViewProc);
    CreateItem(hFrame, 10, 30,IDC_CHBX_SUCCESS, IDC_EDIT_SUCCESS, TEXT("通所礼："), &gPrintItem[0]);
    CreateItem(hFrame, 10, 60,IDC_CHBX_RANK, IDC_EDIT_RANK, TEXT("贵所进："), &gPrintItem[1]);
    CreateItem(hFrame, 10, 90,IDC_CHBX_RICH, IDC_EDIT_RICH, TEXT("富所养："), &gPrintItem[2]);
    CreateItem(hFrame, 10, 120,IDC_CHBX_LISTEN, IDC_EDIT_LISTEN, TEXT("听所行："), &gPrintItem[3]);
    CreateItem(hFrame, 10, 150,IDC_CHBX_LEISURE, IDC_EDIT_LEISURE, TEXT("止所好："), &gPrintItem[4]);
    CreateItem(hFrame, 320, 30,IDC_CHBX_HABIT, IDC_EDIT_HABIT, TEXT("习所言："), &gPrintItem[5]);
    CreateItem(hFrame, 320, 60,IDC_CHBX_POOR, IDC_EDIT_POOR, TEXT("穷所不受："), &gPrintItem[6]);
    CreateItem(hFrame, 320, 90,IDC_CHBX_HUMBLE, IDC_EDIT_HUMBLE, TEXT("贱所不为："), &gPrintItem[7]);
    return 0;
}

static LRESULT PrintViewProc(HWND hWnd, UINT msg, WPARAM wParam, LPARAM lParam)
{
    static   HBRUSH   hBrush1; //画刷
    if (msg==WM_PAINT)
    {
        TCHAR str[BUF_SIZE];
        GetParamTextString(IDC_EDT_SUCCESS, str, BUF_SIZE);
        SetWindowText(GetDlgItem(hWnd, IDC_EDIT_SUCCESS), str);
        GetParamTextString(IDC_EDT_RANK, str, BUF_SIZE);
        SetWindowText(GetDlgItem(hWnd, IDC_EDIT_RANK), str);
        GetParamTextString(IDC_EDT_RICH, str, BUF_SIZE);
        SetWindowText(GetDlgItem(hWnd, IDC_EDIT_RICH), str);
        GetParamTextString(IDC_EDT_LISTEN, str, BUF_SIZE);
        SetWindowText(GetDlgItem(hWnd, IDC_EDIT_LISTEN), str);
        GetParamTextString(IDC_EDT_LEISURE, str, BUF_SIZE);
        SetWindowText(GetDlgItem(hWnd, IDC_EDIT_LEISURE), str);
        GetParamTextString(IDC_EDT_HABIT, str, BUF_SIZE);
```

```
        SetWindowText(GetDlgItem(hWnd, IDC_EDIT_HABIT), str);
        GetParamTextString(IDC_EDT_POOR, str, BUF_SIZE);
        SetWindowText(GetDlgItem(hWnd, IDC_EDIT_POOR), str);
        GetParamTextString(IDC_EDT_HUMBLE, str, BUF_SIZE);
        SetWindowText(GetDlgItem(hWnd, IDC_EDIT_HUMBLE), str);
    }

    if (msg==WM_COMMAND)
    {
        int wmId=LOWORD(wParam);
        switch (wmId)
        {
        case IDC_CHBX_SUCCESS:
        case IDC_CHBX_RANK:
        case IDC_CHBX_LEISURE:
        case IDC_CHBX_RICH:
        case IDC_CHBX_LISTEN:
        case IDC_CHBX_HABIT:
        case IDC_CHBX_POOR:
        case IDC_CHBX_HUMBLE:
            if (!IsDlgButtonChecked(hWnd, wmId))
            {
                CheckDlgButton(hWnd, wmId, BST_CHECKED);
            }
            else
            {
                CheckDlgButton(hWnd, wmId, BST_UNCHECKED);
            }
            break;

        default:
            break;
        }
        return 0;
    }

    if (msg==WM_CTLCOLORSTATIC)
    {
        SetTextColor((HDC)wParam, RGB(0, 255, 0));
        SetBkMode((HDC)wParam, TRANSPARENT);
        return (INT_PTR)hBrush1;
    }
    return CallWindowProc(pfFrameOldProc, hWnd, msg, wParam, lParam);
}

int    GetParamTextString(int CtrlID, LPTSTR buf, int len)
{
    HWND hChild;
    if (CtrlID < IDC_PARAM_BASE || CtrlID > IDC_EDT_HUMBLE)
    {
        return 0;
    }

    hChild=GetWindow(tabinfo[0].hTabWnd, GW_CHILD);
    return GetWindowText(GetDlgItem(hChild, CtrlID), buf, len);
}

static void CreateItem(HWND hParentWnd, int left, int top, int idChBx, int idEdit, TCHAR* title,
PRINT_ITEM_T* item)
{
    int height=20;
```

```
    item->hWndCheck=CreateWindow(_T("BUTTON"), TEXT(""),
        WS_CHILD | WS_VISIBLE | BS_CHECKBOX,
        left, top, 20, 20,
        hParentWnd, (HMENU)idChBx,
        NULL, NULL);

    if (idChBx==IDC_CHBX_LEISURE)
    {
        SendMessage(item->hWndCheck, (UINT)BM_SETCHECK, BST_UNCHECKED, 0);
    }
    else
    {
        SendMessage(item->hWndCheck, (UINT)BM_SETCHECK, BST_CHECKED, 0);
    }
    item->hName=CreateWindow(__TEXT("STATIC"), title,
        WS_CHILD | WS_VISIBLE | SS_LEFT,
        left + 20, top, 80, 20,
        hParentWnd, (HMENU)0, NULL, NULL);

    if (idChBx==IDC_CHBX_HUMBLE)
    {
        height=30;
    }
    item->hEdit=CreateWindowEx(WS_EX_CLIENTEDGE, TEXT("EDIT"), NULL,
        WS_CHILD | WS_VISIBLE | WS_DISABLED | ES_LEFT | ES_AUTOHSCROLL,  //典型风格
        left + 100, top, 200, height,
        hParentWnd, (HMENU)idEdit, NULL, NULL);
}
LONG        SubclassFrame(HWND hWndSub, DWORD SubclassFun)
{
    LONG        lpfnOldWndProc=0;
    if (hWndSub && SubclassFun)
    {
        lpfnOldWndProc=(LONG)SetWindowLong(hWndSub, GWL_WNDPROC, (LONG)SubclassFun);
    }
    return  lpfnOldWndProc;
}

//处理Tab属性页切换的过程函数
void        HandleTabProc(int     idTab, LPARAM    lParam)
{
    UINT    code=((LPNMHDR)lParam)->code;
    //获得当前属性页面
    int sel=TabCtrl_GetCurSel(hTabPage);
    switch (code)
    {
    case TCN_SELCHANGING:
        ShowWindow(tabinfo[sel].hTabWnd, FALSE);
        break;
    case TCN_SELCHANGE:
        ShowWindow(tabinfo[sel].hTabWnd, TRUE);
        break;
    default:
        break;
    }
}
```

程序运行后，运行结果如图 5-7 所示。点击“内容参数设置”属性页标签，弹出对应的“内容参数”标识的属性页；点击“打印信息设置”属性页标签，弹出对应的“打印信息”标识的属性页。

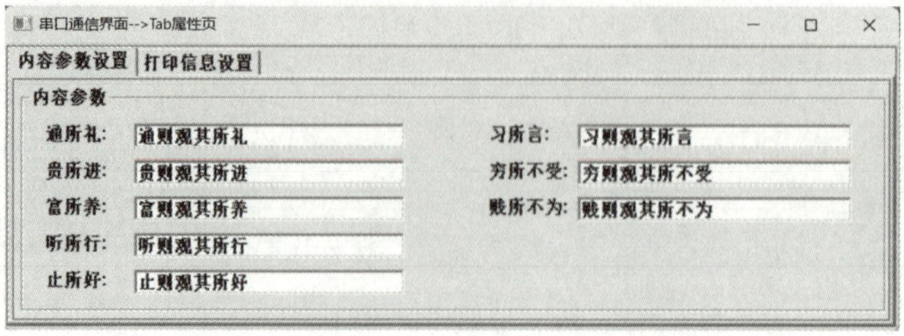

图 5-7 Tab 属性页演示程序运行结果

Win32程序-状态栏

5.2.4 状态栏

状态栏位于应用程序窗口的底端，用于显示状态信息，例如光标所在的行号与列号、文件编辑状态或当前目录下文件的数量等。本例采用 API 函数实现状态栏的创建、窗格数量的设定和状态栏提示信息的添加，程序运行后可以直接观察到状态栏信息的内容，具体操作过程如下。

① 运行“Visual Studio 2019”应用程序进入集成开发环境。

② 在“Visual Studio 2019”窗体右侧点击“创建新项目 (N)”按钮。

③ 在“创建新项目”窗口，选择“Windows 桌面向导”选项，点击“下一步 (N)”按钮。

④ 在“配置新项目”窗口“项目名称 (J)”对应的输入框中输入“Status”，在“位置 (L)”下方的输入框中选择“桌面”目录，勾选“将解决方案和项目放在同一目录中 (D)”前面的方框，点击右下角“创建 (C)”按钮。

⑤ 在“Windows 桌面项目”窗口中的“应用程序类型 (T)”中选择“桌面应用程序 (.exe)”，勾选“空项目”前方的方框，点击“确定”按钮。

⑥ 在“解决方案资源管理器”中选中“源文件”，点击鼠标右键，依次选择“添加 (D)”→“新建项 (W)”按钮，在弹出界面“名称 (N):”后面的输入框中输入“Status.cpp”，点击“添加 (A)”按钮，完成源文件的创建。

⑦ 将下述 C 源代码拷入 Status.cpp 文件。

⑧ 在“生成 (B)”菜单中点击“清理解决方案 (C)”，再点击“清理 ToolBar(N)”按钮。

⑨ 在“调试 (D)”菜单中点击“开始调试 (S)”，运行程序。

程序运行后，运行结果如图 5-8 所示。在文本框中显示字符内容，程序窗口最下端为状态栏，共分为 5 个窗格，每个窗格中显示不同的内容。

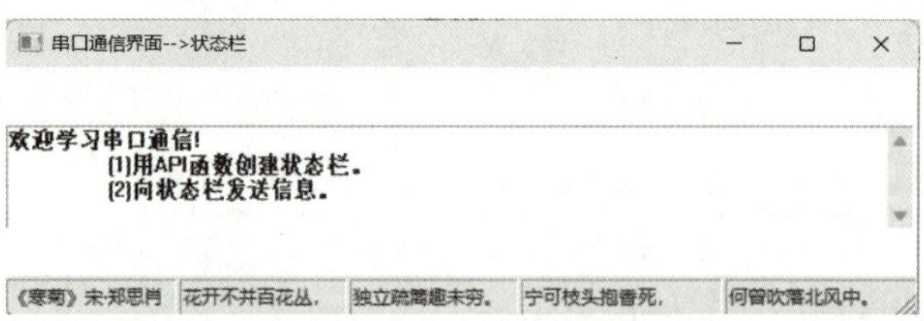

图 5-8 状态栏控件演示程序运行结果

```
#include    <windows.h>
#include    <tchar.h>
#include    <commctrl.h>
#pragma     comment(lib, "comctl32.lib")

#define        IDC_EDT_LOG                 109                       //编辑框ID
#define        IDC_STATUS                  700                       //状态栏ID
#define        STATUS_BAR_PANEL_NUM        5                         //状态栏窗格数
```

```
static HINSTANCE    ghInst;                                              //实例句柄
static HBRUSH       hBrush;                                              //画刷句柄
static HWND         hStatusBar;                                          //状态栏句柄
static TCHAR        szAppName[]=TEXT("串口通信界面-->状态栏");              //应用程序名

LRESULT    CALLBACK MainWndProc(HWND hWnd, UINT message, WPARAM wParam, LPARAM lParam);
BOOL                CreateStatusbar(HWND hParentWnd);

int    WINAPI   WinMain(HINSTANCE hInstance, HINSTANCE hPrevInstance, PSTR szCmdLine, int iCmdShow)
{
   HWND         hWnd;
   MSG          msg;
   WNDCLASS     wndclass;

   hWnd=FindWindow(szAppName, NULL);
   if (hWnd)
   {
       SetForegroundWindow((HWND)(((DWORD)hWnd) | 0x01));                //在窗体最小化时使用
       return 0;
   }
   ghInst=hInstance;
   wndclass.style=CS_HREDRAW | CS_VREDRAW;
   wndclass.lpfnWndProc=MainWndProc;
   wndclass.cbClsExtra=0;
   wndclass.cbWndExtra=0;
   wndclass.hInstance=hInstance;
   wndclass.hIcon=LoadIcon(NULL, IDI_APPLICATION);
   wndclass.hCursor=LoadCursor(NULL, IDC_ARROW);
   wndclass.hbrBackground=(HBRUSH) GetStockObject (WHITE_BRUSH);       //白色背底

   wndclass.lpszMenuName=NULL;
   wndclass.lpszClassName=szAppName;

   if (!RegisterClass(&wndclass))
   {
       MessageBox(NULL, TEXT("注册窗口类失败!"), szAppName, MB_ICONERROR);
       return 0;
   }

   hWnd=CreateWindow(szAppName, szAppName,
       WS_OVERLAPPEDWINDOW,
       0, 0, 600, 200,
       NULL, NULL, hInstance, NULL);

   //避免重复运行程序
   if (!IsWindow(hWnd))
   {
       MessageBox(NULL, TEXT("Create window fail!"), szAppName, MB_ICONERROR);
       return 0;
   }

   ShowWindow(hWnd, iCmdShow);
   UpdateWindow(hWnd);

   while (GetMessage(&msg, NULL, 0, 0))
   {
       TranslateMessage(&msg);
       DispatchMessage(&msg);
   }
   return   msg.wParam;
}
LRESULT        CALLBACK   MainWndProc(HWND hWnd, UINT message, WPARAM wParam, LPARAM lParam)
{
```

```
    int wmId, wmEvent;
    switch (message)
    {
        //开始程序
        case WM_CREATE:
        {
            HWND hEdit;
            hBrush=CreateSolidBrush(GetSysColor(COLOR_BACKGROUND));
            //创建状态栏
            CreateStatusbar(hWnd);

            hEdit=CreateWindowEx(WS_EX_STATICEDGE, TEXT("EDIT"), \
                TEXT("欢迎学习串口通信!\r\n\t(1)用API函数创建状态栏。\r\n\t(2)向状态栏发送信息。"),
                WS_CHILD | WS_VISIBLE | WS_VSCROLL | ES_LEFT | ES_NOHIDESEL | ES_MULTILINE | ES_
WANTRETURN,
                0, 38, 582, 67,
                hWnd, (HMENU)IDC_EDT_LOG, NULL, NULL);
        }
        return  0;

        //程序结束
        case WM_DESTROY:
        {
            DeleteObject(hBrush);
            PostQuitMessage(0);
        }
        return  0;
    }
    return DefWindowProc(hWnd, message, wParam, lParam);
}

//创建状态栏
BOOL   CreateStatusbar(HWND hParentWnd)
{
    static      INT  partwid[STATUS_BAR_PANEL_NUM]={ 110, 110 * 2, 110 * 3, 110 * 4 + 20, -1 };

//创建状态栏，然后设定分栏，并初始化各个分栏内的信息
    hStatusBar=CreateStatusWindow(WS_CHILD | WS_VISIBLE, TEXT(""), hParentWnd, IDC_STATUS);
    if (hStatusBar==NULL)
    {
        return FALSE;
    }
    SendMessage(hStatusBar, SB_SETPARTS, STATUS_BAR_PANEL_NUM, (LPARAM)partwid);

    //以下是为了演示而新增加的
    SendMessage(hStatusBar, SB_SETTEXT, (WPARAM)0, (LPARAM)TEXT("《寒菊》宋·郑思肖"));
    SendMessage(hStatusBar, SB_SETTEXT, (WPARAM)1, (LPARAM)TEXT("花开不并百花丛，"));
    SendMessage(hStatusBar, SB_SETTEXT, (WPARAM)2, (LPARAM)TEXT("独立疏篱趣未穷。"));
    SendMessage(hStatusBar, SB_SETTEXT, (WPARAM)3, (LPARAM)TEXT("宁可枝头抱香死，"));
    SendMessage(hStatusBar, SB_SETTEXT, (WPARAM)4, (LPARAM)TEXT("何曾吹落北风中。"));
    return TRUE;
}
```

5.3 Win32程序

Win32程序-打印测试

根据 SP-RMD9SH_E83AS 型热敏打印机的打印指令设计对应的应用程序，该应用程序可以按用户在 UI 界面选定的参数值“设置”打印机对应的参数，并将打印机参数设置指令显示在 UI 界面，用户根据需要通过“保存

配置”功能将界面显示内容存储到用户自定义的配置参数文件，打印机参数设置完毕后，可以通过“打印测试”功能在打印机上输出待打印信息。为了弥补逐个设置参数的缺陷，通过“默认设置”功能将内存区内的“打印机参数设置指令”自动恢复到 UI 界面，当 UI 界面显示控件内容较满时，通过“清除”功能将显示控件内的信息清空。程序设计框架如图 5-9 所示，用户通过“默认设置”“清除”“打印测试”“设置”和“保存设置”五个按钮进行操作，程序通过内存中的结构体存储每个参数的不同选项与默认选项，UI 界面采用六种不同的控件实现参数信息展示和命令操作。

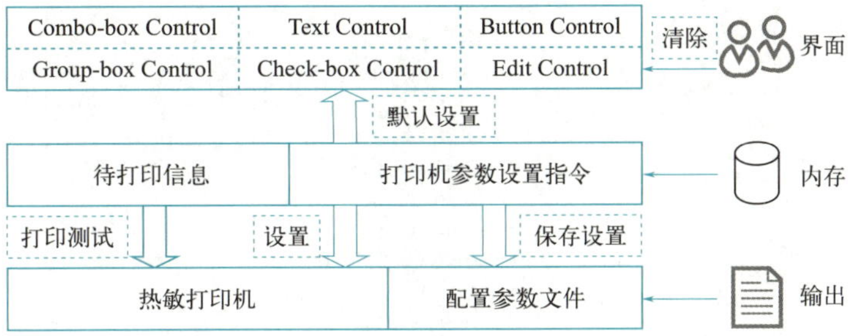

图 5-9　热敏打印机程序设计框架

5.3.1　创建步骤

“打印机参数设置”程序创建按以下几个步骤进行。

① 用鼠标左键点击桌面左下角“开始”按钮，在弹出菜单中点击“全部>”按钮展开菜单，查找“Visual Studio 2019”菜单项，鼠标左键点击后运行 VS2019。

② 在弹出“Visual Studio 2019”窗体的右侧点击“创建新项目 (N)”按钮，弹出“创建新项目”窗口，选择“Windows 桌面向导”选项，点击“下一步 (N)”按钮，弹出“配置新项目”窗口，在“项目名称 (J)”对应的输入框中输入“PrinterParametersSet”，在“位置 (L)”下方的输入框中选择“桌面”目录，点击“创建 (C)”按钮，弹出“Windows 桌面项目”窗口，在“桌面程序类型”下方列表框中选择“桌面应用程序 (.exe)”，在“其他选项：”下方勾选“空项目 (E)”，点击“确定”按钮完成“PrinterParametersSet”空 Win32 解决方案的创建。

③ 在编辑界面右侧“解决方案资源管理器”中选中“源文件”，点击右键，在弹出菜单中选择“添加 (D)”→“新建项 (W)…”，在弹出“添加新项 -PrinterParametersSet”界面中选择“C++ 文件 (.cpp)”，在“名称 (N)”后面的输入框中输入“PrinterParametersSet.cpp”，点击界面右下角“添加 (A)”按钮，将“PrinterParametersSet.cpp”文件名改为“PrinterParametersSet.c”，此处，必须将扩展名由“.cpp”更换为“.c”!

④ 在编辑界面右侧“解决方案资源管理器”中选中“资源文件”，点击右键，在弹出菜单中选择“添加 (D)”→“资源 (R)…”，弹出“添加资源”窗口，在“资源类型 (T):”下方的列表框中选择“Dialog”，展开后选择“IDD_DIALOGBAR”，点击“新建 (N)”按钮，资源视图中出现“Dialog”项，同时，“解决方案资源管理器”中生成“PrinterParametersSet.rc”资源文件，双击该文件进入“资源视图”，展开后显示对话框的名字为“IDD_DIALOGBAR”，左键单击“IDD_DIALOGBAR”，在下方的属性窗口中显示“对话框节点”，修改其 ID 为“PRINTER_CONFIG”，此时，资源视图中对话框名字变为修改后的“PRINTER_CONFIG”。在资源视图中双击“PRINTER_CONFIG”，在下方属性窗口中显示“"PRINTER_CONFIG"(Dialog)”，在属性视图中将“边框”属性设为“Thin”，“标题栏”设为“False”，“样式”设为“Popup”，

“系统菜单”设为“True”，“使用系统字体”设为“False”，“字体(大小)”设为“宋体(9)”。

⑤ 从左侧“工具箱”中分别选取“Combo-box Control”“Text Control”“Button Control”“Group-box Control”“Check-box Control”和“Edit Control”控件置于“PRINTER_CONFIG”对话框中，“Text Control”控件的“描述文字”属性按要求更改为所需要的内容。

⑥ 将后续代码拷入“PrinterParametersSet.c”文件中，在“调试(D)”菜单中点击“开始调试(S)”，运行程序，执行结果如图5-10所示。

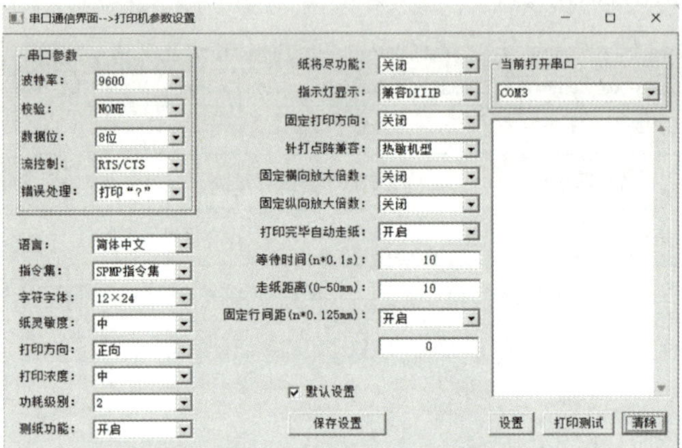

图5-10　打印机参数设置程序运行效果界面

5.3.2　UI界面

向“PRINTER_CONFIG”对话框添加控件，分别与打印机参数相对应。“Text Control”控件提示后面控件应选择或输入的内容；“Combo-box Control”控件将类别相同的控件组合在一起；“Combo-box Control”控件供用户从下拉列表中选择设定选项；“Edit Control”控件显示信息内容或供用户输入信息；“Check-box Control”控件和“Button Control”控件为按钮，用户通过这些按钮执行相应的命令。在“PRINTER_CONFIG”对话框设计界面按Ctrl+D组合键，或者通过菜单“格式(O)”→“Tab键顺序(O)”激活界面各个控件的Tab顺序号，此时，用鼠标左键依次按顺序点击各个控件，中间不能停止，即使当前控件Tab顺序号为设计的顺序号，也要进行点击，一直到最后一个控件，这样，每个控件的Tab顺序即为设计所要求的顺序，如图5-11所示。

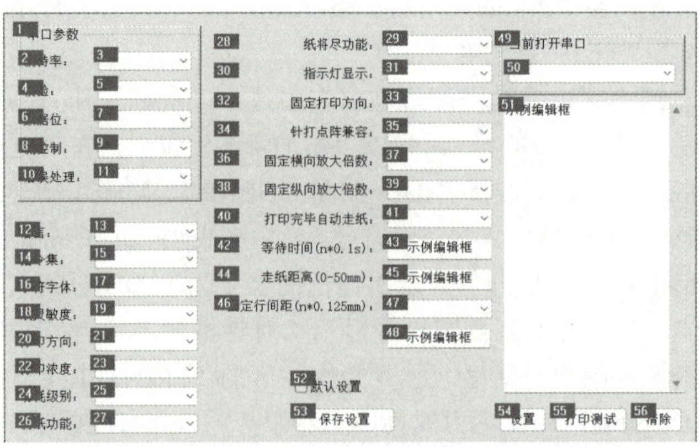

图5-11　打印机参数设置程序UI界面各控件布局

“PRINTER_CONFIG”对话框各个控件在初始创建时，系统自动命名，此处遵循见名知意原则，将每个控件的 ID 改为表 5-3 所示的名字，在程序中方便引用。

表 5-3 打印机参数设置程序 UI 界面各控件 Tab 顺序与 ID

Tab 顺序	控件 ID	Tab 顺序	控件 ID
1	IDC_STATIC_GROUP	29	IDC_COMBO_PAPERRUNOUT
2	IDC_STATIC_BAUD	30	IDC_STATIC_INDICATOR
3	IDC_COMBO_BAUD	31	IDC_COMBO_INDICATOR
4	IDC_STATIC_PARITY	32	IDC_STATIC_FIXEDPRINTDIRECTION
5	IDC_COMBO_PARITY	33	IDC_COMBO_FIXEDPRINTDIRECTION
6	IDC_STATIC_DATA	34	IDC_STATIC_POINTMATRIX
7	IDC_COMBO_DATA	35	IDC_COMBO_POINTMATRIX
8	IDC_STATIC_FLOW	36	IDC_STATIC_HORIZONTAL
9	IDC_COMBO_FLOW	37	IDC_COMBO_HORIZONTAL
10	IDC_STATIC_ERROR	38	IDC_STATIC_VERTICAL
11	IDC_COMBO_ERROR	39	IDC_COMBO_VERTICAL
12	IDC_STATIC_LANGUAGE	40	IDC_STATIC_AUTOFEED
13	IDC_COMBO_LANGUAGE	41	IDC_COMBO_AUTOFEED
14	IDC_STATIC_INSTRUCTIONS	42	IDC_STATIC_FEEDWAITTIME
15	IDC_COMBO_INSTRUCTIONS	43	IDC_EDIT_FEEDWAITTIME
16	IDC_STATIC_FONT	44	IDC_STATIC_FEEDDISTANCE
17	IDC_COMBO_FONT	45	IDC_EDIT_FEEDDISTANCE
18	IDC_STATIC_SENSITIVITY	46	IDC_STATIC_FIXEDSPACING
19	IDC_COMBO_SENSITIVITY	47	IDC_COMBO_FIXEDSPACING
20	IDC_STATIC_PRINTDIRECTION	48	IDC_EDIT_FIXEDSPACING
21	IDC_COMBO_PRINTDIRECTION	49	IDC_STATIC_GROUP_COM
22	IDC_STATIC_PRINTDENSITY	50	IDC_COMBO_COM
23	IDC_COMBO_PRINTDENSITY	51	IDC_EDIT_OUTPUT
24	IDC_STATIC_POWERLEVEL	52	IDC_CHECK_DEFAULT
25	IDC_COMBO_POWERLEVEL	53	IDC_BUTTON_SAVE
26	IDC_STATIC_PAPERTEST	54	IDC_BUTTON_SET
27	IDC_COMBO_PAPERTEST	55	IDC_BUTTON_PRINTTEST
28	IDC_STATIC_PAPERRUNOUT	56	IDC_BUTTON_CLEAR

“PRINTER_CONFIG”对话框界面中的每个组合框对应打印机某个参数的若干个选项值，用户通过组合框的下拉箭头选择各个选项，当选项更改后，程序将依次在各个参数对应结构体中查找用户选定的选项，并将对应结构体中的选项值输出到指令字节中，生成打印机参数修改指令，点击“设置”按钮将所有的修改指令显示在右侧“Edit Control”编辑框中，同时，打开打印机串口，向打印机输出修改指令，再关闭打印机，完成设置过程。当点击“默认设置”对应的“Check-box Control”控件时，程序将根据参数结构体中各个默认参数值映射为组合框中的选项顺序，将组合框当前值显示为各个参数对应的选项顺序。点击“清除”按钮将上方“Edit Control”编辑框中的内容清空。点击“打印测试”按钮，程序将打开打印机所在串口，向打印机输出默认的汉字字符串“欲买桂花同载酒，终不似，少年游。”，此时必须保证打印机上电和所连串口正确。

程序运行后，运行结果如图 5-12 所示，点击“默认设置”按钮，界面中的各个组合框内容自动更新，在“打印完毕自动走纸”后面的组合框中下拉选择“开启”选项，在“固定行间距”后面的组合框中下拉选择“开启”选项，点击“设置”按钮，所有待修改参数对应的指令集显示在“Edit Control”编辑框中，同时，修改指令输出到打印机。点击“保存设置”按钮，弹出如图5-13（a）所示的存储界面，选择“桌面”，在“文件名(N):”后面的输入框输入“PrinterConfig.txt”文件，点击“保存(S)”按钮，将“Edit Control”编辑框中的内容保存到“PrinterConfig.txt”文件中，打开该文件，显示的内容如图5-13（b）所示，说明参数修改指令已经保存成功。

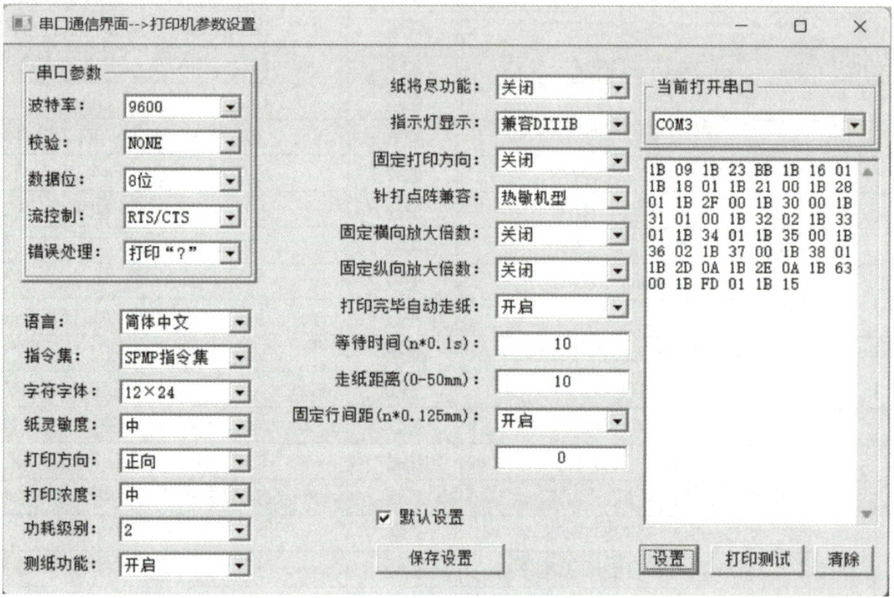

图5-12 打印机参数设置程序运行结果

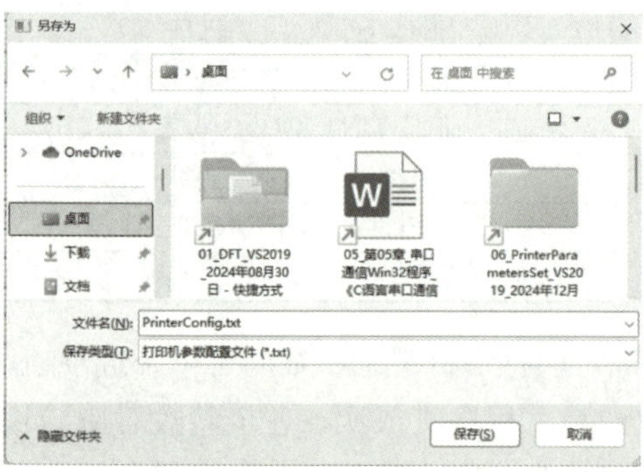

(a)

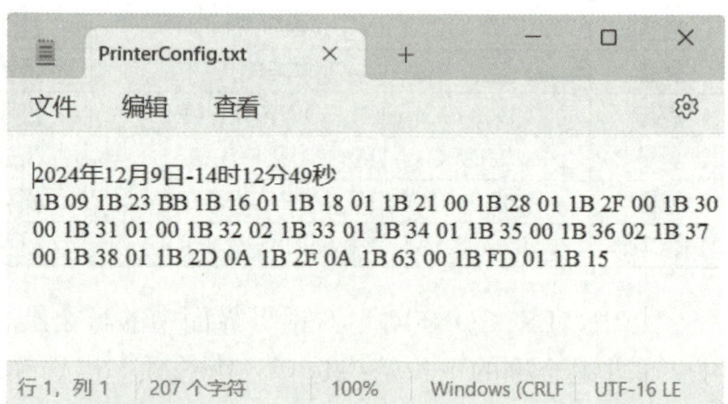

(b)

图5-13 打印机参数存储过程与结果

5.3.3 C源代码

```
//文件名要以".c"为扩展名，否则字符串指针转化会出现问题
#include    <windows.h>
#include    <tchar.h>
#include    <stdio.h>
#include    "resource.h"
```

```
typedef struct {
    TCHAR*      pszName;
    signed char dwSubCode;
}PRINTERPARAMETERS, *PPRINTERPARAMETERS;

PRINTERPARAMETERS   ppBaud[]={ {TEXT("不设置"), -1},
                    {TEXT("1200"), 0},
                    {TEXT("2400"), 1},
                    {TEXT("4800"), 2},
                    {TEXT("9600"), 3},
                    {TEXT("19200"), 4},
                    {TEXT("38400"), 5},
                    {TEXT("57600"), 6},
                    {TEXT("115200"), 7},
};
PRINTERPARAMETERS   ppParity[]={ {TEXT("不设置"), -1},
                    {TEXT("EVEN"), 0},
                    {TEXT("NONE"), 1},
                    {TEXT("ODD"), 2},
};
PRINTERPARAMETERS   ppData[]={ {TEXT("不设置"), -1},
                    {TEXT("7位"), 0},
                    {TEXT("8位"), 1},
};
PRINTERPARAMETERS   ppFlow[]={ {TEXT("不设置"), -1},
                    {TEXT("Xon/Xoff"), 0},
                    {TEXT("RTS/CTS"), 1},
};
PRINTERPARAMETERS   ppError[]={ {TEXT("不设置"), -1},
                    {TEXT("忽略"), 0},
                    {TEXT("打印"?""), 1},
};
PRINTERPARAMETERS   ppLanguage[]={ {TEXT("不设置"), -1},
                    {TEXT("英文"), 0},
                    {TEXT("简体中文"), 1},
                    {TEXT("繁体中文"), 2},
                    {TEXT("国际繁体"), 3},
};
PRINTERPARAMETERS   ppInstructions[]={ {TEXT("不设置"), -1},
                    {TEXT("ESC/POS指令集"), 0},
                    {TEXT("SPMP指令集"), 1},
                    {TEXT("其他公司指令集"), 2},
};
PRINTERPARAMETERS   ppFont[]={ {TEXT("不设置"), -1},
                    {TEXT("12×24"), 0},
                    {TEXT("9×17"), 1},
                    {TEXT("8×16"), 4},
};
PRINTERPARAMETERS   ppSensitivity[]={ {TEXT("不设置"), -1},
                    {TEXT("低"), 0},
                    {TEXT("中"), 1},
                    {TEXT("高"), 2},
};
PRINTERPARAMETERS   ppHorizontal[]={ {TEXT("不设置"), -1},
                    {TEXT("关闭"), 0},
                    {TEXT("1"), 1},
                    {TEXT("2"), 2},
                    {TEXT("3"), 3},
                    {TEXT("4"), 4},
                    {TEXT("5"), 5},
                    {TEXT("6"), 6},
                    {TEXT("7"), 7},
```

```
                    {TEXT("8"), 8},
};
PRINTERPARAMETERS   ppVertical[]={ {TEXT("不设置"), -1},
                    {TEXT("关闭"), 0},
                    {TEXT("1"), 1},
                    {TEXT("2"), 2},
                    {TEXT("3"), 3},
                    {TEXT("4"), 4},
                    {TEXT("5"), 5},
                    {TEXT("6"), 6},
                    {TEXT("7"), 7},
                    {TEXT("8"), 8},
};
PRINTERPARAMETERS   ppFixedSpacing[]={ {TEXT("不设置"), -1},
                    {TEXT("关闭"), 0},
                    {TEXT("开启"), 1},
};
PRINTERPARAMETERS   ppFixedPrintDirection[]={ {TEXT("不设置"), -1},
                    {TEXT("正向"), 0},
                    {TEXT("反向"), 1},
                    {TEXT("关闭"), 2},
};
PRINTERPARAMETERS   ppIndicator[]={ {TEXT("不设置"), -1},
                    {TEXT("兼容DIII"), 0},
                    {TEXT("兼容DIIIB"), 1},
};
PRINTERPARAMETERS   ppPaperTest[]={ {TEXT("不设置"), -1},
                    {TEXT("关闭"), 0},
                    {TEXT("开启"), 1},
};
PRINTERPARAMETERS   ppPaperRunOut[]={ {TEXT("不设置"), -1},
                    {TEXT("关闭"), 0},
                    {TEXT("开启"), 1},
};
PRINTERPARAMETERS   ppPowerLevel[]={ {TEXT("不设置"), -1},
                    {TEXT("0"), 0},
                    {TEXT("1"), 1},
                    {TEXT("2"), 2},
                    {TEXT("3"), 3},
                    {TEXT("4"), 4},
};
PRINTERPARAMETERS   ppPointMatrix[]={ {TEXT("不设置"), -1},
                    {TEXT("热敏机型"), 0},
                    {TEXT("96点，16字符8汉字"), 1},
                    {TEXT("144点，24字符12汉字"), 2},
                    {TEXT("240点，40字符20汉字"), 3},
                    {TEXT("96点，16字符6汉字"), 4},
                    {TEXT("144点，24字符9汉字"), 5},
                    {TEXT("240点，40字符15汉字"), 6},
};
PRINTERPARAMETERS   ppAutoFeed[]={ {TEXT("不设置"), -1},
                    {TEXT("关闭"), 0},
                    {TEXT("开启"), 1},
};
PRINTERPARAMETERS   ppPrintDirection[]={ {TEXT("不设置"), -1},
                    {TEXT("正向"), 0},
                    {TEXT("反向"), 1},
};
PRINTERPARAMETERS   ppPrintDensity[]={ {TEXT("不设置"), -1},
                    {TEXT("低"), 0},
                    {TEXT("中"), 1},
                    {TEXT("高"), 2},
```

```
};

typedef  struct {
    char      code;
    int       iDefaultValue;
    int       count;
    int       id;
    PRINTERPARAMETERS  *  ppp;
}VARCONTROLMAP;

VARCONTROLMAP IdControlMaps[]={ {0x23, 3, sizeof(ppBaud) / sizeof(ppBaud[0]), IDC_COMBO_BAUD, ppBaud},
        {0x23, 1,sizeof(ppParity) / sizeof(ppParity[0]), IDC_COMBO_PARITY, ppParity},
        {0x23, 1,sizeof(ppData) / sizeof(ppData[0]), IDC_COMBO_DATA, ppData},
        {0x23, 1,sizeof(ppFlow) / sizeof(ppFlow[0]), IDC_COMBO_FLOW, ppFlow},
        {0x23, 1,sizeof(ppError) / sizeof(ppError[0]), IDC_COMBO_ERROR, ppError},
        {0x16, 1,sizeof(ppLanguage)/ sizeof(ppLanguage[0]), IDC_COMBO_LANGUAGE, ppLanguage},
        {0x18, 1,sizeof(ppInstructions) / sizeof(ppInstructions[0]), IDC_COMBO_INSTRUCTIONS,
ppInstructions},
        {0x21, 0,sizeof(ppFont) / sizeof(ppFont[0]), IDC_COMBO_FONT, ppFont},
        {0x28, 1,sizeof(ppSensitivity) / sizeof(ppSensitivity[0]), IDC_COMBO_SENSITIVITY, ppSensitivity},
        {0x2F, 0,sizeof(ppHorizontal) / sizeof(ppHorizontal[0]), IDC_COMBO_HORIZONTAL, ppHorizontal},
        {0x30, 0,sizeof(ppVertical) / sizeof(ppVertical[0]), IDC_COMBO_VERTICAL, ppVertical},
        {0x31, 0,sizeof(ppFixedSpacing) / sizeof(ppFixedSpacing[0]), IDC_COMBO_FIXEDSPACING,
ppFixedSpacing},
        {0x32, 2,sizeof(ppFixedPrintDirection) / sizeof(ppFixedPrintDirection[0]), IDC_COMBO_
FIXEDPRINTDIRECTION, ppFixedPrintDirection},
        {0x33, 1,sizeof(ppIndicator) / sizeof(ppIndicator[0]), IDC_COMBO_INDICATOR, ppIndicator},
        {0x34, 1,sizeof(ppPaperTest) / sizeof(ppPaperTest[0]), IDC_COMBO_PAPERTEST, ppPaperTest},
        {0x35, 0,sizeof(ppPaperRunOut) / sizeof(ppPaperRunOut[0]), IDC_COMBO_PAPERRUNOUT, ppPaperRunOut},
        {0x36, 2,sizeof(ppPowerLevel) / sizeof(ppPowerLevel[0]), IDC_COMBO_POWERLEVEL, ppPowerLevel},
        {0x37, 0,sizeof(ppPointMatrix) / sizeof(ppPointMatrix[0]), IDC_COMBO_POINTMATRIX,
ppPointMatrix},
        {0x38, 0,sizeof(ppAutoFeed) / sizeof(ppAutoFeed[0]), IDC_COMBO_AUTOFEED, ppAutoFeed},
        {0x63, 0,sizeof(ppPrintDirection) / sizeof(ppPrintDirection[0]), IDC_COMBO_
PRINTDIRECTION, ppPrintDirection},
        {0xFD, 1,sizeof(ppPrintDensity) / sizeof(ppPrintDensity[0]), IDC_COMBO_PRINTDENSITY,
ppPrintDensity},
};

//串口统计
typedef struct tagCOMNODE {
    DWORD    cbSize;                            //结构体字节数
    BOOL         fExist;                        //串口存在标志
    BOOL         fInUse;                        //串口使用标志
    BOOL         fIdle;                         //串口闲置标志
    TCHAR    szComName[7];                      //串口名
    struct   tagCOMNODE* pcnNext;               //指向下一个结构体的指针
} COMNODE, * PCOMNODE;

typedef struct tagCOMSTATISTICS {
    DWORD        cbSize;                        //结构体字节数
    int iCountExist;                            //存在串口数
    int iCountInUse;                            //使用中串口数
    int iCountIdle;                             //闲置串口数
    struct tagCOMNODE*      pcnHead;
}COMSTATISTICS, * PCOMSTATISTICS;
int     EnumRegCom(COMSTATISTICS* pcsComSta);

//过程处理函数
static HWND hdlg;
static TCHAR     szAppName[]=TEXT("串口通信界面-->打印机参数设置");
LRESULT      CALLBACK MainWndProc(HWND hwnd, UINT message, WPARAM wParam, LPARAM lParam);
```

```
BOOL   CALLBACK DlgProc(HWND hdlg, UINT message, WPARAM wParam, LPARAM lParam);

//打印机指令函数
HANDLE      PrinterOpenPort(LPCTSTR Port, int BaudRate, int DataBits, int StopBits, int Parity);
BOOL        PrinterClosePort(HANDLE        hComm);
BOOL        PrinterSendString(HANDLE       hComm, const wchar_t* wchString);

int    WINAPI   WinMain(HINSTANCE hInstance, HINSTANCE hPrevInstance, PSTR szCmdLine, int iCmdShow)
{
   HWND         hwnd;
   MSG          msg;
   WNDCLASS     wndclass;

   hwnd=FindWindow(szAppName, NULL);
   if (hwnd)
   {
       SetForegroundWindow((HWND)(((DWORD)hwnd) | 0x01));               //在窗体最小化时使用
       return 0;
   }

   wndclass.style=CS_HREDRAW | CS_VREDRAW;
   wndclass.lpfnWndProc=MainWndProc;
   wndclass.cbClsExtra=0;
   wndclass.cbWndExtra=0;
   wndclass.hInstance=hInstance;
   wndclass.hIcon=LoadIcon(NULL, IDI_APPLICATION);
   wndclass.hCursor=LoadCursor(NULL, IDC_ARROW);
   //(HBRUSH) (COLOR_WINDOW
   wndclass.hbrBackground=(HBRUSH)GetStockObject(WHITE_BRUSH);
   wndclass.lpszMenuName=NULL;
   wndclass.lpszClassName=szAppName;

   if (!RegisterClass(&wndclass))
   {
       MessageBox(NULL, TEXT("注册窗口类失败！"), szAppName, MB_ICONERROR);
       return 0;
   }
   hwnd=CreateWindow(szAppName, szAppName,
              WS_OVERLAPPEDWINDOW | WS_CLIPCHILDREN,
              0, 0,
              720, 480,
              NULL, NULL, hInstance, NULL);

   //避免重复运行程序
   if (!IsWindow(hwnd))
   {
       return  0;
   }

   ShowWindow(hwnd, iCmdShow);
   UpdateWindow(hwnd);

   while (GetMessage(&msg, NULL, 0, 0))
   {
       if (hdlg==0 || !IsDialogMessage(hdlg, &msg))
       {
            TranslateMessage(&msg);
            DispatchMessage(&msg);
       }
   }
   return   msg.wParam;
}
```

```
LRESULT   CALLBACK MainWndProc(HWND hwnd, UINT message, WPARAM wParam, LPARAM lParam)
{
   switch (message)
   {
   case WM_CREATE:
       hdlg=CreateDialogParam(((LPCREATESTRUCT)lParam)->hInstance, TEXT("PRINTER_CONFIG"), hwnd,
DlgProc, (LPARAM)NULL);
       return  0;

   case WM_SETFOCUS:
       SetFocus(hdlg);
       return  0;

   case    WM_DESTROY:
       PostQuitMessage(0);
       return  0;
   }
   return DefWindowProc(hwnd, message, wParam, lParam);
}

BOOL  CALLBACK DlgProc(HWND hdlg, UINT message, WPARAM wParam, LPARAM lParam)
{
   int i, j, n, iIndex, iLength;
   TCHAR*      pVarName;
   RECT   rect;
   static  COMSTATISTICS comsta;
   //串口句柄
   HANDLE      hComm;

   switch (message)
   {
   //初始化
   case WM_INITDIALOG:
   {
       int  iRet;
       COMNODE*pTemp;
       //获得父窗口用户区的大小
       GetClientRect(GetParent(hdlg), &rect);
       //设置对话框窗口的大小
       MoveWindow(hdlg,rect.left, rect.top, rect.right-rect.left, rect.bottom-rect.top,TRUE);

       //组合框个数
       n=sizeof(IdControlMaps) / sizeof(IdControlMaps[0]);
       for (i=0; i < n; i++)
       {
           //每个组合框含有的数据行数
           for (j=0; j < IdControlMaps[i].count; j++)
           {
               SendMessage(GetDlgItem(hdlg, IdControlMaps[i].id), CB_ADDSTRING, 0, (LPARAM)
IdControlMaps[i].ppp[j].pszName);
           }
           SendMessage(GetDlgItem(hdlg, IdControlMaps[i].id), CB_SETCURSEL, 0, 0);
       }
       //初始化文本框
       SetWindowText(GetDlgItem(hdlg, IDC_EDIT_FEEDWAITTIME), TEXT("10"));
       SetWindowText(GetDlgItem(hdlg, IDC_EDIT_FEEDDISTANCE), TEXT("10"));
       iIndex=SendMessage(GetDlgItem(hdlg, IDC_COMBO_AUTOFEED), CB_GETCURSEL, 0, 0);
       //如果"打印完毕自动走纸"选项为"不设置"，对应"等待时间"和"走纸距离"文本框无效
       if (iIndex==0)
       {
           EnableWindow(GetDlgItem(hdlg, IDC_EDIT_FEEDWAITTIME), FALSE);
           EnableWindow(GetDlgItem(hdlg, IDC_EDIT_FEEDDISTANCE), FALSE);
```

```
        }

        SetWindowText(GetDlgItem(hdlg, IDC_EDIT_FIXEDSPACING), TEXT("0"));
        iIndex=SendMessage(GetDlgItem(hdlg, IDC_COMBO_FIXEDSPACING), CB_GETCURSEL, 0, 0);
        //如果"固定行间距"选项为"不设置"，对应后面的文本框无效
        if (iIndex==0)
        {
            EnableWindow(GetDlgItem(hdlg, IDC_EDIT_FIXEDSPACING), FALSE);
        }

        //初始化"当前打开串口"方框内的组合框内容
        iRet=EnumRegCom(&comsta);
        SendMessage(GetDlgItem(hdlg, IDC_COMBO_COM), CB_RESETCONTENT, 0, 0);
        pTemp=comsta.pcnHead;
        while (pTemp !=NULL)
        {
            SendMessage(GetDlgItem(hdlg, IDC_COMBO_COM), CB_ADDSTRING, 0, (LPARAM)pTemp->szComName);
            pTemp=pTemp->pcnNext;
        }
        SendMessage(GetDlgItem(hdlg, IDC_COMBO_COM), CB_SETCURSEL, 0, 0);
    }
        return  TRUE;

    //命令按钮
    case WM_COMMAND:
        switch (LOWORD(wParam))
        {
        case IDC_COMBO_AUTOFEED:
            if (HIWORD(wParam)==CBN_SELCHANGE)
            {
                iIndex=SendMessage(GetDlgItem(hdlg, IDC_COMBO_AUTOFEED), CB_GETCURSEL, 0, 0);
                //如果"打印完毕自动走纸"选项为"不设置"，对应"等待时间"和"走纸距离"文本框无效
                if (iIndex==0)
                {
                    EnableWindow(GetDlgItem(hdlg, IDC_EDIT_FEEDWAITTIME), FALSE);
                    EnableWindow(GetDlgItem(hdlg, IDC_EDIT_FEEDDISTANCE), FALSE);
                }
                else
                {
                    EnableWindow(GetDlgItem(hdlg, IDC_EDIT_FEEDWAITTIME),TRUE );
                    EnableWindow(GetDlgItem(hdlg, IDC_EDIT_FEEDDISTANCE), TRUE);
                }
            }
            break;
        case IDC_CHECK_DEFAULT:
            n=sizeof(IdControlMaps) / sizeof(IdControlMaps[0]);
            if (IsDlgButtonChecked(hdlg, IDC_CHECK_DEFAULT))
            {
                for (i=0; i < n; i++)
                {
                    //每个组合框含有的数据行数
                    for (j=0; j < IdControlMaps[i].count; j++)
                    {
                        if (IdControlMaps[i].iDefaultValue==IdControlMaps[i].ppp[j].dwSubCode)
                        {
                          SendMessage(GetDlgItem(hdlg, IdControlMaps[i].id), CB_SETCURSEL, j, 0);
                        }
                    }
                }//for (i=0; i < n; i++)
            }
            else
            {
```

```
        for (i=0; i < n; i++)
        {
            SendMessage(GetDlgItem(hdlg, IdControlMaps[i].id), CB_SETCURSEL, 0, 0);;
        }
    }//if (IsDlgButtonChecked(hdlg, IDC_CHECK_DEFAULT))
    break;

case IDC_COMBO_FIXEDSPACING:
    if (HIWORD(wParam)==CBN_SELCHANGE)
    {
        iIndex=SendMessage(GetDlgItem(hdlg, IDC_COMBO_FIXEDSPACING), CB_GETCURSEL, 0, 0);
        //如果"固定行间距"选项为"不设置"，对应后面的文本框无效
        if (iIndex==0)
        {
            EnableWindow(GetDlgItem(hdlg, IDC_EDIT_FIXEDSPACING), FALSE);
        }
        else
        {
            EnableWindow(GetDlgItem(hdlg, IDC_EDIT_FIXEDSPACING), TRUE);
        }
    }
    break;

case   IDC_BUTTON_CLEAR:
    SetWindowText(GetDlgItem(hdlg, IDC_EDIT_OUTPUT), TEXT(""));
    break;

case IDC_BUTTON_SET:
{
    int      bytes=0;
    int      count=0;
    int      iCur=0;
    char     num=0;
    BOOL     bComFlag=1;
    BOOL     bFirst=0;
    char*    pBytes=NULL;
    TCHAR*   pStr=NULL;
    DWORD    dwActlen=0;
    n=sizeof(IdControlMaps) / sizeof(IdControlMaps[0]);
    for (i=0; i < n; i++)
    {
        iIndex=SendMessage(GetDlgItem(hdlg, IdControlMaps[i].id), CB_GETCURSEL, 0, 0);
        if (IdControlMaps[i].ppp[iIndex].dwSubCode !=-1)
        {
            switch (IdControlMaps[i].id)
            {
            case IDC_COMBO_BAUD:
            case IDC_COMBO_PARITY:
            case IDC_COMBO_DATA:
            case IDC_COMBO_FLOW:
            case IDC_COMBO_ERROR:
                if (bComFlag==1)
                {
                        bytes=bytes + 3;
                        bComFlag=0;
                }
                break;
            case IDC_COMBO_AUTOFEED:
                bytes=bytes + 9;
                break;
            case IDC_COMBO_FIXEDSPACING:
                bytes=bytes + 4;
```

```
                    break;
                default:
                    bytes=bytes + 3;
                    break;
                }
        }//if (IdControlMaps[i].ppp[iIndex].dwSubCode !=-1)
    }//for (i=0; i < n; i++)

    //如果有参数进行了设置，再加上"开始"两个字节和"结束"两个字节
    if (bytes !=0)
    {
        bytes=bytes + 4;
        //分配需要的字节内存
        pBytes=calloc(bytes,sizeof(char));
        //"开始"命令
        pBytes[count]=0x1B;
        count++;
        pBytes[count]=0x09;
        count++;
        //第一次碰到串口参数标志
        bFirst=FALSE;
        for (i=0; i < n; i++)
        {
            iIndex=SendMessage(GetDlgItem(hdlg, IdControlMaps[i].id), CB_GETCURSEL, 0, 0);
            if (IdControlMaps[i].ppp[iIndex].dwSubCode !=-1)
            {
                switch (IdControlMaps[i].id)
                {
                case    IDC_COMBO_BAUD:
                        if (bFirst==FALSE)
                        {
                                bFirst=TRUE;
                                pBytes[count]=0x1B;
                                count++;
                                //命令对应的功能码
                                pBytes[count]=IdControlMaps[i].code;
                                count++;
                                //存放合成字节数据的位置
                                iCur=count;
                                pBytes[iCur]=(pBytes[iCur] | (IdControlMaps[i].
ppp[iIndex].dwSubCode&0x07));
                                count++;
                        }
                        else
                        {
                                pBytes[iCur]=(pBytes[iCur] | (IdControlMaps[i].
ppp[iIndex].dwSubCode & 0x07));
                        }
                        break;
                case    IDC_COMBO_PARITY:
                        if (bFirst==FALSE)
                        {
                                bFirst=TRUE;
                                pBytes[count]=0x1B;
                                count++;
                                //命令对应的功能码
                                pBytes[count]=IdControlMaps[i].code;
                                count++;
                                //存放合成字节数据的位置
                                iCur=count;
                                pBytes[iCur]=(pBytes[iCur] | ((IdControlMaps[i].
ppp[iIndex].dwSubCode << 5) & 0x60));
```

```
                                count++;
                        }
                        else
                        {
                                int  a;
                                pBytes[iCur]=(pBytes[iCur] | ((IdControlMaps[i].
ppp[iIndex].dwSubCode << 5) & 0x60));
                                a=3;
                        }
                        break;
                case    IDC_COMBO_DATA:
                        if (bFirst==FALSE)
                        {
                                bFirst=TRUE;
                                pBytes[count]=0x1B;
                                count++;
                                //命令对应的功能码
                                pBytes[count]=IdControlMaps[i].code;
                                count++;
                                //存放合成字节数据的位置
                                iCur=count;
                                pBytes[iCur]=(pBytes[iCur] | ((IdControlMaps[i].
ppp[iIndex].dwSubCode << 4) & 0x10));
                                count++;
                        }
                        else
                        {
                                pBytes[iCur]=(pBytes[iCur] | ((IdControlMaps[i].
ppp[iIndex].dwSubCode << 4) & 0x10));
                        }
                        break;
                case    IDC_COMBO_FLOW:
                        if (bFirst==FALSE)
                        {
                                bFirst=TRUE;
                                pBytes[count]=0x1B;
                                count++;
                                //命令对应的功能码
                                pBytes[count]=IdControlMaps[i].code;
                                count++;
                                //存放合成字节数据的位置
                                iCur=count;
                                pBytes[iCur]=(pBytes[iCur] | ((IdControlMaps[i].
ppp[iIndex].dwSubCode << 3) & 0x08));
                                count++;
                        }
                        else
                        {
                                pBytes[iCur]=(pBytes[iCur] | ((IdControlMaps[i].
ppp[iIndex].dwSubCode << 3) & 0x08));
                        }
                        break;
                case    IDC_COMBO_ERROR:
                        if (bFirst==FALSE)
                        {
                                bFirst=TRUE;
                                pBytes[count]=0x1B;
                                count++;
                                //命令对应的功能码
                                pBytes[count]=IdControlMaps[i].code;
                                count++;
                                //存放合成字节数据的位置
```

```
                        iCur=count;
                        pBytes[iCur]=(pBytes[iCur] | ((IdControlMaps[i].
ppp[iIndex].dwSubCode << 7)&0x80));
                        count++;
                    }
                    else
                    {
                        int a;
                        pBytes[iCur]=(pBytes[iCur] | ((IdControlMaps[i].
ppp[iIndex].dwSubCode << 7) & 0x80));
                        a=3;
                    }
                    break;
                case    IDC_COMBO_FIXEDSPACING:
                    pBytes[count]=0x1B;
                    count++;
                    //命令对应的功能码
                    pBytes[count]=IdControlMaps[i].code;
                    count++;
                    pBytes[count]=IdControlMaps[i].ppp[iIndex].dwSubCode;
                    count++;
                    if (IdControlMaps[i].ppp[iIndex].dwSubCode==0)
                    {
                        pBytes[count]=0;
                    }
                    else
                    {
                        num=GetDlgItemInt(hdlg, IDC_EDIT_FIXEDSPACING, NULL, TRUE);
                        pBytes[count]=num;
                    }
                    count++;
                    break;
                case    IDC_COMBO_AUTOFEED:
                    pBytes[count]=0x1B;
                    count++;
                    //命令对应的功能码
                    pBytes[count]=IdControlMaps[i].code;
                    count++;
                    pBytes[count]=IdControlMaps[i].ppp[iIndex].dwSubCode;
                    count++;
                    if (IdControlMaps[i].ppp[iIndex].dwSubCode==1)
                    {
                        pBytes[count]=0x1B;
                        count++;
                        pBytes[count]=0x2D;
                        count++;
                        num=GetDlgItemInt(hdlg, IDC_EDIT_FEEDWAITTIME, NULL, TRUE);
                        pBytes[count]=num;
                        count++;
                        pBytes[count]=0x1B;
                        count++;
                        pBytes[count]=0x2E;
                        count++;
                        num=GetDlgItemInt(hdlg, IDC_EDIT_FEEDDISTANCE, NULL, TRUE);
                        pBytes[count]=num;
                        count++;
                    }
                    break;
                default:
                    pBytes[count]=0x1B;
                    count++;
                    //命令对应的功能码
```

```
                    pBytes[count]=IdControlMaps[i].code;
                    count++;
                    pBytes[count]=IdControlMaps[i].ppp[iIndex].dwSubCode;
                    count++;
                    break;
                }
        }//if (IdControlMaps[i].ppp[iIndex].dwSubCode !=-1)
    }//for (i=0; i < n; i++)
    //"结束"命令
    pBytes[count]=0x1B;
    count++;
    pBytes[count]=0x15;
    count++;

    //先清除原来的内容
    SendMessage(GetDlgItem(hdlg, IDC_EDIT_OUTPUT), EM_SETSEL, LOWORD(0), HIWORD(-1));
    pStr=calloc(bytes*3+1,sizeof(TCHAR));
    for (i=0; i < bytes; i++)
    {
        wsprintf(pStr + i * 3, TEXT("%02X "), (unsigned char)pBytes[i]);
    }
    SendMessage(GetDlgItem(hdlg, IDC_EDIT_OUTPUT), EM_REPLACESEL, 0, (LPARAM)pStr);

    //向打印机发送指令
    //从组合框当前项提取字符串到变量
    iIndex=SendMessage(GetDlgItem(hdlg, IDC_COMBO_COM), CB_GETCURSEL, 0, 0);
    iLength=SendMessage(GetDlgItem(hdlg, IDC_COMBO_COM), CB_GETLBTEXTLEN, iIndex, 0) + 1;
    pVarName=calloc(iLength,sizeof(TCHAR));
    SendMessage(GetDlgItem(hdlg, IDC_COMBO_COM), CB_GETLBTEXT, iIndex, (LPARAM)pVarName);
    //打开打印机串口
    hComm=PrinterOpenPort(pVarName, 9600, 8, ONESTOPBIT, NOPARITY);
    if (hComm==INVALID_HANDLE_VALUE)
    {
        MessageBox(NULL, TEXT("打开COM失败!"), TEXT("Fail"), MB_ICONEXCLAMATION);
        //返回错误码，与串口错误码一致
        return          -1;
    }
    if (!WriteFile(hComm, pBytes, bytes, &dwActlen, NULL))
    {
        return FALSE;
    }
    FlushFileBuffers(hComm);
    Sleep(1000);

    //关闭打印机串口
    PrinterClosePort(hComm);

    //释放字节内存
    if (pStr !=NULL)
    {
        free(pStr);
        pBytes=NULL;
    }
    if (pBytes !=NULL)
    {
        free(pBytes);
        pBytes=NULL;
    }
    if (pVarName !=NULL)
    {
        free(pVarName);
        pVarName=NULL;
```

```
            }
        }//if (bytes !=0)
    }
        break;

    case IDC_BUTTON_PRINTTEST:
        //从组合框当前项提取字符串到变量
        iIndex=SendMessage(GetDlgItem(hdlg, IDC_COMBO_COM), CB_GETCURSEL, 0, 0);
        iLength=SendMessage(GetDlgItem(hdlg, IDC_COMBO_COM), CB_GETLBTEXTLEN, iIndex, 0) + 1;
        pVarName=calloc(iLength,sizeof(TCHAR));
        SendMessage(GetDlgItem(hdlg, IDC_COMBO_COM), CB_GETLBTEXT, iIndex, (LPARAM)pVarName);

        //打开打印机串口
        hComm=PrinterOpenPort(pVarName, 9600, 8, ONESTOPBIT, NOPARITY);
        if (hComm==INVALID_HANDLE_VALUE)
        {
            MessageBox(NULL, TEXT("打开COM失败!"), TEXT("Fail"), MB_ICONEXCLAMATION);
            return     -1;                          //返回错误码，与串口错误码一致
        }
        //打印字符串
        PrinterSendString(hComm,TEXT("欲买桂花同载酒，终不似，少年游。"));
        //关闭打印机串口
        PrinterClosePort(hComm);
        if (pVarName !=NULL)
        {
            free(pVarName);
            pVarName=NULL;
        }
        break;
    //保存信息到文件
    case IDC_BUTTON_SAVE:
    {
        OPENFILENAME  ofn={ 0 };
        TCHAR    ext[]=TEXT(".txt");
        TCHAR    szFile[MAX_PATH]=TEXT("PrinterConfig");
        TCHAR    szFilter[]=TEXT("打印机参数配置文件 (*.txt)\0*.txt\0")
            TEXT("All Files (*.*)\0*.*\0\0");
        ZeroMemory(&ofn, sizeof(OPENFILENAME));
        ofn.lStructSize=sizeof(OPENFILENAME);
        ofn.hwndOwner=hdlg;
        ofn.lpstrFilter=szFilter;
        ofn.nFilterIndex=1;
        ofn.lpstrFile=szFile;
        ofn.nMaxFile=MAX_PATH;
        ofn.lpstrDefExt=ext;
        ofn.Flags=OFN_PATHMUSTEXIST | OFN_OVERWRITEPROMPT;
        if (GetSaveFileName(&ofn))
        {
            HWND hEdit;
            int  len;
            TCHAR* pbuf;
            HANDLE    hFile;
            DWORD              wrotten;
            WORD head=0xFEFF;
            SYSTEMTIME         StartTime;
            TCHAR     str[64];

            hEdit=GetDlgItem(hdlg, IDC_EDIT_OUTPUT);
            len=GetWindowTextLength(hEdit);
            pbuf=(TCHAR*)calloc(len,  sizeof(TCHAR));
            if (pbuf==NULL)
            {
```

```
                    break;
                }
                GetWindowText(hEdit, pbuf, len);
                hFile=CreateFile(ofn.lpstrFile, GENERIC_WRITE, FILE_SHARE_WRITE,
                    NULL, CREATE_ALWAYS, FILE_ATTRIBUTE_NORMAL, NULL);
                if (hFile==INVALID_HANDLE_VALUE)
                {
                    free(pbuf);
                    break;
                }
                GetLocalTime(&StartTime);
                _stprintf_s(str, sizeof(str)/sizeof(str[0]), TEXT("%d年%d月%d日-%d时%02d分%02d
秒\r\n"), StartTime.wYear, StartTime.wMonth, StartTime.wDay, StartTime.wHour, StartTime.wMinute,
StartTime.wSecond);
                WriteFile(hFile, &head,sizeof(WORD), &wrotten, NULL);
                WriteFile(hFile, str,_tcslen(str)*sizeof(TCHAR), &wrotten, NULL);  //写入时间标签
                WriteFile(hFile, pbuf, len *sizeof(TCHAR), &wrotten, NULL);  //写入文本框中的内容
                FlushFileBuffers(hFile);
                CloseHandle(hFile);
                free(pbuf);
            }//if (GetSaveFileName(&ofn))
        }
            break;

        default:
            break;
        }
        return  TRUE;

    case WM_DESTROY:
    {
        COMNODE* pp;
        COMNODE* pn;
        pp=comsta.pcnHead;
        while (pp !=NULL)
        {
            pn=pp->pcnNext;
            free(pp);
            pp=pn;
        }
        comsta.pcnHead=NULL;
        PostQuitMessage(0);
    }
        return  FALSE;

    default:
        break;
    }
    return FALSE;
}

//从注册表的"HARDWARE\\DEVICEMAP\\SERIALCOMM"子键遍历每一个COM串口
int EnumRegCom(COMSTATISTICS* pcsComSta)
{
    HKEY     hKey;
    int      iRet;
    DWORD dwIndex=0; //当一个键具有多个值项时，用于跟踪值项数，用于返回函数值，作用域为函数体范围
    COMNODE* pp;
    COMNODE* pn;
    COMNODE** ppcnTail;
    COMNODE* pTemp;
```

```
iRet=RegOpenKeyEx(HKEY_LOCAL_MACHINE,              //注册表的主键
    TEXT("HARDWARE\\DEVICEMAP\\SERIALCOMM"),       //注册表的子键，不能以"\"开头
    (DWORD)NULL,
    KEY_READ,                                      //访问注册表的权限
    &hKey);                                        //指向键句柄的指针

if (ERROR_SUCCESS==iRet)                           //如果成功打开串口注册表
{
    TCHAR  szNameOfEntry[MAX_PATH]={ 0 };
    BYTE  szDataOfEntry[MAX_PATH]={ 0 };

    DWORD  dwCountOfName;        //用于存放值项名称的字符串空间大小
    DWORD  dwCountOfData;        //用于存放值项数据的字符串空间大小
    DWORD  dwType;               //每一个值项数据对应的类型，例如：REG_SZ,REG_MULTI_SZ,BINARY等
    //该参数既用作输入，也用作输出，所以要在使用前赋值，保证大小足够用
    dwCountOfName=sizeof(szNameOfEntry) / sizeof(szNameOfEntry[0]);
    //该参数既用作输入，也用作输出，所以要在使用前赋值，保证大小足够用
    dwCountOfData=sizeof(szDataOfEntry) / sizeof(szDataOfEntry[0]);

    //对结构体和链表进行初始化
    pp=pcsComSta->pcnHead;
    while (pp !=NULL)
    {
        pn=pp->pcnNext;
        free(pp);
        pp=pn;
    }
    memset(pcsComSta, 0, sizeof(COMSTATISTICS));
    pcsComSta->cbSize=sizeof(COMSTATISTICS);
    ppcnTail=&(pcsComSta->pcnHead);
    do
    {
        dwCountOfName=sizeof(szNameOfEntry) / sizeof(szNameOfEntry[0]);
        dwCountOfData=sizeof(szDataOfEntry) / sizeof(szDataOfEntry[0]);
        memset(szNameOfEntry, 0, dwCountOfName);
        memset(szDataOfEntry, 0, dwCountOfData);
        iRet=RegEnumValue(hKey, dwIndex, szNameOfEntry, &dwCountOfName, NULL, &dwType,
(LPBYTE)szDataOfEntry, &dwCountOfData);

        if (ERROR_NO_MORE_ITEMS==iRet)
        {
            break;                          //如果遍历完所有的值项，则退出do循环
        }

        dwIndex++;                          //查到的COM串口数累计加1

        pTemp=calloc(1,sizeof(COMNODE));
        if (NULL==pTemp)
            return  1;                              //表示分配内存失败
        pTemp->cbSize=sizeof(COMNODE);
        *ppcnTail=pTemp;
        ppcnTail=&(pTemp->pcnNext);
        pTemp->fExist=1;
        pTemp->fIdle=1;
        pTemp->fInUse=0;
        _sntprintf_s(pTemp->szComName, sizeof(pTemp->szComName) / sizeof(TCHAR) - 1,
sizeof(pTemp->szComName) / sizeof(TCHAR) - 1, TEXT("%s"), szDataOfEntry);
    } while (TRUE);

    pcsComSta->iCountExist=dwIndex;
    pcsComSta->iCountIdle=dwIndex;
    pcsComSta->iCountInUse=0;
```

```
        //关闭注册表
        RegCloseKey(hKey);
    }
    //表示成功
    return  0;
}

//打开打印机对应串口
HANDLE PrinterOpenPort(LPCTSTR Port, int BaudRate, int DataBits, int StopBits, int Parity)
{
    DCB dcb;                                          //设备控制块
    BOOL    ret;                                      //返回值
    COMMTIMEOUTS CommTimeOuts;

    //打开串口
    HANDLE  hComm=CreateFile(Port,
        GENERIC_READ | GENERIC_WRITE,                 //允许读和写
        0,                                            //独占方式
        NULL,                                         //安全性属性结构，缺省值为NULL；
        OPEN_EXISTING,                                //打开已存在的串口
        0,                                            //同步方式（阻塞方式）
        NULL);

    //打开串口失败
    if (hComm==INVALID_HANDLE_VALUE)
    {
        return      0;
    }

    //读取串口的DCB
    ret=GetCommState(hComm, &dcb);
    //设置串口的DCB
    dcb.BaudRate=BaudRate;
    dcb.ByteSize=DataBits;
    dcb.Parity=Parity;
    dcb.StopBits=StopBits;
    //禁止奇偶校验
    dcb.fParity=FALSE;
    dcb.fBinary=TRUE;
    //禁止流量控制
    dcb.fDtrControl=0;
    dcb.fRtsControl=0;
    dcb.fOutX=0;
    dcb.fInX=0;
    dcb.fTXContinueOnXoff=0;
    //设置串口的DCB
    ret=SetCommState(hComm, &dcb);
    if (!ret)
    {
        PrinterClosePort(hComm);
        return 0;
    }

    //设置串口事件：接收到一个字符
    ret=SetCommMask(hComm, EV_RXCHAR);
    //设置接收与发送的缓冲区大小
    ret=SetupComm(hComm, 1024, 1024);
    ret=GetCommTimeouts(hComm, &CommTimeOuts);
    //接收字符间最大时间间隔
    CommTimeOuts.ReadIntervalTimeout=100;
    CommTimeOuts.ReadTotalTimeoutMultiplier=1;
    //读数据总超时常量
```

```
    CommTimeOuts.ReadTotalTimeoutConstant=100;
    CommTimeOuts.WriteTotalTimeoutMultiplier=0;
    CommTimeOuts.WriteTotalTimeoutConstant=0;
    ret=SetCommTimeouts(hComm, &CommTimeOuts);
    if (!ret)
    {
        PrinterClosePort(hComm);
        return  0;
    }
    //清除接收/发送缓冲区
    ret=PurgeComm(hComm, PURGE_TXCLEAR | PURGE_RXCLEAR);
    return  hComm;
}

//关闭打印机对应串口
BOOL        PrinterClosePort(HANDLE         hComm)
{
    //串口处于关闭状态
    if (hComm==INVALID_HANDLE_VALUE)
    {
        return FALSE;
    }
    SetCommMask(hComm, 0);
    //清除接收/发送缓冲区
    PurgeComm(hComm, PURGE_TXCLEAR | PURGE_RXCLEAR);

    //关闭串口操作句柄
    CloseHandle(hComm);
    hComm=INVALID_HANDLE_VALUE;

    return  TRUE;
}

//向打印机发送字符串
BOOL  PrinterSendString(HANDLE   hComm, const wchar_t* wchString)
{
    DWORD        dwActlen;
    DWORD        dwNum;
    char* pszString;

    dwActlen=0;
    //1个汉字占2个字节，1个字母占1个字节，1个结束符占1个字节
    dwNum=(DWORD)WideCharToMultiByte(CP_OEMCP, (DWORD)NULL, wchString, -1, NULL, 0, NULL, FALSE);
    pszString=(char*)malloc(dwNum);                                //分配堆内存
    if (pszString==NULL)
    {
        return FALSE;
    }
    WideCharToMultiByte(CP_OEMCP, (DWORD)NULL, wchString, -1, pszString, dwNum, NULL, FALSE);
    pszString[dwNum - 1]='\n';
    if (!WriteFile(hComm, pszString, dwNum, &dwActlen, NULL))
    {
        printf("未能输出字符串!\n");
    }
    FlushFileBuffers(hComm);                                       //将内存内容发送至打印机
    free(pszString);                                               //释放堆内存
    Sleep(100);                                                    //等待打印机打印完成
    return TRUE;
}
```

第6章 数据排序与极值

知识点思维导图

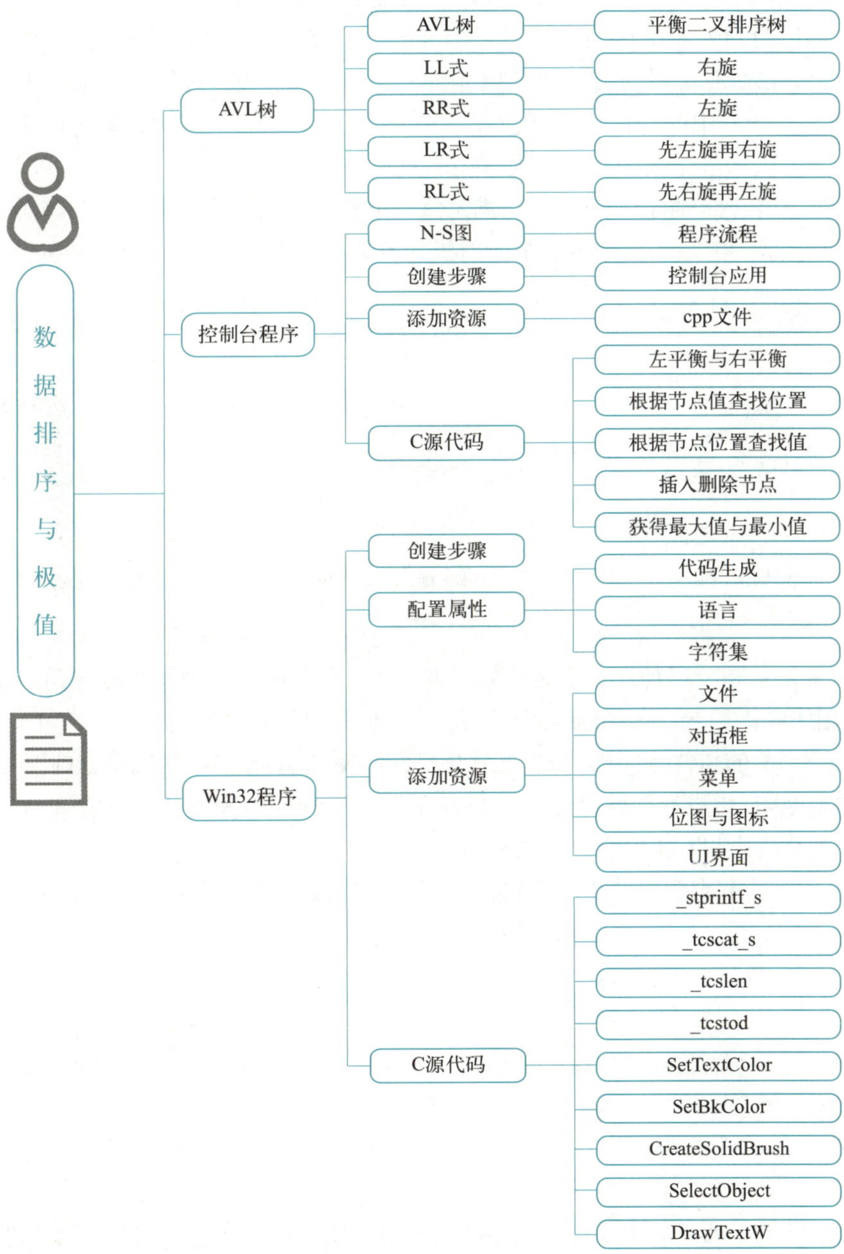

数据采集过程中，数据窗口大小随采集数据的变化而相应地放大或缩小，保证窗口区域为最近一段时间内的动态数据，新数据进入或旧数据移出窗口区域都要重新对窗口区域数据求最大值和最小值，采用 AVL 树可以满足这种需求。AVL 树每次插入或删除节点后都要计算左子树与右子树高度，检查左子树与右子树是否平衡，不平衡时对树进行旋转操作使树重新达到平衡。

6.1 AVL树

AVL 树

AVL 树是平衡二叉排序树，平衡是指非空树中任何一个节点左子树与右子树高度差的绝对值小于等于 1，二叉排序树是指按中序遍历二叉树得到的数列为顺序数列。如图 6-1 所示，图 6-1（a）中“5”节点的左子树高度为 0，右子树高度为 2，左子树与右子树高度差为 −2，不满足 AVL 树平衡要求，因此，它不是 AVL 树；图 6-1（b）中的任何一个节点左子树与右子树高度差绝对值都小于等于 1，并且，按中序遍历该二叉树的结果为从小到大排序的数列“1、2、3、4、5、6”，所以，图 6-1（b）所示二叉树为 AVL 树；图 6-1（c）虽然满足每个节点左子树与右子树高度差绝对值小于等于 1，但是，“2”“3” 和 “1” 三个节点组成的树并不是排序树，因此，它不是 AVL 树。

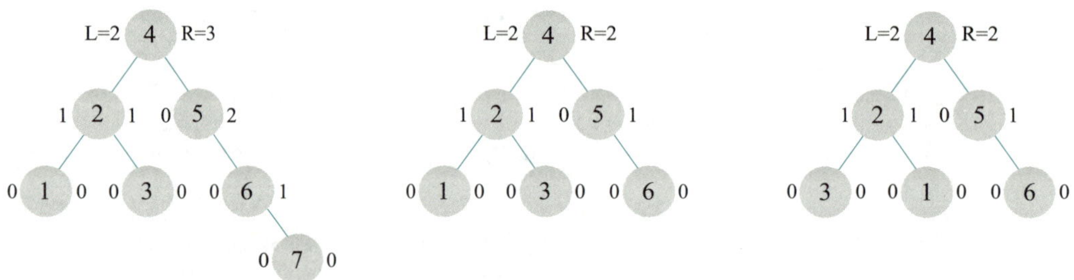

(a) 非平衡二叉排序树　(b) 平衡二叉排序树　(c) 平衡二叉非排序树

图 6-1 AVL 树结构

AVL 树平衡状态分三种：左子树比右子树高 1；左子树与右子树高度相同；左子树比右子树矮 1。用平衡因子 bf（balance factor）表示上述三种情况，分别为 1、0、−1。

当向已经平衡的 AVL 树中插入节点或从已经平衡的 AVL 树中删除节点时，AVL 树可能失衡，需要对 AVL 树进行旋转操作使之重新平衡，这种旋转操作包括左旋和右旋。AVL 树在何种情况下会失衡呢？主要有以下几种情况：

① 插入一个新节点到根节点左子树的左子树，导致根节点平衡因子由 1 变为 2，称为左左式 (LL)；

② 插入一个新节点到根节点左子树的右子树，导致根节点平衡因子由 1 变为 2，称为左右式 (LR)；

③ 插入一个新节点到根节点右子树的右子树，导致根节点平衡因子由 −1 变为 −2，称为右右式 (RR)；

④ 插入一个新节点到根节点右子树的左子树，导致根节点平衡因子由 −1 变为 −2，称为右左式 (RL)。

删除节点是插入节点的逆过程，同样可以采用上述四种情况进行判断。向 AVL 树插入一个节点时，先与根节点比较。如果小于根节点，则遍历根节点的左子树；如果大于根节点，则遍历根节点的右子树，直至达到叶子节点。

（1）左左式

图6-2为左左式AVL树插入节点后调整树高过程示意图，如图6-2（a）所示为已平衡的AVL树，向其中插入节点“1”，首先与根节点“4”比较，小于“4”，再与根节点的左子树根节点“2”比较，最后待插入节点“1”置于节点“2”的左子树，形成左左结构。显然，当插入节点“1”后，如图6-2(b)所示，根节点“4”的左子树高度由1变为2，右子树高度为0，左子树与右子树的高度差为2，AVL树已失衡。此时，需要对AVL树进行右旋操作，原来的根节点“4”变为左子树“2”节点的右子树，新的AVL树的左子树与右子树高度均为1，达到新的平衡，如图6-2（c）所示。

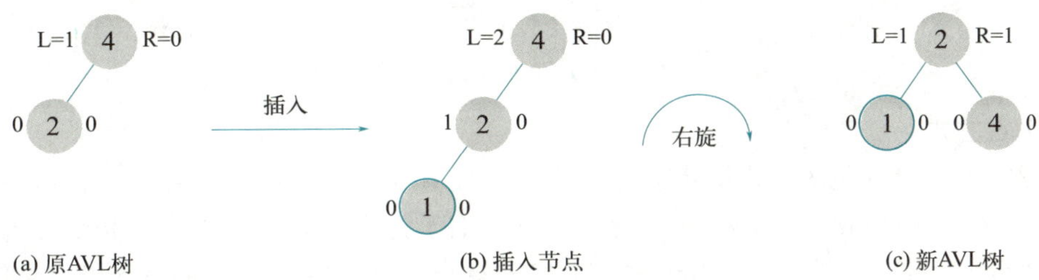

图6-2 左左式AVL树调整过程

（2）左右式

图6-3（a）中根节点“8”左侧的“L=2”表示左子树（Left）的高度为2，“R=1”表示右子树（Right）的高度为1，AVL树为平衡状态。向AVL树中插入节点“5”，其位置在根节点左子树的左子树的右子树，如图6-3（b）所示，此时，根节点“8”的左子树高度为3，右子树高度为1，两者相差2，AVL树失衡，同时，根节点“8”的左子树“7”节点也失衡，因此，对左子树“7”进行左旋操作。如图6-3(c)所示，叶子节点“5”成为左子树根节点“7”的左子树，原来叶子节点“5”的根节点“4”成为“5”节点的左子树，左旋调整完毕，左子树“7”节点仍处于失衡状态。再继续右旋操作，左子树根节点“7”旋转成为其左子树“5”节点的右子树，“5”节点的左子树保持不变，旋转完成后，AVL树中各个节点的左子树与右子树高度差小于等于1，AVL树达到新的平衡，如图6-3（d）所示。

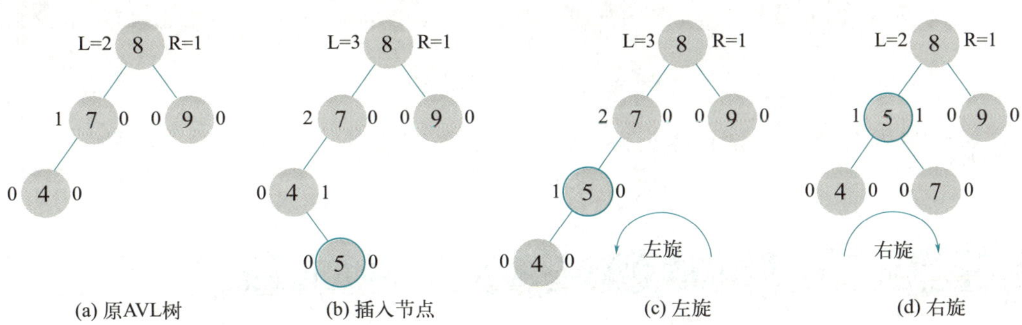

图6-3 左右式AVL树调整过程

（3）右右式

图6-4为右右式AVL树插入节点后调整树高过程示意图，如图6-4（a）所示为已平衡的AVL树，向其中插入节点“6”，首先与根节点“4”比较，大于“4”，再与根节点的右子树

根节点“5”比较，最后待插入节点“6”置于节点“5”的右子树，形成右右结构。显然，当插入节点“6”后，如图 6-4（b）所示，根节点“4”的右子树高度由 1 变为 2，根节点“4”的左子树高度为 0，左子树与右子树的高度差为 −2，AVL 树已失衡。此时，需要对 AVL 树进行左旋操作，原来根节点“4”变为右子树“5”节点的左子树，新 AVL 树的左子树与右子树高度均为 1，达到新平衡，如图 6-4（c）所示。

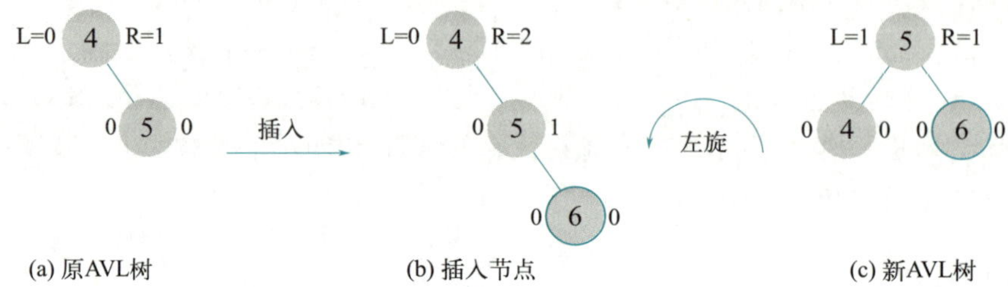

(a) 原AVL树　(b) 插入节点　(c) 新AVL树

图 6-4　右右式 AVL 树调整过程

（4）右左式

如图 6-5(a) 所示为处于平衡状态的 AVL 树。根节点“4”左子树高度为 1，图中用“L=1”表示，“L”为英文“left”的首字母，代表左子树；右子树高度为 2，图中用“R=2”表示，“R”为英文“right”的首字母，代表右子树。向 AVL 树根节点“4”右子树的右子树节点“7”添加左子树节点“6”，如图 6-5（b）所示，此时，根节点“4”的右子树高度为 3，左子树高度为 1，树高差为 −2，AVL 树失衡，需要进行平衡调整。先将节点“6”与“7”进行右旋操作，节点“7”变为原来左子树“6”的右子树，而左子树“6”成为节点“7”的根节点，如图 6-5(c) 所示，此时，根节点“4”的右子树高度仍为 3，继续进行左旋操作。节点“6”由原来节点“5”的右子树变为节点“5”的根节点，而节点“5”成为节点“6”的左子树，节点“6”的右子树保持不变，如图 6-5（d）所示，左旋操作后，根节点“4”的右子树高度为 2，左子树高度为 1，左子树与右子树高度差为 −1，满足平衡条件，此时，AVL 树达到新的平衡。

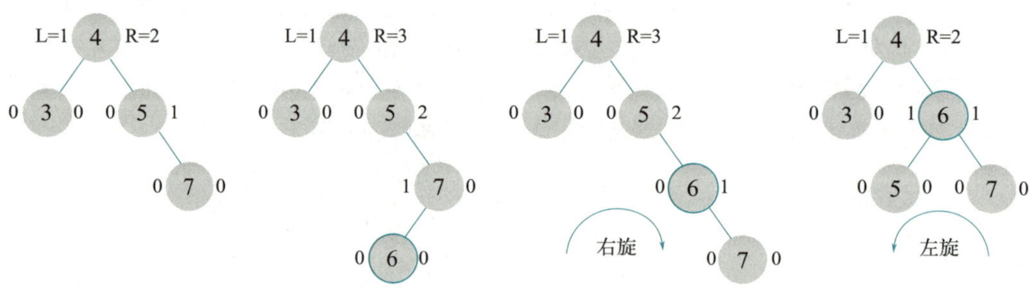

(a) 原AVL树　(b) 插入节点　(c) 右旋　(d) 左旋

图 6-5　右左式 AVL 树调整过程

6.2 控制台程序

排序与极值_控制台程序

控制台程序不必调用 Windows 的 API 函数，容易理解，运行快捷，方便检验算法的可行性。本例将 double 型数据预先存储在数组中，然后将数组中的数据逐个插入到 AVL 平衡二叉树（以下简称 AVL 树）中，通过插入和删除操作向 AVL 树增删数据，通过左平衡与右平衡保持 AVL 树的平衡，通过中序遍历查找 AVL 树的最大值与最小值，即极值。由于 AVL 树每次插入与删除数据都要进行平衡，左子树的末端点为最小值，右子树的末端点为最大值，每次有数据进出 AVL 树时，都会得到对应 AVL 树中数据的最小值与最大值，这种方式适用于动态数据的监测，数据窗口显示的数据个数相当于 AVL 树中的节点数，纵轴的最大值为 AVL 树右子树的末端点数据值，纵轴的最小值为 AVL 树左子树的末端点数据值，窗口纵轴的缩放取决于实时动态最大值与最小值的变化。因此，在制作实时动态曲线时，采集数据的存储和显示可以采用 AVL 树。

数据排序与极值程序设计流程 N-S 图如图 6-6 所示。在程序中设置 double 型数组，存放设计好的数据，程序运行时首先将数据从数组中逐个插入到 AVL 树中，避免用户从控制台输入数据，数据在插入过程中进行排序，显示输出其初始状态；然后，提示用户从控制台输入待删除和插入的数据，程序在删除找到的数据或插入未知数据后都会自动平衡 AVL 树，使其始终处于平衡状态，最小值与最大值也时刻存储在左子树末端点和右子树末端点；最后，用户可通过输入“Y”或“y”退出，也可通过输入“N”或“n”继续从键盘接收输入数据。程序能够演示不同数据进入和退出 AVL 树时各个数据顺序状态的变化。

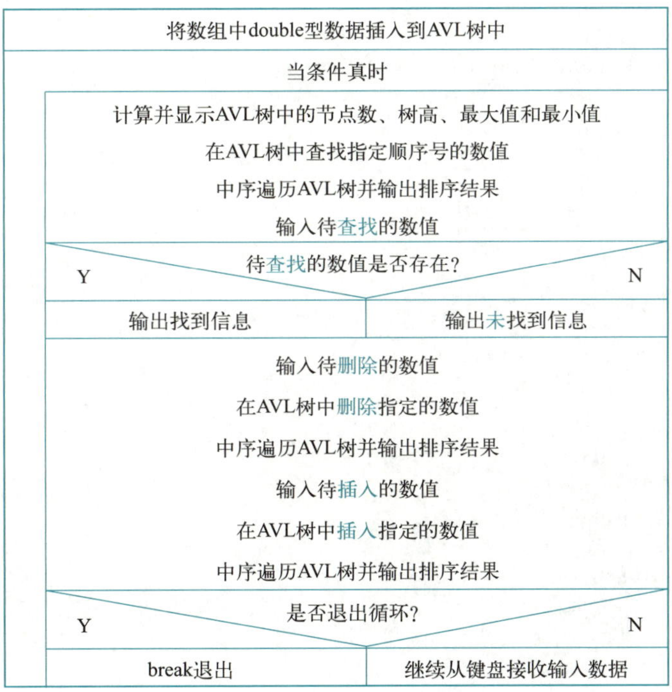

图 6-6　数据排序与极值程序设计流程 N-S 图

6.2.1　创建步骤

数据排序与极值的控制台程序创建步骤如下。

① 打开 VS2019，弹出“Visual Studio 2019”界面，选择右侧“开始使用”菜单下方的“创建新项目 (N)”选项。

② 在弹出的“创建新项目”界面中选择“控制台应用”，点击“下一步 (N)”。

③ 弹出“配置新项目”界面，在“项目名称 (J)”中输入“DataSort”，点击“位置 (L)”右侧的按钮，选择“桌面”为工作目录，再点击“配置新项目”界面右下角的“创建 (C)”按钮。

④ 在编辑界面右侧“解决方案资源管理器”中选中“源文件”，点击右键，在弹出菜单

中选择“添加 (D)”→“新建项 (W)...”，在弹出“添加新项 -DataSort”界面中选择“C++ 文件 (.cpp)”，在“名称 (N)”后面的输入框中输入“DataSort.cpp”，点击界面右下角“添加 (A)”按钮。

⑤ 向 DataSort.cpp 文件中添加 6.2.2 小节中的代码，按“Ctrl+F5”键运行程序，默认为黑色背底，程序运行后在对应的“Debug”或“Release”文件夹中产生“DataSort.exe”文件，选中该文件后点击鼠标右键，在弹出菜单中选择“以管理员身份运行”，将鼠标移至标题栏，点击鼠标右键，在弹出菜单中选择“属性 (P)”，选中“颜色”选项卡，设置“屏幕文字 (T)”为黑色，“屏幕背景 (B)”为白色，结果如图 6-7 所示。用键盘在“请输入查找的数：”后面输入“16.44”，程序对二叉树进行遍历，结果显示“找到了：16.44”；在“请输入删除的数：”后面输入“95.8”，在后面的中序遍历结果中发现该数不见了，说明在二叉树中删除了该数据；在“请输入插入的数：”后面输入“2.84”，在后面的中序遍历结果中可以观察到该数排在第 4 个位置。

```
D:\张辉写的书10_《C语言串口通信从入门到精通》_2024年12月16日_写作中\06_第06章_数据排序与极...
二叉树中的节点数为:  16

二叉树高度为:   5

二叉树中的最大值为:     95.80
二叉树中的最小值为:    -78.65

找到指定序号的数:  1-->  -78.65
找到指定序号的数:  2-->    0.23
找到指定序号的数:  3-->    2.56
找到指定序号的数:  4-->    3.24
找到指定序号的数:  5-->    6.28
找到指定序号的数:  6-->    9.28
找到指定序号的数:  7-->   15.21
找到指定序号的数:  8-->   16.44
找到指定序号的数:  9-->   19.86
找到指定序号的数: 10-->   32.66
找到指定序号的数: 11-->   45.12
找到指定序号的数: 12-->   45.79
找到指定序号的数: 13-->   54.12
找到指定序号的数: 14-->   67.40
找到指定序号的数: 15-->   68.79
找到指定序号的数: 16-->   95.80

二叉树中第14个数为:     67.40

---------中序遍历结果----------
 1-->  -78.65   2-->    0.23   3-->    2.56   4-->    3.24   5-->    6.28   6-->    9.28
 7-->   15.21   8-->   16.44   9-->   19.86  10-->   32.66  11-->   45.12  12-->   45.79
13-->   54.12  14-->   67.40  15-->   68.79  16-->   95.80
请输入查找的数: 16.44

找到了:16.44

请输入删除的数: 95.8

---------中序遍历结果----------
 1-->  -78.65   2-->    0.23   3-->    2.56   4-->    3.24   5-->    6.28   6-->    9.28
 7-->   15.21   8-->   16.44   9-->   19.86  10-->   32.66  11-->   45.12  12-->   45.79
13-->   54.12  14-->   67.40  15-->   68.79
请输入插入的数: 2.84

---------中序遍历结果----------
 1-->  -78.65   2-->    0.23   3-->    2.56   4-->    2.84   5-->    3.24   6-->    6.28
 7-->    9.28   8-->   15.21   9-->   16.44  10-->   19.86  11-->   32.66  12-->   45.12
13-->   45.79  14-->   54.12  15-->   67.40  16-->   68.79
您要退出循环吗?(Y/N)
```

图 6-7 数据排序与极值程序运行结果

6.2.2 C源代码

```
#include    <stdio.h>             //标准输入输出库头文件
#include    <stdlib.h>            //标准库头文件
#include    <math.h>              //数学函数库头文件
#include    <conio.h>             //控制台输入输出库头文件，C语言的非标准库
#define     EPSILON 1E-9          //ε，误差为10^-9，主要用于双精度浮点型数据
#define     LH 1                  //Left Height，左子树高度>右子树高度
#define     EH 0                  //Equal Height，左子树高度=右子树高度
```

```
#define    RH  -1                //Right Height, 左子树高度<右子树高度

typedef struct tagAVLNODE
{
   double   data;                //data, 数据
   int      bf;                  //balance factor-->bf, 平衡因子
   struct   tagAVLNODE*  lc;     //left child-->lc, 左子树
   struct   tagAVLNODE*  rc;     //right child-->rc, 右子树
}AVLNODE,  *pAVLNode;            //binary tree-->pAVLNode, AVL二叉树结构+指向AVL二叉树结构的指针

void       R_Rotate(pAVLNode*     root);
void       L_Rotate(pAVLNode*     root);
void       LeftBalance(pAVLNode*  root);
void       RightBalance(pAVLNode*  root);
void       InorderTraversal(pAVLNode  root);
int        SearchValueInT(pAVLNode  root, double  value, pAVLNode*  pos);
int        DeleteNode(pAVLNode*  pos);
int        DeleteAVL(pAVLNode*  present, double  value, int*  lower);
int        NodesOfTree(AVLNODE*  root);
int        nHeight_AVLtree(AVLNODE*  root);
int        InsertAVL(pAVLNode*  root, double  value, int*   taller);
void       SearchNode(pAVLNode  root, int  nOrder, double*  pdValue);
double     AVL_getmax(pAVLNode  root, double  original);
double     AVL_getmin(pAVLNode  root, double  original);

int    main()
{
   char     cQuitChar;
   int i;
   int taller;
   int lower;
   pAVLNode root=NULL;
   pAVLNode pos=NULL;
   //存放要找的双精度数值
   double   value,  temp;
   double   nArr[]={ 3.24, 45.12, -78.65, 95.8, 67.4, 2.56, 6.28, 15.21, 68.79, 19.86, 16.44,
9.28, 0.23, 54.12, 32.66, 45.79 };

   for (i=0; i < sizeof(nArr) / sizeof(double); i++)
   {
       //依次将nArr数组中的数据插入到root指定的二叉树中
       InsertAVL(&root, nArr[i], &taller);
   }
   while (1)
   {
       printf("二叉树中的节点数为: %3d\n",  NodesOfTree(root));
       printf("\n二叉树高度为: %3d\n",      nHeight_AVLtree(root));
       printf("\n二叉树中的最大值为: %8.2lf\n", AVL_getmax(root, 1.0));
       printf("二叉树中的最小值为: %8.2lf\n\n", AVL_getmin(root, 1.0));
       SearchNode(root,  14,     &temp);
       printf("\n二叉树中第14个数为: %8.2lf\n",     temp);
       //插入完毕后,打印从小到大排序的序列
       printf("\n---------中序遍历结果---------\n");
       //二叉树不变,以中序遍历方式输出树的内容,即从小到大输出
       InorderTraversal(root);

       //在已有二叉树结构中查找指定的数值value,从键盘控制台输入数据
       printf("\n请输入查找的数: ");
       while (!scanf_s("%lf",              &value));
       if (SearchValueInT(root,             value,   &pos))
       {
           //以double形式输出找到的数据点
```

```
            printf("\n找到了:%.2lf\n",      pos->data);
        }
        else
        {
            //二叉树中没有要找的数据
            printf("\n没有找到指定数据! \n");
        }

        //在已有二叉树结构中删除指定的数值value，从键盘控制台输入要删除的数据
        printf("\n请输入删除的数: ");
        while (!scanf_s("%lf", &value));
        DeleteAVL(&root, value, &lower);
        //插入完毕后，打印从小到大排序的序列
        printf("\n---------中序遍历结果---------\n");
        //二叉树不变，以中序遍历方式输出树的内容，即从小到大输出
        InorderTraversal(root);

        //在已有二叉树结构中插入指定的数值value，从键盘控制台输入要插入的数据
        printf("\n请输入插入的数: ");
        while (!scanf_s("%lf", &value));
        //向二叉树中插入指定的数据
        InsertAVL(&root, value, &taller);
        //插入完毕后，打印从小到大排序的序列
        printf("\n---------中序遍历结果---------\n");
        //二叉树不变，以中序遍历方式输出树的内容，即从小到大输出
        InorderTraversal(root);

        printf("\n您要退出循环吗?(Y/N)");
        fflush(stdin);
        cQuitChar=_getche();
        //输入大写"Y"或小写"y"退出循环
        if ('y'==cQuitChar || 'Y'==cQuitChar)
        {
            break;
        }
    }//while (1)
    return   0;
}

//功能：向右旋转
//根节点的左子树比右子树高2，根节点左子树的左子树比根节点左子树的右子树高1
//*root-->处理之前指向树高为2的根节点；处理之后指向原来根节点的左子树
void        R_Rotate(pAVLNode*      root)
{
    pAVLNode    lc;                      //left child-->lc，指向二叉树结构的指针
    lc=(*root)->lc;                      //lc指向原来根节点*root的左子树
    (*root)->lc=lc->rc;                  //原来根节点的左子树指向-->原来根节点左子树的右子树
    lc->rc=*root;                        //原来根节点的左子树的右子树指向->原来的根节点
    *root=lc;                            //新的根节点指向-->原来根节点的左子树
}

//功能：向左旋转
void        L_Rotate(pAVLNode*      root)
{
    pAVLNode        rc;                  //right child-->rc，指向二叉树结构的指针
    rc=(*root)->rc;                      //rc指向的原来根节点*root的右子树
    (*root)->rc=rc->lc;                  //原来根节点的右子树指向-->原来根节点右子树的左子树
    rc->lc=*root;                        //原来根节点的右子树的左子树指向->原来的根节点
    *root=rc;                            //新的根节点指向-->原来根节点的右子树
}

//功能：对树进行左平衡操作
```

```
void        LeftBalance(pAVLNode* root)
{
  pAVLNode    lc;                  //left child-->lc，根节点的左子树
  pAVLNode    lrc;                 //left right child-->lrc，根节点的左子树的右子树

  lc=(*root)->lc;                  //lc指向根节点*root的左子树
  //根据根节点左子树的平衡因子进行判断
  switch (lc->bf)
  {
  //根节点左子树的左子树高度-根节点左子树的右子树高度=1，即为LL结构，需要进行右旋
  case LH:
  {
      (*root)->bf=EH;    //(*root)变成了原来根节点左子树的右子树，其平衡因子为0;
      lc->bf=EH;         //原来根节点的左子树变成了新的根节点，其平衡因子为0;
      R_Rotate(root);    //右旋根节点指向的二叉树
      break;             //完成左平衡处理
  }
  //根节点左子树的左子树高度-根节点左子树的右子树高度=-1，即为LR结构，需要先进行左旋，再进行右旋
  case RH:
  {
      //left right child-->lrc，原来根节点左子树的右子树
      lrc=lc->rc;
      //原来根节点左子树的右子树的平衡因子
      switch (lrc->bf)
      {
      //根节点左子树的右子树的左子树高度-根节点左子树的右子树的右子树高度=1
      case LH:
      {
          //原来的根节点因为没有得到原来根节点左子树右子树的右子树(因为是LH)，仅有原来的右子树
          //所以原来的根节点左子树-右子树=-1
          (*root)->bf=RH;
          //原来根节点的左子树因为变成了新的根节点的左子树，它的左子树没有变化，还是原来的;
          //但是它的右子树为原来根节点左子树的右子树的左子树，经过左旋+右旋后左子树-右子树=0
          lc->bf=EH;
          break;
      }
      case EH:
      {
          //原来的根节点因为得到原来根节点左子树右子树的右子树(因为是EH)
          //并拥有原来的右子树，所以原来的根节点左子树-右子树=0
          (*root)->bf=EH;
          //原来根节点的左子树因为变成了新的根节点的左子树，它的左子树没有变化，还是原来的;
          //但是它的右子树为原来根节点左子树的右子树的左子树，所以，经过左旋+右旋后左子树-右子树=0
          lc->bf=EH;
          break;
      }
      case RH:
      {
          //原来的根节点因为得到原来根节点左子树右子树的右子树(因为是RH)
          //并拥有原来的右子树，所以原来的根节点左子树-右子树=0
          (*root)->bf=EH;
          //原来根节点的左子树因为变成了新的根节点的左子树，它的左子树没有变化，还是原来的;
          //它的右子树为原来根节点左子树的右子树的左子树(但是，lc->bf=RH，没有左子树)
          //经过左旋+右旋后，左子树 - 右子树=-1
          lc->bf=LH;
          break;
      }
      }
      //先左旋后右旋，结果是：原来根节点左子树的右子树升为新的根节点，它的左右子树高度相同，EH=0
      lrc->bf=EH;
      //对(*root)根节点的左子树进行左旋转处理
      L_Rotate(&(*root)->lc);
```

```
            //对根节点进行右旋转处理
            R_Rotate(root);
            //完成左平衡处理，先左旋再右旋
            break;
        }
    }
}

//功能：对树进行右平衡操作
void    RightBalance(pAVLNode*                  root)
{
    pAVLNode rc;       //right child-->rc，根节点的右子树
    pAVLNode rlc;            //right left child-->rlc，根节点的右子树的左子树

    //rc指向根节点*root的右子树
    rc=(*root)->rc;
    //根据根节点右子树的平衡因子进行判断
    switch (rc->bf)
    {
    //根节点右子树的右子树高度 - 根节点右子树的左子树高度=1，即为RR结构，需要进行左旋
    case RH:
    {
        (*root)->bf=EH;    //(*root)变成了原来根节点右子树的左子树，其平衡因子为0;
        rc->bf=EH;         //原来根节点的右子树变成了新的根节点，其平衡因子为0;
        L_Rotate(root);    //左旋根节点指向的二叉树
        break;             //完成右平衡处理
    }
    //根节点右子树的左子树高度-根节点右子树的右子树高度=1，即为RL结构，需要先进行右旋，再进行左旋
    case LH:
    {
        rlc=rc->lc;        //right left child-->rlc，原来根节点右子树的左子树
        switch (rlc->bf )  //原来根节点右子树的左子树的平衡因子
        {
        //根节点右子树的左子树的左子树高度-根节点右子树的左子树的右子树高度=1
        case LH:
        {
            //原来的根节点因为得到原来根节点右子树左子树的左子树(因为是LH)作为右子树，
            //并拥有原来的左子树，所以原来的根节点左子树 - 右子树=0
            (*root)->bf=EH;
            //原来根节点的右子树因为变成了新的根节点的右子树，它的右子树没有变化，还是原来的;
            //但是它的左子树为原来根节点右子树的左子树的右子树（rc->bf=LH，没有右子树）
            //经过右旋+左旋后左子树-右子树=-1
            rc->bf=RH;
            break;
        }
        case EH:
        {
            //原来的根节点因为得到原来根节点右子树左子树的左子树(因为是EH)，
            //并拥有原来的左子树，所以原来的根节点左子树-右子树=0
            (*root)->bf=EH;
            //原来根节点的右子树因为变成了新的根节点的右子树，它的右子树没有变化，还是原来的;
            //但是它的左子树为原来根节点右子树的左子树的右子树，所以，经过右旋+左旋后左子树-右子树=0
            rc->bf=EH;
            break;
        }
        //根节点右子树的左子树的左子树高度 - 根节点右子树的左子树的右子树高度=-1
        case RH:
        {
            //原来的根节点因为没有得到原来根节点右子树左子树的左子树(因为是RH)，
            //仅有原来的左子树，所以原来的根节点左子树-右子树=1
            (*root)->bf=LH;
            //原来根节点的右子树因为变成了新的根节点的右子树，它的右子树没有变化，还是原来的;
```

```
            //但是它的左子树为原来根节点右子树的左子树的右子树，所以，经过右旋+左旋后左子树-右子树=0
            rc->bf=EH;
            break;
        }
        }
        //先右旋后左旋，结果是：原来根节点右子树的左子树升为新的根节点，它的左右子树高度相同，EH=0
        rlc->bf=EH;
        R_Rotate(&(*root)->rc);                    //对(*root)根节点的右子树进行右旋转处理
        L_Rotate(root);                            //对根节点进行左旋转处理
        break;                                     //完成右平衡处理，先右旋再左旋
    }
    }
}

//功能：向*root指向的二叉树插入一个新的元素
int    InsertAVL(pAVLNode*         root, double      value, int* taller)
{
    //如果*root指向一个空的二叉树
    if ((*root)==NULL)
    {
        //分配AVLNODE结构大小的空间
        (*root)=(pAVLNode)malloc(sizeof(AVLNODE));
        (*root)->bf=EH;                            //给AVLNODE结构体的平衡因子bf赋初值
        (*root)->data=value;                       //给AVLNODE结构体的value赋初值
        (*root)->lc=NULL;                          //给AVLNODE结构体的左子树赋初值
        (*root)->rc=NULL;                          //给AVLNODE结构体的右子树赋初值
        *taller=true;                              //由于新增加了节点，树升高了
    }
    //用value值与二叉树中的根节点数据进行比较，如果小于EPSILON，说明两个数近似相等
    else if (fabs(value - (*root)->data) < EPSILON)
    {
        //二叉树中存有要插入的数值value，所以不会插入value数据
        *taller=false;
        //没有插入value数据，所以树不会长高
        return 0;
    }
    //value值小于*root指向的数据，则说明要找的value在(*root)的左子树上
    else if (value < (*root)->data)
    {
        //递归调用插入函数，在当前根节点的左子树中递归插入value值
        if (!InsertAVL(&(*root)->lc, value, taller))
        {
            //找到了与value值相同的节点，所以不用插入，返回0
            return 0;
        }
        //如果二叉树变高，说明value是一个新值，已经插入到二叉树中，并且使二叉树变高；对二叉树进行平衡处理
        if (*taller)
        {
            //对根节点的平衡因子进行判断
            switch ((*root)->bf)
            {
            //原来左子树-右子树=1，则需要进行左平衡处理
            case LH:
            {
                LeftBalance(root);                 //对root指向的二叉树进行左平衡处理
                *taller=false;                     //树高保持不变
                break;
            }
            //原来左子树-右子树=0，现在又长高一层
            case EH:
            {
                (*root)->bf=LH;                    //原来*root指向节点的左子树长高了
```

```
                    *taller=true;                  //树长高了
                    break;
                }
                //原来左子树 - 右子树=-1, 左子树低
                case RH:
                {
                    //原来*root指向节点的左子树长高了, 弥补了与右子树的高度差, 左子树变得和右子树一样高了
                    (*root)->bf=EH;
                    *taller=false;                 //树高度没变
                    break;
                }
                }
            }
        }
        else
        {
            //递归调用插入函数, 在当前根节点的右子树中递归插入value值
            if (!InsertAVL(&(*root)->rc, value, taller))
            {
                //找到了与value值相同的节点, 所以不用插入, 返回0
                return 0;
            }
            //如果二叉树变高, 说明value是一个新值, 已经插入到二叉树中, 并且使二叉树变高;对二叉树进行平衡处理
            if (*taller)
            {
                //对根节点的平衡因子进行判断
                switch ((*root)->bf)
                {
                //原来左子树 - 右子树=1, 右子树低
                case LH:
                {
                    //原来*root指向节点的右子树长高了, 弥补了与左子树的高度差, 左子树变得和右子树一样高了
                    (*root)->bf=EH;
                    //树高度没变
                    *taller=false;
                    break;
                }
                //原来左子树-右子树=0, 现在又长高一层
                case EH:
                {
                    //原来*root指向节点的右子树长高了
                    (*root)->bf=RH;
                    //树长高了
                    *taller=true;
                    break;
                }
                //原来左子树 - 右子树=-1, 则需要进行右平衡处理
                case RH:
                {
                    //对root指向的二叉树进行右平衡处理
                    RightBalance(root);
                    //树高保持不变
                    *taller=false;
                    break;
                }
                }
            }
        }
        return 1;          //向二叉树中插入了新的节点value, 返回1
}

//功能: 中序遍历, 左->中->右
```

```
void        InorderTraversal(pAVLNode       root)
{
    int nCnt=0;
    AVLNODE* cur=root;
    while (cur !=NULL)
    {
        if (NULL==cur->lc)
        {
            nCnt++;
            if (0==nCnt % 6)
            {
                //以double类型输出节点的数据
                printf("%2d-->%8.2lf  \n", nCnt, cur->data);
            }
            else
            {
                //以double类型输出节点的数据
                printf("%2d-->%8.2lf  ", nCnt, cur->data);
            }
            cur=cur->rc;
        }
        else
        {
            AVLNODE* tmp=cur->lc;
            while (tmp->rc !=NULL && tmp->rc !=cur)
            {
                tmp=tmp->rc;
            }
            //第一次访问，修改pre的右子树
            if (NULL==tmp->rc)
            {
                tmp->rc=cur;
                cur=cur->lc;
            }
            else
            {
                //第二次访问，改回pre的右子树
                tmp->rc=NULL;
                nCnt++;
                if (0==nCnt % 6)
                {
                    //以double类型输出节点的数据
                    printf("%2d-->%8.2lf  \n", nCnt, cur->data);
                }
                else
                {
                    //以double类型输出节点的数据
                    printf("%2d-->%8.2lf  ", nCnt, cur->data);
                }
                cur=cur->rc;
            }
        }
    }
    return;
}

//功能：在树中查找指定的值，并返回值的位置
int    SearchValueInT(pAVLNode    root, double      value, pAVLNode*  pos)
{
    //temperate-->tmp，将根节点指针赋给一临时变量tmp
    pAVLNode tmp=root;
    //初始化存放指向结果节点的指针为NULL
```

```
    (*pos)=NULL;
    //当tmp所指向的节点不为空时
    while (tmp)
    {
        //当前节点tmp对应的数据与要查找的值value是不是相等，因为是浮点数，所以要用绝对值差小于误差值EPSILON
        if (fabs(tmp->data - value) < EPSILON)
        {
            (*pos)=tmp;
            //找到了指定value值的节点，返回true
            return 1;
        }
        //如果当前值>指定value值，说明value值在当前节点的左子树
        else if (tmp->data > value)
        {
            //在左子树中继续递归查找
            tmp=tmp->lc;
        }
        //如果当前值<指定value值，说明value值在当前节点的右子树
        else
        {
            //在右子树中继续递归查找
            tmp=tmp->rc;
        }
    }
    //没有找到指定value值的节点，返回false
    return 0;
}

//功能：删除(*pos)指定的节点
int    DeleteNode(pAVLNode* pos)
{
    //定义指向AVLNODE结构体的父指针和子指针，父指针代表上一级根节点，子指针代表下一级子节点
    pAVLNode parent, son;
    //right child-->rc，如果当前节点没有右子树
    if (NULL==(*pos)->rc)
    {
        parent=(*pos);        //将当前节点赋给临时变量parent
        (*pos)=(*pos)->lc;    //当前节点的左子树赋值给当前节点
        free(parent);         //parent指向的AVLNODE结构从二叉树链表中断开，没有用了，所以释放这部分内存
        parent=NULL;          //保险起见，将parent指向NULL，免得它到处乱指
    }
    //left child-->lc，如果当前节点没有左子树
    else if (NULL==(*pos)->lc)
    {
        parent=(*pos);        //将当前节点赋给临时变量parent
        (*pos)=(*pos)->rc;    //当前节点的右子树赋值给当前节点
        free(parent);         //parent指向的AVLNODE结构从二叉树链表中断开，没有用了，所以释放这部分内存
        parent=NULL;          //保险起见，将parent指向NULL，免得它到处乱指
    }
    //既有左子树，又有右子树
    else
    {
        parent=(*pos);               //将当前节点赋给临时变量parent
        son=(*pos)->lc;              //将当前节点的左子树赋给临时变量son
        //当son一直有右子树时
        while (son->rc)
        {
            parent=son;              //将son赋给parent
            //将son的右子树赋给son，son永远指向右子树，如果没有右子树，则指向父节点
            //这个父节点可能有左子树，也可能没有左子树。因为没有右子树后，比右子树大的或小的数就是父节点了
```

```
            son=son->rc;
        }
        //将son的数值赋给(*pos)结构的数值
        (*pos)->data=son->data;
        //如果(*pos)与parent一样，说明son有右子树，son一直存放的是要删除节点左子树的右子树下面的一系
列右子树
        //一直到最后一个右子树节点
        if (parent !=(*pos))
        {
            //将son的左子树赋给son上一级父新parent的右子树，此处的parent不是原来的(*pos)
            //son又没有右子树，自己本身的数据又给了(*pos)，只剩左子树了，左子树替代son当了上一级
parent的右子树
            parent->rc=son->lc;
        }
        //如果(*pos)与parent一样，说明son没有右子树，根本没有经过while循环，此时son依然为parent的
左子树
        else
        {
            parent->lc=son->lc;     //将son的左子树赋给(*pos)的左子树
        }

        free(son);                  //回收son的内存
        son=NULL;                   //son指向NULL，形成好习惯
    }
    return 1;
}

//功能：删除树中某个值
int    DeleteAVL(pAVLNode*        present, double   value, int* lower)
{
    //如果是空树，无节点可删，返回false
    if (NULL==(*present))
    {
        return  0;
    }
    else
    {
        //判读value与(*present)所指向节点的数值是否相等
        if (fabs(value - (*present)->data) < EPSILON)
        {
            DeleteNode(present);        //删除该节点
            (*lower)=1;                 //树不一定变矮，说明找到了与value值相等的节点，并进行了删除
            return 1;
        }
        //如果value小于(*present)把指向节点的数值
        else if (value < (*present)->data)
        {
            //说明要删除的value在左子树中，所以在左子树下面查找并删除值
            if (!DeleteAVL(&(*present)->lc, value, lower))
            {
                //如果没有要删除的value，返回false
                return 0;
            }
            //说明找到了要删的节点，并进行了删除
            if (*lower)
            {
                //根据当前节点的平衡因子进行调整
                switch ((*present)->bf)
                {
                //如果原来左子树高度 - 右子树高=1
```

```
                case LH:
                    (*present)->bf=EH;              //删除左子树后，两边等高
                    (*lower)=1;                     //有节点被删除，应该降低树的高度
                    break;
                //如果左子树高度=右子树高度
                case EH:
                    (*present)->bf=RH;              //删除左子树后，左子树 - 右子树=-1
                    (*lower)=0;                     //有节点被删除，但树的高度没有变化
                    break;
                //如果原来左子树 - 右子树==-1
                case RH:
                    RightBalance(present);          //删除后，左子树比右子树低2，所以需要对右子树进
行右平衡操作
                    (*lower)=1;                     //树真的变矮了
                    break;
                }
            }
        }
        //如果value小于(*present)把指向节点的数值
        else
        {
            //说明要删除的value在右子树中，所以在右子树下面查找并删除值
            if (!DeleteAVL(&(*present)->rc, value, lower))
            {
                //如果没有要删除的value，返回false
                return 0;
            }
            //说明找到了要删的节点，并进行了删除
            if (*lower)
            {
                //根据当前节点的平衡因子进行调整
                switch ((*present)->bf)
                {
                //如果原来左子树高度 - 右子树高=1
                case LH:
                //现在删了右子树上的节点，导致左子树 - 右子树=2，不平衡，因此进行右平衡操作
                    LeftBalance(present);
                    (*lower)=1;             //树真的变矮了
                    break;
                //如果左子树高度=右子树高度
                case EH:
                    (*present)->bf=LH;      //原来节点有左子树和右子树，现在删了右子树节点，对父节点
来讲，高度没变化
                    (*lower)=0;             //有节点被删除，但树的高度没有变化，把原来(*lower)=1又
变成了(*lower)=0了
                    break;
                //如果左子树高度 - 右子树高度=-1
                case RH:
                    (*present)->bf=EH;      //现在删了右子树上的节点，导致左子树 - 右子树=0，删除了
右子树后变矮了
                    (*lower)=1;             //树真的变矮了
                    break;
                }
            }
        }
        //在左子树或右子树找到了删除的value，并进行了删除
        return 1;
    }
}
```

```
//功能：求二叉树中节点个数
int    NodesOfTree(AVLNODE*                    root)
{
   int nSumNodes=1;
   //如果树中没有数据
   if (NULL==root)
   {
       nSumNodes=0;
   }
   else
   //递归累加左子树和右子树节点数
   {
       nSumNodes +=NodesOfTree(root->lc);
       nSumNodes +=NodesOfTree(root->rc);
   }
   return  nSumNodes;
}

//功能：求二叉树中的最大值
double AVL_getmax(pAVLNode          root, double      original)
{
   pAVLNode  node=root;
   while (NULL !=node)
   {
       if (NULL !=node->rc)
       {
           node=node->rc;
       }
       else
       {
           return  node->data;
       }
   }
   return  original;
}

//功能：求二叉树中的最小值
double  AVL_getmin(pAVLNode root, double  original)
{
   pAVLNode  node=root;
   while (NULL !=node)
   {
       if (NULL !=node->lc)
       {
           node=node->lc;
       }
       else
       {
           return  node->data;
       }
   }
   return original;
}

//功能：求二叉树中的高度，树的高度是从叶节点计算起，叶节点为1
//树的深度是从根节点计算起，根的深度为1；根节点的高度与深度值相同
int    nHeight_AVLtree(AVLNODE* root)
{
   int nCountLC=0;
   int nCountRC=0;
```

```
    //树中没有数据
    if (NULL==root)
        return 0;
    //递归遍历左子树
    nCountLC=nHeight_AVLtree(root->lc);
    //递归遍历右子树
    nCountRC=nHeight_AVLtree(root->rc);
    //返回较大的一个值
    return  nCountLC > nCountRC ? nCountLC + 1 : nCountRC + 1;
}

//功能：二叉树进行中序遍历，左->中->右，找到序号为nOrder对应的节点
void        SearchNode(pAVLNode             root, int          nOrder,  double* pdValue)
{
    int nCnt=0;
    AVLNODE* cur=root;
    while (cur !=NULL)
    {
        if (NULL==cur->lc)
        {
            nCnt++;
            if (nCnt==nOrder)
            {
                *pdValue=cur->data;
            }
            //以double类型输出节点的数据
            printf("找到指定序号的数：%2d-->%8.2lf  \n", nCnt, cur->data);
            cur=cur->rc;
        }
        else
        {
            AVLNODE* tmp=cur->lc;
            while (tmp->rc !=NULL && tmp->rc !=cur)
            {
                tmp=tmp->rc;
            }
            //第一次访问，修改pre的右子树
            if (NULL==tmp->rc)
            {
                tmp->rc=cur;
                cur=cur->lc;
            }
            else
            {
                //第二次访问，改回pre的右子树
                tmp->rc=NULL;
                nCnt++;
                if (nCnt==nOrder)
                {
                    *pdValue=cur->data;
                }
                //以double类型输出节点的数据
                printf("找到指定序号的数：%2d-->%8.2lf  \n", nCnt, cur->data);
                cur=cur->rc;
            }
        }
    }
    return;
}
```

6.3 Win32程序

Win32程序与控制台程序的区别在于Win32程序通过调用Windows底层API函数实现消息驱动和界面操作，为用户展示良好的人机交互界面。Win32程序既可通过代码实现界面控件的创建，也能通过资源实现界面控件的创建，前者灵活，后者方便，各有优势，根据需要取舍。本例代码中将两者结合起来，主窗体内的控件由代码创建，对话框内的控件由资源创建。

排序与极值_Win32程序

6.3.1 创建步骤

Win32程序涉及菜单、对话框、图标和位图等资源，这些资源的管理通过“.rc”文件实现，扩展名“rc”表示“resource”，即资源，资源的使用简化了代码创建控件过程，将代码和界面模块化，编程人员与界面设计人员专注挖掘各自模块细节。Win32程序创建步骤如下。

（1）创建桌面应用程序

① 运行“Visual Studio 2019”应用程序进入集成开发环境。

② 在“Visual Studio 2019”窗体右侧点击“创建新项目(N)”按钮。

③ 在“创建新项目”窗口，选择“Windows桌面向导”选项，点击“下一步(N)”按钮。

④ 在“配置新项目”窗口“项目名称(J)”对应的输入框中输入“SortInOrder”，在“位置(L)”下方的输入框中选择“桌面”目录，不要勾选“将解决方案和项目放在同一目录中(D)”前面的方框，点击右下角“创建(C)”按钮。

⑤ 在“Windows桌面项目”窗口“应用程序类型(T)”中选择“桌面应用程序(.exe)”，勾选“空项目”前方的方框，点击“确定”按钮，完成空“SortInOrder”桌面应用程序的创建。

（2）配置属性

① 点击“项目(P)”菜单，在下拉菜单中选择“SortInOrder属性(P)”，弹出“SortInOrder属性页”，在“配置(C)”后面的列表框中选择“Debug”或“Release”，“Debug”表示调试版本，“Release”表示发行版本，选择了哪一项，表明后续的选项为哪一项进行配置。在“配置属性”下方点击“高级”选项，在右侧对应栏中查找“MFC的使用”，在其右侧的列表框中选择“使用标准Windows库”，“字符集”选择“使用Unicode字符集”。

② 选中“C/C++”下方“代码生成”选项，在右侧对应栏中查找“运行库”。如果为“Release”，则在其右侧对应的列表框中选择“多线程(/MT)”；如果为“Debug”，则在其右侧对应的列表框中选择“多线程调试(/MTd)”。

③ 选中“C/C++”下方“语言”选项，在右侧对应栏中查找“符合模式”，在其右侧对应的列表框中选择“默认值”，点击“应用(A)”按钮，再点击“确定”按钮。

（3）准备位图和图标素材

准备一个位图文件“logo_help.bmp”和两个图标文件“max.ico”和“min.ico”，将这三个文件拷贝至与解决方案文件“SortInOrder.sln”并列的目录“SortInOrder”中。

（4）添加文件资源

① 点击“窗口(W)”菜单，在下拉菜单中选择“重置窗口布局(R)”，右侧的“解决方案资源管理器”窗口将重新布局。

② 在“解决方案资源管理器”中选择“源文件”，右键弹出菜单，选择“添加(D)”→“新

建项 (W)…”，弹出“添加新项 - SortInOrder”窗口，选择“C++ 文件 (.cpp)”，在下方“名称 (N)”后方的输入框中输入“MainSort.cpp”，点击“添加 (A)”按钮，完成“MainSort.cpp”源文件创建，再继续添加“DoubbleAVLTree.cpp”源文件。

③ 在“解决方案资源管理器”中选择“头文件”，右键弹出菜单，选择“添加 (D)”→“新建项 (W)…”，弹出“添加新项 - SortInOrder”窗口，选择“头文件 (.h)”，在下方“名称 (N)”后方的输入框中输入“DoubleAVLTree.h”，点击“添加 (A)”按钮，完成“DoubleAVLTree.h”头文件创建。“resource.h”文件是由创建对话框或菜单资源时自动产生的，不需单独创建。

④ 将 6.3.3 小节中的代码拷贝至对应的文件中。

（5）添加位图和图标资源

① 在“解决方案资源管理器”界面中选中“资源文件”，点击右键，在弹出菜单中选中“添加 (D)”，再选择“资源 (R)…”，弹出“添加资源”窗口，选择“Icon”选项，点击“导入 (M)…”按钮，从“SortInOrder”目录导入“max.ico”和“min.ico”文件，此时，在“资源文件”下方出现“max.ico”“min.ico”和“SortInorder.rc”，双击“SortInorder.rc”进入“资源视图”，下面有“Icon”文件夹，将“IDI_ICON1”（max.ico 文件）对应 ID 改为“IDI_BIG”，将“IDI_ICON2”（min.ico 文件）对应 ID 改为“IDI_SMALL”。

② 在“解决方案资源管理器”界面中选中“资源文件”，点击右键，在弹出菜单中选中“添加 (D)”，再选择“资源 (R)…”，弹出“添加资源”窗口，选择“Bitmap”选项，点击“导入 (M)…”按钮，从“SortInOrder”目录导入“logo_help.bmp”文件，此时，在“资源文件”下方出现“logo_help.bmp”，双击“SortInorder.rc”进入“资源视图”，下面有“Bitmap”文件夹，将“IDB_BITMAP1”（logo_help.bmp 文件）对应 ID 改为“IDB_BITMAP_HELP”。

（6）添加菜单资源

① 在“解决方案资源管理器”界面中选中“资源文件”，点击右键，在弹出菜单中选中“添加 (D)”，再选择“资源 (R)…”，弹出“添加资源”窗口，选择“Menu”选项，点击“新建 (N)”按钮，在菜单中输入“&File”和“&Help”，创建两个顶层菜单，在“&File”下方创建“&Sort”和“E&xit”子菜单项，如图 6-8（a）所示。

② 在“&Help”下方创建“&About…”子菜单，如图 6-8（b）所示。

③ 双击“SortInorder.rc”进入“资源视图”，下面有“Menu”文件夹，将“IDR_MENU1”对应 ID 改为“"SORT"”字符串，“SORT”必须加英文双引号。

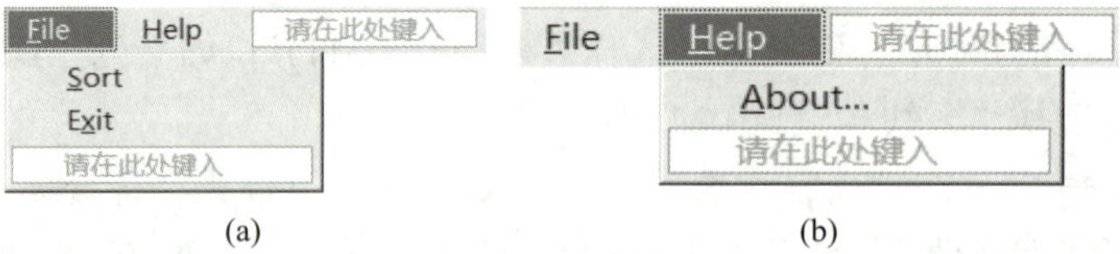

图 6-8 数据排序与极值程序菜单设计效果

（7）添加对话框资源

在“解决方案资源管理器”界面中选中“资源文件”，点击右键，在弹出菜单中选中“添加 (D)”，再选择“资源 (R)…”，弹出“添加资源”窗口，点击展开“Dialog”选项，选择“IDD_DIALOGBAR”，点击“新建 (N)”按钮，双击“SortInorder.rc”进入“资源视图”，下面有“Dialog”文件夹，将“IDD_DIALOGBAR”对应 ID 改为“"ABOUTBOX"”字符串，“ABOUTBOX”必须加英文双引号。

6.3.2　UI界面

主窗体中的“加载数据”按钮控件与编辑控件通过 CreateWindow 函数创建，选择“button”类时创建按钮控件，选择“EDIT”类时创建编辑控件，类名“button”与“EDIT”不区分大小写，即“BUTTON”与“button”表示相同的按钮控件类。程序运行时点击“Help”下拉菜单中的“About...”弹出帮助对话框，该对话框通过添加资源实现，如图 6-9 所示。

图 6-9　数据排序与极值程序对话框设计效果

从工具箱分别向“"ABOUTBOX"”对话框添加“Text Control”“Picture Control”“Button Control”和“Combo-box Control”，各个控件和“"ABOUTBOX"”对话框的属性设置如表 6-1 所示。

表 6-1　对话框及各个控件属性设置列表

ID	控件类型	属性	属性值
IDOK	Button Control	描述文字	确 定
"ABOUTBOX"	Dialog	边框	Thin
		居中	True
		系统菜单	False
		样式	Popup
IDC_COMBO_DEPART	Group-box Control	类型	下拉列表
		排序	False
IDC_STATIC_LOGO	Picture Control	类型	Bitmap
		图像	IDB_BITMAP_HELP
IDC_STATIC_AUTHOR	Text Control	描述文字	作者：张辉
IDC_STATIC_TELE	Text Control	描述文字	电话：136713913××
IDC_STATIC_EMAIL	Text Control	描述文字	邮箱：zhanghui56@×××.cn

6.3.3　C源代码

数据排序与极值程序运行效果如图 6-10 所示。界面中的“加载数据”按钮与下方的编辑控件均采用 CreateWindow 函数创建，右侧的显示区域为用户区“画布”，通过 BeginPaint 和 EndPaint 函数将内容输出到该“画布”。点击“加载数据”按钮，以逗号“,”分隔的字符串数据转化为以回车换行“\r\n”分隔的字符串数据，然后将字符串数据显示在编辑控件对应的编辑框内，如图 6-10（a）所示；点击“File”下拉菜单，从中选择“Sort”按钮，如图 6-10（b）所示，显示 AVL 树的节点数、高度、排序后的最大值和最小值。

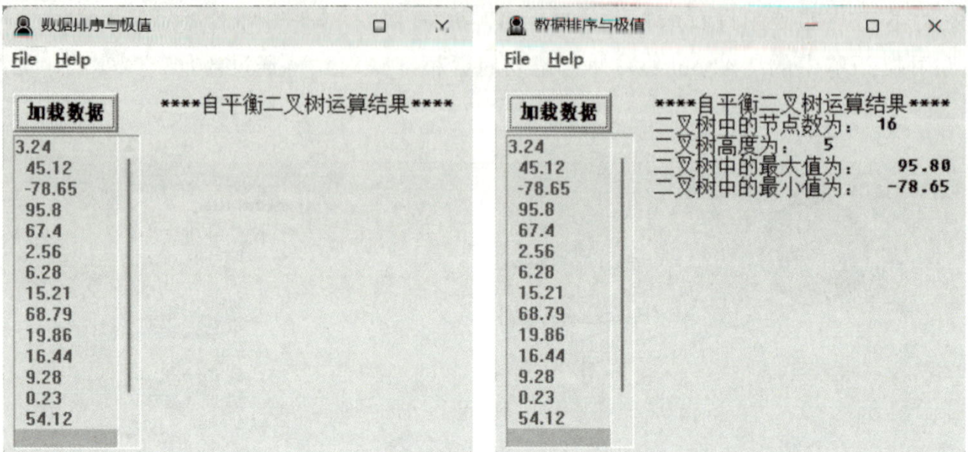

(a) (b)

图 6-10 数据排序与极值程序运行效果界面

```
//********************resource.h********************
//{{NO_DEPENDENCIES}}
// Microsoft Visual C++ 生成的包含文件。
// 供 SortInOrder.rc 使用
//
#define IDB_BITMAP_HELP                 101
#define IDI_BIG                         105
#define IDI_SMALL                       106
#define IDC_COMBO_DEPART                1002
#define IDC_STATIC_AUTHOR               1003
#define IDC_STATIC_TELE                 1004
#define IDC_STATIC_EMAIL                1005
#define IDC_STATIC_LOGO                 1006
#define IDC_EDIT_DATA                   1007
#define ID_BUTTON_LOAD                  1008
#define ID_HELP_ABOUT                   40001
#define ID_FILE_SORT                    40002
#define ID_FILE_EXIT                    40003

// Next default values for new objects
//
#ifdef APSTUDIO_INVOKED
#ifndef APSTUDIO_READONLY_SYMBOLS
#define _APS_NEXT_RESOURCE_VALUE        109
#define _APS_NEXT_COMMAND_VALUE         40004
#define _APS_NEXT_CONTROL_VALUE         1007
#define _APS_NEXT_SYMED_VALUE           101
#endif
#endif

//********************DoubleAVLTree.h********************
#ifndef     _DOUBLEAVLTREE_H
#define     _DOUBLEAVLTREE_H

#define         EPSILON    1E-9             //ε，误差为10^-9，主要用于双精度浮点型数据
```

```
#define        LH    1                       //Left Height, 左子树高度＞右子树高度
#define        EH    0                       //Equal Height, 左子树高度＝右子树高度
#define        RH    -1                      //Right Height, 左子树高度＜右子树高度

typedef struct tagAVLNODE
{
   double    data;                  //data, 数据
   int       bf;                    //balance factor-->bf, 平衡因子
   struct    tagAVLNODE* lc;        //left child-->lc, 左子树
   struct    tagAVLNODE* rc;        //right child-->rc, 右子树
}AVLNODE, * pAVLNode;               //binary tree-->pAVLNode, AVL二叉树结构+指向AVL二叉树结构的指针

void        R_Rotate(pAVLNode*  root);
void        L_Rotate(pAVLNode*  root);
void        LeftBalance(pAVLNode*  root);
void        RightBalance(pAVLNode*  root);
void        InorderTraversal(pAVLNode  root);
int         SearchValueInT(pAVLNode  root, double  value, pAVLNode* pos);
int         DeleteNode(pAVLNode* pos);
int         DeleteAVL(pAVLNode* present, double  value, int* lower);
int         NodesOfTree(AVLNODE* root);
int         nHeight_AVLtree(AVLNODE* root);
int         InsertAVL(pAVLNode* root, double        value, int* taller);
void        SearchNode(pAVLNode   root, int         nOrder, double* pdValue);
double      AVL_getmax(pAVLNode   root, double      original);
double      AVL_getmin(pAVLNode   root, double      original);

#endif//_DOUBLEAVLTREE_H

//*************************DoubleAVLTree.cpp*************************
#include    <stdio.h>             //标准输入输出库头文件
#include    <stdlib.h>            //标准库文件
#include    <math.h>              //数学函数库头文件
#include    <conio.h>
#include    "DoubleAVLTree.h"
//.................................................................
//拷入DoubleAVLTree.h文件中各声明函数的定义

//****************************MainSort.cpp****************************
#include    <windows.h>
#include    <stdlib.h>
#include    <stdio.h>
#include    <string.h>
#include    <tchar.h>
#include    "resource.h"
#include    "DoubleAVLTree.h"

//浮点型数据，以宽字符存储
static TCHAR    wcData[] = TEXT("3.24,   45.12,   -78.65,   95.8,   67.4,   2.56,   6.28,   15.21,
68.79,  19.86,  16.44,  9.28,  0.23,  54.12,  32.66,  45.79");
LRESULT    CALLBACK MainWndProc(HWND  hWnd,  UINT  message,  WPARAM  wParam,  LPARAM  lParam);
BOOL   CALLBACK AboutDlgProc(HWND  hWnd,  UINT  wMsg,  WPARAM  wParam,  LPARAM  lParam);
TCHAR* ReplaceAbyB(TCHAR*  src,  TCHAR*  A,  TCHAR*  B);
void        SPLIT_2_D(TCHAR*  src,  TCHAR*  sep,  double**  data,  int*  len);

int  WINAPI  WinMain(HINSTANCE  hInstance,  HINSTANCE  hPrevInstance,  PSTR  szCmdLine,  int  iCmdShow)
{
   int  width;
   int  height;
   HWND  hWnd;
   MSG  msg;
   WNDCLASSEX  wcex;
```

```
    static  TCHAR  szAppName[]=TEXT("数据排序与极值");

    hWnd = FindWindow(szAppName,  NULL);
    if  (hWnd)
    {
        //在窗体最小化时使用
        SetForegroundWindow((HWND)(((DWORD)hWnd)  |  0x01));
        return  0;
    }

    width = GetSystemMetrics(SM_CXSCREEN)  /  3;
    height = GetSystemMetrics(SM_CYSCREEN)  /  3;
    wcex.cbSize = sizeof(WNDCLASSEX);
    wcex.style =CS_HREDRAW | CS_VREDRAW;
    wcex.lpfnWndProc = MainWndProc;
    wcex.cbClsExtra = 0;
    wcex.cbWndExtra = 0;
    wcex.hInstance = hInstance;
    //在桌面下方任务栏显示的图标
    wcex.hIcon =LoadIcon(hInstance,  MAKEINTRESOURCE(IDI_BIG));
    //程序运行时在标题栏显示的图标
    wcex.hIconSm=LoadIcon(wcex.hInstance, MAKEINTRESOURCE(IDI_SMALL));
    wcex.hCursor = LoadCursor(NULL,  IDC_ARROW);
    //灰色背底
    wcex.hbrBackground = (HBRUSH)(COLOR_WINDOW );
    //与创建的菜单名字相同
    wcex.lpszMenuName = TEXT("SORT");
    //窗口类的名字，同时也是程序运行时在标题栏显示的名字
    wcex.lpszClassName = szAppName;
    if  (!RegisterClassEx(&wcex))
    {
        MessageBox(NULL,  TEXT("注册窗口类失败！"),  szAppName,  MB_ICONERROR);
        return  0;
    }
    //创建主窗口界面
    hWnd =CreateWindow(szAppName, szAppName,
            WS_OVERLAPPEDWINDOW,
            20,  20,  width,  height,
            NULL,  NULL,  hInstance,  NULL);
    //避免重复运行程序
    if (!IsWindow(hWnd))
    {
        return  0;
    }
    //显示窗体
    ShowWindow(hWnd,  iCmdShow);
    UpdateWindow(hWnd);
    //消息循环
    while  (GetMessage(&msg,  NULL,  0,  0))
    {
        TranslateMessage(&msg);
        DispatchMessage(&msg);
    }
    return  msg.wParam;
}

LRESULT  CALLBACK  MainWndProc(HWND  hWnd,  UINT  message,  WPARAM  wParam,  LPARAM  lParam)
{
    int cxChar, cyChar;
    int wmId, wmEvent;
    int taller;
    HDC   hdc;
```

```
    PAINTSTRUCT    ps;
    pAVLNode  root=NULL;
    static  RECT rect;
    static  HDC  hdcEdt;
    static  HWND hEdit;
    static  HWND hwndTemp;
    static  TCHAR     buffer[1024]=TEXT("****平衡二叉树运算结果****\n");

    switch  (message)
    {
    case  WM_CREATE:
    {
        GetClientRect(hWnd,  &rect);
        cxChar = LOWORD(GetDialogBaseUnits());
        cyChar = HIWORD(GetDialogBaseUnits());

        hwndTemp =CreateWindow(TEXT("button"),  TEXT("加载数据"),
                    WS_CHILD  |  WS_VISIBLE  |  BS_PUSHBUTTON,
                    rect.left  +  cxChar,  rect.top  +  cyChar,  80,  30,
                    hWnd,  (HMENU)IDBUTTONLOAD,
                    (HINSTANCE)GetWindowLong(hWnd,  GWL_HINSTANCE),  NULL);

        hEdit =CreateWindowEx(WS_EX_STATICEDGE,  TEXT("EDIT"),  TEXT(""),
WS_CHILD  |  WS_VISIBLE  |  WS_VSCROLL  |  ES_LEFT  |  ES_NOHIDESEL | ES_MULTILINE  |  ES_WANTRETURN,
                cxChar,  3  *  cyChar,
                cxChar  *  10  +  GetSystemMetrics(SM_CXVSCROLL),  cyChar  *  15,
                hWnd,  (HMENU)IDC_EDIT_DATA,  NULL,  NULL);

        rect.left = rect.left  +  cxChar  *  15;
        rect.top = rect.top  +  cyChar;
    }
        return  0;

    case  WM_PAINT:
    {
        hdc = BeginPaint(hWnd,  &ps);
        SelectObject(hdc,  GetStockObject(SYSTEM_FIXED_FONT));
        SetTextColor(hdc,  GetSysColor(COLOR_BTNTEXT));
        SetBkColor(hdc,  GetSysColor(COLOR_BTNFACE));
        DrawTextW(hdc, buffer, _tcslen(buffer), &rect, DT_WORDBREAK | DT_EXPANDTABS | DT_NOCLIP |
DT_NOPREFIX);
        EndPaint(hWnd,  &ps);
    }
        return  0;

    case  WM_CTLCOLOREDIT:
    {
        int  i;
        hdcEdt = (HDC)wParam;
        i =GetWindowLong((HWND)lParam,  GWL_ID);
        if  (i == IDC_EDIT_DATA)
        {
            SetTextColor(hdcEdt,RGB(153,  50,  204));
            SetBkColor(hdcEdt,RGB(225,  255,  255));
            return  (INT_PTR)CreateSolidBrush(RGB(173,  216,  230));
        }
    }
        break;

    case  WM_SETFOCUS:
        SetFocus(hEdit);
        return  0;
```

```
    case  WM_COMMAND:
    {
        wmId = LOWORD(wParam);
        wmEvent = HIWORD(wParam);
        //分析菜单选择
        switch  (wmId)
        {
        case  ID_BUTTON_LOAD:
        {
            TCHAR*  dst = NULL;
            //清空编辑框内原有内容
            hEdit = GetDlgItem(hWnd,  IDC_EDIT_DATA);
            SetWindowText(hEdit,  TEXT(""));
            //向编辑框追加数据
            dst = ReplaceAbyB(wcData,TEXT(","),  TEXT("\r\n"));        //用回车换行替代逗号
            SendMessage(hEdit,  WM_SETTEXT,  0,  (LPARAM)dst);
            //用完后释放内存
            if  (dst  != NULL)
            {
                free(dst);
                dst = NULL;
            }
        }
            break;

        case  ID_HELP_ABOUT:
        {
            DialogBox((HINSTANCE)GetWindowLong(hWnd,  GWL_HINSTANCE),  TEXT("aboutbox"),  hWnd,
AboutDlgProc);
            return  0;
        }
        break;
        case  ID_FILE_SORT:
        {
            int i,  n,  tmp;
            double*  pd, dTemp;
            TCHAR  str[MAX_PATH];

            SPLIT_2_D(wcData,TEXT(","), &pd, &n);
            for (i=0; i < n; i++)
            {
                InsertAVL(&root,  pd[i],  &taller);    //依次将nArr数组中的数据插入到root指定的二叉树中
            }
            //释放堆内存
            if (pd !=NULL)
            {
                free(pd);
                pd=NULL;
            }
            //计算节点数
            tmp=NodesOfTree(root);
            _stprintf_s(str, _countof(str),  __TEXT("二叉树中的节点数为：%3d\n"), tmp);
            _tcscat_s(buffer,  _countof(buffer), str);
            //计算树高
            tmp=nHeight_AVLtree(root);
            _stprintf_s(str,  _countof(str),  __TEXT("二叉树高度为：%3d\n"), tmp);
            _tcscat_s(buffer,  _countof(buffer), str);
            //计算最大值
            dTemp=AVL_getmax(root,  1.0);
            _stprintf_s(str,  _countof(str),  __TEXT("二叉树中的最大值为：%8.2lf\n"), dTemp);
            _tcscat_s(buffer,  _countof(buffer), str);
            //计算最小值
```

```
            dTemp=AVL_getmin(root, 1.0);
            _stprintf_s(str, _countof(str), __TEXT("二叉树中的最小值为：%8.2lf\n"), dTemp);
            _tcscat_s(buffer, _countof(buffer), str);
            //刷新窗体
            InvalidateRect(hWnd, NULL, TRUE);
        }
            break;

        case  ID_FILE_EXIT:
        {
            SendMessage(hWnd, WM_CLOSE, 0, 0);
            return 0;
        }
            break;

        default:
            break;
        }
    }
        return 0;

    case WM_DESTROY:
    {
        PostQuitMessage(0);
    }
        return 0;
    }
    return DefWindowProc(hWnd, message, wParam, lParam);
}

//==========================================================================================
//                                  "About..."对话框
//==========================================================================================
BOOL CALLBACK AboutDlgProc(HWND hWnd, UINT wMsg, WPARAM wParam, LPARAM lParam)
{
    switch (wMsg)
    {
    case WM_INITDIALOG:
        SendMessage(GetDlgItem(hWnd, IDC_COMBO_DEPART), CB_ADDSTRING, 0, (LPARAM)TEXT("北京科技大学"));
        SendMessage(GetDlgItem(hWnd, IDC_COMBO_DEPART), CB_ADDSTRING, 0, (LPARAM)TEXT("能环学院"));
        SendMessage(GetDlgItem(hWnd, IDC_COMBO_DEPART), CB_ADDSTRING, 0, (LPARAM)TEXT("热能系"));
        SendMessage(GetDlgItem(hWnd, IDC_COMBO_DEPART), CB_SETCURSEL, 2, 0);
        return TRUE;

    case WM_COMMAND:
        switch (LOWORD(wParam))
        {
        case IDOK:
        case IDCANCEL:
            EndDialog(hWnd, 0);
            return TRUE;
        }
        break;
    }
    return FALSE;
}

//功能：在源字符串中查找A字符串，用B字符串替换，返回动态分配内存指针
TCHAR* ReplaceAbyB(TCHAR* src, TCHAR* A, TCHAR* B)
{
    int n=0;
```

```
    int nSrc=0;             //源字符串长度
    int nA=0;               //A字符串长度
    int nB=0;               //B字符串长度
    int count=0;            //A字符串个数
    TCHAR*  pA=A;
    TCHAR*  pB=B;
    TCHAR* pSrc=src;
    TCHAR* p=NULL;
    TCHAR*  pDst=NULL;

    //计算各字符串的长度
    for (; pSrc[nSrc] !=TEXT('\0'); ++nSrc);
    nA=_tcslen(pA);
    for (; pB[nB] !=TEXT('\0'); ++nB);

    //计算源字符串中有几个字符串A
    do
    {
        p=_tcsstr(pSrc,  A);
        if (p !=NULL)
        {
            pSrc=p + nA;
            count++;
        }
    } while  (p !=NULL);

    //如果没有待找的字符串A，返回0
    if (count==0)
    {
        return  NULL;
    }

    //源字符串中有字符串A，根据需要动态分配内存
    p=pDst=(TCHAR*)calloc(nSrc + count * (nB - nA) + 1,  sizeof(TCHAR));
    //源字符串指针置初值
    pSrc=src;
    //未到源字符串结尾
    while (*pSrc  != TEXT('\0'))
    {
        //从pSrc指向位置开始的字符串是否为字符串A
        for (pA=A, n=0; (*(pSrc + n)==*pA) && *pA !=TEXT('\0'); ++n, ++pA);
        //如果是字符串A，用B字符串替换
        if  (n==nA)
        {
            for (pB=B, pSrc=pSrc + nA; *pB !=TEXT('\0'); *pDst++=*pB++);
        }
        //没有找到字符串A，不替换，但是把前面匹配的几个字母拷到目标地址
        else
        {
            //字符串A未匹配时，将其他字符拷入目标地址中
            while  (n-- >=0)
            {
                *pDst++=*pSrc++;
            }
        }
    }//while(*pSrc !=TEXT('\0'))
    //将TEXT('\0')拷到目标地址
    *pDst++ = *pSrc;
    return  p;
}

//功能：根据分隔符将字符串中的数据取出，置于数据结构体中
```

```
void  SPLIT_2_D(TCHAR* src, TCHAR* sep, double** data, int* len)
{
    int n = 0;                          //数据个数
    int nSrc;                           //源字符串长度
    int nS;                             //分隔符长度，seperator
    TCHAR*  pSrc=src;
    TCHAR*  pSep=sep;
    TCHAR*  p=NULL;
    double  temp;
    double*  pd = NULL;                 //double 型数据地址

    nSrc=_tcslen(pSrc);
    nS=_tcslen(pSep);
    n=0;
    do
    {
        //从字符串中取数据到临时变量temp中，p指向分隔符
        temp=_tcstod(pSrc,  &p);
        n++;
        //p加上分隔符长度后为新的字符串起始地址
        pSrc=p + nS;
    }while (p < src + nSrc);

    //如果没有数据，返回0
    if  (n==0)
    {
        *len=n;                         //返回数据个数
        *data=NULL;                     //返回数据地址
        return;
    }

    //分配n个用于存放double型数据的堆内存
    pd=(double*)calloc(n, sizeof(double));
    pSrc=src;                           //重新初始地址
    n = 0;
    do
    {
        pd[n]=_tcstod(pSrc,  &p);
        n++;
        pSrc=p + nS;
    }while (p < src + nSrc);

    *len=n;                             //返回数据个数
    *data=pd;                           //返回数据地址
    return;
}
```

第7章

模拟画图

知识点思维导图

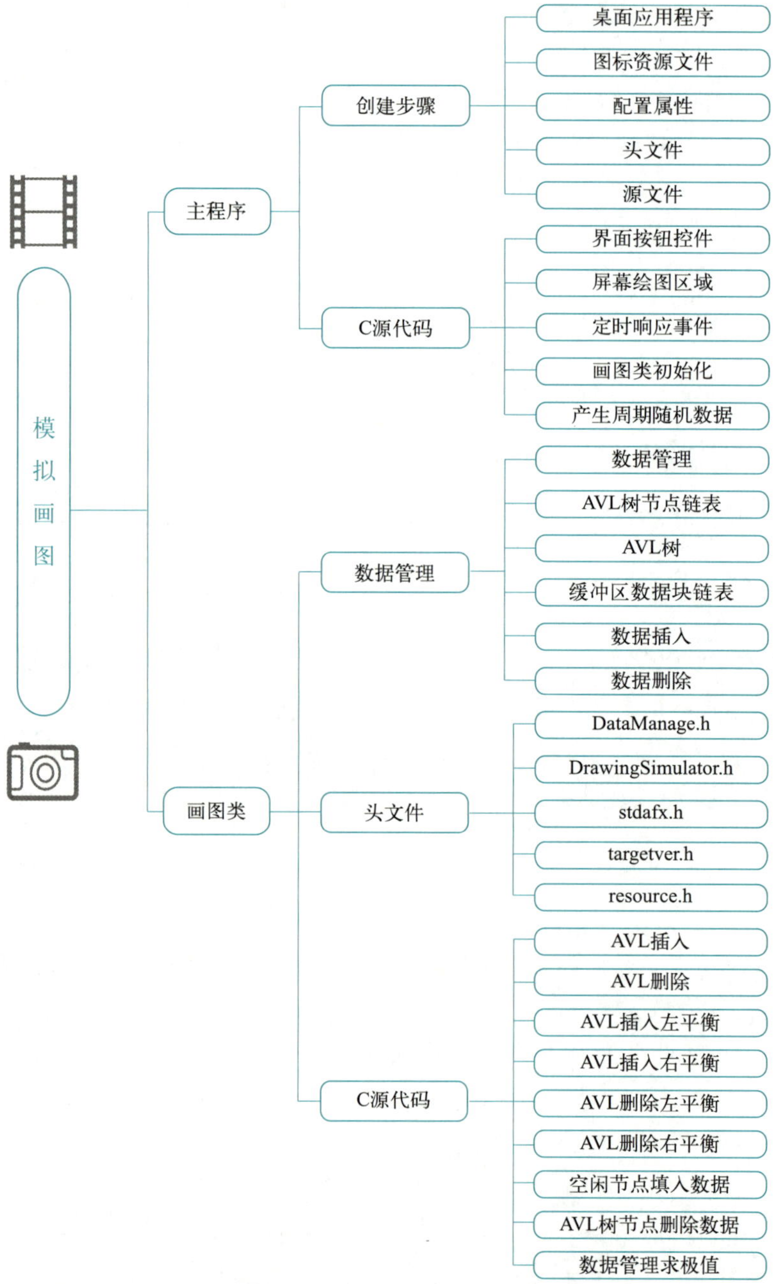

画图是展示数据的一种直观方式，通过操作画笔、画刷、形状、区域、字体、位图和内存设备环境等工具实现曲线绘制和文字输出，在屏幕绘图区域实现屏幕坐标与数据坐标的映射。本章采用三角函数与随机函数产生两个 *Y* 值，以时间为共同 *X* 轴，在屏幕绘图区域绘制两条动态模拟曲线。

7.1 主程序

主程序的过程处理函数通过代码创建“开始采集”和“停止采集”两个按钮，初始化画图类，设置屏幕绘图区域画笔、字体颜色和背景颜色。点击“开始采集”按钮，打开定时器，点击“停止采集”按钮，关闭定时器，定时器每 1 ms 触发一次，随机产生两个 *Y* 值，在 *X* 轴增加一个步长，绘制数据点，并将新数据点与旧数据点用线连接起来，程序运行结果如图 7-1 所示。

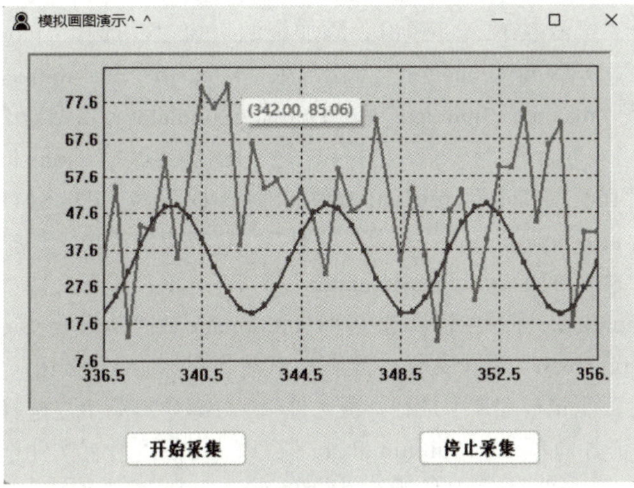

模拟画图程序加载

图 7-1 模拟画图程序运行结果

7.1.1 创建步骤

本例 Win32 程序中所有界面控件全部采用 Windows 底层 API 函数创建，体现程序的灵活性和独立性，程序界面运行时左上角显示图标与界面最小化显示图标不同，通过调用资源文件中的 ico 图标实现，Win32 程序创建步骤如下。

① 运行“Visual Studio 2019”应用程序进入集成开发环境。

② 在“Visual Studio 2019”窗体右侧点击“创建新项目 (N)”按钮。

③ 在“创建新项目”窗口，选择“Windows 桌面向导”选项，点击“下一步 (N)”按钮。

④ 在“配置新项目”窗口“项目名称 (J)”对应的输入框中输入“DrawingSimulator”，在“位置 (L)”下方的输入框中选择“桌面”目录，不要勾选“将解决方案和项目放在同一目录中 (D)”前面的方框，点击右下角“创建 (C)”按钮。

⑤ 在“Windows 桌面项目”窗口“应用程序类型 (T)”中选择“桌面应用程序 (.exe)”，勾选“空项目”前方的方框，点击“确定”按钮，完成空“DrawingSimulator”桌面应用程序的创建。

⑥ 点击“项目(P)”菜单，在下拉菜单中选择“DrawingSimulator 属性(P)”，弹出“DrawingSimulator 属性页”，在“配置(C)”后面的列表框中选择“Release”，“Release”表示发行版本。在“配置属性”下方点击“高级”选项，在右侧对应栏中查找“MFC 的使用”，在其右侧的列表框中选择“使用标准 Windows 库”。“字符集”选择“使用 Unicode 字符集”。

⑦ 选中“C/C++”下方“代码生成”选项，在右侧对应栏中查找“运行库”，如果为“Release”，则在其右侧对应的列表框中选择“多线程(/MT)”。

⑧ 选中“C/C++”下方“语言”选项，在右侧对应栏中查找“符合模式”，在其右侧对应的列表框中选择“默认值”，点击“应用(A)”按钮，再点击“确定”按钮。

⑨ 准备两个图标文件“max.ico”和“min.ico”，将这两个文件拷贝至与解决方案文件“DrawingSimulator.sln”并列的目录“DrawingSimulator”中。

⑩ 点击“窗口(W)”菜单，在下拉菜单中选择“重置窗口布局(R)”，右侧的“解决方案资源管理器”窗口将重新布局。

⑪ 在“解决方案资源管理器”界面中选中“资源文件”，点击右键，在弹出菜单中选中“添加(D)”，再选择“资源(R)...”，弹出“添加资源”窗口，选择“Icon”选项，点击“导入(M)...”按钮，从“DrawingSimulator”目录导入“max.ico”和“min.ico”文件，此时，在“资源文件”下方出现“max.ico”“min.ico”和“DrawingSimulator.rc”，双击“DrawingSimulator.rc”进入“资源视图”，下面有“Icon”文件夹，将“IDI_ICON1”（max.ico 文件）对应 ID 改为“IDI_BIG”，将“IDI_ICON2”（min.ico 文件）对应 ID 改为“IDI_SMALL”。

⑫ 在“解决方案资源管理器”中选择“头文件”，右键弹出菜单，选择“添加(D)”→“现有项(G)...”，弹出“添加新项-DrawingSimulator”窗口，选择“所有文件(*.*)”，按住左“ctrl”键，从“DrawingSimulator”目录中依次选中“DataManage.h”“DrawingSimulator.h”“resource.h”“stdafx.h”和“targetver.h”五个文件，点击右下角“添加(A)”按钮，完成头文件的添加。

⑬ 在“解决方案资源管理器”中选择“源文件”，右键弹出菜单，选择“添加(D)”→“现有项(G)...”，弹出“添加新项-DrawingSimulator”窗口，选择“所有文件(*.*)”，按住左“ctrl”键，从“DrawingSimulator”目录中依次选中“DataManage.cpp”“DrawingSimulator.cpp”和“MainDrawing.cpp”三个文件，点击右下角“添加(A)”按钮，完成源文件的添加。

⑭ Win32 程序创建完毕，按 Ctrl+F5 组合键或从主菜单“调试(D)”中选择“开始调试(S)”子菜单，程序进入运行调试状态。

7.1.2 C源代码

```
//********************resource.h********************
//{{NO_DEPENDENCIES}}
// Microsoft Visual C++ 生成的包含文件。
// 供 DrawingSimulator.rc 使用
//
#define     IDI_BIG                         101
#define     IDI_SMALL                       102

// Next default values for new objects
//
#ifdef  APSTUDIO_INVOKED
#ifndef  APSTUDIO_READONLY_SYMBOLS
#define  _APS_NEXT_RESOURCE_VALUE          103
#define  _APS_NEXT_COMMAND_VALUE           40001
#define  _APS_NEXT_CONTROL_VALUE           1001
```

```
#define  _APS_NEXT_SYMED_VALUE              101
#endif
#endif

//********************stdafx.h********************
// stdafx.h : 标准系统包含文件的包含文件，
// 或是经常使用但不常更改的
// 特定于项目的包含文件
#pragma once
// Windows 头文件：
#include <windows.h>

// C 运行时头文件
#include <stdlib.h>
#include <malloc.h>
#include <memory.h>
#include <tchar.h>

#include "targetver.h"
// 从 Windows 头中排除极少使用的资料
#define WIN32_LEAN_AND_MEAN

// TODO: 在此处引用程序需要的其他头文件

//********************targetver.h********************
#pragma once
// 以下宏定义要求的最低平台。要求的最低平台
// 是具有运行应用程序所需功能的 Windows、Internet Explorer 等产品的
// 最早版本。通过在指定版本及更低版本的平台上启用所有可用的功能，宏可以
// 正常工作。
// 如果必须针对低于以下指定版本的平台，请修改下列定义
// 有关不同平台对应值的最新信息，请参考 MSDN。
#ifndef WINVER                           // 指定要求的最低平台是 Windows Vista
#define WINVER 0x0600                    // 将此值更改为相应的值，以适用于 Windows 的其他版本
#endif

#ifndef _WIN32_WINNT                     // 指定要求的最低平台是 Windows Vista
#define _WIN32_WINNT 0x0600              // 将此值更改为相应的值，以适用于 Windows 的其他版本
#endif

#ifndef _WIN32_WINDOWS                   // 指定要求的最低平台是 Windows 98
#define _WIN32_WINDOWS 0x0410            // 将此值更改为适当的值，以适用于 Windows Me 或更高版本
#endif

#ifndef _WIN32_IE                        // 指定要求的最低平台是 Internet Explorer 7.0
#define _WIN32_IE 0x0700                 // 将此值更改为相应的值，以适用于 IE 的其他版本
#endif
//********************MainDrawing.cpp********************
#include   <windows.h>
#include   <math.h>
#include   "DataManage.h"
#include   "DrawingSimulator.h"
#include   "resource.h"

//"开始采集"按钮
#define         IDC_BTN_START                          1
//"停止采集"按钮
#define         IDC_BTN_STOP                           2
//画曲线时X轴方向步长
#define         STEP_LENGTH                            0.5

static CDrawImage   *di=NULL;
```

```
static DRAWPEN  *pen0=NULL;
static DRAWPEN  *pen1=NULL;

LRESULT  CALLBACK  MainWndProc(HWND  hWnd, UINT  message, WPARAM  wParam, LPARAM  lParam);
VOID   CALLBACK   TimerProc(HWND  hWnd, UINT  uMsg, UINT_PTR  idEvent, DWORD  dwTime);
double   RangedRandDemo(double  range_min, double  range_max);

int    WINAPI   WinMain(HINSTANCE  hInstance, HINSTANCE  hPrevInstance, PSTR  szCmdLine, int iCmdShow)
{
   int width;
   int height;
   MSG               msg;
   HWND              hWnd;
   WNDCLASSEX        wcex;
   static  TCHAR          szAppName[]=TEXT("模拟画图");

   hWnd=FindWindow(szAppName, NULL);
   if (hWnd)
   {
       //在窗体最小化时使用
       SetForegroundWindow((HWND)(((DWORD)hWnd)|0x01));
       return  0;
   }

   //主窗口的宽度和高度
   width=GetSystemMetrics(SM_CXSCREEN) / 2 - 230;
   height=GetSystemMetrics(SM_CYSCREEN) / 3 + 120;
   wcex.cbSize=sizeof(WNDCLASSEX);
   wcex.style  =CS_HREDRAW | CS_VREDRAW;
   wcex.lpfnWndProc       =MainWndProc;
   wcex.cbClsExtra        =0;
   wcex.cbWndExtra        =0;
   wcex.hInstance         =hInstance;
   //窗口最小化时显示的图标
   wcex.hIcon             =LoadIcon(hInstance, MAKEINTRESOURCE(IDI_BIG));
   wcex.hCursor           =LoadCursor(NULL, IDC_ARROW);
   //灰色背底
   wcex.hbrBackground=(HBRUSH) (COLOR_WINDOW);
   wcex.lpszMenuName      =NULL;
   wcex.lpszClassName     =szAppName;
   //窗口正常显示时左上角的图标
   wcex.hIconSm     =LoadIcon(wcex.hInstance, MAKEINTRESOURCE(IDI_SMALL));
   if (!RegisterClassEx(&wcex))
   {
       MessageBox (NULL, TEXT ("注册窗口类失败!"), szAppName, MB_ICONERROR) ;
       return  0 ;
   }

   hWnd=CreateWindow (szAppName, TEXT ("模拟画图演示^_^"),
         WS_OVERLAPPEDWINDOW,
         20, 20, width, height,
         NULL, NULL, hInstance, NULL) ;

   //避免重复运行程序
   if (!IsWindow(hWnd))
   {
       return  0;
   }

   //显示窗体
   ShowWindow (hWnd, iCmdShow) ;
   UpdateWindow (hWnd) ;
```

```
    //消息泵循环处理消息
    while (GetMessage (&msg, NULL, 0, 0))
    {
        TranslateMessage (&msg) ;
        DispatchMessage (&msg) ;
    }

    return msg.wParam ;
}

LRESULT CALLBACK MainWndProc (HWND hWnd, UINT message, WPARAM wParam, LPARAM lParam)
{
    static  HWND     hwndTemp;
    static  RECT          rect ;

    int cxChar;
    int cyChar;
    int wmId;
    int wmEvent;
    HDC hdc ;
    PAINTSTRUCT ps ;

    switch (message)
    {
    case WM_CREATE :
    {
        GetClientRect(hWnd, &rect);
        cxChar=LOWORD (GetDialogBaseUnits ());
        cyChar=HIWORD (GetDialogBaseUnits ());

        //创建"开始采集"按钮
        hwndTemp=CreateWindow(TEXT("BUTTON"), TEXT("开始采集"),
                WS_CHILD|WS_VISIBLE,
                100, 325, 100, 30,
                hWnd, (HMENU)IDC_BTN_START,
                NULL, NULL);

        //创建"停止采集"按钮
        hwndTemp=CreateWindow(TEXT("BUTTON"), TEXT("停止采集"),
                WS_CHILD|WS_VISIBLE,
                340, 325, 100, 30,
                hWnd, (HMENU)IDC_BTN_STOP,
                NULL, NULL);

        rect.left=rect.left + cxChar * 15;
        rect.top=rect.top + cyChar;

        MAPRANGE range;
        MAPSCALE scale;

        //画图区域左上角坐标为(20,10), 画图区域宽480, 高300
        di=new CDrawImage(hWnd, 20, 10, 480, 300);
        range.left=0;
        range.right=20;
        range.bottom=0;
        range.top=45;
        //X方向的刻度分度
        scale.xScale=4;
        //Y方向的刻度分度
        scale.yScale=10;
        //X方向步长为0.5
        scale.step=STEP_LENGTH;
```

```
        //FULL_STOP_MODE（固定区间式）
        //FIXED_RANGE_MODE（窗口平移式）
        //STRETCH_RANGE_MODE（不断压缩式）
        di->SetCoordinateMap(&range, &scale, FIXED_RANGE_MODE);
    }
        return  0 ;

    case WM_PAINT :
    {
        hdc=BeginPaint (hWnd, &ps) ;
        SelectObject(hdc, GetStockObject (SYSTEM_FIXED_FONT)) ;
        SetTextColor(hdc, GetSysColor (COLOR_BTNTEXT)) ;
        SetBkColor(hdc, GetSysColor (COLOR_BTNFACE)) ;
        EndPaint (hWnd, &ps) ;
    }
        return  0 ;

    case WM_COMMAND:
    {
        wmId   =LOWORD(wParam);
        wmEvent=HIWORD(wParam);
        //分析菜单选择
        switch (wmId)
        {
        //开始采集
        case IDC_BTN_START:
        {
            COLOR color;

            if (pen0==NULL)
            {
                //将画笔设为红色
                color.r=255;
                color.g=0;
                color.b=0;
                //创建宽度为2、颜色为红色的实心画笔
                pen0=di->CreateDrawPen(2, &color);
            }

            if (pen1==NULL)
            {
                //将画笔设为蓝色
                color.r=0;
                color.b=255;
                pen1=di->CreateDrawPen(2, &color);
            }

            //每1ms触发一次TimerProc函数
            SetTimer(hWnd, (UINT)di, 1, TimerProc);
        }
            break;

        //停止采集
        case IDC_BTN_STOP:
            KillTimer(hWnd, (UINT)di);
            break;

        default:
            break;
        }
    }
        return  0;
    case WM_DESTROY :
```

```
    {
        PostQuitMessage (0) ;
    }
    return  0 ;
  }
  return DefWindowProc (hWnd, message, wParam, lParam) ;
}

//功能：定时处理函数
VOID  CALLBACK  TimerProc(HWND hWnd, UINT uMsg, UINT_PTR idEvent, DWORD dwTime)
{
  static  double  y0=-2.0;            //第一条曲线对应Y轴值
  static  double  y1=-1.0;            //第二条曲线对应Y轴值
  static  double  x=0.0;              //第一条曲线与第二条曲线共同X轴值
  static  double  oldTemp=0.0;        //临时变量

  double  delt=0.0;                   //delta变化量
  //强制将idEvent转化为指向CDrawImage类的指针
  CDrawImage  *di=(CDrawImage *)idEvent;

  //随机产生数据给y0和y1赋初值
  y0=22+15*sin(x)+10*RangedRandDemo(0.1, 5.0);
  y1=25+15*cos(x)+10;

  //如果y0大于0，说明有点可以画
  if (y0 > 0)
  {
      //oldTemp<0.001，说明为第一个点，将两支画笔分别移动到指定点处
      if (oldTemp < 0.001)
      {
          di->DrawMoveTo(pen0, x, y0);   //pen0笔移动到(x, y0)处
          di->DrawMoveTo(pen1, x, y1);   //pen1笔移动到(x, y1)处
          oldTemp=y0;                    //将当前的y0赋给旧的
      }

      di->DrawLineTo(pen0, x, y0);       //pen0笔画线到(x, y0)处
      di->DrawLineTo(pen1, x, y1);       //pen1笔画线到(x, y1)处
      di->ShowImage(TRUE);               //显示图像
      delt=STEP_LENGTH;                  //步长为0.5
      x +=delt;                          //X轴每次加步长0.5
  }
}

//功能：将随机产生的介于0和1之间的数据映射到(range_min, range_max)范围内
double  RangedRandDemo(double  range_min, double  range_max)
{
  //将0 ~ 1范围数据映射到(range_min, range_max)范围
  return  (double)rand() * (range_max - range_min) / RAND_MAX  + range_min;
}
```

7.2 画图类

数据在图中展示方式包括三种：第一种是在屏幕绘图区域显示全部固定数据，适用于展示数据个数和已知的数据集合；第二种是在屏幕绘图区域显示固定间隔的动态数据，数据在不断变化，*X* 坐标轴的最大值与最小值之差始终保持不变，适用于观测最近一段时间内的动态数据；第三种是在屏幕绘图区域显示全部动态数据，当动态数据达到 *X* 坐标轴最大值时，*X* 坐标轴最大值标示值变大，相当于容纳的

画图类创建

数据范围增加，重新绘制旧数据，并追加新数据，适用于观测所有动态数据的变化趋势。模拟画图采用第二种数据展示方式，随时间变化不断产生新数据，当动态数据充满屏幕绘图区域时，窗口最大值标示值与最小值标示值同步增大，但屏幕绘图区域显示的数据区间没有变。

7.2.1 数据管理

模拟画图过程中，不断产生新的数据，屏幕绘图区域 *Y* 轴对应的最大值和最小值需要根据新产生的数据实时更新，为了满足数据追加和数据排序功能，设计了数据管理结构体，如图 7-2 所示，该结构体包括 AVL 树根节点、AVL 树空闲节点链表头指针和 AVL 树节点组成的数据缓冲区链表头指针三个指针变量。AVL 树根节点用于对新产生的数据进行排序，左子树的末端叶子节点即为最小值，右子树的末端叶子节点即为最大值，这两个极值用于实时更新 *Y* 轴的最大值与最小值；AVL 树空闲节点链表头指针指向当前没有存放数据的 AVL 树节点链表头，缓冲区内的 AVL 树节点通过右子树指针连接为 AVL 树节点链表，但并未存储数据；AVL 树节点组成的数据缓冲区链表头指针指向每次分配的 AVL 树节点数据块，每次分配 64 个 AVL 树节点，各个数据块通过 pavlbNext 变量连接为数据块链表。

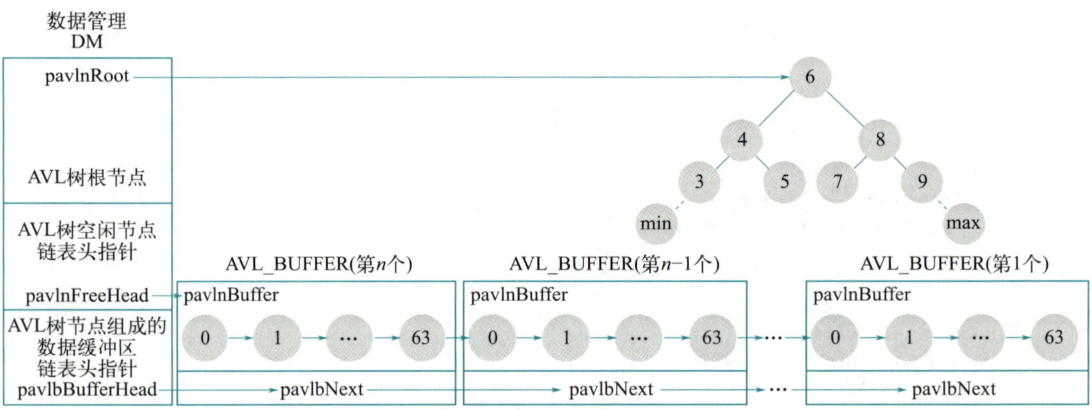

图 7-2 模拟画图程序数据管理过程

图 7-3 为插入新数据过程示意图。初始状态时，如图 7-3 中①所示，数据管理结构体中的 pavlnRoot 变量为空指针，没有指向任何 AVL 树节点，pavlnBuffer 指向新分配的 64 个 AVL 树节点，这 64 个 AVL 树节点通过右子树指针连接成 AVL 树节点链表，pavlnFreeHead 指向链表的第一个元素，标号为“0”。第一个数据“32.4”产生后，首先将该值与“0”元素封装为一个带有数值的 AVL 树节点，将该节点插入到 pavlnRoot 指向的 AVL 树，如图 7-3 中②所示，同时，“0”节点已不是空节点，将从 pavlnFreeHead 指向链表中删除。第二个数据“56.3”产生后，将该值与“1”元素封装为一个带有数值的 AVL 树节点，将该节点插入到 pavlnRoot 指向 AVL 树的右子树，如图 7-3 中③所示，同时，“1”节点已不是空节点，将从 pavlnFreeHead 指向链表中删除。第三个数据“12.6”产生后，将该值与“2”元素封装为一个带有数值的 AVL 树节点，将该节点插入到 pavlnRoot 指向 AVL 树的左子树，如图 7-3 中④所示，同时，“2”节点已不是空节点，将从 pavlnFreeHead 指向链表中删除。pavlnRoot 指向的 AVL 树包含有三个数据，最小值在左子树的末端，即“12.6”，最大值在右子树的末端，即“56.3”。同理，当数据从 AVL 树删除时，数据从 AVL 树节点移除，AVL 树节点重新回到 pavlnFreeHead 指向链表，形成未存储数据的空 AVL 树节点序列。

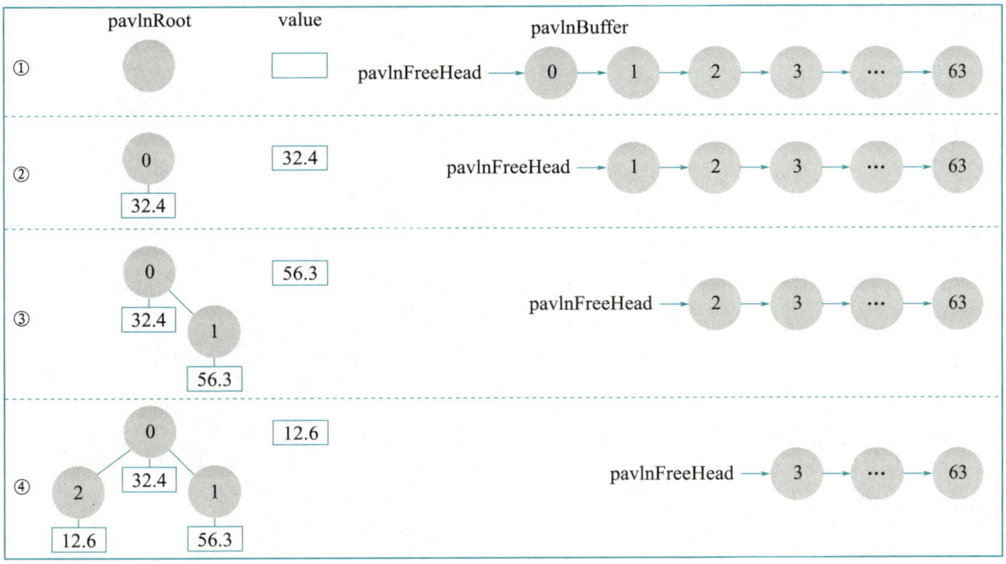

图 7-3　模拟画图程序插入新数据过程

7.2.2　头文件

```
//*********************DataManage.h*********************
#ifndef        DATAMANAGE_H
   #define           DATAMANAGE_H
   typedef   void *DATAMGR_HANDLE;
   DATAMGR_HANDLE    dm_create(void);
   void              dm_destroy(DATAMGR_HANDLE   hDataMgr);
   int               dm_insert(DATAMGR_HANDLE   hDataMgr, double   val);
   int               dm_delete(DATAMGR_HANDLE   hDataMgr, double   val);
   double            dm_getmax(DATAMGR_HANDLE   hDataMgr, double   max_value);
   double            dm_getmin(DATAMGR_HANDLE   hDataMgr, double   min_value);
   void              dm_reset(DATAMGR_HANDLE hDataMgr);
#endif //#define    DATAMANAGE_H

//*********************DrawingSimulator.h********************
#ifndef      DRAWINGSIMULATOR_H
   #define DRAWINGSIMULATOR_H

   #include <windows.h>
   #include "DataManage.h"

   #define LEFT_OFFSET                     60        //画图时曲线边框对应的左边的空白边
   #define BOTTOM_OFFSET                   40        //画图时曲线边框对应的底端的空白边
   #define RIGHT_OFFSET                    10        //画图时曲线边框对应的右边的空白边
   #define TOP_OFFSET                      10        //画图时曲线边框对应的顶端的空白边

   #define MAX_PEN_NUM                     10        //最大画笔数
   #define MAX_TEXT_NUM                    10        //最大文本数
   #define MAX_COORINFO                    64

   typedef enum     tagRANGEMODE
   {
       FULL_STOP_MODE,                               //窗口显示全部固定数据
       FIXED_RANGE_MODE,                             //窗口显示部分可变数据
       STRETCH_RANGE_MODE                            //窗口显示全部可变数据
   }RANGEMODE;
```

```
typedef struct tagCOLOR
{
    BYTE r;
    BYTE g;
    BYTE b;
    BYTE a;
}COLOR, *PCOLOR;

typedef struct tagDRAWPOINT
{
    double  x;
    double  y;
}DRAWPOINT;

typedef struct tagDRAWPEN
{
    HPEN    hPen;
    HPEN    oldPen;
    int     width;
    COLOR   color;
    DRAWPOINT    *pxy;           //指向一个坐标（x,y）点的指针
    DWORD        num;
    LONG         pxySize;
    LONG         startIdx;
    LONG         endIdx;
    short        invert;
}DRAWPEN;

typedef struct tagMAPRANGE
{
    double  left;
    double  right;
    double  top;
    double  bottom;
}MAPRANGE;

typedef struct tagMAPSCALE
{
    double  xScale;
    double  yScale;
    double  step;
}MAPSCALE;

typedef struct  tagDRAWFONT
{
    int left;
    int top;
    int charCount;                       //字符数
    COLORREF crColor;                    //颜色
    HFONT   hFont;                       //字体句柄
    LPTSTR  lpString;                    //字符串
}DRAWFONT;

class       CDrawImage
{
    public:
        CDrawImage(HWND hParentWnd, int left, int top, int width, int height);
        ~ CDrawImage();
        BOOL    SetCoordinateMap(MAPRANGE *range, MAPSCALE *scale, RANGEMODE mode);
        DRAWPEN *CreateDrawPen(int width, PCOLOR color);
        void         DestroyDrawPen(DRAWPEN *pen);
        BOOL    DrawMoveTo(DRAWPEN *pen, double x, double y);
```

```
    void            DrawLineTo(DRAWPEN *pen, double x, double y);
    BOOL     AddString(TCHAR *lpStr, int left, int top, PCOLOR pColor, int direct);
    BOOL     ClearImage(void);
    BOOL     ShowImage(BOOL bShift);

    void            ShowTipTracker(BOOL bShow);
    const    RECT  *  const GetCoorClipRgn(void)
    {
        return      &rectRgn;
    }
    TCHAR    *GetCoorInfoBuf(void)
    {
        return      coorInfo;
    }
    double   Window2LogicX(int x)
    {
        return      ((double)(x - LEFT_OFFSET))/kx + range.left;
    }
    double    Window2LogicY(int y)
    {
        return      range.top - (y - TOP_OFFSET) / ky;
    }

private:
    HWND     hParentWnd;
    HWND     hWnd;
    HDC      hDC;
    HDC      hMemClientDC;
    HDC      hMemCoordinateDC;
    HBITMAP       hClientBmp;
    HBITMAP       hOldCliBmp;
    HBITMAP       hCoordBmp;
    HBITMAP       hOldCoBmp;
    HBRUSH        hBrush;
    HRGN          hRgn;
    RECT     rectRgn;                                         //画图区，光标跟踪区
    TCHAR    coorInfo[MAX_COORINFO];                          //64个数
    BOOL     bTTIActivate;

    int nWidth;
    int      nHeight;
    unsigned  int  nPoint;                                    //窗口可以显示数据的个数
    MAPRANGE  range;
    MAPSCALE  scale;
    double  kx;
    double  ky;
    double  oriWidth;
    double  oriScaleNum;
    double  offset;
    double  ymin;
    double  ymax;
    DATAMGR_HANDLE  hDMGR;

    RANGEMODE  mode;
    LONG  shift;
    int  nPenNum;
    DRAWPEN  *pen[MAX_PEN_NUM];
    DRAWFONT  text[MAX_TEXT_NUM];
    int  nText;

private:
    int LogicX2WindowX(double x)
```

```
        {
            return    (int)((x - range.left) * kx) + LEFT_OFFSET;
        }
        int LogicY2WindowY(double y)
        {
            return    (int)((range.top - y) * ky) + TOP_OFFSET;
        }
        BOOL     DrawLine(HDC hDC, int xEnd, int yEnd);
        void         DrawCoordinate(void);
        void         DrawAllCurve(void);
        void         DrawPolyline(DRAWPEN *pen, int startPos, int length);
        void         DrawAllText(void);
        void         AddTipTracker(void);
    };
#endif //DRAWINGSIMULATOR_H
```

7.2.3 C源代码

```
#include "windows.h"
#include "DataManage.h"

#define        LH    1              //左子树高度 - 右子树高度=1
#define        EH    0              //左子树高度 - 右子树高度=0
#define        RH    -1             //左子树高度 - 右子树高度=-1
#define        BUFFER_OF_BLOCK          64              //数据区大小

typedef  struct  NODE_DATA
{
   int repetitions;                 //相同数据个数
   double       value;              //数据
}NODE_DATA;

//AVL树节点(node)
typedef struct AVL_NODE
{
   int bf;                          //平衡因子(balance factor)
   NODE_DATA     nd;                //节点数据(node nd)
   struct   AVL_NODE    *lc;        //AVL树左子树指针(left child)
   struct   AVL_NODE    *rc;        //AVL树右子树指针(right child)
}AVL_NODE;

//AVL树组成的缓冲区
typedef struct AVL_BUFFER
{
   AVL_NODE   *pavlnBuffer;         //指向一个AVL树节点的指针
   struct  AVL_BUFFER *pavlbNext;   //指向下一个缓冲区的指针
}AVL_BUFFER;

//数据管理
typedef struct DM
{
   AVL_BUFFER* pavlbBufferHead;     //AVL树节点组成的数据缓冲区头指针
   AVL_NODE* pavlnFreeHead;         //AVL树空闲节点链表头指针
   AVL_NODE* pavlnRoot;             //AVL树根节点
}DM;

typedef  void (*del_cbf)(DATAMGR_HANDLE  hDataMgr, AVL_NODE* delNode);

//功能：插入AVL节点后进行左平衡
static  void  insert_left_balance(AVL_NODE** root)
{
```

```
    AVL_NODE* p;
    AVL_NODE* rc;
    AVL_NODE* lc;

    //p指向AVL树根节点
    p=*root;
    lc=p->lc;
    //根据左子树的平衡因子进行判断
    switch (lc->bf)
    {
        //左子树深
    case LH:
        p->bf=lc->bf=EH;
        p->lc=lc->rc;                          //左子树的右节点成为原来根节点的左子树
        lc->rc=p;                              //原来的根节点成为左子树的右节点
        *root=lc;                              //原来的左子树成为根节点
        break;
        //右子树深
    case RH:
        rc=lc->rc;                             //根节点左子树的右子树成了新的根节点
        lc->rc=rc->lc;                         //新的插入节点的左子树成了原来根节点左子树的右子树
        p->lc=rc->rc;                          //新的插入节点的右子树成了原来根节点的左子树
        rc->lc=lc;                             //原来的根节点的左子树成了插入节点的左子树
        rc->rc=p;                              //原来的根节点成了插入节点的右子树
        switch (rc->bf)                        //平衡因子调整
        {
        case LH:
            p->bf=RH;
            lc->bf=EH;
            break;
        case EH:
            //左子树和根节点的平衡因子都为0
            p->bf=lc->bf=EH;
            break;
        case RH:
            p->bf=EH;
            lc->bf=LH;
            break;
        }
        //调整完毕，左右平衡
        rc->bf=EH;
        //新插入的节点成为新的根节点
        *root=rc;
        break;
    }
}
//功能：插入节点后进行右平衡
static  void   insert_right_balance(AVL_NODE** root)
{
    AVL_NODE* p;
    AVL_NODE* lc, * rc;

    p=*root;
    rc=p->rc;
    switch (rc->bf)
    {
    case RH:
        p->bf=rc->bf=EH;
        p->rc=rc->lc;
        rc->lc=p;
        *root=rc;
        break;
```

```
    case LH:
        lc=rc->lc;
        rc->lc=lc->rc;
        p->rc=lc->lc;
        lc->rc=rc;
        lc->lc=p;
        switch (lc->bf)
        {
        case RH:
            p->bf=LH;
            rc->bf=EH;
            break;
        case EH:
            p->bf=rc->bf=EH;
            break;
        case LH:
            p->bf=EH;
            rc->bf=RH;
            break;
        }
        lc->bf=EH;
        *root=lc;
        break;
    }
}

//功能：删除节点后左平衡
static  int  delete_left_balance(AVL_NODE** root)
{
    int  shorter=1;
    AVL_NODE* p;
    AVL_NODE* rc, * lc;

    p=*root;
    lc=p->lc;
    switch (lc->bf)
    {
    case EH:
        p->bf=LH;
        lc->bf=RH;
        p->lc=lc->rc;
        lc->rc=p;
        *root=lc;
        shorter=0;
        break;
    case LH:
        p->bf=lc->bf=EH;
        p->lc=lc->rc;
        lc->rc=p;
        *root=lc;
        break;
    case RH:
        rc=lc->rc;
        lc->rc=rc->lc;
        p->lc=rc->rc;
        rc->rc=p;
        rc->lc=lc;
        if (rc->bf==0)
        {
            p->bf=lc->bf=EH;
        }
        else if (rc->bf==LH)
```

```
        {
            p->bf=RH;
            lc->bf=EH;
        }
        else
        {
            p->bf=EH;
            lc->bf=LH;
        }
        rc->bf=EH;
        *root=rc;
        break;
    }

    return  shorter;
}

//功能：删除节点后右平衡
static  int  delete_right_balance(AVL_NODE** root)
{
    int   shorter=1;
    AVL_NODE* p;
    AVL_NODE* lc, * rc;

    p=*root;
    rc=p->rc;
    switch (rc->bf)
    {
    case EH:
        p->bf=RH;
        rc->bf=LH;
        p->rc=rc->lc;
        rc->lc=p;
        *root=rc;
        shorter=0;
        break;
    case RH:
        p->bf=rc->bf=EH;
        p->rc=rc->lc;
        rc->lc=p;
        *root=rc;
        break;
    case LH:
        lc=rc->lc;
        rc->lc=lc->rc;
        p->rc=lc->lc;
        lc->lc=p;
        lc->rc=rc;
        if (lc->bf==0)
        {
            p->bf=rc->bf=EH;
        }
        else if (lc->bf==LH)
        {
            p->bf=EH;
            rc->bf=RH;
        }
        else
        {
            p->bf=LH;
            rc->bf=EH;
        }
```

```
        lc->bf=EH;
        *root=lc;
        break;
    }
    return  shorter;
}

//功能：向AVL树中插入节点
static  int  avl_insert(AVL_NODE** root, AVL_NODE* node, int* taller)
{
    AVL_NODE* p;

    p=*root;
    if (p==NULL)
    {
        node->nd.repetitions=1;
        *root=node;
        *taller=1;
        return  1;
    }

    if (node->nd.value==p->nd.value)
    {
        *taller=0;
        p->nd.repetitions++;
        return  -1;
    }

    if (node->nd.value < p->nd.value)
    {
        if (avl_insert(&p->lc, node, taller)==0)
        {
            *taller=0;
            return  0;
        }

        if (*taller)
        {
            switch (p->bf)
            {
            case LH:
                insert_left_balance(root);
                *taller=0;
                break;
            case EH:
                p->bf=LH;
                *taller=1;
                break;
            case RH:
                p->bf=EH;
                *taller=0;
                break;
            }
        }
    }
    else
    {
        if (avl_insert(&p->rc, node, taller)==0)
        {
            *taller=0;
            return  0;
        }
```

```
        if (*taller)
        {
            switch (p->bf)
            {
            case RH:
                insert_right_balance(root);
                *taller=0;
                break;
            case EH:
                p->bf=RH;
                *taller=1;
                break;
            case LH:
                p->bf=EH;
                *taller=0;
                break;
            }
        }
    }
    return  1;
}

//功能：从AVL树中删除节点
int  avl_delete(AVL_NODE** root, double  value, int* shorter, DATAMGR_HANDLE  pdm, del_cbf  pfcallback)
{
    AVL_NODE* parent;
    AVL_NODE* p;

    p=*root;
    if (p==NULL)
    {
        *shorter=0;
        return 0;
    }

    if (value==p->nd.value)
    {
        if (--p->nd.repetitions > 0)
        {
            return 1;
        }

        if (p->lc==NULL)
        {
            *root=p->rc;
            *shorter=1;
            pfcallback(pdm, p);
        }
        else if (p->rc==NULL)
        {
            *root=p->lc;
            *shorter=1;
            pfcallback(pdm, p);
        }
        else
        {
            parent=p->rc;
            while (parent && parent->lc)
            {
                parent=parent->lc;
            }
            p->nd=parent->nd;
```

```
            parent->nd.repetitions=1;
            if (avl_delete(&p->rc, parent->nd.value, shorter, pdm, pfcallback)==0)
            {
                *shorter=0;
                return 0;
            }

            if (*shorter)
            {
                switch (p->bf)
                {
                case RH:
                     p->bf=EH;
                     *shorter=1;
                     break;
                case EH:
                     p->bf=LH;
                     *shorter=0;
                     break;
                case LH:
                     *shorter=delete_left_balance(root);
                     break;
                }
            }
        }
    }
    else if (value < p->nd.value)
    {
        if (avl_delete(&p->lc, value, shorter, pdm, pfcallback)==0)
        {
            *shorter=0;
            return 0;
        }

        if (*shorter)
        {
            switch (p->bf)
            {
            case LH:
                p->bf=EH;
                *shorter=1;
                break;
            case EH:
                p->bf=RH;
                *shorter=0;
                break;
            case RH:
                *shorter=delete_right_balance(root);
                break;
            }
        }
    }
    else
    {
        if (avl_delete(&p->rc, value, shorter, pdm, pfcallback)==0)
        {
            *shorter=0;
            return 0;
        }

        if (*shorter)
        {
```

```
            switch (p->bf)
            {
            case RH:
                p->bf=EH;
                *shorter=1;
                break;
            case EH:
                p->bf=LH;
                *shorter=0;
                break;
            case LH:
                *shorter=delete_left_balance(root);
                break;
            }
        }
    }
    return 1;
}

//功能：获取二叉树的最小值
static double avl_getmin(AVL_NODE** root, double min)
{
    AVL_NODE* node=*root;
    //左子树的末节点存放的是最小值
    while (node)
    {
        if (node->lc)
        {
            node=node->lc;
        }
        else
        {
            return node->nd.value;
        }
    }
    //如果树为空，则返回输入值min
    return min;
}

//功能：获取二叉树的最大值
static double avl_getmax(AVL_NODE** root, double max)
{
    AVL_NODE* node=*root;
    //右子树的末节点存放的是最大值
    while (node)
    {
        if (node->rc)
        {
            node=node->rc;
        }
        else
        {
            return node->nd.value;
        }
    }
    //如果树为空，则返回输入值max
    return max;
}

//功能：创建数据管理
DATAMGR_HANDLE dm_create(void)
{
```

```
    DM* p;
    p=(DM*)malloc(sizeof(DM));
    if (p)
    {
        memset(p, 0x00,sizeof(DM));
    }

    return   (DATAMGR_HANDLE)p;
}


void  dm_reset(DATAMGR_HANDLE hDataMgr)
{
      DM * pdm=(DM *)hDataMgr;
      AVL_BUFFER *pn, *pp=pdm->pavlbBufferHead;
      //检查当前数据缓冲池的头是不是为NULL
      while (pp)
      {
            //将缓冲池链表的下一个赋给pn
            pn=pp->pavlbNext;
            //如果当前pp缓冲池中对应的二叉树内有内容，则释放
            if (pp->pavlnBuffer)
            {
                free(pp->pavlnBuffer);
            }
            //释放指向缓冲池的指针
            free(pp);
            pp=pn;
      }
      //将pdm所指向的数据区清0
      memset(pdm, 0x00, sizeof(DM));
}

//功能：删除数据管理
void   dm_destroy(DATAMGR_HANDLE    hDataMgr)
{
    DM* pdm;
    AVL_BUFFER* pn;                    //pointer  next
    AVL_BUFFER* pp;                    //pointer  previous

    //获取数据管理地址
    pdm=(DM*)hDataMgr;
    pp=pdm->pavlbBufferHead;
    while (pp)
    {
         pn=pp->pavlbNext;
         if (pp->pavlnBuffer)
         {
              free(pp->pavlnBuffer);
              pp->pavlnBuffer=NULL;
         }
         free(pp);
         pp=NULL;
         pp=pn;
    }
}

//功能：向数据管理添加块
static  int   dm_addBlock(DATAMGR_HANDLE    hDataMgr)
{
    int i;
    DM* pdm;
```

```
    AVL_NODE* pavln=NULL;
    AVL_BUFFER* pavlbBlock=NULL;

    pdm=(DM*)hDataMgr;
    pavlbBlock=(AVL_BUFFER*)malloc(sizeof(AVL_BUFFER));
    if (pavlbBlock==NULL)
    {
        return  -1;
    }
    memset(pavlbBlock, 0x00,sizeof(AVL_BUFFER));
    pavlbBlock->pavlnBuffer=(AVL_NODE*)malloc(sizeof(AVL_NODE) * BUFFER_OF_BLOCK);
    if (pavlbBlock->pavlnBuffer==NULL)
    {
        free(pavlbBlock);
        pavlbBlock=NULL;
        return  -1;
    }
    memset(pavlbBlock->pavlnBuffer, 0x00,sizeof(AVL_NODE) * BUFFER_OF_BLOCK);

    pavln=pavlbBlock->pavlnBuffer;
    for (i=0; i < BUFFER_OF_BLOCK - 1; i++)
    {
        pavln[i].rc=&pavln[i + 1];
    }
    //形成AVL节点链表
    pavln[BUFFER_OF_BLOCK - 1].rc=pdm->pavlnFreeHead;
    pdm->pavlnFreeHead=pavln;
    //以压栈方式将新的数据块存入数据块链表
    pavlbBlock->pavlbNext=pdm->pavlbBufferHead;
    pdm->pavlbBufferHead=pavlbBlock;

    return  0;
}

//功能：向数据管理空闲节点填入数据
static  AVL_NODE* dm_newnode(DATAMGR_HANDLE  hDataMgr, double  val)
{
    DM* pdm=(DM*)hDataMgr;
    AVL_NODE* node=NULL;

    //如果AVL链表已满，分配新的AVL数据块
    if (pdm->pavlnFreeHead==NULL)
    {
        if (dm_addBlock(hDataMgr))
        {
            //如果失败，返回node值
            return  node;
        }
    }

    if (pdm->pavlnFreeHead)
    {
        node=pdm->pavlnFreeHead;
        pdm->pavlnFreeHead=node->rc;
        //原来的节点可能有数据，但已失效，重新赋0
        memset(node, 0x00,sizeof(AVL_NODE));
        node->nd.value=val;
    }

    return  node;
}
```

```
//功能：先将数据变为AVL节点，再将AVL节点插入树
int    dm_insert(DATAMGR_HANDLE hDataMgr, double val)
{
   int ret;
   int taller=0;
   DM* pdm=(DM*)hDataMgr;

   //向数据管理空闲节点加载数据
   AVL_NODE* node=dm_newnode(hDataMgr, val);
   if (node)
   {
       //向AVL树中插入新的节点
       ret=avl_insert(&pdm->pavlnRoot, node, &taller);
   }
   return   ret;
}

//功能：将数据管理器中删除的节点回收给空闲AVL链表
void    delete_callback(DATAMGR_HANDLE hDataMgr, AVL_NODE* delNode)
{
   DM* pdm=(DM*)hDataMgr;
   memset(delNode, 0x00, sizeof(AVL_NODE));
   //回收删除的AVL链表节点
   delNode->rc=pdm->pavlnFreeHead;
   pdm->pavlnFreeHead=delNode;
}

//功能：删除数据管理器中的某个数值
int  dm_delete(DATAMGR_HANDLE   hDataMgr, double   val)
{
   int shorter=0;
   DM* pdm=(DM*)hDataMgr;
   //从AVL树中删除指定值val对应AVL链表节点
   avl_delete(&pdm->pavlnRoot, val, &shorter, hDataMgr, delete_callback);
   return   shorter;
}

//功能：获取管理器中最小值节点，如果根节点为空，则采用min_value的值
double dm_getmin(DATAMGR_HANDLE   hDataMgr, double  min_value)
{
   DM* pdm=(DM*)hDataMgr;
   return   avl_getmin(&pdm->pavlnRoot, min_value);
}

//功能：获取管理器中最大值节点，如果根节点为空，则采用max_value的值
double dm_getmax(DATAMGR_HANDLE   hDataMgr, double  max_value)
{
   DM* pdm=(DM*)hDataMgr;
   return   avl_getmax(&pdm->pavlnRoot, max_value);
}

//*******************DrawingSimulator.cpp*******************
#include   <tchar.h>
#include   "DrawingSimulator.h"
#include   <commctrl.h>

//确保生成VS2008风格对话框
#if defined _M_IX86
#pragma   comment(linker,"/manifestdependency:\"type='win32' name='Microsoft.Windows.Common-Controls'
version='6.0.0.0' processorArchitecture='x86' publicKeyToken='6595b64144ccf1df' language='*'\"")
//实际上要输入的内容为："/manifestdependency:"type='win32' name='Microsoft.Windows.Common-Controls'
version='6.0.0.0' processorArchitecture='x86' publicKeyToken='6595b64144ccf1df' language='*'""
```

```
#elif  defined  _M_IA64
#pragma comment(linker,"/manifestdependency:\"type='win32' name='Microsoft.Windows.Common-Controls' version='6.0.0.0' processorArchitecture='ia64' publicKeyToken='6595b64144ccf1df' language='*' \"")
#elif  defined  _M_X64
#pragma  comment(linker,"/manifestdependency:\"type='win32' name='Microsoft.Windows.Common-Controls' version='6.0.0.0' processorArchitecture='amd64' publicKeyToken='6595b64144ccf1df' language='*' \"")
#else
#pragma  comment(linker,"/manifestdependency:\"type='win32' name='Microsoft.Windows.Common-Controls' version='6.0.0.0' processorArchitecture='*' publicKeyToken='6595b64144ccf1df' language='*'\"")
#endif  //#if defined _M_IX86

//提示信息窗口
static  HWND    hwndTip;
static  const  TCHAR  szImageName[]=TEXT("DrawImage");

#define    MOVETO(dblX, dblY)    ::MoveToEx(hMemCoordinateDC, LogicX2WindowX(dblX), LogicY2WindowY(dblY), NULL)
#define    LINETO(dblX, dblY)    DrawLine(hMemCoordinateDC, LogicX2WindowX(dblX), LogicY2WindowY(dblY))

static  LRESULT  CALLBACK  ImageWndProc(HWND hWnd, UINT uMsg, WPARAM wParam, LPARAM lParam)
{
   switch(uMsg)
   {
      case WM_CREATE:
          //创建鼠标移动提示窗口
          hwndTip=::CreateWindowEx(WS_EX_TOPMOST, TOOLTIPS_CLASS, NULL,
                   WS_POPUP|TTS_NOPREFIX|TTS_ALWAYSTIP,
                   CW_USEDEFAULT,CW_USEDEFAULT,
                   CW_USEDEFAULT,CW_USEDEFAULT,
                   hWnd, NULL, NULL, NULL);
          return  0;

      case WM_PAINT:
      {
          PAINTSTRUCT  pt;
          CDrawImage*  objDraw=(CDrawImage*)::GetWindowLong(hWnd, GWL_USERDATA);
          HDC hDC=::BeginPaint(hWnd, &pt);
          //显示图片
          objDraw->ShowImage(FALSE);
          ::EndPaint(hWnd, &pt);
          return  0;
      }

      case WM_MOUSEMOVE:
      {
          POINT         pt;
          CDrawImage    *objDraw=(CDrawImage *)::GetWindowLong(hWnd, GWL_USERDATA);
          pt.x=(int)LOWORD(lParam);
          pt.y=(int)HIWORD(lParam);
          //检查一个点是否在指定的矩形内
          if (PtInRect(objDraw->GetCoorClipRgn(), pt))
          {
              //如果鼠标落在画图区，则显示提示坐标框
              objDraw->ShowTipTracker(TRUE);
          }
          else
          {
              //如果鼠标不在画图区，则不显示坐标框
              objDraw->ShowTipTracker(FALSE);
          }
          SendMessage(hwndTip,TTM_TRACKPOSITION,0,(LPARAM)(DWORD)MAKELONG(pt.x, pt.y));
```

```
            return 0;
        }

        case WM_NOTIFY:
            {
                LPNMHDR    pnmh=(LPNMHDR)lParam;
                switch (pnmh->code)
                {
                case TTN_GETDISPINFO:
                    {
                        POINT pt;
                        double x, y;
                        LPTOOLTIPTEXT lpttt=(LPTOOLTIPTEXT)lParam;
                        CDrawImage *objDraw=(CDrawImage *)::GetWindowLong(hWnd, GWL_USERDATA);
                        //获取鼠标对应的点
                        GetCursorPos(&pt);
                        //将屏幕点转化为客户区的点
                        ScreenToClient(hWnd, &pt);
                        //将windows坐标转化为用户坐标
                        x=objDraw->Window2LogicX(pt.x);
                        y=objDraw->Window2LogicY(pt.y);
                        //将（x, y）按指定的格式放入字符串
                        _snwprintf_s(objDraw->GetCoorInfoBuf(), MAX_COORINFO, MAX_COORINFO,
TEXT("(%.2lf, %.2lf)"), x, y);
                        //将内存中的数据放入字符串
                        lpttt->lpszText=objDraw->GetCoorInfoBuf();
                    }
                    break;
                default:
                    break;
                }
            }
            return  0;

        default:
            break;
    }
    return DefWindowProc(hWnd, uMsg, wParam, lParam);
}

CDrawImage::CDrawImage(HWND  hParentWnd, int  left, int  top, int  width, int  height)
{
    RECT    rect;
    WNDCLASS wc;
    wc.style=CS_HREDRAW|CS_VREDRAW|CS_NOCLOSE;
    wc.lpfnWndProc=ImageWndProc;
    wc.cbClsExtra=0;
    wc.cbWndExtra=0;
    wc.hInstance=NULL;
    wc.hIcon=NULL;
    wc.hCursor=LoadCursor(NULL, IDC_ARROW);
    wc.hbrBackground=(HBRUSH)CreateSolidBrush(RGB(236, 233, 216));
    wc.lpszMenuName=NULL;
    wc.lpszClassName=szImageName;
    RegisterClass(&wc);

    //创建画图区
    hWnd=CreateWindowEx(WS_EX_CLIENTEDGE,
            szImageName,NULL,
            WS_CHILD|WS_VISIBLE|WS_BORDER,
            left, top, width, height,
            hParentWnd, NULL,
```

```
        NULL, NULL);

    if (!IsWindow(hWnd))
    {
        return;
    }

    ::SetWindowLong(hWnd, GWL_USERDATA, (LONG)this);
    AddTipTracker();

    this->hParentWnd=hParentWnd;                         //将父窗口句柄赋给画图父句柄
    ::GetClientRect(hWnd, &rect);                        //用户窗口区，此处指画图区+横轴标签区+纵轴标签区
    nWidth=rect.right - rect.left;                       //用户窗口区宽度
    nHeight=rect.bottom - rect.top;                      //用户窗口区高度
    rectRgn.left   =rect.left + LEFT_OFFSET;             //曲线左坐标
    rectRgn.top    =rect.top + TOP_OFFSET;               //曲线顶坐标
    rectRgn.right  =rect.right - RIGHT_OFFSET;           //曲线右坐标
    rectRgn.bottom=rect.bottom - BOTTOM_OFFSET;          //曲线底坐标

    hDC=::GetDC(hWnd);                                   //窗口的设备环境表
    hBrush=wc.hbrBackground;                             //背景画刷

    hMemClientDC=::CreateCompatibleDC(hDC);              //创建一个内存，用于存放用户设备环境
    hMemCoordinateDC=::CreateCompatibleDC(hDC);          //创建一个内存，用于存放坐标设备环境

    hClientBmp=::CreateCompatibleBitmap(hDC, nWidth, nHeight);           //将客户区大小的区域选入内存中的客户位图
    hCoordBmp=::CreateCompatibleBitmap(hDC, nWidth, nHeight);            //将客户区大小的区域选入内存中的坐标位图

    hOldCliBmp=(HBITMAP)::SelectObject(hMemClientDC, hCoordBmp);         //将设置好的坐标位图选入设备环境
    hOldCoBmp=(HBITMAP)::SelectObject(hMemCoordinateDC, hClientBmp);     //将设置好的客户位图选入设备环境

    ::FillRect(hMemClientDC, &rect, hBrush);                             //用画刷填充内存中的矩形
    ::FillRect(hMemCoordinateDC, &rect, hBrush);                         //用画刷填充内存中的坐标矩形
    ::SetBkMode(hMemClientDC, TRANSPARENT);                              //将用户区背景选为透明
    ::SetBkMode(hMemCoordinateDC, TRANSPARENT);                          //将坐标区背景选为透明
    hRgn=::CreateRectRgn(rect.left + LEFT_OFFSET, rect.top + TOP_OFFSET, rect.right - RIGHT_OFFSET+1, rect.bottom - BOTTOM_OFFSET+1);
    ::SelectClipRgn(hMemCoordinateDC, hRgn);                             //将画图区域作为当前剪切区域

    bTTIActivate=FALSE;

    nPoint=0;
    shift=0;
    //画笔个数
    nPenNum=0;
    nText=0;
    offset=0;
    oriWidth=-1.0;
    oriScaleNum=-1.0;
    ymin=0;
    ymax=0;
    hDMGR=dm_create();
}

CDrawImage:: ~ CDrawImage()
{
    int  i;
    //将系统字体选入当前内存客户环境
    ::SelectObject(hMemClientDC, GetStockObject(SYSTEM_FONT));
    for (i=0; i<nText; ++i)
```

```
    {
        //删除文本字体句柄
        ::DeleteObject(text[i].hFont);
        if (text[i].lpString)
        {
            //释放文本指向的内容
            free(text[i].lpString);
            text[i].lpString=NULL;
        }
    }
    //将旧背景选入内存客户区
    ::SelectObject(hMemClientDC, hOldCliBmp);
    //将旧背景选入坐标区
    ::SelectObject(hMemCoordinateDC, hOldCoBmp);

    ::DeleteObject(hClientBmp);                     //删除客户背景
    ::DeleteObject(hCoordBmp);                      //删除坐标背景

    ::DeleteDC(hMemClientDC);                       //删除客户设备环境
    ::DeleteDC(hMemCoordinateDC);                   //删除坐标设备环境

    ::DeleteObject(hRgn);                           //删除剪切区
    ::ReleaseDC(hWnd, hDC);                         //释放设备环境句柄
    ::DestroyWindow(hWnd);                          //删除绘图窗口
    dm_destroy(hDMGR);                              //删除数据管理
}

//功能：初始化坐标轴
BOOL  CDrawImage::SetCoordinateMap(MAPRANGE  *range, MAPSCALE  *scale, RANGEMODE  mode)
{
    //range为用户定义的数值范围，scale为多大跨度为一刻度
    if (range->right <=range->left || range->top <=range->bottom)
    {
        return  FALSE;
    }

    this->range.left=range->left;
    this->range.top=range->top;
    this->range.right=range->right;
    this->range.bottom=range->bottom;

    //(画图区的宽度-左边距-右边距)/(右边界-左边界)
    kx=(nWidth - LEFT_OFFSET-RIGHT_OFFSET)/(range->right - range->left);

    //(画图区的高度-上边距-下边距)/(上边界-下边界)，左下角为原点(0,0)
    ky=(nHeight - BOTTOM_OFFSET-TOP_OFFSET)/(range->top - range->bottom);

    this->scale.xScale=scale->xScale;               //X轴每段的间距
    this->scale.yScale=scale->yScale;               //Y轴每段的间距
    this->scale.step=scale->step;
    this->mode=mode;

    if (oriWidth < 0)
    {
        oriWidth=range->right - range->left;
    }

    //分段数，表示分成几段，按用户的数值范围
    if (oriScaleNum < 0)
    {
        //X轴段数
        oriScaleNum=(range->right - range->left)/scale->xScale;
```

```
    }

    //数据点的个数，表示数据要画成的点的个数
    if (this->nPoint==0)
    {
        this->nPoint=(unsigned int)((range->right - range->left)/scale->step) + 1;
    }

    return  TRUE;
}

//功能：创建指定宽度和颜色的画笔
DRAWPEN     *CDrawImage::CreateDrawPen(int  width, PCOLOR  color)
{
    DRAWPEN  *pen=NULL;

    //如果画笔数量大于MAX_PEN_NUM = 10支，直接返回
    if (nPenNum > MAX_PEN_NUM)
    {
        return  pen;
    }

    //分配DRAWPEN结构体大小的空间给一支笔
    pen=(DRAWPEN *)malloc(sizeof(DRAWPEN));
    if (pen)
    {
        memset(pen, 0x00,sizeof(DRAWPEN));
        //将点的个数传给pxySize，
        pen->pxySize=this->nPoint;
        //分配pen->pxySize个DRAWPOINT结构的空间
        pen->pxy=(DRAWPOINT *)malloc(sizeof(DRAWPOINT) * pen->pxySize);
        //如果分配内存成功
        if (pen->pxy)
        {
            //创建指定宽度，指定颜色的画笔
            pen->hPen=::CreatePen(PS_SOLID, width, RGB(color->r, color->g, color->b));
            //如果创建画笔成功
            if (pen->hPen)
            {
                pen->width=width;                          //将宽度数据赋给画笔的宽度
                memcpy(&pen->color,color, sizeof(COLOR));   //将当前颜色赋给画笔
                this->pen[nPenNum++]=pen;                  //向画笔链表添加一个新的画笔
            }
            else
            {
                //释放画笔指向的数据点
                free(pen->pxy);
                pen->pxy=NULL;
                free(pen);                       //释放画笔
                pen=NULL;                        //将画笔置0
            }
        }
        else
        {
            free(pen);                       //释放画笔
            pen=NULL;                        //将画笔置0
        }
    }
    return  pen;//返回画笔
}

//功能：删除画笔
```

```
void    CDrawImage::DestroyDrawPen(DRAWPEN   *pen)
{
   int i, j;

   if (pen)
   {
       //如果一支笔还有点没有画完
       if (pen->pxy)
       {
           //释放该点
           free(pen->pxy);
           pen->pxy=NULL;
       }

       //如果画笔还有句柄没有释放
       if (pen->hPen)
       {
           //将旧的画笔句柄选入坐标内存
           ::SelectObject(hMemCoordinateDC, pen->oldPen);
           //删除画笔句柄
           ::DeleteObject(pen->hPen);
       }

       //对于每一支画笔
       for (i=0; i < nPenNum; ++i)
       {
           //如果当前笔是类中的某一支笔
           if (this->pen[i]==pen)
           {
               //释放该画笔
               free(pen);
               pen=NULL;
               //对于该根画笔后的每一根画笔
               for (j=i; j<nPenNum; ++j)
               {
                   //将后面的画笔逐渐往前移一支笔
                   this->pen[j]=this->pen[j+1];
               }
               break;
           }
       }
       //画笔数减1
       nPenNum--;
   }
}

//功能：将逻辑点移到内存中的客户区
BOOL    CDrawImage::DrawMoveTo(DRAWPEN   *pen, double   x, double   y)
{
   return ::MoveToEx(hMemCoordinateDC, LogicX2WindowX(x), LogicY2WindowY(y), NULL);
}

//功能：画线至下一点
void         CDrawImage::DrawLineTo(DRAWPEN   *pen, double   x, double   y)
{
   //如果x小于画图的范围，并且不发生移动
   if (x <=range.right && shift==0)
   {
       //如果已经到了最大值
       if (pen->endIdx==pen->pxySize)
       {
           //扩充数据区，相当于扩充一倍，再加上this->nPoint个点
```

```
        DRAWPOINT *p=(DRAWPOINT *)malloc((pen->pxySize + this->nPoint)*sizeof(DRAWPOINT));
        if (p)
        {
            //将pen->pxy所指向的原来pen->pxySize个内存中的数据拷进新的内存p中
            memcpy(p,pen->pxy, pen->pxySize*sizeof(DRAWPOINT));
            //释放原来的内存指针
            free(pen->pxy);
            pen->pxy=NULL;
            //新的内存个数增加，增加了一倍
            pen->pxySize +=this->nPoint;
            //新的指针指向p
            pen->pxy=p;
        }
        else
        {
            //分配内存不成功，返回
            return;
        }
    }
    pen->pxy[pen->endIdx].x=x;          //将x赋给最后一个点的x值
    pen->pxy[pen->endIdx].y=y;          //将y赋给最后一个点的y值
    pen->endIdx++;                      //最后一个点的序号加1
    pen->num++;                         //画笔要画的数加1

    //如果是固定范围模式，窗口是移动式的，宽度固定不变
    if (mode==FIXED_RANGE_MODE)
    {
        //向数据区插入y节点
        dm_insert(hDMGR, y);
    }
    //如果范围发生移动，将新的变量赋给最大值与最小值
    else
    {
        if (ymin > y)           //如果y小于最小值
        {
            ymin=y;             //重新记录最小值
        }
        if (ymax < y)           //如果y大于最大值
        {
            ymax=y;             //重新记录最大值
        }
    }
}
//数据超出画图范围，数据点会定期移出界面
else
{
    //数据超出设定范围，要进行移动
    shift=1;
    //如果是固定范围模式，窗口宽度一定，窗口移动
    if (mode==FIXED_RANGE_MODE)
    {
        //将当前x赋给offset变量
        offset=pen->pxy[pen->startIdx].x;
        //如果到了最大的数
        if (pen->endIdx==pen->pxySize)
        {
            //尾部到头了，要转向，与1异或，0变1，1变0，只在1与2之间变
            pen->invert ^=1;
            //重新开始，首尾相接，去掉原来的数据
            pen->endIdx=0;
        }
```

```
        //删除数据库中最后一个点的y值
        dm_delete(hDMGR, pen->pxy[pen->endIdx].y);

        //画笔最后一个点的x赋值
        pen->pxy[pen->endIdx].x=x;
        //画笔最后一个点的y赋值
        pen->pxy[pen->endIdx].y=y;
        //插入数据库中最后一个点的y值
        dm_insert(hDMGR, pen->pxy[pen->endIdx].y);

        //画笔的最后一个点序号增加，尾节点移动
        pen->endIdx++;
        //画笔的开始一个点序号增加，头节点移动
        pen->startIdx++;
        //如果开始点等于笔的最大值
        if (pen->startIdx==pen->pxySize)
        {
            //画笔重新从0开始
            pen->startIdx=0;
            //换向标志与2异或
            pen->invert ^=2;
        }
        //当前值减去偏移量，从头开始
        offset=pen->pxy[pen->startIdx].x - offset;
    }
    //如果是拉伸范围，小的不滚出范围
    else if (mode==STRETCH_RANGE_MODE )
    {
        //如果最后一个点达到数据的最大值
        if (pen->endIdx==pen->pxySize)
        {
            //重新分配(pen->pxySize + this->nPoint)个数据空间
            DRAWPOINT *p=(DRAWPOINT *)malloc((pen->pxySize + this-
>nPoint)*sizeof(DRAWPOINT));
            if (p)//如果分配到了内存
            {
                //将pen->pxy开始的pxySize个空间地址赋给p
                memcpy(p,pen->pxy, pen->pxySize*sizeof(DRAWPOINT));
                //释放原来的笔
                free(pen->pxy);
                pen->pxy=NULL;
                pen->pxySize +=this->nPoint;    //增加新的范围大小
                pen->pxy=p;                     //将新的p赋给pxy
            }
        }

        pen->pxy[pen->endIdx].x=x;              //将x值赋给数据点的结尾，相当于往后追加
        pen->pxy[pen->endIdx].y=y;              //将y值赋给数据点的结尾，相当于往后追加
        pen->endIdx++;                          //末尾指针增加
        pen->num++;                             //画笔画的点增加

        if (ymin > y)                           //如果y的最小值大于当前y值，
        {
            ymin=y;                             //则将y值赋给ymin
        }
        if (ymax < y)                           //如果y的最大值小于当前y值，
        {
            ymax=y;                             //则将y值赋给ymax
        }
    }
    else
    {
```

```
            //什么都不做
            ;
        }
    }
}
//功能：用笔连续画一条曲线
void  CDrawImage::DrawPolyline(DRAWPEN  *pen, int  startPos, int  endPos)
{
    int i;
    int nX, nY;

    //将画笔移到开始位置
    DrawMoveTo(pen, pen->pxy[startPos].x, pen->pxy[startPos].y);
    //对于起始点到结束点
    for (i=startPos; i<endPos; ++i)
    {
        //将x值转化为屏幕值
        nX=LogicX2WindowX(pen->pxy[i].x);
        //将y值转化为屏幕值
        nY=LogicY2WindowY(pen->pxy[i].y);
        //在内存中将若干点连成线，将线画到内存中
        DrawLine(hMemCoordinateDC, nX, nY);
    }
}

//功能：画所有的曲线
void  CDrawImage::DrawAllCurve(void)
{
    int i;
    DRAWPEN      *pen;                   //定义画笔

    //对存在的几根画笔
    for (i=0; i < nPenNum; ++i)
    {
        //将当前的笔赋给一个中间笔变量
        pen=this->pen[i];
        //将画笔的句柄选入当前内存环境
        pen->oldPen=(HPEN)::SelectObject(hMemCoordinateDC, pen->hPen);

        //如果反向标志为0或3
        if (pen->invert==0 || pen->invert==3)
        {
            //从开始点画到结束点
            DrawPolyline(pen, pen->startIdx, pen->endIdx);
        }
        else
        {
            //从开始点画到最大点
            DrawPolyline(pen, pen->startIdx, pen->pxySize - 1);
            LINETO(pen->pxy[0].x, pen->pxy[0].y);
            DrawPolyline(pen, 0, pen->endIdx);
        }
        //将原来的画笔选入内存，恢复原来的状态
        ::SelectObject(hMemCoordinateDC, pen->oldPen);
    }
}

//功能：显示图像
BOOL  CDrawImage::ShowImage(BOOL bShift)
{
    RECT   rect;
```

```
//获取窗口对应客户区的范围，放入rect中
::GetClientRect(hWnd, &rect);
//在内存中用画刷将rect填充
::FillRect(hMemClientDC, &rect, hBrush);

rect.left=0;
rect.top=0;
//将画图区的宽度赋给矩形的右顶点
rect.right=nWidth;
//将画图区的高度赋给矩形的底顶点
rect.bottom=nHeight;
//将内存中的坐标用画刷填充
::FillRect(hMemCoordinateDC, &rect, hBrush);

//固定范围模式，拉伸范围模式
if (bShift && (shift|| mode==FIXED_RANGE_MODE|| mode==STRETCH_RANGE_MODE))
{
    //如果是固定范围模式
    if (mode==FIXED_RANGE_MODE)
    {
        //创建范围变量
        MAPRANGE newRange;
        //创建分度变量
        MAPSCALE newScale;
        //将当前模式赋给画图模式
        RANGEMODE      newMode=mode;
        //用户窗口区左边界+向右一个偏移量
        newRange.left=range.left + offset;
        //用户窗口区右边界+向右一个偏移量
        newRange.right=range.right + offset;

        //获取数据区的最小值
        ymin=dm_getmin(hDMGR, range.bottom);
        //获取数据区的最大值
        ymax=dm_getmax(hDMGR, range.top);

        //如果ymax不等于range.top
        if (ymax !=range.top)
        {
            //如果ymax超出顶部值或者小于最大值半个Y轴刻度
            if (ymax > range.top || ymax < range.top-scale.yScale/2)
                //新的顶部=最大值+半个Y轴刻度
                newRange.top=ymax + scale.yScale/2;
            else
                //赋给新的顶部高度
                newRange.top=range.top;
        }
        else
        {
            //赋给新的顶部高度
            newRange.top=range.top;
        }
        if (ymin !=range.bottom)
        {
            //如果ymin超出底部值或者大于最底值半个Y轴刻度
            if (ymin < range.bottom || ymin > range.bottom-scale.yScale/2)
                newRange.bottom=ymin - scale.yScale/2;
            else
                //赋给新的底部高度
                newRange.bottom=range.bottom;
        }
        else
```

```
        {
            //赋给新的底部高度
            newRange.bottom=range.bottom;
        }

        newScale.xScale=scale.xScale;
        newScale.yScale=scale.yScale;
        newScale.step=scale.step;
        //设定新的画图范围、新刻度，新模式
        SetCoordinateMap(&newRange, &newScale, newMode);
    }
    //如果是拉伸模式
    else  if (STRETCH_RANGE_MODE==mode)
    {
        MAPRANGE  newRange;
        MAPSCALE  newScale;
        RANGEMODE      newMode=mode;
        newRange.left=range.left;

        //如果需要平移
        if (shift)
        {
            //向左移三分之一的宽度
            newRange.right=range.right + (range.right-range.left)/3;
        }
        else
        {
            newRange.right=range.right;
        }

        if (ymax > range.top)
            //向上加半个刻度
            newRange.top=ymax + scale.yScale/2;
        else
            newRange.top=range.top;

        if (ymin < range.bottom)
            //向下减半个刻度
            newRange.bottom=ymin - scale.yScale/2;
        else
            newRange.bottom=range.bottom;

        newRange.bottom=range.bottom;
        //根据分段数计算X轴方向的刻度
        newScale.xScale=(newRange.right - newRange.left)/oriScaleNum;
        newScale.yScale=scale.yScale;
        newScale.step=scale.step;
        //设定范围、刻度和模式
        SetCoordinateMap(&newRange, &newScale, newMode);
        shift=0;
    }
    else
    {
        ;
    }
}
else
{
    MAPRANGE  newRange;
    MAPSCALE  newScale;
    RANGEMODE      newMode=mode;
    newRange.left=range.left;
```

```
        newRange.right=range.right;
        if (ymax > range.top)
            //向上加半个刻度
            newRange.top=ymax + scale.yScale/2;
        else
            newRange.top=range.top;

        if (ymin < range.bottom)
            //向下加半个刻度
            newRange.bottom=ymin - scale.yScale/2;
        else
            newRange.bottom=range.bottom;

        newRange.bottom=range.bottom;
        newScale.xScale=scale.xScale;
        newScale.yScale=scale.yScale;
        newScale.step=scale.step;

        //设定范围、刻度和模式
        SetCoordinateMap(&newRange, &newScale, newMode);
    }

    //画新的坐标
    DrawCoordinate();
    //画所有的曲线
    DrawAllCurve();

    ::BitBlt(hMemClientDC, rect.left+LEFT_OFFSET, rect.top+TOP_OFFSET, nWidth-LEFT_OFFSET-RIGHT_
OFFSET+1, nHeight-TOP_OFFSET-BOTTOM_OFFSET+1,
    //在内存中将外框+图合并在一起
    hMemCoordinateDC, rect.left+LEFT_OFFSET, rect.top+TOP_OFFSET, SRCCOPY);
    //在显示屏上画坐标上的标签
    DrawAllText();
    //将内存中画好的曲线移到显示屏上
    return ::BitBlt(hDC, 0, 0, nWidth, nHeight, hMemClientDC, 0, 0, SRCCOPY);
}

//功能：清除图像
BOOL CDrawImage::ClearImage(void)
{
    //画图区
    RECT      rect={0, 0, nWidth, nHeight};

    //用默认画刷去填充指定的画图区
    ::FillRect(hMemClientDC, &rect, hBrush);
    //清空显示区
    return    ::BitBlt(hDC, 0, 0, nWidth, nHeight, hMemClientDC, 0, 0, SRCCOPY);
}

//功能：在显示区显示字符
BOOL  CDrawImage::AddString(TCHAR *lpStr, int left, int top, PCOLOR pColor, int direct)
{
    LOGFONT lf;
    BOOL    ret=FALSE;
    TCHAR   fontName[LF_FACESIZE];

    //从内存中获取字体的名字
    ::GetTextFace(hMemClientDC, LF_FACESIZE, fontName);
    //要输出的文本数小于指定的MAX_TEXT_NUM=10
    if (nText < MAX_TEXT_NUM)
    {
        //获取一个字符串的长度
```

```
        text[nText].charCount=_tcslen(lpStr);
        //分配字符个数+1个宽度的字符空间
        text[nText].lpString=(TCHAR *)malloc(text[nText].charCount + sizeof(TCHAR));

        //如果字符串不为空
        if (text[nText].lpString !=NULL)
        {
            //将逻辑字体结构体置0
            memset(&lf, 0x00,sizeof(LOGFONT));
            //将字体名字拷入逻辑字体名字中
            wcscpy_s(lf.lfFaceName,_countof(lf.lfFaceName), fontName);
            //如果是正常值
            lf.lfWeight=FW_NORMAL;
            //如果方向是竖直
            if (direct)
            {
                //垂直方向
                lf.lfEscapement=90*10;
            }
            else
            {
                //水平方向
                lf.lfEscapement=0;
            }

            //创建间接字体
            text[nText].hFont=::CreateFontIndirect(&lf);
            //如果创建成功
            if (text[nText].hFont !=NULL)
            {
                text[nText].left=left;
                text[nText].top=top;
                text[nText].crColor=RGB(pColor->r, pColor->g, pColor->b);      //设定字体颜色
                wcscpy_s(text[nText].lpString, text[nText].charCount +sizeof(TCHAR), lpStr);
                                                                           //将字体拷入字体数组中

                nText++;
                ret=TRUE;
            }
            else
            {
                //释放字符数组空间
                free(text[nText].lpString);
                //将字符数组置0
                text[nText].lpString=NULL;
            }
        }
    }
    return  ret;
}

//功能：画方框+虚线格子+坐标轴数字
void  CDrawImage::DrawCoordinate(void)
{
    RECT     rect;
    TCHAR    txt[16];
    double   x, y;
    HGDIOBJ  objOld;
    HPEN  hCoorPen, hScaleLinePen;

    //创建黑色宽度为1的固体画笔
    hCoorPen=::CreatePen(PS_SOLID, 1, RGB(0, 0, 0));
    //将画笔选入内存
```

```
    objOld=::SelectObject(hMemCoordinateDC, hCoorPen);
    //移到画图范围左下角，range是指画数据线的框

    MOVETO(range.left, range.bottom);
    ::LineTo(hMemCoordinateDC, LogicX2WindowX(range.right), LogicY2WindowY(range.bottom));//内存中画线到右下角，画右边框
    ::LineTo(hMemCoordinateDC, LogicX2WindowX(range.right), LogicY2WindowY(range.top));//内存中画线到右上角，画下边框
    ::LineTo(hMemCoordinateDC, LogicX2WindowX(range.left), LogicY2WindowY(range.top)); //内存中画线到左上角，画上边框
    ::LineTo(hMemCoordinateDC, LogicX2WindowX(range.left), LogicY2WindowY(range.bottom));//内存中画线到左下角，画左边框

    //删除画坐标的黑笔
    ::DeleteObject(hCoorPen);

    //创建一个黑色的宽度为1的点式画笔
    hScaleLinePen=::CreatePen(PS_DOT, 1, RGB(0, 0, 0));
    //将点式画笔选入内存
    ::SelectObject(hMemCoordinateDC, hScaleLinePen);

    //输出X轴的标签+纵线
    for (x=range.left; x<=range.right; x+=scale.xScale)
    {
        //移动到下部
        MOVETO(x, range.bottom);
        //在内存中画线从下向上，画竖线，每两条竖线间隔scale.xScale
        ::LineTo(hMemCoordinateDC, LogicX2WindowX(x), LogicY2WindowY(range.top));
        //向txt中格式化x，小数点后留1位
        _snwprintf_s(txt, _countof(txt), _countof(txt), TEXT("%.1lf"), x);

        //将rect结构置0
        memset(&rect, 0x00, sizeof(rect));
        //根据字符串txt的长度来决定rect空间的大小
        ::DrawText(hMemClientDC, txt, -1, &rect, DT_CALCRECT);

        //以x为基准，向左偏移字符所占宽度的半个单位
        rect.left=LogicX2WindowX(x) - (rect.right-rect.left)/2;
        //画线框再向下4个单位
        rect.top=LogicY2WindowY(range.bottom) + 4;
        //左边界+框的宽度，这里框的宽度实际上是rect.right
        rect.right +=rect.left;
        //rect.top实际上是字符方框的高度
        rect.bottom +=rect.top;

        //向内存中居中对齐输出一字符串，该字符串在rect框中，画X轴的标签
        ::DrawText(hMemClientDC, txt, -1, &rect, DT_CENTER);
    }
    //输出Y轴的标签+横线
    for (y=range.bottom; y<=range.top; y+=scale.yScale)
    {
        MOVETO(range.left, y);
        ::LineTo(hMemCoordinateDC, LogicX2WindowX(range.right), LogicY2WindowY(y));
        _snwprintf_s(txt, _countof(txt), _countof(txt), TEXT("%.1lf"), y);

        memset(&rect, 0x00, sizeof(rect));
        //获取字符串对应的方框
        ::DrawText(hMemClientDC, txt, -1, &rect, DT_CALCRECT);

        //往左偏4+(rect.right-rect.left)个单位
        rect.left=LogicX2WindowX(range.left) - (rect.right-rect.left) - 4;
        //字符高度的一半
```

```
        rect.top=LogicY2WindowY(y) - (rect.bottom - rect.top)/2;
        rect.right +=rect.left;
        rect.bottom +=rect.top;

        //在纵轴上面输出标签
        ::DrawText(hMemClientDC, txt, -1, &rect, DT_RIGHT);
    }
    //将原来的笔选入内存
    ::SelectObject(hMemCoordinateDC, objOld);
    //删除画刻度虚线的点式黑色画笔
    ::DeleteObject(hScaleLinePen);
}

//功能：输出字体
void  CDrawImage::DrawAllText(void)
{
    int i;
    HFONT    hOldFont=NULL;

    //从库中选择系统字体
    hOldFont=(HFONT)::GetStockObject(SYSTEM_FONT);
    for (i=0; i<nText; ++i)
    {
        //将字体选入内存
        ::SelectObject(hMemClientDC, text[i].hFont);
        //将字体颜色选入内存
        ::SetTextColor(hMemClientDC, text[i].crColor);
        //在内存中输出字符串
        ::TextOut(hMemClientDC, text[i].left, text[i].top, text[i].lpString, text[i].charCount);
    }
    //将旧字体选回内存
    ::SelectObject(hMemClientDC, hOldFont);
}

//功能：向指定坐标点画线，坐标点为圆圈
inline  BOOL  CDrawImage::DrawLine(HDC hDC, int xEnd, int yEnd)
{
    if (xEnd <=this->nWidth-RIGHT_OFFSET)
    {
        //数据点对应的圆圈的大小
        ::Ellipse(hDC, xEnd-2, yEnd-2, xEnd+2, yEnd+2);
        return ::LineTo(hDC, xEnd, yEnd);
    }
    return  TRUE;
}

//功能：鼠标光标跟踪
void  CDrawImage::AddTipTracker(void)
{
    //提示信息，结构体
    TOOLINFO tti;

    //将tti结构体内各成员全部变为0
    memset(&tti, 0,sizeof(TOOLINFO));
    //得到结构体的大小
    tti.cbSize=sizeof(TOOLINFO);
    //将类的窗口句柄赋给tti结构体
    tti.hwnd=hWnd;
    //((LPWSTR)-1L)，将长整型的-1赋给结构体的lpszText变量
    tti.lpszText=LPSTR_TEXTCALLBACK;

    //向提示窗口发送一个消息
```

```
    ::SendMessage(hwndTip, TTM_ADDTOOL, 0, (LPARAM) (LPTOOLINFO) &tti);
}

//功能：打开或关闭窗口提示消息
void  CDrawImage::ShowTipTracker(BOOL bShow)
{
    if (bShow !=bTTIActivate)
    {
        TOOLINFOtti={0};
        tti.cbSize=sizeof(TOOLINFO);
        tti.hwnd=hWnd;
        tti.lpszText=LPSTR_TEXTCALLBACK;

        //向提示窗口发送一个消息
        ::SendMessage(hwndTip, TTM_TRACKACTIVATE, (WPARAM)bShow, (LPARAM)&tti);
        bTTIActivate=bShow;
    }
}
```

第8章

文件操作

知识点思维导图

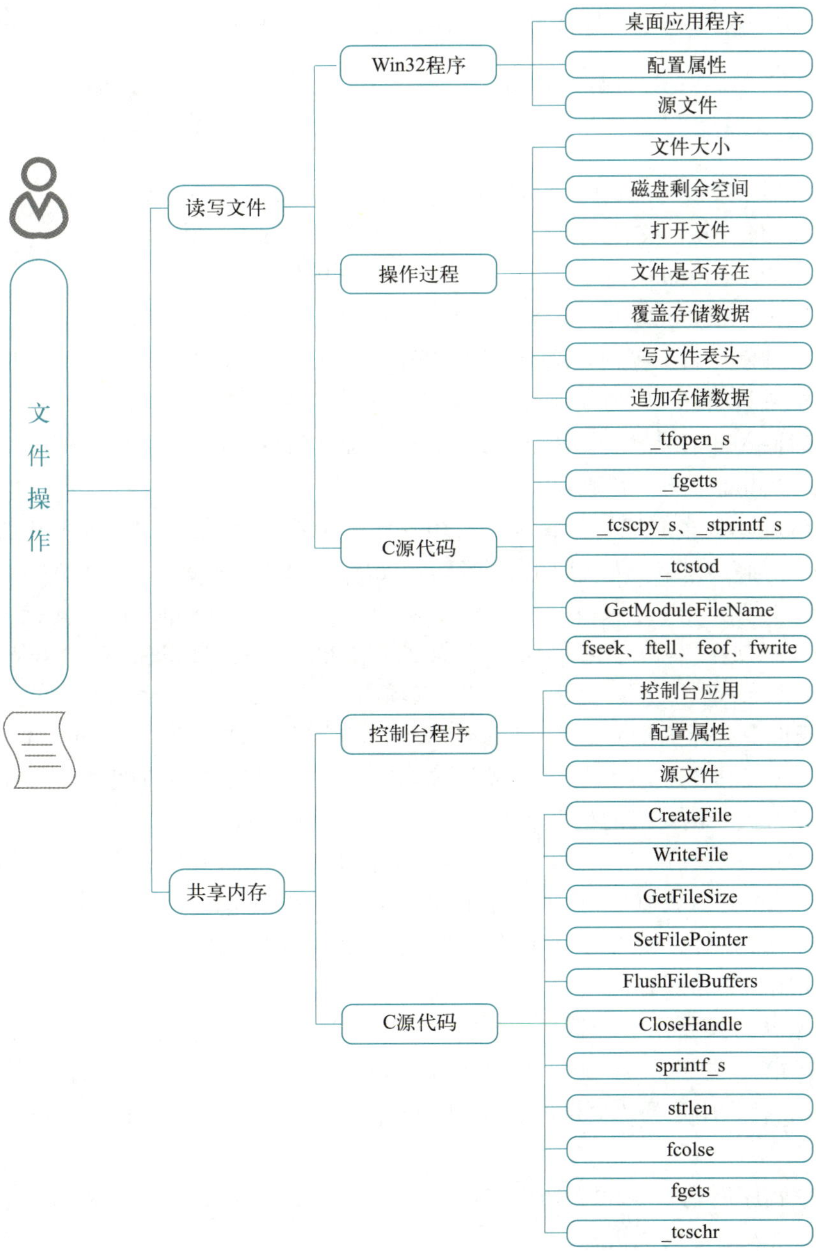

文件操作主要包括文件的打开、关闭、读、覆盖写、追加写等，在此基础上演变出检测文件大小、检测文件是否存在和探测程序所在磁盘剩余空间大小等操作。文件操作是数据采集、数据处理和算法分析等生产研究过程不可缺少的步骤，本章通过代码详细展示细节，通过 API 函数实现界面控件的操作以及界面控件与内存变量之间的数据交换，进一步了解采用 C 语言编写 Windows 程序的技巧与过程。

8.1 读写文件

读文件包括检测文件是否存在、从文件中提取行数据、从文件中提取列数据、甄别文件中的空行与注释行、检测文件结尾标志等；写文件包括创建并覆盖写入数据、追加写入数据、文件满后重新创建文件、文件名自动编号、文件时间与标题写入等。

文件操作

8.1.1 Win32程序

本 Win32 程序案例采用 API 函数实现，包括按钮、文本框和标签等控件的添加、操作与显示，逻辑功能的实现，文件的读写操作等。Win32 程序创建步骤如下。

① 运行“Visual Studio 2019”应用程序进入集成开发环境。

② 在“Visual Studio 2019”窗体右侧点击“创建新项目 (N)”按钮。

③ 在“创建新项目”窗口，选择“Windows 桌面向导”选项，点击“下一步 (N)”按钮。

④ 在“配置新项目”窗口“项目名称 (J)”对应的输入框中输入“FileOperation”，在“位置 (L)”下方的输入框中选择“桌面”目录，不要勾选“将解决方案和项目放在同一目录中 (D)”前面的方框，点击右下角“创建 (C)”按钮。

⑤ 在“Windows 桌面项目”窗口“应用程序类型 (T)”中选择“桌面应用程序 (.exe)”，勾选“空项目”前方方框，点击“确定”按钮，完成空“FileOperation”桌面应用程序的创建。

⑥ 点击“项目 (P)”菜单，在下拉菜单中选择“FileOperation 属性 (P)”，弹出“FileOperation 属性页”，在“配置 (C)”后面的列表框中选择“Release”，“Release”表示发行版本。在“配置属性”下方点击“高级”选项，在右侧对应栏中查找“MFC 的使用”，在其右侧的列表框中选择“使用标准 Windows 库”。“字符集”选择“使用 Unicode 字符集”。

⑦ 选中“C/C++”下方“代码生成”选项，在右侧对应栏中查找“运行库”，如果为“Release”，则在其右侧对应的列表框中选择“多线程 (/MT)”。

⑧ 选中“C/C++”下方“语言”选项，在右侧对应栏中查找“符合模式”，在其右侧对应的列表框中选择“默认值”，点击“应用 (A)”按钮，再点击“确定”按钮。

⑨ 点击“窗口 (W)”菜单，在下拉菜单中选择“重置窗口布局 (R)”，右侧的“解决方案资源管理器”窗口将重新布局。

⑩ 在“解决方案资源管理器”中选择“源文件”，右键弹出菜单，选择“添加 (D)”→“现有项 (G)...”，弹出“添加新项 -FileOperation”窗口，选择“所有文件 (*.*)”，从“FileOperation”目录中选择“MainFileOperation.cpp”文件，点击右下角“添加 (A)”按钮，完成源文件添加。

⑪ Win32 程序创建完毕，按 Ctrl+F5 组合键或从主菜单“调试 (D)”中选择“开始调试 (S)”子菜单，程序进入运行调试状态。

8.1.2　操作过程

本例程序演示了文件大小、磁盘剩余空间、打开文件、文件是否存在、覆盖存储数据、写文件表头、追加存储数据、读取数据文件 8 个操作，分别对应程序界面的 8 个按钮。

（1）文件大小

图 8-1 为点击“文件大小”按钮运行结果，在界面上方的文本框中输入一个不存在的文件名“a.txt”，点击“文件大小”按钮，弹出消息框，显示“文件大小为：0 字节”；在文本框中输入程序目录下存在的文件名“readdata.txt”，点击“文件大小”按钮，弹出消息框，显示“文件大小为：618 字节”。该按钮对应程序代码通过 ftell 函数计算文件大小。

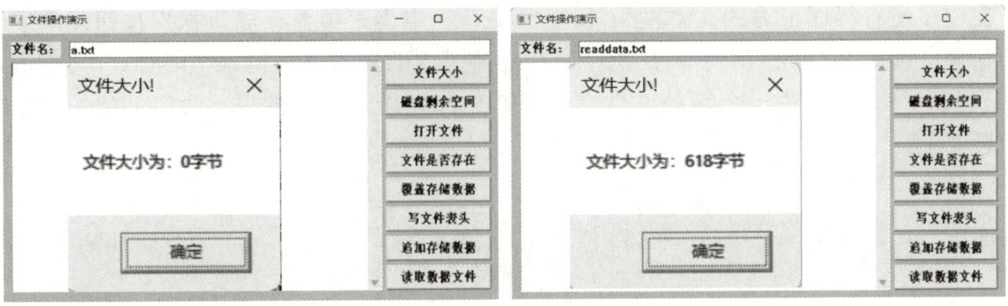

图 8-1　计算文件大小运行结果

（2）磁盘剩余空间

如图 8-2 所示，点击“磁盘剩余空间”按钮，程序调用 kernel32.dll 动态链接库中的 GetDiskFreeSpaceExW 函数，检测程序所在的磁盘的剩余空间，程序置于哪个磁盘，返回的磁盘剩余空间即为哪个磁盘信息。

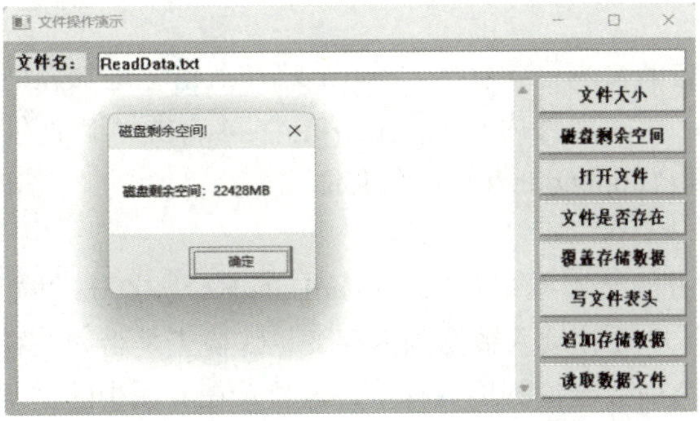

图 8-2　计算磁盘剩余空间运行结果

（3）打开文件

如图 8-3 所示，在程序运行界面上方的文本框中输入一个不存在的文件名“a.txt”，点击“打开文件”按钮，弹出消息框，显示“打开文件失败！”；在文本框中输入程序目录下存在的文件名“ReadData.txt”，点击“打开文件”按钮，弹出消息框，显示“打开文件成功！”。该功能是通过检测 _tfopen_s 函数的返回值判断文件是否打开。

（4）文件是否存在

“文件是否存在”按钮与“打开文件”按钮使用了相同的 _tfopen_s 函数。如图 8-4 所示，在文本框中输入一个不存在的文件名“a.txt”，弹出的消息框为“文件不存在！”；输入存在的文件名“ReadData.txt”，弹出的消息框为“文件存在！”。

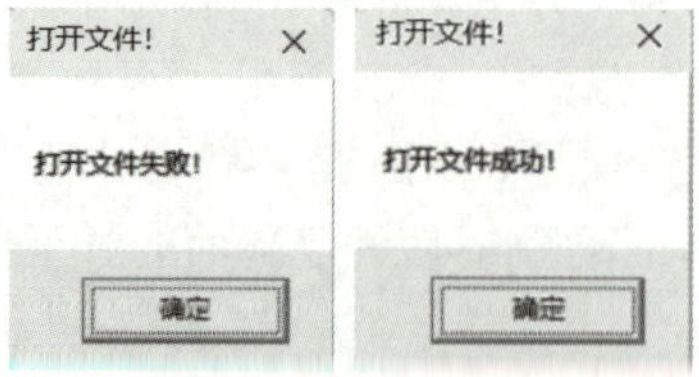

图 8-3 打开文件运行结果

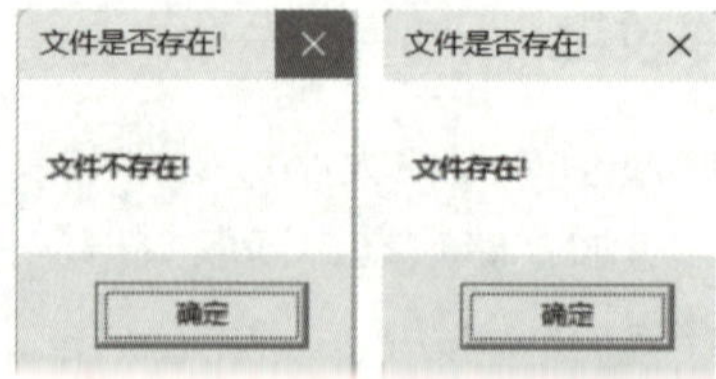

图 8-4 文件是否存在运行结果

（5）覆盖存储数据

“覆盖存储数据”按钮与“写文件表头”按钮均使用 _tfopen_s 函数的“w,ccs=UNICODE”参数打开文件，如果文件存在，直接覆盖文件内容，如果文件不存在，则创建一个新的文件。在程序运行界面上方的文本框中输入“b.txt”，点击“覆盖存储数据”按钮，产生一个新的文件，如图 8-5（a）所示。在程序运行界面上方的文本框中输入“test.txt”，点击“写文件表头”按钮，产生一个新的文件，如图 8-5（b）所示，文件内部含有创建的日期时间和信息表头。

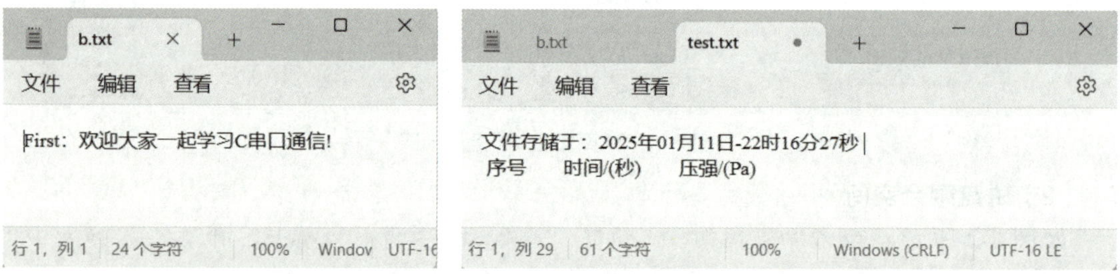

(a) (b)

图 8-5 覆盖存储数据与写文件表头运行结果

（6）追加存储数据

在程序运行界面上方的文本框中输入“append”，点击“追加存储数据”按钮，产生一个新的文件“append.txt”，并向文件内写入数据信息，再点击“追加存储数据”按钮两次，依次产生“append1.txt”和“append2.txt”两个文件。

（7）读取数据文件

在程序运行界面上方的文本框中输入“ReadData.txt”，点击“读取数据文件”按钮，程序从文件“ReadData.txt”中逐行读入数据到内存变量，检查是否为注释行和空行，仅对数据行进行处理，将数据行的两列数据读到堆内存中，再显示在界面中的文本框内，如图 8-6 所示。

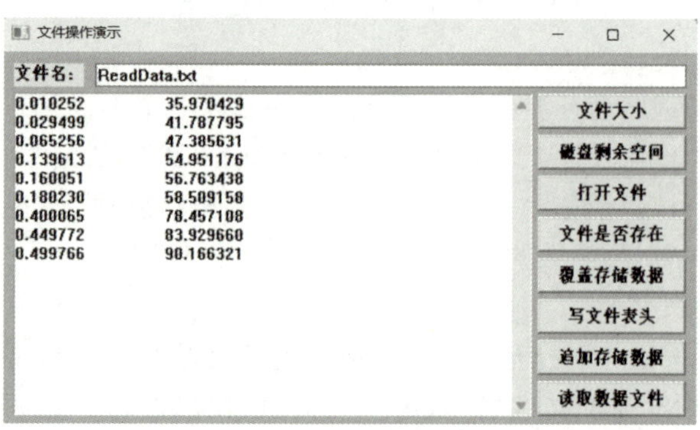

图 8-6 读取数据文件运行结果

8.1.3　C 源代码

```
#include    <windows.h>
#include    <stdio.h>
#include    <tchar.h>

#define     ID_STATIC_FILE_NAME                      1001
#define     ID_EDIT_FILE_NAME                        1002
#define     ID_BTN_FILE_SIZE                         1003
#define     ID_BTN_FREE                              1004
#define     ID_BTN_FILE_EXIST                        1005
#define     ID_BTN_OPEN_FILE                         1006
#define     ID_BTN_OVERWRITE                         1007
#define     ID_BTN_WRITE_FILE_HEAD                   1008
#define     ID_BTN_SAVE_DATA                         1009
#define     ID_BTN_READ_DATA                         1010
#define     IDC_EDT_LOG                              1011

#define     MAX_TEXT_LEN                             512

#define     FILESIZE                                 4096
#define     FULLFILENAME                             48
#define     LINEWIDTH                                24
#define      BASE_ONE                                1
#define     FILE_TITLE  TEXT("序号      时间/(秒)      压强/(Pa)\r\n")

typedef  struct  tagData
{
      int iNumber;
      int iData;
} DATA_T;
static   DATA_T  iDataArray[100];

typedef  BOOL(WINAPI* PGETDISKFREESPACEEX)(LPCTSTR, PULARGE_INTEGER, PULARGE_INTEGER, PULARGE_INTEGER);

int   cxClient;
int   cyClient;
static   HINSTANCE  hGlobalInstance;
static   TCHAR  szAppName[]=TEXT("FileOperation");

int  GetMyFileSize(const TCHAR * pstrFullFileName);
__int64      GetDiskRemainSize(void);
int  IsFileExist(const  TCHAR* pstrFileName);
void   OpenFile(const TCHAR* pstrFileName);
void   WriteFile(const TCHAR* pstrFileName);
int  WriteFileTitle(const TCHAR* pstrFileName);
int   SaveDataToFile(const TCHAR * szFileName, DATA_T* pData, int iDataNumber);
int   FileData2XY(TCHAR* pstrFileName, double** X, double** Y, int* n);

LRESULT  CALLBACK  WndProc(HWND, UINT, WPARAM, LPARAM);

int  WINAPI  WinMain(HINSTANCE  hInstance, HINSTANCE  hPrevInstance, PSTR  szCmdLine, int  iCmdShow)
{
      HWND     hwnd;
      MSG       msg;
      WNDCLASS  wndclass;

      hGlobalInstance=hInstance;
      wndclass.style=CS_HREDRAW | CS_VREDRAW;
      wndclass.lpfnWndProc=WndProc;
      wndclass.cbClsExtra=0;
```

```
    wndclass.cbWndExtra=0;
    wndclass.hInstance=hInstance;
    wndclass.hIcon=LoadIcon(NULL, IDI_APPLICATION);
    wndclass.hCursor=LoadCursor(NULL, IDC_ARROW);
    wndclass.hbrBackground=(HBRUSH)GetStockObject(LTGRAY_BRUSH);
    wndclass.lpszMenuName=NULL;
    wndclass.lpszClassName=szAppName;

    if (!RegisterClass(&wndclass))
    {
        MessageBox(NULL, TEXT("Program requires Windows NT!"),  szAppName, MB_ICONERROR);
        return 0;
    }

    hwnd=CreateWindow(szAppName, TEXT("文件操作演示"),
                        WS_OVERLAPPEDWINDOW,
                        CW_USEDEFAULT, CW_USEDEFAULT,
                        605, 360,
                        NULL, NULL, hInstance, NULL);

    ShowWindow(hwnd, iCmdShow);
    UpdateWindow(hwnd);

    while (GetMessage(&msg, NULL, 0, 0))
    {
        TranslateMessage(&msg);
        DispatchMessage(&msg);
    }
    return msg.wParam;
}

//功能：过程处理函数
LRESULT CALLBACK WndProc(HWND hwnd, UINT message, WPARAM wParam, LPARAM lParam)
{
    static  int  cxChar, cyChar;
    static  TCHAR  pstrDeviceID[MAX_PATH]=TEXT("");
    static  TCHAR  szBuffer[MAX_PATH]=TEXT("");
    static  HWND  hwndStaticFileName;
    static  HWND  hwndEditFileName;
    static  HWND  hwndButtonFileSize;
    static  HWND  hwndButtonFree;
    static  HWND  hwndButtonOpenFile;
    static  HWND  hwndButtonFileExist;
    static  HWND  hwndButtonOverwrite;
    static  HWND  hwndButtonWriteFileHead;
    static  HWND  hwndButtonAppendData;
    static  HWND  hwndButtonReadData;

    HWND   hEdit;

    int  wmId, wmEvent;
    HDC  hdc;
    PAINTSTRUCT  ps;

    switch (message)
    {
    case WM_CREATE:
        int   i;

        cxChar=LOWORD(GetDialogBaseUnits());
        cyChar=HIWORD(GetDialogBaseUnits());
```

```
for (i=0; i < 100; i++)
{
    iDataArray[i].iNumber=i;
    iDataArray[i].iData=rand() % 100;
}

hwndStaticFileName=CreateWindow(TEXT("static"), TEXT("文件名："),
            WS_CHILDWINDOW | WS_VISIBLE | SS_CENTER,
            10, 10,
            60, 20,
            hwnd, (HMENU)ID_STATIC_FILE_NAME,
            ((LPCREATESTRUCT)lParam)->hInstance,
            NULL);

hwndEditFileName=CreateWindow(TEXT("edit"), TEXT("ReadData.txt"),
            WS_CHILD | WS_VISIBLE | WS_BORDER | ES_LEFT,
            80, 10,
            500, 20, hwnd, (HMENU)ID_EDIT_FILE_NAME,
            hGlobalInstance, NULL);

hEdit=CreateWindowEx(WS_EX_STATICEDGE, TEXT("EDIT"), \
    TEXT(""),
    WS_CHILD | WS_VISIBLE | WS_VSCROLL | ES_LEFT | ES_NOHIDESEL | ES_MULTILINE | ES_WANTRETURN,
    10, 35, 440, 275,
    hwnd, (HMENU)IDC_EDT_LOG, NULL, NULL);

hwndButtonFileSize=CreateWindow(TEXT("button"),
            TEXT("文件大小"),
            WS_CHILD | WS_VISIBLE | BS_PUSHBUTTON,
            455, 35,
            125, 30,
            hwnd, (HMENU)ID_BTN_FILE_SIZE,
            hGlobalInstance, NULL);

hwndButtonFree=CreateWindow(TEXT("button"),
            TEXT("磁盘剩余空间"),
            WS_CHILD | WS_VISIBLE | BS_PUSHBUTTON,
            455, 70,
            125, 30,
          hwnd, (HMENU)ID_BTN_FREE,
          hGlobalInstance, NULL);

hwndButtonOpenFile=CreateWindow(TEXT("button"),
            TEXT("打开文件"),
            WS_CHILD | WS_VISIBLE | BS_PUSHBUTTON,
            455, 105,
            125, 30,
            hwnd, (HMENU)ID_BTN_OPEN_FILE,
            hGlobalInstance, NULL);

hwndButtonFileExist=CreateWindow(TEXT("button"),
            TEXT("文件是否存在"),
            WS_CHILD | WS_VISIBLE | BS_PUSHBUTTON,
            455, 140,
            125, 30,
            hwnd, (HMENU)ID_BTN_FILE_EXIST,
            hGlobalInstance, NULL);

hwndButtonOverwrite=CreateWindow(TEXT("button"),
    TEXT("覆盖存储数据"),
    WS_CHILD | WS_VISIBLE | BS_PUSHBUTTON,
    455, 175,
```

```
            125, 30,
            hwnd, (HMENU)ID_BTN_OVERWRITE,
            hGlobalInstance, NULL);

        hwndButtonWriteFileHead=CreateWindow(TEXT("button"),
            TEXT("写文件表头"),
            WS_CHILD | WS_VISIBLE | BS_PUSHBUTTON,
            455, 210,
            125, 30,
            hwnd, (HMENU)ID_BTN_WRITE_FILE_HEAD,
            hGlobalInstance, NULL);

        hwndButtonAppendData=CreateWindow(TEXT("button"),
            TEXT("追加存储数据"),
            WS_CHILD | WS_VISIBLE | BS_PUSHBUTTON,
            455, 245,
            125, 30,
            hwnd, (HMENU)ID_BTN_SAVE_DATA,
            hGlobalInstance, NULL);

        hwndButtonReadData=CreateWindow(TEXT("button"),
            TEXT("读取数据文件"),
            WS_CHILD | WS_VISIBLE | BS_PUSHBUTTON,
            0, 0,
            0, 0,
            hwnd, (HMENU)ID_BTN_READ_DATA,
            hGlobalInstance, NULL);
        return 0;

    case WM_SIZE:
        cxClient=LOWORD(lParam);
        cyClient=HIWORD(lParam);
        MoveWindow(hwndButtonReadData, 455, 280, 125, 30, TRUE);
        return 0;

    case WM_PAINT:
        hdc=BeginPaint(hwnd, &ps);
        EndPaint(hwnd, &ps);
        return 0;

    case WM_COMMAND:
        wmId=LOWORD(wParam);
        wmEvent=HIWORD(wParam);

        //分析菜单选择
        switch (wmId)
        {
        case ID_BTN_FILE_SIZE:
        {
            TCHAR  str[MAX_TEXT_LEN];
            int  size;
            GetWindowText(GetDlgItem(hwnd, ID_EDIT_FILE_NAME), str, MAX_TEXT_LEN);
            size=GetMyFileSize(str);
            _stprintf_s(str, sizeof(str) / sizeof(str[0]), TEXT("文件大小为：%d字节\r\n"), size);
            MessageBox(NULL, str, TEXT("文件大小！"), MB_OK);
        }
            break;

        case ID_BTN_FREE:
        {
            TCHAR  str[MAX_TEXT_LEN];
            long  long  size;
```

```
            size=GetDiskRemainSize();
             _stprintf_s(str, sizeof(str) / sizeof(str[0]), TEXT("磁盘剩余空间：%lldMB\r\n"),
size/1024/1024);
            MessageBox(NULL, str, TEXT("磁盘剩余空间！"), MB_OK);
        }
            break;

        case  ID_BTN_FILE_EXIST:
        {
            TCHAR  str[MAX_TEXT_LEN];
            int  size;
            int  iExist;
            GetWindowText(GetDlgItem(hwnd, ID_EDIT_FILE_NAME), str, MAX_TEXT_LEN);
            iExist=IsFileExist(str);
            if (iExist)
            {
                MessageBox(NULL, TEXT("文件不存在！"), TEXT("文件是否存在！"), MB_OK);
            }
            else
            {
                MessageBox(NULL, TEXT("文件存在！"), TEXT("文件是否存在！"), MB_OK);
            }
        }
            break;

        case ID_BTN_OPEN_FILE:
        {
            TCHAR  str[MAX_TEXT_LEN];
            GetWindowText(GetDlgItem(hwnd, ID_EDIT_FILE_NAME), str, MAX_TEXT_LEN);
            OpenFile(str);
        }
            break;

        case  ID_BTN_OVERWRITE:
        {
            TCHAR  str[MAX_TEXT_LEN];
            GetWindowText(GetDlgItem(hwnd, ID_EDIT_FILE_NAME), str, MAX_TEXT_LEN);
            WriteFile(str);
        }
        break;

        case  ID_BTN_WRITE_FILE_HEAD:
        {
            TCHAR  str[MAX_TEXT_LEN];
            GetWindowText(GetDlgItem(hwnd, ID_EDIT_FILE_NAME), str, MAX_TEXT_LEN);
            WriteFileTitle(str);
        }
        break;

        case  ID_BTN_SAVE_DATA:
        {
            TCHAR  str[MAX_TEXT_LEN];
            GetWindowText(GetDlgItem(hwnd, ID_EDIT_FILE_NAME), str, MAX_TEXT_LEN);
            SaveDataToFile(str, iDataArray, sizeof(iDataArray)/sizeof(iDataArray[0]));
            MessageBox(NULL, TEXT("追加存储数据完毕！"), TEXT("追加存储数据！"), MB_OK);
        }
        break;

        case  ID_BTN_READ_DATA:
        {
            TCHAR  str[MAX_TEXT_LEN];
            double  * X;
```

```
            double   * Y;
            int      n;
            int     i;
            GetWindowText(GetDlgItem(hwnd, ID_EDIT_FILE_NAME), str, MAX_TEXT_LEN);
            FileData2XY(str, &X, &Y, &n);
            //先清除原来的内容
            SetWindowText(GetDlgItem(hwnd, IDC_EDT_LOG), TEXT(""));
            for (i=0; i < n; i++)
            {
                _stprintf_s(str, sizeof(str) / sizeof(str[0]), TEXT("%lf\t\t%lf\r\n"), X[i], Y[i]);
                //选定原来的旧行
                SendMessage(GetDlgItem(hwnd, IDC_EDT_LOG), EM_SETSEL, LOWORD(-2), HIWORD(-1));
                //追回新行
                SendMessage(GetDlgItem(hwnd, IDC_EDT_LOG), EM_REPLACESEL, TRUE, (LPARAM)str);
            }
            //释放动态内存
            if (X !=NULL)
            {
                free(X);
                X=NULL;
            }
            if (Y !=NULL)
            {
                free(Y);
                Y=NULL;
            }
        }
        break;

        default:
            break;
        }
        return 0;

    case WM_DESTROY:
        PostQuitMessage(0);
        return 0;
    }
    return DefWindowProc(hwnd, message, wParam, lParam);
}

//功能：计算文件的大小（文件名采用UNICODE格式）
int  GetMyFileSize(const TCHAR * pstrFullFileName)
{
    FILE  * pFile=NULL;
    int  iFileSize=0;

    if (!_tfopen_s(&pFile, pstrFullFileName, TEXT("r,ccs=UNICODE")) )
    {
        fseek ( pFile, 0L, SEEK_END ) ;
        iFileSize=ftell ( pFile ) ;
        fclose( pFile );
        pFile=NULL ;
    }

    return  iFileSize;
}

//功能：计算当前程序所在磁盘的剩余空间大小
__int64     GetDiskRemainSize(void)
{
    BOOL   fResult;
```

```
    __int64   i64FreeBytesToCaller, i64TotalBytes, i64FreeBytes;
    __int64   i64FreeSize=0;

    DWORD   dwSectPerClust;
    DWORD  dwBytesPerSect;
    DWORD  dwFreeClusters;
    DWORD  dwTotalClusters;

    PGETDISKFREESPACEEX  pGetDiskFreeSpaceEx;

    TCHAR  szFilePath[MAX_PATH]={ 0 };
    TCHAR  * p;

    GetModuleFileName(NULL, szFilePath, MAX_PATH);
    p=_tcschr(szFilePath, TEXT('\\'));
    *p=TEXT('\0');

    pGetDiskFreeSpaceEx=(PGETDISKFREESPACEEX)GetProcAddress(
        GetModuleHandle(TEXT("kernel32.dll")),
        "GetDiskFreeSpaceExW");

    //测试过程中走该分支
    if (pGetDiskFreeSpaceEx)
    {
        fResult=pGetDiskFreeSpaceEx(szFilePath,
            (PULARGE_INTEGER)&i64FreeBytesToCaller,
            (PULARGE_INTEGER)&i64TotalBytes,
            (PULARGE_INTEGER)&i64FreeBytes);
        if (fResult)
            i64FreeSize=i64FreeBytes;
    }
    else
    {
        fResult=GetDiskFreeSpace(szFilePath,
            &dwSectPerClust,
            &dwBytesPerSect,
            &dwFreeClusters,
            &dwTotalClusters);
        if (fResult)
            i64FreeSize=dwFreeClusters * dwSectPerClust * dwBytesPerSect;
    }

    return  i64FreeSize;
}

//功能：判断文件是否存在
//返回值：0，打开文件成功
//大于0的值，打开文件失败
int  IsFileExist(const  TCHAR *  pstrFileName)
{
    FILE  * pFile=NULL;
    int  iRet=-1;

    iRet=_tfopen_s(&pFile, pstrFileName, TEXT("r"));
    if (iRet)
    {
        ;
    }
    else
    {
        fclose(pFile);
        pFile=NULL;
```

```
    }
    return  iRet;
}

//功能：打开文件，UNICODE格式文件名
void    OpenFile(const TCHAR* pstrFileName)
{
    FILE * pFile=NULL;
    //打开文件
    if (!_tfopen_s(&pFile, pstrFileName, TEXT("r,ccs=UNICODE")))
    {
        MessageBox(NULL, TEXT("打开文件成功！ "), TEXT("打开文件！ "), 0);
        fclose(pFile);
        pFile=NULL;
    }
    else
    {
        MessageBox(NULL, TEXT("打开文件失败！ "), TEXT("打开文件！ "), 0);
    }

    return;
}

//功能：写文件头
int  WriteFileTitle(const TCHAR * pstrFileName)
{
    FILE* pFile=NULL;
    int iRet=-1;
    //打开pstrFileName字符串指定的文件
    iRet=_tfopen_s(&pFile, pstrFileName, TEXT("w,ccs=UNICODE"));
    if (!iRet)
    {
        TCHAR szLine[64]={ 0 };
        SYSTEMTIME NowTime;

        GetLocalTime(&NowTime);
        _stprintf_s(szLine, sizeof(szLine) / sizeof(szLine[0]), TEXT("文件存储于：%04d年%02d月
%02d日-%02d时%02d分%02d秒"),
                NowTime.wYear,
                NowTime.wMonth,
                NowTime.wDay,
                NowTime.wHour,
                NowTime.wMinute,
                NowTime.wSecond);
        fwrite(szLine, 1, sizeof(szLine), pFile);
        fwrite(TEXT("\r\n"), 1, sizeof(TEXT("\r\n")), pFile);
        fwrite(FILE_TITLE, 1, sizeof(FILE_TITLE), pFile);
        if (pFile !=NULL)
        {
            fclose(pFile);
            pFile=NULL;
        }
    }

    return  iRet;
}

//功能：向文件写入数据
void   WriteFile(const TCHAR* pstrFileName)
{
    FILE  * pFile=NULL;
    if (!_tfopen_s(&pFile, pstrFileName, TEXT("w,ccs=UNICODE")))
```

```
    {
      fwrite  (TEXT("First：欢迎大家一起学习C串口通信！"), 1,
            sizeof(TEXT("First：欢迎大家一起学习C串口通信！")) + 6, pFile);
      MessageBox(NULL, TEXT("覆盖存储数据成功！ "), TEXT("覆盖存储数据"), 0);
    }
    else
    {
      MessageBox(NULL, TEXT("覆盖存储数据失败！ "), TEXT("覆盖存储数据"), 0);
    }

    //关闭文件指针
    if (pFile !=NULL)
    {
        fclose(pFile);
        pFile=NULL;
    }

    return;
}

//功能：将数据保存到文件
int   SaveDataToFile(const TCHAR  * szFileName, DATA_T * pData, int iDataNumber)
{
    __int64   i64DiskSize;
    int    iDataToSave=0;
    int    i;
    int    nFileID=0;
    FILE    * pFile=NULL;
    DATA_T* p=NULL;

    TCHAR   szLine[LINEWIDTH]={0};
    TCHAR   szFullFileName[FULLFILENAME]={0};
    TCHAR   szPreFileName[FULLFILENAME]={0};

    i64DiskSize=GetDiskRemainSize();
    iDataToSave=sizeof(DATA_T) * iDataNumber ;

    if ( 0==iDataNumber)
    {
        MessageBox(NULL, TEXT("存储数据为0！ "), TEXT("存数据文件"), MB_OK) ;
        return  -1;
    }

    if ((__int64)iDataToSave > i64DiskSize )
    {
        MessageBox(NULL, TEXT("磁盘空间不足！ "), TEXT("存数据文件"), MB_OK) ;
        return   -2;
    }

    if (iDataToSave > FILESIZE )
    {
        MessageBox(NULL, TEXT("文件设置容量太小！ "), TEXT("存数据文件"), MB_OK) ;
        return   -3;
    }
    //创建文件名
    _stprintf_s(szFullFileName, FULLFILENAME, TEXT("%s.txt"), szFileName ) ;
    //如果文件存在
    if (!IsFileExist( szFullFileName ))
    {
        //在已存在文件名后面加标号
        do
        {
```

```
            nFileID ++;
                _tcscpy_s(szPreFileName, sizeof(szPreFileName)/sizeof(szPreFileName[0]), szFullFileName);
            _stprintf_s(szFullFileName, FULLFILENAME, TEXT("%s%d.txt"), szFileName ,nFileID ) ;
        }while(!IsFileExist( szFullFileName ));

        //找到最后一个存在的文件
            _tcscpy_s(szFullFileName, sizeof(szFullFileName) / sizeof(szFullFileName[0]), szPreFileName);

        //判断(文件大小+要存数据大小)是否大于文件大小设定上限
        if((GetMyFileSize(szFullFileName) + iDataToSave) > FILESIZE)
        {
            //新创建一个文件
            _stprintf_s(szFullFileName, FULLFILENAME, TEXT("%s%d.txt"), szFileName ,nFileID ) ;
            //向文件添加文件头数据
            WriteFileTitle(szFullFileName);
            //向文件追加数据
            if (!_tfopen_s(&pFile, szFullFileName, TEXT("a,ccs=UNICODE")) )
            {
                p=pData;
                for (i=0; i< iDataNumber; i++)
                {
                    _stprintf_s(szLine, LINEWIDTH, TEXT("%06d\t%06d"), p->iNumber, p->iData);
                    fwrite(szLine, 1, sizeof(szLine), pFile);
                    fwrite(TEXT("\n"),1,sizeof(TEXT("\n")),pFile);
                    p++ ;
                }
                //关闭文件指针
                if (pFile !=NULL)
                {
                    fclose(pFile);
                    pFile=NULL ;
                }
            }
        }
        //在原有的文件中继续追加数据
        else
        {
            if (!_tfopen_s(&pFile, szFullFileName, TEXT("a,ccs=UNICODE")) )
            {
                p=pData;
                for (i=0; i< iDataNumber; i++)
                {
                    _stprintf_s(szLine, LINEWIDTH, TEXT("%06d\t%06d"), p->iNumber, p->iData);
                    fwrite(szLine, 1, sizeof(szLine), pFile);
                    fwrite(TEXT("\n"),1,sizeof(TEXT("\n")),pFile);
                    p++ ;
                }
                if (pFile !=NULL)
                {
                    fclose(pFile);
                    pFile=NULL ;
                }
            }
        }
    }
    else
    //文件不存在，新建一个文件
    {
        //写文件标题头
        WriteFileTitle(szFullFileName);
```

```
        if (!_tfopen_s(&pFile, szFullFileName, TEXT("a,ccs=UNICODE")) )
        {
            p=pData;
            for (i=0; i< iDataNumber; i++)
            {
                _stprintf_s(szLine, LINEWIDTH, TEXT("%06d\t%06d"), p->iNumber, p->iData);
                fwrite(szLine, 1, sizeof(szLine), pFile);
                fwrite(TEXT("\n"),1,sizeof(TEXT("\n")),pFile);
                p++ ;
            }
            fflush(pFile);
            if (pFile !=NULL)
            {
                fclose(pFile);
                pFile=NULL;
            }
        }
    }

    return   iDataToSave;
}
//功能：    从文件读取数据到X指针与Y指针
//pstrFileName -->文件名字符串
//ppX        -->X指针
//ppY        -->Y指针
//n          -->数据个数
//返回值     -->错误码，非0表示有错误
int   FileData2XY(TCHAR   * pstrFileName, double** X, double** Y, int* n)
{
    //打开文件的返回值
    int   j, iRet;
    //数据行数
    int   iRows;
    //数据列数
    int   iCols;
    //文件指针
    FILE* pFile=NULL;
    //存储行的临时字符串
    TCHAR szLine[MAX_PATH]={ 0 };
    //待转换字符串头指针
    TCHAR  * pStr;
    int   flag;
    //临时变量
    double        dTemp=0.0;
    double  * pX;
    double  * pY;

    //打开数据文件
    iRet=_tfopen_s(&pFile, pstrFileName, TEXT("r,ccs=UNICODE"));
    if (iRet)
    {
        //打开文件失败，返回-2
        return   -2;
    }

    //检测文件中数据有多少行，去掉注释行、空行、没有数据的行等
    iRows=0;
    //两列数据
    iCols=2;
    while (!feof(pFile))
    {
```

```
        //行变量清零
        memset(szLine, 0, MAX_PATH);
        //从文件读入一行
        pStr=_fgetts(szLine, MAX_PATH, pFile);
        //空行、结尾行、注释行全部去掉
        if (szLine[0]==TEXT('\n') || szLine[0]==TEXT('\0') || szLine[0]==TEXT('#'))
        {
            continue;
        }
        //将数据间隔的逗号用空格代替
        for (j=0; j < MAX_PATH; j++)
        {
            pStr[j]==TEXT(',') ? pStr[j]=TEXT(' ') : pStr[j];
        }
        //有数据的行，检测数据；非数据行去掉
        for (j=BASE_ONE; j < BASE_ONE + iCols; j++)
        {
            flag=0;
            //取完数据后pStr地址向后移
            dTemp=_tcstod(pStr, &pStr);
            if (j==BASE_ONE)
            {
                if (dTemp > 1.0 && dTemp <=0.0)
                {
                    flag=1;
                    break;
                }
            }
            else
            {
                if (dTemp==0.0)
                {
                    flag=1;
                    break;
                }
            }
        }//for(j=BASE_ONE; j < BASE_ONE + iCols; j++)
        if (1==flag)
        {
            continue;
        }
        iRows++;
    }//(!feof(pFile))
    //找到的数据行数
    *n=iRows;
    //分配堆内存
    *X=(double*)calloc(iRows, sizeof(double));
    pX=*X;
    *Y=(double*)calloc(iRows, sizeof(double));
    pY=*Y;

    //重新定位文件指针到文件头
    fseek(pFile, 0L, SEEK_SET);

    //重新初始化
    iRows=0;
    //两列数据
    iCols=2;

    //从每一行中读数据
    while (!feof(pFile))
    {
```

```
        //行变量清零
        memset(szLine, 0, MAX_PATH);
        //从文件读入一行
        pStr=_fgetts(szLine, MAX_PATH, pFile);
        //空行、结尾行、注释行全部去掉
        if (szLine[0]==TEXT('\n') || szLine[0]==TEXT('\0') || szLine[0]==TEXT('#'))
        {
            continue;
        }
        //将数据间隔的逗号用空格代替
        for (j=0; j < MAX_PATH; j++)
        {
            pStr[j]==TEXT(',') ? pStr[j]=TEXT(' ') : pStr[j];
        }
        //有数据的行，检测数据；非数据行去掉
        for (j=0; j < iCols; j++)
        {
            if (iRows >=(*n))
            {
                break;
            }
            flag=0;
            //取完数据后pStr地址向后移
            dTemp=_tcstod(pStr, &pStr);
            if (0==j)
            {
                pX[iRows]=dTemp;
            }
            if (1==j)
            {
                pY[iRows]=dTemp;
            }
            if (j==0)
            {
                if (dTemp > 1.0 && dTemp <=0.0)
                {
                    flag=1;
                    break;
                }
            }
            else
            {
                if (dTemp==0.0)
                {
                    flag=1;
                    break;
                }
            }
        }//for(j=BASE_ONE; j < BASE_ONE + iCols; j++)
        if (1==flag)
        {
            continue;
        }
        iRows++;
    }//while(!feof(pFile))

    //关闭文件
    if (pFile !=NULL)
    {
        fclose(pFile);
        pFile=NULL;
    }
```

```
        //成功，返回0
        return  0;
}
```

8.2 共享内存

共享内存是队列、栈、链表等数据结构高效利用内存存储空间的一种方式，原始数据处理完毕后，结果数据往往覆盖原始数据，实现存储空间的共享使用[1,2]。以递推中值滤波算法为例，如图 8-7 所示，原始数据序列 S_1 至 S_n 共 n 个数据，每次取出 L 个数据对其排序，取排好序的 L 个数据中间位置的数值作为输出，第一次取第 1 到第 L 个数据，第二次取第 2 到第 $(L+1)$ 个数据，第 $(n-L+1)$ 次取第 $(n-L+1)$ 到第 n 个数据。

共享内存

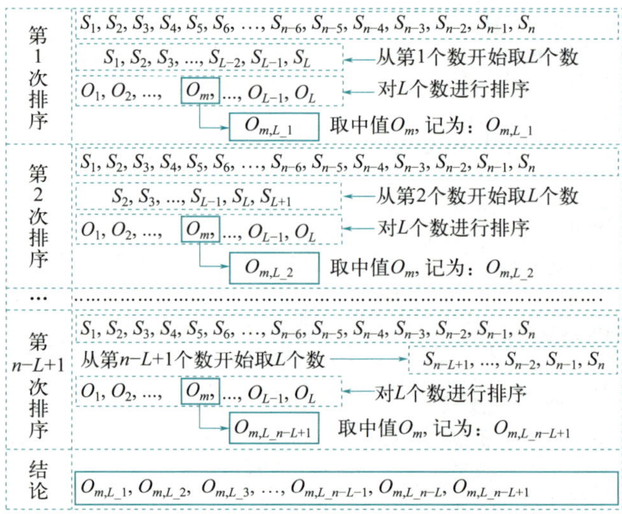

图 8-7 递推中值数据处理过程

一般情况下，每组数据包括 X 与 Y。例如，压力随时间变化数据，X 为时间，Y 为压力。这些数据存储在文件中，共 t 个。如果不考虑共享内存，如图 8-8 所示，每次从文件读取 n 组数据到内存，利用额外内存对数据进行处理，计算得到的中值 O 和原来的 X 值全部存储在新的内存空间，内存数据存储形式如图 8-8 中①所示。显然，这种内存利用方式需要每次分配多余的额外内存空间对 L 对数据进行处理，内存利用效率低，尤其是待处理数据量 L 较大时，

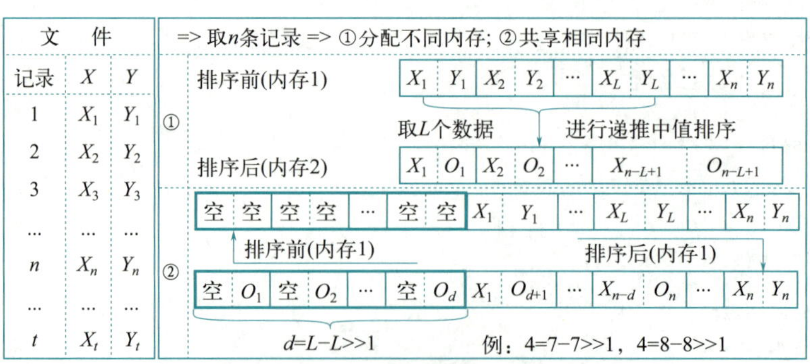

图 8-8 共享内存设计结构

内存耗用量增加；而且，结果数据也要存储在新的内存空间，处理数据与存放数据均要消耗大量内存。图 8-8 中②为共享内存时数据存储示意图，结果数据仍占用原始数据空间，仅多占用 L 对数据一半内存空间。

以图 8-9 中数据为例说明共享内存利用过程。从文件读入 17 对数据到内存，每次处理 8 个数据，当进入队列的数据小于 8 的一半时，不进行处理，只有当队列中数据大于等于 4 时才对数据进行排序和中值计算。共享队列中从 0x0000 到 0x001C 为空值，用于存放结果数据，新开辟 8 个指针单元存放递推数据的地址，原始数据保持位置不变。第一次处理“3、9、2、8”四个数据，通过地址指针对这四个数据排序，即排序的是其地址，而不是其值。如图 8-9 中右下角“顺序排序队列”所示，中值为 3，将“3”写入空值 0x0004 处；增加递推循环队列数据长度，读入数据“14”，计算中值为“8”，将其写入空值 0x000C 处；读入数据“36”，计算中值为“8”，将其写入空值 0x0014 处；读入数据“24”，计算中值为“9”，将其写入空值 0x001C 处。此时，递推循环队列已满，当“100”进入队列时，队尾数据“3”必须移出队列，即被“100”覆盖，实现内存的共享，以此类推。这种方式高效利用了内存，需要反复读写文件，不断从文件中取出原始数据，计算结果不断追加到结果数据文件中。

共享循环队列（共享队列）			
地址	值		
	X	Y	O
0x0000	0	0	<--3
0x0008	0	0	<--8
0x0010	0	0	<--8
0x0018	0	0	<--9
0x0020	0.02	3	<--14
0x0028	0.06	9	<--24
0x0030	0.09	2	<--27
0x0038	0.13	8	<--36
0x0040	0.16	14	<--36
0x0048	0.2	36	<--47
0x0050	0.23	24	<--47
0x0058	0.28	100	<--32
0x0060	0.31	27	<--47
0x0068	0.36	47	<--33
0x0070	0.39	56	<--33
0x0078	0.42	32	<--107
0x0080	0.45	107	<--35

递推循环队列	地址		0x4100	0x4104	0x4108	0x410C	0x4110	0x4114	0x4118
	值（键值）	①	0x0024(3)	0x002C(9)	0x0034(2)	0x003C(8)			
		②	0x0024(3)	0x002C(9)	0x0034(2)	0x003C(8)	0x0044(14)		
		③	0x0024(3)	0x002C(9)	0x0034(2)	0x003C(8)	0x0044(14)	0x004C(36)	
		④	0x0024(3)	0x002C(9)	0x0034(2)	0x003C(8)	0x0044(14)	0x004C(36)	0x0054(24)
		⑤	0x005C(100)	0x002C(9)	0x0034(2)	0x003C(8)	0x0044(14)	0x004C(36)	0x0054(24)
		⑥	0x005C(100)	0x0064(27)	0x0034(2)	0x003C(8)	0x0044(14)	0x004C(36)	0x0054(24)
		⑦	0x005C(100)	0x0064(27)	0x006C(47)	0x003C(8)	0x0044(14)	0x004C(36)	0x0054(24)
		⑧	0x005C(100)	0x0064(27)	0x006C(47)	0x0074(56)	0x0044(14)	0x004C(36)	0x0054(24)
		⑨	0x005C(100)	0x0064(27)	0x006C(47)	0x0074(56)	0x007C(32)	0x004C(36)	0x0054(24)
		⑩	0x005C(100)	0x0064(27)	0x006C(47)	0x0074(56)	0x007C(32)	0x0084(107)	0x0054(24)

顺序排序队列	地址		0x6100	0x6104	0x6108	0x610C	0x6110	0x6114	0x6118
	值（键值）	①	0x4108(2)	0x4100(3)	0x410C(8)	0x4104(9)			
		②	0x4108(2)	0x4100(3)	0x410C(8)	0x4104(9)	0x0044(14)		
		③	0x4108(2)	0x4100(3)	0x410C(8)	0x4104(9)	0x0044(14)	0x4114(36)	
		④	0x4108(2)	0x4100(3)	0x410C(8)	0x4104(9)	0x0044(14)	0x4118(24)	0x4114(36)
		⑤	0x4108(2)	0x410C(8)	0x4104(9)	0x4110(14)	0x4118(24)	0x4114(36)	0x4110(100)
		⑥	0x4108(2)	0x410C(8)	0x4110(14)	0x4118(24)	0x4104(27)	0x4114(36)	0x4110(100)
		⑦	0x410C(8)	0x4110(14)	0x4118(24)	0x4104(27)	0x4114(36)	0x4108(47)	0x4110(100)
		⑧	0x4110(14)	0x4118(24)	0x4104(27)	0x4114(36)	0x4108(47)	0x410C(56)	0x4110(100)
		⑨	0x4118(24)	0x4104(27)	0x4110(32)	0x4114(36)	0x4108(47)	0x410C(56)	0x4110(100)
		⑩	0x4104(27)	0x4110(32)	0x4114(36)	0x4108(47)	0x410C(56)	0x4110(100)	0x4110(107)

图 8-9　递推中值数据处理过程案例

8.2.1　控制台程序

控制台程序对数据处理更高效、快捷，减少了界面处理过程，本案例采用控制台程序界面，创建步骤如下。

① 运行“Visual Studio 2019”应用程序进入集成开发环境。

② 在“Visual Studio 2019”窗体右侧点击“创建新项目 (N)”按钮。

③ 在“创建新项目”窗口，选择“控制台应用”选项，点击“下一步 (N)”按钮。

④ 在“配置新项目”窗口“项目名称 (J)”对应的输入框中输入“DoubleBuffer”，在“位置 (L)”下方的输入框中选择“桌面”目录，不要勾选“将解决方案和项目放在同一目录中 (D)”前面的方框，点击右下角“创建 (C)”按钮。

⑤ 点击“项目 (P)”菜单，在下拉菜单中选择“DoubleBuffer 属性 (P)”，弹出“DoubleBuffer 属性页”。在“配置 (C)”后面的列表框中选择“Release”，“Release”表示发行版本；在“配

置属性”下方点击“高级”选项，在右侧对应栏中查找“MFC 的使用”，在其右侧的列表框中选择“使用标准 Windows 库”；“字符集”选择“使用 Unicode 字符集”。

⑥ 选中“C/C++”下方“代码生成”选项，在右侧对应栏中查找“运行库”，如果为“Release”，则在其右侧对应的列表框中选择“多线程 (/MT)”。

⑦ 选中“C/C++”下方“语言”选项，在右侧对应栏中查找“符合模式”，在其右侧对应的列表框中选择“默认值”，点击“应用 (A)”按钮，再点击“确定”按钮。

⑧ 点击“窗口 (W)”菜单，在下拉菜单中选择“重置窗口布局 (R)”，右侧的“解决方案资源管理器”窗口将重新布局。

⑨ 在“解决方案资源管理器”中选择“源文件”，右键弹出菜单，选择“添加 (D)”→“现有项 (G)...”，弹出“添加新项 -DoubleBuffer”窗口，选择“所有文件 (*.*)”，从“DoubleBuffer”目录中选择“DoubleBuffer.cpp”文件，点击右下角“添加 (A)”按钮，完成源文件添加。

⑩ Win32 程序创建完毕，按 Ctrl+F5 组合键或从主菜单“调试 (D)”中选择“开始调试 (S)”子菜单，程序完成计算过程。

原始数据文件名称为“01_OriginalData.txt”，经递推中值处理后的数据文件为“递推 _2025 年 01 月 12 日 _11 时 41 分 36 秒 .txt”，每次运行都以当前时间命名文件。原始数据对应曲线如图 8-10（a）所示，经程序计算后数据曲线如图 8-10（b）所示。对比两图发现，经递推中值处理后的数据不仅保持了原来的变化趋势，还去除了“毛刺”，曲线更加光滑。

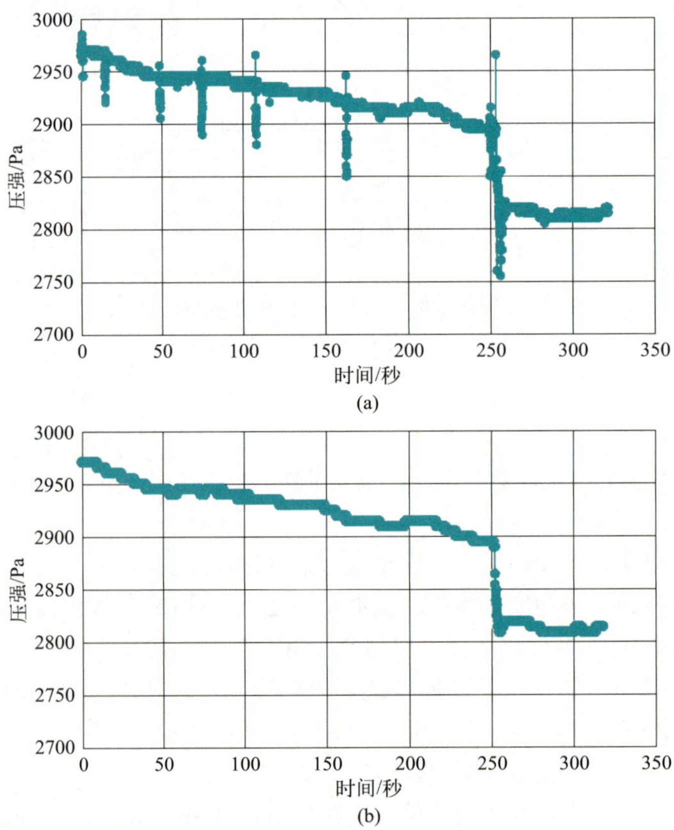

图 8-10　递推中值数据处理前后结果对比

8.2.2　C源代码

```
#include    <windows.h>
#include    <stdio.h>
#include    <tchar.h>

//存放数据的缓存块大小，以数据个数为单位
#define         BLOCK_SIZE          1024

//递推中值运算中需要取的样点个数
#define         SEGMENT             51

typedef  struct  tagDATA_TP
{
   float  fTime;
   int  iData;
} DATA_TP;

typedef  struct  tagFileStatus
{
   int nPos;                              //文件指针当前位置
   int nRecordSum;                        //总共数据记录数目
   int nRecordRemain;                     //剩余数据记录数目
}FILESTATUS;

typedef  struct  tagUnionQueue
{
   DATA_TP * pBase;                       //初始化动态分配存储空间
   DATA_TP * pCurPos;                     //DATA_TP结构中fTime变量对应的当前位置
   int  frontIn;                          //输入队列头
   int  rearIn;                           //输入队列尾
   int  frontOut;                         //输出队列头
   int  rearOut;                          //输出队列尾
   int  size;                             //队列长度
}UQUEUE;

typedef struct tagQueue
{
   int** pStart;             //初始化动态分配存储空间
   int  front;               //输入队列头
   int  rear;                //输入队列尾
   int  size;                //队列长度
   int  pos;                 //进入队列数据的当前位置
}QUEUE;

void   QSortAddress(int * a[], int  numsize);
int   RecurMid(const  TCHAR* pstrFileIn, int  nBlockSize, int  nSegment);
int   GetFileRecords(const  TCHAR * pstrFileName);
int   GetMyFileSize(const  TCHAR * pstrFullFileName);
__int64   GetDiskRemainSize(void);
typedef    BOOL(WINAPI * PGETDISKFREESPACEEX)(LPCTSTR, PULARGE_INTEGER, PULARGE_INTEGER,
PULARGE_INTEGER);

int  main()
{
      RecurMid(TEXT("01_OriginalData.txt"), BLOCK_SIZE, SEGMENT);
      system("pause");
      return 0;
}

//功能：对从文件中读入的一个nBlockSize数据块进行递推中值计算
//    递推处理数据大小为nSegment，将得到的数据输出到文件中
```

```
int  RecurMid(const TCHAR * pstrFileIn, int  nBlockSize, int  nSegment)
{
    char   * line;
    TCHAR    szOutFileName[MAX_PATH]={ 0 };

    BOOL     bFileCreateFlag=0;
    BOOL     bInitFile=0;
    BOOL     bFindFlag=0;

    //要存储数据的文件指针
    HANDLE   hFile=NULL;
    FILE * fp=NULL;

    //对每个数据进行巡检，超过总记录数说明数据处理完毕
    int nPatrol;
    //存放排好序的数据对应的地址，实际上是对数据的地址进行排序，数据是不变的
    int ** pBuffer;

    //输入与输出共用内存时需要长出的一部分
    int nSurplus;
    int i;
    //最后出栈时计数终止对应的数值
    int nRemain;
    int * pIntNew;
    int * pIntOld;
    int XPos;
    int  nFindPos=0;
    int  nInsertPos=0;
    long int  iTimeElapse=0;
    //存储数据盘剩余容量，以字节为单位
    __int64 i64DiskSize;

    //监测文件内容变化，一个是文件指针，一个为总记录数，一个是剩余记录数
    FILESTATUS  FileStatus;
    //输入区与输出区共用内存，在嵌入式系统可以省一些空间
    UQUEUE   unionQue;
    //先进先出循环队列，存储递推进出的数据地址，保证一个进，一个出
    QUEUE    sequQue;

    iTimeElapse=GetTickCount();

    //递推长度不能大于分配数据块的长度
    if (nSegment > nBlockSize)
    {
        return  -1;
    }

    //检查磁盘空间大小
    i64DiskSize=GetDiskRemainSize();
    //磁盘空间不足以存储数据输出文件，此处用输入文件的大小等价表示输出文件的大小，因为此时输出文件还没有确定
    if (i64DiskSize < GetMyFileSize(pstrFileIn))
    {
        return  -2;
    }

    //文件中数据记录状态初始化
    FileStatus.nPos=0;
    //文件中含有多少条有效的记录-->01_OriginalData.txt
    FileStatus.nRecordSum=GetFileRecords(pstrFileIn);
    //文件中需要读取的记录还有多少条
    FileStatus.nRecordRemain=FileStatus.nRecordSum;
```

```
//递推长度不能大于文件总的记录数
if (nSegment > FileStatus.nRecordSum)
{
    return  -3;
}

//判断递推数据个数是不是奇数
//nSegment为奇数
if (nSegment && 1==1)
{
    nSurplus=(nSegment + 1) >> 1;
    nRemain=nSegment - nSurplus + 1;
}
//nSegment为偶数
else
{
    nSurplus=nSegment >> 1;
    nRemain=nSegment - nSurplus;
}

//对输入与输出共用内存区初始化
unionQue.size=nBlockSize + nSurplus + 1;
unionQue.pBase=(DATA_TP*)malloc(sizeof(DATA_TP) * unionQue.size);
if (NULL==unionQue.pBase)
{
    return  -4;
}
unionQue.frontIn=nSurplus;
unionQue.rearIn=nSurplus;
unionQue.frontOut=0;
unionQue.rearOut=0;
unionQue.pCurPos=unionQue.pBase + nSurplus;

//分配nSegment个整型数据指针的内存，用于存放整数数据的地址
pBuffer=(int**)malloc(sizeof(int*) * nSegment);

if (NULL==pBuffer)
{
    free(unionQue.pBase);
    return  -5;
}

//用于对数据地址排序的循环队列
//数量要多一个，因为循环队列判断空与满要占用一个存储空间
sequQue.size=nSegment + 1;
//存放需要排序数据的地址，而不是数据，因为队列具有先进先出的特性，保证数据的递推前进
sequQue.pStart=(int**)malloc(sizeof(int*) * sequQue.size);
if (NULL==sequQue.pStart)
{
    free(unionQue.pBase);
    unionQue.pBase=NULL;
    free(pBuffer);
    pBuffer=NULL;
    return  -6;
}
sequQue.front=0;
sequQue.rear=0;
sequQue.pos=0;

//分配临时内存区，用于存储从文件读入的每一行信息
line=(char*)malloc(sizeof(char) * 256);
if (NULL==line)
```

```
    {
        free(unionQue.pBase);
        unionQue.pBase=NULL;
        free(pBuffer);
        pBuffer=NULL;
        free(sequQue.pStart);
        sequQue.pStart=NULL;
        return  -7;
    }

    //递推计算前各变量的初始化
    nPatrol=0;

    //建立要存储数据的文件
    if (!bInitFile)
    {
        SYSTEMTIME  NowTime;
        char  str[256];
        DWORD  wrotten;
        int  len;

        GetLocalTime(&NowTime);
        _stprintf_s(szOutFileName, 260, TEXT("递推_%04d年%02d月%02d日_%02d时%02d分%02d秒.txt"),
            NowTime.wYear,
            NowTime.wMonth,
            NowTime.wDay,
            NowTime.wHour,
            NowTime.wMinute,
            NowTime.wSecond);

        sprintf_s(str, 256, "#The file is saved at: %04d-%02d-%02d   %02d:%02d:%02d\r\n",
            NowTime.wYear,
            NowTime.wMonth,
            NowTime.wDay,
            NowTime.wHour,
            NowTime.wMinute,
            NowTime.wSecond);

        hFile=CreateFile(szOutFileName, GENERIC_WRITE, FILE_SHARE_WRITE, NULL, CREATE_ALWAYS,
FILE_ATTRIBUTE_NORMAL, NULL);
        if (INVALID_HANDLE_VALUE !=hFile)
        {
            len=strlen(str);
            //写文件存储时的时间标签
            WriteFile(hFile, str, len, &wrotten, NULL);

            memset(str, 0x00, 256);
            sprintf_s(str, 256,"#Time/(s) Pressure/(Pa)\r\n");
            len=strlen(str);
            //写标题标签
            WriteFile(hFile, str, len, &wrotten, NULL);

            FlushFileBuffers(hFile);
            CloseHandle(hFile);
            hFile=NULL;
            bInitFile=1;
        }
    }//if(!bInitFile)

    //X轴数据的起点，保存时用
    XPos=unionQue.frontIn;
```

```
while (nPatrol < FileStatus.nRecordSum)
{
    //从文件读取数据到公共内存区域
    //如果输入数据区为空，则从文件读入数据，放到输入队列
    if (unionQue.frontIn==unionQue.rearIn)
    {
        float   fTempT;
        int     nTempP;
        //以二进制方式打开文件
        _tfopen_s(&fp, pstrFileIn, TEXT("rb"));
        //如果能打开
        if (NULL !=fp)
        {
            //定位到上次的位置
            fseek(fp, FileStatus.nPos, SEEK_SET);
            while (!feof(fp))
            {
                //输入缓冲区不满时
                if (((unionQue.rearIn + 1) % unionQue.size) !=unionQue.frontOut)
                {

                    memset(line, 0x00, 256);
                    fgets(line, 256, fp);
                    if (line[0]=='#' || (line[0]=='\r') || (line[0]=='\0'))
                            continue;
                    else
                    {
                            sscanf_s(line, "%f  %d", &fTempT, &nTempP);
                            (unionQue.pBase + unionQue.rearIn)->fTime=fTempT;
                            (unionQue.pBase + unionQue.rearIn)->iData=nTempP;
                            unionQue.rearIn=(unionQue.rearIn + 1) % unionQue.size;
                    }
                }
                else
                {
                    break;
                }//if (((unionQue.rearIn + 1) % unionQue.size) !=unionQue.frontOut )
            }//while(!feof(fp))

            FileStatus.nPos=ftell(fp);
        }

        if (fp)
        {
            fclose(fp);
            fp=NULL;
        }
    }//if (unionQue.frontIn ==unionQue.rearIn )

    //将数据放入到排序队列与顺序循环队列中
    //如果输入队列不为空
    while (unionQue.frontIn !=unionQue.rearIn)
    {
        //从输入缓冲出队列出一个数据---->出栈
        //从输入缓冲区队列中取整数的地址
        pIntNew=&((unionQue.pBase + unionQue.frontIn)->iData);
        //数据出输入缓冲区队列
        unionQue.frontIn=(unionQue.frontIn + 1) % unionQue.size;
        //每取一个数就加一次，对全部数据进行监测
        nPatrol++;

        //向循环队列中添加新的数据地址
        //如果顺序队列不满，数据进入顺序队列
```

```
if ((sequQue.rear + 1) % sequQue.size !=sequQue.front)
{
    //数据进入排序队列
    *(pBuffer + sequQue.pos)=pIntNew;
    //顺序队列未满时进行计数
    sequQue.pos++;

    //当数据量=指定的界限时计算中值
    //nSurplus表示个数，实际地址为nSurplus - 1，比实际个数少1
    if (sequQue.pos >=nSurplus)
    {
        //按数据的值对地址进行排序
        QSortAddress(pBuffer, sequQue.pos);
    }
}
//顺序队列满了，删除旧的，加入新的
else
{
    //先要从排序队列中找到该值，然后再删除
    //先把地址取出来，指针再移动
    pIntOld=*(sequQue.pStart + sequQue.front);
    //删除旧的
    sequQue.front=(sequQue.front + 1) % sequQue.size;

    //先在原来找到的位置偏小的区域进行查找
    //置初值为未找到状态
    bFindFlag=0;
    if (nFindPos < nSurplus)
    {
        for (i=nFindPos; i >=0; i--)
        {
            if (pIntOld==*(pBuffer + i))
            {
                nFindPos=i;
                bFindFlag=1;
                break;
            }
        }
        //如果在原来找到的位置偏小的区域没有找到，则在对应的偏大的区域查找
        if (!bFindFlag)
        {
            for (i=nFindPos + 1; i < sequQue.pos; i++)
                if (pIntOld==*(pBuffer + i))
                {
                    nFindPos=i;
                    bFindFlag=1;
                    break;
                }
        }
    }
    //原来的位置大于一半，在后半部分
    else
    {
        for (i=nFindPos; i < sequQue.pos; i++)
        {
            if (pIntOld==*(pBuffer + i))
            {
                nFindPos=i;
                bFindFlag=1;
                break;
            }
        }
```

```
            //如果在原来找到的位置偏小的区域没有找到，则在对应的偏大的区域查找
            if (!bFindFlag)
            {
                for (i=nFindPos - 1; i >=0; i--)
                    if (pIntOld==*(pBuffer + i))
                    {
                        nFindPos=i;
                        bFindFlag=1;
                        break;
                    }
            }//( !bFindFlag )
        }//if (nFindPos <=nSurplus )
        //用新的地址值替代找到的旧的地址值
        *(pBuffer + nFindPos)=pIntNew;
        QSortAddress(pBuffer, sequQue.pos);
    }//if (( sequQue.rear + 1) % sequQue.size  !=sequQue.front )

    //数据进入顺序循环队列---->入栈
    //添加新数据
    *(sequQue.pStart + sequQue.rear)=pIntNew;
    //顺序队列后指针加1，数据进队列
    sequQue.rear=(sequQue.rear + 1) % sequQue.size;

    //返回排序队列的中值，将中值存于输出缓冲区队列中
    if (sequQue.pos >=nSurplus)
    {
        int  nMid;
        //取中间位置
        nMid=sequQue.pos >> 1;
        //将排好序中间位置地址指向的整数取出来放入输出缓冲区队列中
        (unionQue.pBase + unionQue.rearOut)->iData=**(pBuffer + nMid);
        //输出缓冲区队列尾指针加1
        unionQue.rearOut=(unionQue.rearOut + 1) % unionQue.size;
    }
}//while ( unionQue.frontIn !=unionQue.rearIn )

//将计算的中值存储到输出文件
//如果文件已经存在，相当于已经写了表头信息
if (bInitFile)
{
    DWORD  dwSize;
    DWORD  written;
    char  str[256];
    int  len;

    hFile=CreateFile(szOutFileName, GENERIC_WRITE, FILE_SHARE_WRITE, NULL, OPEN_ALWAYS,
FILE_ATTRIBUTE_NORMAL, NULL);
    //然后向文件以追加形式写数据
    if (INVALID_HANDLE_VALUE !=hFile)
    {
        dwSize=GetFileSize(hFile, NULL);
        SetFilePointer(hFile, 0, NULL, FILE_END);
        //将输出缓冲区队列中的数据一个一个追加到输出文件中
        //如果输出缓冲区队列不为空
        while (unionQue.frontOut !=unionQue.rearOut)
        {
            memset(str, 0x00, 256);
            sprintf_s(str, 256,"%.3f   %d\r\n", (*(unionQue.pBase + XPos)).fTime,
(*(unionQue.pBase + unionQue.frontOut)).iData);     //对X轴时间变量和Y轴压力变量进行格式化
            len=strlen(str);
            //将数据写入文件
            WriteFile(hFile, str, len, &written, NULL);
```

```
                //输出缓冲区队列头指针加1，相当于Y轴数据
                unionQue.frontOut=(unionQue.frontOut + 1) % unionQue.size;
                //相当于X轴数据，表示时间
                XPos=(XPos + 1) % unionQue.size;
            }
            FlushFileBuffers(hFile);
            CloseHandle(hFile);
            hFile=NULL;
        }
    }//if ( bInitFile )
}//while ( nPatrol < FileStatus.nRecordSum )

//释放堆内存
if (unionQue.pBase !=NULL)
{
    free(unionQue.pBase);
    unionQue.pBase=NULL;
}
if (pBuffer !=NULL)
{
    free(pBuffer);
    pBuffer=NULL;
}
if (sequQue.pStart !=NULL)
{
    free(sequQue.pStart);
    sequQue.pStart=NULL;
}
if (line !=NULL)
{
    free(line);
    line=NULL;
}

printf("程序运行结束，时间为：%.3f 秒\r\n", (GetTickCount() - iTimeElapse) * 1.0 / 1000);
//成功返回
return   0;
}

//功能：快速排序
void  QSortAddress(int* a[], int numsize)
{
    int l=0;                      //low
    int h=numsize - 1;            //high

    int* mid=a[l];

    while (l < h)
    {
        for (; l < h; h--)
        {
            if (*a[h] < *mid)
            {
                a[l++]=a[h];
                break;
            }
        }

        for (; l < h; l++)
        {
            if (*a[l] > *mid)
            {
```

```
                a[h--]=a[l];
                break;
            }
        }
    }

    a[l]=mid;

    if (l > 1)
    {
        QSortAddress(a, l);
    }

    if (h < numsize - 1)
    {
        QSortAddress(a + h + 1, numsize - h - 1);
    }
}

//功能：获得文件总记录个数，如果有空行或者以"#"开始的注释行，跳过，不计算在内
//        只计算有效的数据行，每一行认为是一条记录
int   GetFileRecords(const TCHAR* pstrFileName)
{
    FILE  * fp=NULL;
    int  nTotal=0;
    char  line[256]={ 0 };

    _tfopen_s(&fp, pstrFileName, TEXT("rb"));
    if (NULL==fp)
    {
        //读取文件失败，返回-1
        return   -1;
    }

    while (!feof(fp))
    {
        //必须进行初始化，否则会保留上一次的内容
        memset(line, 0x00, 256);
        fgets(line, 256, fp);
        //遇到空行或注释行，不进行计数；当文件末尾出现回车换行符时，会当作空字符串，首字符为0
        //但是如果回车换行在文档中间出现，则当成回车\r处理，这种情况要考虑
        if (line[0]=='#' || (line[0]=='\r') || (line[0]=='\0'))
            continue;
        else
            nTotal++;
    }
    if (fp !=NULL)
    {
        fclose(fp);
        fp=NULL;
    }
    return  nTotal;
}

//功能：获得文件大小
int  GetMyFileSize(const TCHAR* pstrFullFileName)
{
    FILE * pFile=NULL;
    int   iFileSize=0;

    if (!_tfopen_s(&pFile, pstrFullFileName, TEXT("rb")))
    {
```

```
        fseek(pFile, 0L, SEEK_END);
        iFileSize=ftell(pFile);
        fclose(pFile);
        pFile=NULL;
    }

    return   iFileSize;
}

//功能：计算程序所在磁盘剩余空间
__int64  GetDiskRemainSize(void)
{
    BOOL fResult;

    TCHAR szFilePath[MAX_PATH]={ 0 };
    TCHAR* p;

    __int64 i64FreeBytesToCaller, i64TotalBytes, i64FreeBytes;
    __int64 i64FreeSize=0;

    DWORD  dwSectPerClust;
    DWORD  dwBytesPerSect;
    DWORD  dwFreeClusters;
    DWORD  dwTotalClusters;

    PGETDISKFREESPACEEX  pGetDiskFreeSpaceEx;

    GetModuleFileName(NULL, szFilePath, MAX_PATH);
    p=_tcschr(szFilePath, TEXT('\\'));
    *p=TEXT('\0');

    pGetDiskFreeSpaceEx=(PGETDISKFREESPACEEX)GetProcAddress(GetModuleHandle(TEXT("kernel32.dll")
),"GetDiskFreeSpaceExW");

    //测试过程中走的是这个分支
    if (pGetDiskFreeSpaceEx)
    {
        fResult=pGetDiskFreeSpaceEx(szFilePath,
                (PULARGE_INTEGER)&i64FreeBytesToCaller,
                (PULARGE_INTEGER)&i64TotalBytes,
                (PULARGE_INTEGER)&i64FreeBytes);
        if (fResult)
            i64FreeSize=i64FreeBytes;
    }
    else
    {
        fResult=GetDiskFreeSpace(szFilePath,
            &dwSectPerClust,
            &dwBytesPerSect,
            &dwFreeClusters,
            &dwTotalClusters);
        if (fResult)
            i64FreeSize=dwFreeClusters * dwSectPerClust * dwBytesPerSect;
    }

    return  i64FreeSize;
}
```

第9章 温度自动采集

知识点思维导图

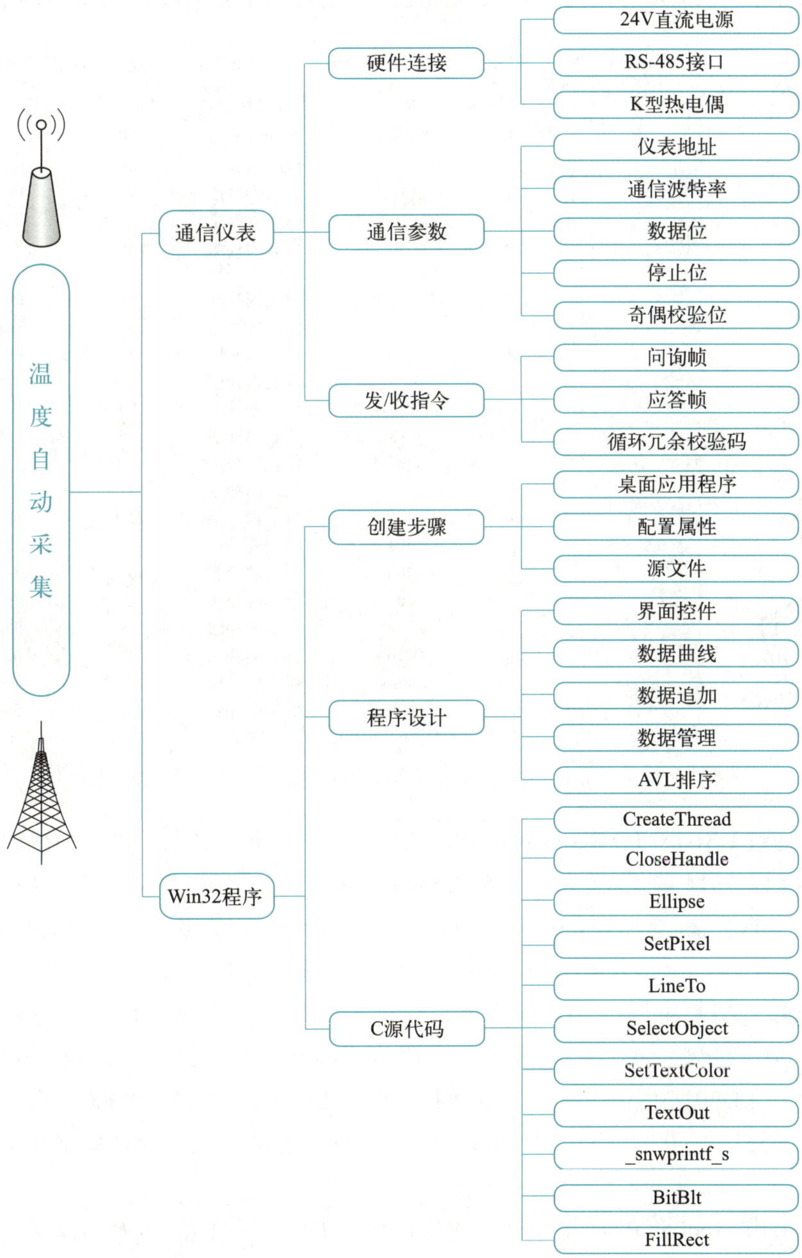

科研生产中，对各种物理量的实时监测有助于优化工艺过程，利于提质增效。本章程序以 LD7014 数据采集模块为通信载体，通过设置对应的通信参数，完成数据的读取、曲线显示和数据追加存储等操作，使学习者完整掌握 RS-485 串口通信指令封装、线程运行、消息驱动、AVL 树和数据管理等程序开发技能。

9.1 通信仪表

温度自动采集

LD7014 是厦门亨立德电子有限公司生产的一款多路模拟量采集模块，尾数“4”表示能够同时采集输入四路信号，包括不同类型的热电偶、电阻信号、电压信号和电流信号，每一路输入信号类型均可以单独设置，如图 9-1 所示。

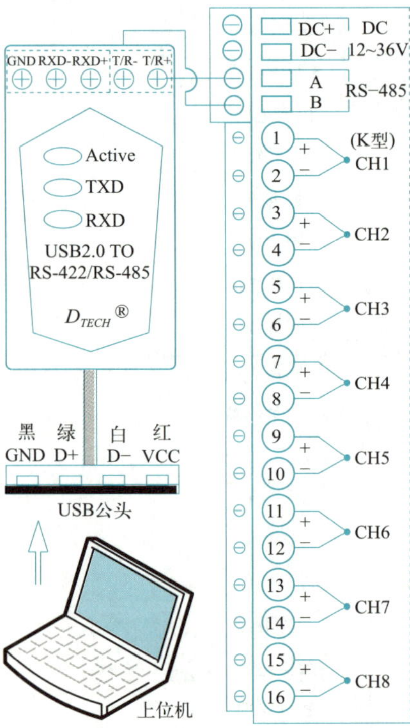

仪表型号：亨立德 LD7014　仪表地址：1　通信波特率：9600　奇偶校验：无

序号	输入信号类型	温度补偿方式	线性输入下限	线性输入上限	小数点
0	K型热电偶	仪表内补偿	−500	13000	1
1	S型热电偶	仪表内补偿	−500	17000	1
2	B型热电偶	仪表内补偿	3000	18000	1
3	T型热电偶	仪表内补偿	−2000	3500	1
4	E型热电偶	仪表内补偿	0	8000	1
5	J型热电偶	仪表内补偿	0	10000	1
6	N型热电偶	仪表内补偿	0	13000	1
7	W-Re3/25型热电偶	仪表内补偿	0	23000	1
8	W-Re5/26型热电偶	仪表内补偿	0	23000	1
9	R型热电偶	仪表内补偿	−500	17000	1
10	Pt100热电阻	仪表内补偿	−2000	8000	1
11	Cu50热电阻	仪表内补偿	−500	1500	1
12	Cu100热电阻	仪表内补偿	−500	1500	1
13	0~5 V	仪表内补偿	0	5000	3
14	1~5 V	仪表内补偿	1000	5000	3
15	0~10 V	仪表内补偿	0	10000	3
16	4~20 mA	仪表内补偿	4000	20000	3
17	0~10 mA	仪表内补偿	0	10000	3
18	20 mV	仪表内补偿	0	20000	3
19	60 mV	仪表内补偿	0	6667	2
20	100 mV	仪表内补偿	0	6667	2
21	500 mV	仪表内补偿	0	5000	1
22	400 Ω(仅限7018E)	仪表内补偿	0	4000	1

图 9-1　多路模拟量采集模块 LD7014 通信参数及输入信号类型说明

LD7014 通过 USB2.0 TO RS-422/RS-485 转换接口与上位机连接，将 USB 转换接口的“T/R+”端子连接 LD7014 的“A”端子，将 USB 转换接口的“T/R−”端子连接 LD7014 的“B”端子。将直流 24V 正极接入 LD7014“DC+”端子，直流 24V 负极接入 LD7014“DC−”端子。将 K 型热电偶的“+”极接入 LD7014 ①端子，“−”极接入 LD7014 ②端子。

LD7014 将 K 型热电偶的 mV 电压模拟信号转化为数字信号，K 型热电偶对应线性输入下限为 −500，代表 −50 ℃，线性输入上限为 13000，代表 1300℃，表征范围为 13000−(−500)=13500，LD7014 用两个字节表征数据，即用 2^{16}=65536 表征 13500 个数，其分辨率可以达到 13500/65536 ≈ 0.2，即 0.2/10=0.02（℃），低于 0.02℃的变化，K 型热电偶将无法检测与分辨。

LD7014 采用 Modbus RTU 协议与上位机通信，上位机为主机，LD7014 为从机，主机与从机的通信波特率均设置为 9600，主机通过仪表地址访问从机，可以实现一台主机访问多台从机，该例中 LD7014 仪表地址设置为 1。上位机的通信参数设置为“9600，N，8，1”，即通信波特率为 9600，无奇偶校验，8 个数据位，1 个停止位。

向地址为 1 的 LD7014 发送读取数据指令，其对应的指令格式为“01 03 00 00 00 01 84 0A”。读指令的第 1 个字节代表仪表地址 1，转化为十六进制为“01”；第 2 个字节“03”为功能码，代表“读”保持寄存器的值；第 3 个字节“00”与第 4 个字节“00”连在一起表示“0000”，转化为十进制为 0，表示要读取数据所在保持寄存器的起始地址；第 5 个字节为“00”，第 6 个字节为“01”，两个字节合在一起为“0001”，转化为十进制为 1，表示从起始地址开始要读取数据的长度，为 1 个“字”（Word），即两个字节（Byte）；第 7 个字节与第 8 个字节为前面 6 个字节“01 03 00 00 00 01”对应的循环冗余校验码（cyclic redundancy check，CRC），CRC 包括两个字节，第 7 个字节对应 CRC 的低字节，第 8 个字节对应 CRC 的高字节。如图 9-2 所示，在“循环冗余校验码 CRC”程序输入框中以空格为间隔输入十六进制“01 03 00 00 00 01”，点击“计算 CRC”按钮，程序自动识别要计算字节的个数为 6 个字节，计算结果将低字节显示为“L[XX]”，高字节显示为“H[XX]”，本例“01 03 00 00 00 01”对应的 CRC 为 L[84] H[0A]，完整的读指令为“01 03 00 00 00 01 84 0A”。

主机发送指令称为问询帧，从机接收指令后回复主机称为应答帧。

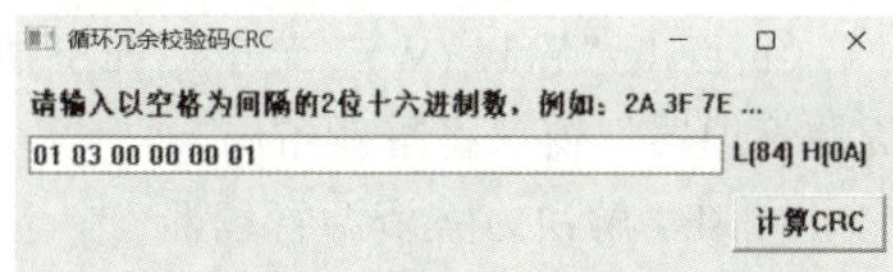

图 9-2　循环冗余校验码 CRC 计算结果

读指令的问询帧如下。

01 03 00 00 00 01 84 0A

发送后返回的应答帧如下。

01 03 02 00 DF F9 DC

前两个字节与问询帧相同；第 3 个字节“02”表示返回的数据字节的个数为 2；第 4 个字节后为数据的内容，字节个数与第 3 个字节数目一致，由于第 3 个字节表示的字节数为 2，所以后面第 4 个字节与第 5 个字节这 2 个字节为数据，其值为“00 DF”，转化为十进制为“223”，表示保持寄存器从 00 地址开始的第一个寄存器中的内容为 223，对应一位小数点显示格式，实际值为22.3℃；最后两个字节为CRC，仍然是按低字节在前高字节在后顺序排列。每发送一条问询帧，即返回一条应答帧，实时反映当前温度的变化。

9.2 Win32程序

Win32 程序基于 Windows 平台，采用 API 函数创建人机交互界面，减少了对平台操作系统的依赖度，程序移植性好，执行效率高，与程序关联控件少，但编程难度增加。本例通过大量函数实现程序目标要求，包括与 LD7014 采集模块的通信、界面控件布局、消息响应驱动、数据曲线绘制、AVL 树节点操作、数据管理和文件数据追加等。从输入和输出两个维度学习 C 程序设计架构，输入包括控件输入、采集输入，输出包括控件输出、曲线输出和文件输出。

9.2.1 创建运行

Win32 程序创建步骤如下。

① 运行“Visual Studio 2019”应用程序进入集成开发环境。

② 在“Visual Studio 2019”窗体右侧点击“创建新项目 (N)”按钮。

③ 在“创建新项目”窗口，选择“Windows 桌面向导”选项，点击“下一步 (N)”按钮。

④ 在“配置新项目”窗口“项目名称 (J)”对应的输入框中输入“TemperatureReading”，在“位置 (L)”下方的输入框中选择“桌面”目录，不要勾选“将解决方案和项目放在同一目录中 (D)”前面的方框，点击右下角“创建 (C)”按钮。

⑤ 在“Windows 桌面项目”窗口“应用程序类型 (T)”中选择“桌面应用程序 (.exe)”，勾选“空项目”前方方框，点击“确定”按钮，完成空“TemperatureReading”桌面应用程序的创建。

⑥ 点击“项目 (P)”菜单，在下拉菜单中选择“TemperatureReading 属性 (P)”，弹出“TemperatureReading 属性页”。在“配置 (C)”后面的列表框中选择“Release”，“Release”表示发行版本；在“配置属性”下方点击“高级”选项，在右侧对应栏中查找“MFC 的使用”，在其右侧的列表框中选择“使用标准 Windows 库”；“字符集”选择“使用 Unicode 字符集”。

⑦ 选中“C/C++”下方“代码生成”选项，在右侧对应栏中查找“运行库”，如果为“Release”，则在其右侧对应的列表框中选择“多线程 (/MT)”。

⑧ 选中“C/C++”下方“语言”选项，在右侧对应栏中查找“符合模式”，在其右侧对应的列表框中选择“默认值”，点击“应用 (A)”按钮，再点击“确定”按钮。

⑨ 点击“窗口 (W)”菜单，在下拉菜单中选择“重置窗口布局 (R)”，右侧的“解决方案资源管理器”窗口将重新布局。

⑩ 在“解决方案资源管理器”中选择“源文件”，右键弹出菜单，选择“添加 (D)”→“现有项 (G)...”，弹出“添加新项 -TemperatureReading”窗口，选择“所有文件 (*.*)”，从“TemperatureReading”目录中依次选择“data_save.h”“DataManage.h”“draw.h”“main.h”“CalCRC.h”“ParseInstru.h”“serial.h”“data_save.cpp”“DataManage.cpp”“draw.cpp”“main.cpp”“CalCRC.cpp”“ParseInstru.cpp”“serial.cpp”文件，点击右下角“添加 (A)”按钮，完成源文件添加。

⑪ Win32 程序创建完毕，按 Ctrl+F5 组合键或从主菜单“调试 (D)”中选择“开始调试 (S)”子菜单，程序进入运行调试状态。

程序运行后，自动检索与主机相连的串口，并将所有串口显示在“串口：”标签后面的组合列表框中，本例为“COM3”，通过下拉组合列表框依次选取波特率 9600、8 个数据位、1 个停止位和无校验等通信参数，点击“Run”按钮，在程序窗口右侧图形区以红色圆点显示当前温度值，将 K 型热电偶插入不同温度的热水中，曲线显示温度的波动变化，如图 9-3 所示。

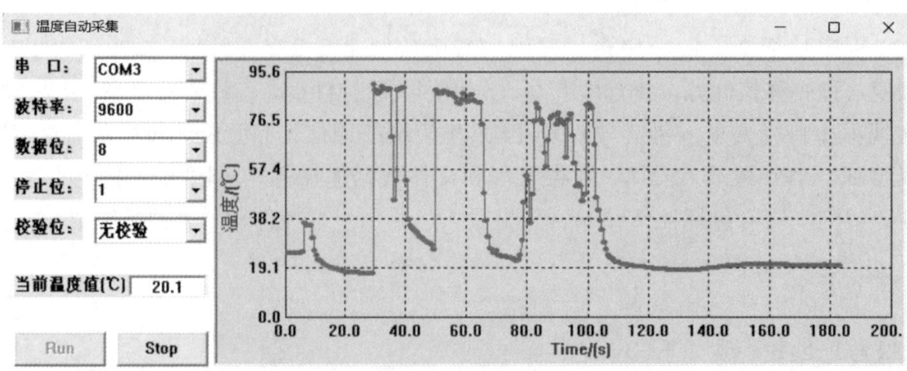

图 9-3 温度自动采集程序运行结果

当数据最大值或最小值超过显示范围时，曲线会自动沿 *Y* 轴缩放；当数据超过 *X* 轴最大值时，曲线会自动增加 *X* 轴最大值范围，重新绘制曲线，如图 9-4 所示。

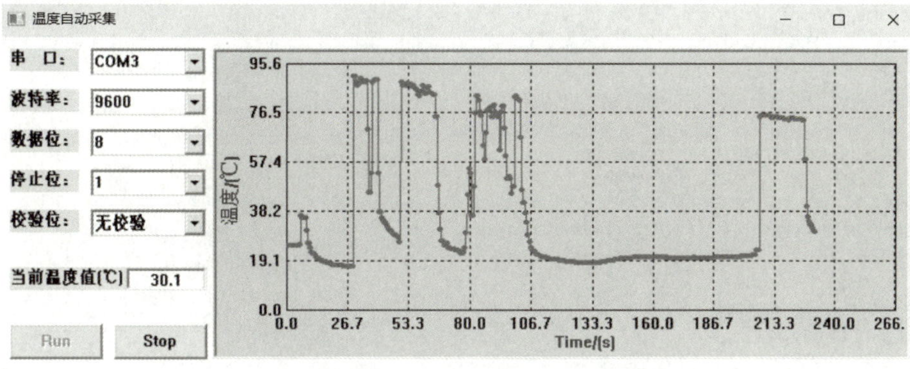

图 9-4　温度自动采集过程数据扩展结果

点击“Stop”按钮，停止采集数据，曲线停止更新，再次点击“Run”按钮时，程序将原来的曲线擦除，重新绘制新数据对应的曲线。

9.2.2　主程序

主程序包括“main.h”和“main.cpp”,“main.h”文件含有各个界面控件 ID 的定义,“main.cpp”文件含有过程处理函数“WndProc”，完成对各种消息的响应与处理。

```
//**********************main.h**********************
#pragma once
#define  IDC_STATIC_COM                  1000
#define  IDC_STATIC_BAUDRATE             1002
#define  IDC_STATIC_DATABIT              1003
#define  IDC_STATIC_STOPBIT              1004
#define  IDC_STATIC_PARITYBIT            1005
#define  IDC_STATIC_PV                   1006
#define  IDC_EDIT_PV                     1007

#define  IDC_COMBO_COM                   1031
#define  IDC_COMBO_BAUD                  1032
#define  IDC_COMBO_DATABIT               1033
#define  IDC_COMBO_STOPBIT               1034
#define  IDC_COMBO_PARITYBIT             1035

#define IDC_BTN_RUN                      1061
#define IDC_BTN_STOP                     1062

//**********************main.cpp**********************
#include  "main.h"
#include  "serial.h"
#include  "ParseInstru.h"
#include  "draw.h"
#include  "data_save.h"
#include  "CalCRC.h"

#define   MAX_LOADSTRING 100
#define   APP_PHRECV   (WM_USER + 1)

// 当前实例
HINSTANCE  hInst;
```

```
static  TCHAR  szAppName[]=__TEXT("温度自动采集");
static  HWND  ghWnd;
static  FILE  *fp=NULL;

void  SendMsgToApp(BYTE* pInfo, DWORD len);
LRESULT   CALLBACK   WndProc(HWND, UINT, WPARAM, LPARAM);

int   APIENTRY _tWinMain(HINSTANCE   hInstance,
                    HINSTANCE   hPrevInstance,
                    LPTSTR   lpCmdLine,
                    int   nCmdShow)
{
    UNREFERENCED_PARAMETER(hPrevInstance);
    UNREFERENCED_PARAMETER(lpCmdLine);
    MSG  msg;
    WNDCLASS  wndclass;
    HWND   hWnd;

    wndclass.style=CS_HREDRAW | CS_VREDRAW;
    wndclass.lpfnWndProc=WndProc;
    wndclass.cbClsExtra=0;
    wndclass.cbWndExtra=0;
    wndclass.hInstance=hInstance;
    wndclass.hIcon=LoadIcon(NULL, IDI_APPLICATION);
    wndclass.hCursor=LoadCursor(NULL, IDC_ARROW);
    wndclass.hbrBackground=(HBRUSH)GetStockObject(WHITE_BRUSH);
    wndclass.lpszMenuName=NULL;
    wndclass.lpszClassName=szAppName;
    RegisterClass(&wndclass);

    hInst=hInstance;

    hWnd=CreateWindow(szAppName, szAppName, WS_OVERLAPPEDWINDOW,
       CW_USEDEFAULT, CW_USEDEFAULT, 810, 330, NULL, NULL, hInstance, NULL);
    if (!hWnd)
    {
       return   FALSE;
    }
    ghWnd=hWnd;

    ShowWindow(hWnd, nCmdShow);
    UpdateWindow(hWnd);

    while (GetMessage(&msg, NULL, 0, 0))
    {
          TranslateMessage(&msg);
          DispatchMessage(&msg);
    }

    return  (int) msg.wParam;
}

//功能：处理主窗口消息
//WM_COMMAND-->处理应用程序菜单
//WM_PAINT     -->绘制主窗口
//WM_DESTROY  -->发送退出消息并返回
LRESULT   CALLBACK WndProc(HWND hWnd, UINT message, WPARAM wParam, LPARAM lParam)  //回调函数
{
    int  i, tmp, wmId, wmEvent;

    static  int  iTValue, temp;
    static  BOOL  bShow=FALSE;
```

```
    static TCHAR  pHinfo[144];
    static  TCHAR  szFileName[256]={0};
    static  DWORD  startTime;

    static  HWND  hwndHexInfo;
    static  HWND  hwndTxtInfo;

    static  CDrawImage  *pImg;
    static  DRAWPEN  *pPen=NULL;

    HWND  hCtrl;
    switch (message)
    {
    case  WM_CREATE:
        //建立静态文本标签，显示串口号
        hCtrl=CreateWindow(__TEXT("STATIC"),
                           __TEXT("串　口："),
                           WS_CHILD|WS_VISIBLE|SS_LEFT,
                           10, 10, 60, 20,
                           hWnd,
                           (HMENU)IDC_STATIC_COM,
                           NULL,
                           NULL);
        //建立静态文本标签，显示波特率
        hCtrl=CreateWindow(__TEXT("STATIC"),
                           __TEXT("波特率："),
                           WS_CHILD|WS_VISIBLE|SS_LEFT,
                           10, 45, 60, 20,
                           hWnd,
                           (HMENU)IDC_STATIC_BAUDRATE,
                           NULL,
                           NULL);
        //建立静态文本标签，显示数据位
        hCtrl=CreateWindow(__TEXT("STATIC"),
                           __TEXT("数据位："),
                           WS_CHILD|WS_VISIBLE|SS_LEFT,
                           10, 80, 60, 20,
                           hWnd,
                           (HMENU)IDC_STATIC_DATABIT,
                           NULL,
                           NULL);
        //建立静态文本标签，显示停止位
        hCtrl=CreateWindow(__TEXT("STATIC"),
                           __TEXT("停止位："),
                           WS_CHILD|WS_VISIBLE|SS_LEFT,
                           10, 115, 60, 20,
                           hWnd,
                           (HMENU)IDC_STATIC_STOPBIT,
                           NULL,
                           NULL);

        //建立静态文本标签，显示校验位
        hCtrl=CreateWindow(__TEXT("STATIC"),
                           __TEXT("校验位："),
                           WS_CHILD|WS_VISIBLE|SS_LEFT,
                           10, 150, 60, 20,
                           hWnd,
                           (HMENU)IDC_STATIC_PARITYBIT,
                           NULL,
                           NULL);

        //建立静态文本标签，显示串口号的组合框
```

```
        hCtrl=CreateWindowEx(WS_EX_CLIENTEDGE,
                             __TEXT("COMBOBOX"),
                             NULL,
                             WS_CHILD|WS_VISIBLE|WS_TABSTOP|WS_VSCROLL|CBS_AUTOHSCROLL|CBS_DROPDOWN,
                             80, 10, 100, 120,
                             hWnd,
                             (HMENU)IDC_COMBO_COM,
                             NULL,
                             NULL);
        if (hCtrl !=NULL)
        {
            //获得当前串口号
            tmp=PortEnumAllComm(pHinfo, _countof(pHinfo));
            //向组合框的表头添加信息，以回车换行符结尾
            SetDlgItemText(hWnd, IDC_COMBO_COM, pHinfo);
            //指向字符串的首位
            TCHAR  *pCom=pHinfo;

            for (i=0; i<tmp; ++i)
            {
                //以pCom为首，以回车换行为尾的字符串
                SendMessage(hCtrl, CB_ADDSTRING, 0, (LPARAM)(LPCTSTR)pCom);
                //向组合框中逐一添加串口号
                pCom += _tcslen(pCom) + 1;
            }
        }

        //波特率组合框
        hCtrl=CreateWindowEx(WS_EX_CLIENTEDGE,
                             __TEXT("COMBOBOX"),
                             NULL,
                             WS_CHILD|WS_VISIBLE|WS_TABSTOP|WS_VSCROLL|CBS_AUTOHSCROLL|CBS_DROPDOWN,
                             80, 45, 100, 200,
                             hWnd,
                             (HMENU)IDC_COMBO_BAUD,
                             NULL,
                             NULL);

        if (hCtrl !=NULL)
        {
              const  TCHAR * baudrate[]={__TEXT("2400"), __TEXT("4800"), __TEXT("9600"), __
TEXT("14400"),
                                      __TEXT("19200"), __TEXT("38400"), __TEXT("57600"), __
TEXT("115200")};
            SetDlgItemText(hWnd, IDC_COMBO_BAUD, baudrate[2]);
            for (i=0; i<_countof(baudrate); ++i)
            {
                SendMessage(hCtrl, CB_ADDSTRING, 0, (LPARAM)(LPCTSTR)baudrate[i]);
            }
        }

        //数据位组合框窗口
        hCtrl=CreateWindowEx(WS_EX_CLIENTEDGE,
            __TEXT("COMBOBOX"),
            NULL,
            WS_CHILD | WS_VISIBLE | WS_TABSTOP | WS_VSCROLL | CBS_AUTOHSCROLL | CBS_DROPDOWN,
            80, 80, 100, 100,
            hWnd,
            (HMENU)IDC_COMBO_DATABIT,
            NULL,
            NULL);
```

```
if (hCtrl !=NULL)
{
    const  TCHAR* ndbit[]={ __TEXT("5"), __TEXT("6"), __TEXT("7"),  __TEXT("8") };

    for (i=0; i < _countof(ndbit); ++i)
    {
        SendMessage(hCtrl, CB_ADDSTRING, 0, (LPARAM)(LPCTSTR)ndbit[i]);
    }

    SendMessage(hCtrl, CB_SETCURSEL, 3, 0);
}

//停止位组合框窗口
hCtrl=CreateWindowEx(WS_EX_CLIENTEDGE,
                    __TEXT("COMBOBOX"),
                    NULL,
                    WS_CHILD|WS_VISIBLE|WS_TABSTOP|WS_VSCROLL|CBS_AUTOHSCROLL|CBS_DROPDOWN,
                    80, 115, 100, 80,
                    hWnd,
                    (HMENU)IDC_COMBO_STOPBIT,
                    NULL,
                    NULL);

if (hCtrl !=NULL)
{
    const  TCHAR *stopbit[]={__TEXT("1"), __TEXT("1.5"), __TEXT("2")};

    for (i=0; i<_countof(stopbit); ++i)
    {
        SendMessage(hCtrl, CB_ADDSTRING, 0, (LPARAM)(LPCTSTR)stopbit[i]);
    }

    SendMessage(hCtrl, CB_SETCURSEL, 0, 0);
}

//奇偶校验位组合框窗口
hCtrl=CreateWindowEx(WS_EX_CLIENTEDGE,
                    __TEXT("COMBOBOX"),
                    NULL,
                    WS_CHILD|WS_VISIBLE|WS_TABSTOP|WS_VSCROLL|CBS_AUTOHSCROLL|CBS_DROPDOWN,
                    80, 150, 100, 80,
                    hWnd,
                    (HMENU)IDC_COMBO_PARITYBIT,
                    NULL,
                    NULL);

if (hCtrl !=NULL)
{
    const  TCHAR *paritybit[]={__TEXT("无校验"), __TEXT("奇校验"), __TEXT("偶校验")};
    for (i=0; i<_countof(paritybit); ++i)
    {
        SendMessage(hCtrl, CB_ADDSTRING, 0, (LPARAM)(LPCTSTR)paritybit[i]);
    }
    SendMessage(hCtrl, CB_SETCURSEL, 0, 0);
}

//建立静态文本标签，显示停止位
hCtrl=CreateWindow(__TEXT("STATIC"),
                __TEXT("当前温度值(℃)"),
                WS_CHILD | WS_VISIBLE | SS_LEFT,
                10, 200, 100, 20,
                hWnd,
```

```
                    (HMENU)IDC_STATIC_PV,
                    NULL,
                    NULL);

        //当前温度值
        hCtrl=CreateWindowEx(WS_EX_CLIENTEDGE,
                __TEXT("EDIT"),
                __TEXT("PV"),
                    WS_CHILD | WS_VISIBLE | WS_TABSTOP | WS_BORDER | ES_CENTER | ES_
AUTOHSCROLL,//典型风格
                110, 200, 70, 20,
                hWnd,
                (HMENU)IDC_EDIT_PV,
                NULL,
                NULL);

        //"Run"按钮
        hCtrl=CreateWindow(__TEXT("BUTTON"),
                    __TEXT("Run"),
                    WS_CHILD|WS_VISIBLE,
                    10, 250, 80, 30,
                    hWnd,
                    (HMENU)IDC_BTN_RUN,
                    NULL,
                    NULL);

        //"Stop"按钮
        hCtrl=CreateWindow(__TEXT("BUTTON"),
                        __TEXT("Stop"),
                        WS_CHILD|WS_VISIBLE|WS_DISABLED,
                        100, 250, 80, 30,
                        hWnd,
                        (HMENU)IDC_BTN_STOP,
                        NULL,
                        NULL);

        pImg=new CDrawImage(hWnd, 185, 10, 600, 270);
        if (pImg)
        {
            MAPRANGE range;
            MAPSCALE scale;

            range.left=0;
            range.right=200;
            range.bottom=0;
            range.top=50;
             //x轴刻度，每段为20秒
            scale.xScale=20;
            //y轴刻度，每段为10
            scale.yScale=10;
            scale.step=0.5;
            //模式1-->FULL_STOP_MODE
            //模式2-->FIXED_RANGE_MODE
            //模式3-->STRETCH_RANGE_MODE
            pImg->SetCoordinateMap(&range, &scale, STRETCH_RANGE_MODE);
             //蓝色
            COLORREF    cr=RGB(0,0,255);
            //加入横轴，蓝色标题
            pImg->AddString(__TEXT("Time/(s)"), 290, 244, cr, 0);
            //加入纵轴，蓝色标题
            pImg->AddString(__TEXT("温度/(℃)"), 4, 150, cr, 1);
```

```
            //定义红色
            cr=RGB(255,0,0);
            //创建红色画笔，只画线，没有点
            pPen=pImg->CreateDrawPen(1, 1, cr);
        }
        break;

    case WM_COMMAND:
        wmId   =LOWORD(wParam);
        wmEvent=HIWORD(wParam);
        //分析菜单选择
        switch (wmId)
        {
        case IDC_BTN_RUN:
            {
                //存放串口名字
                TCHAR  PortName[12];
                int  port=0;
                //从窗口控件中获取信息放到PortName字符串中
                GetDlgItemText(hWnd, IDC_COMBO_COM, PortName, sizeof(PortName));
                //从PortName字符串中获取串口号
                _stscanf_s(PortName, __TEXT("COM%d"), &port);
                //从窗口控件中获取信息转变为整数，放到baudrate中
                int  baudrate=GetDlgItemInt(hWnd, IDC_COMBO_BAUD, NULL, TRUE);

                //从窗口控件中获取信息转变为整数，放到ndbit中
                int  ndbit=GetDlgItemInt(hWnd, IDC_COMBO_DATABIT, NULL, TRUE);

                //根据用户选择的项放到stopbit中
                int  stopbit=SendMessage(GetDlgItem(hWnd, IDC_COMBO_STOPBIT), CB_GETCURSEL, 0, 0);

                //根据用户选择的项放到parity中
                int  parity=SendMessage(GetDlgItem(hWnd, IDC_COMBO_PARITYBIT), CB_GETCURSEL, 0, 0);
                 //打开指定的端口
                StartTem(port, baudrate, ndbit, stopbit, parity);
                 //使"Stop"按钮有效
                EnableWindow(GetDlgItem(hWnd, IDC_BTN_STOP), TRUE);
                //使"Run"按钮无效
                EnableWindow(GetDlgItem(hWnd, IDC_BTN_RUN), FALSE);

                //获取当前时间
                startTime=GetTickCount();

                //清空显示
                pImg->ClearImage();

                if (fp==NULL)
                {
                    SYSTEMTIME NowTime;
                    //获得当前系统时间
                    GetLocalTime(&NowTime);
                    _stprintf_s(szFileName,
                               256,
                               __TEXT("CurveData_%4d年%2d月%2d日_%2d时%2d分%2d秒.txt"),
                               NowTime.wYear,NowTime.wMonth,NowTime.wDay,
                               NowTime.wHour, NowTime.wMinute, NowTime.wSecond
                               );
                    //以写方式打开文件
                    fp=DS_OpenFile(szFileName, __TEXT("w"));
                }
            }
            break;
```

```
        case IDC_BTN_STOP:
            //如果文件是打开的
            if (fp)
            {
                //关闭文件
                DS_CloseFile(fp);
                fp=NULL;
            }
            //停止采集
            StopTem();
            //将"Run"按钮有效
            EnableWindow(GetDlgItem(hWnd, IDC_BTN_RUN), TRUE);
            //将"Stop"按钮无效
            EnableWindow(GetDlgItem(hWnd, IDC_BTN_STOP), FALSE);
            break;

        default:
            return DefWindowProc(hWnd, message, wParam, lParam);
        }
        break;

    case    APP_PHRECV:
        //从消息中取出数据
        if (ParseInstru((BYTE *)wParam, (DWORD)lParam, &iTValue))
        {
            static  int  bFirst=1;
            //计算当前运行了多长时间
            double time=(double)((int)(GetTickCount() - startTime));
            //时间转化为秒
            time /=1000.0;
            //整型转化为小数
            iTValue=(iTValue > 32767) ? (iTValue - 65535 - 1):iTValue;
            //用于亨立德电子公司的LD7014采集器
            double  dTValue=(iTValue)/(10.0);
            //将计算得到的小数值放入pHinfo字符串中
            _stprintf_s(pHinfo, _countof(pHinfo), __TEXT("%.1lf"), dTValue);
            SetWindowText(GetDlgItem(hWnd, IDC_EDIT_PV), pHinfo);
            //如果文件是打开的
            if (fp)
            {
                //向文件中写数据
                DS_WriteFile(fp, time, dTValue);
            }
            //如果是第一个点
            if (bFirst)
            {
                //移动到开始
                pImg->DrawMoveTo(pPen, 0, dTValue);
                bFirst=0;
            }
            //开始以时间为x轴，以dTValue为y轴画数据
            pImg->DrawLineTo(pPen, time, dTValue);
            //显示图像
            pImg->ShowImage(1);
        }
        break;

    case WM_DESTROY:
        //停止采集
        StopTem();
        PostQuitMessage(0);
        break;
```

```
        default:
            return  DefWindowProc(hWnd, message, wParam, lParam);
        }
        return  0;
}

void  SendMsgToApp(BYTE *pInfo, DWORD len)
{
        int    a;
        SendMessage(ghWnd, APP_PHRECV, (WPARAM)pInfo, (LPARAM)len);
        a=3;
}
```

9.2.3　通信接口程序

通信接口程序包括“CalCRC.h”“ParseInstru.h”“serial.h”“CalCRC.cpp”“ParseInstru.cpp”和“serial.cpp”六个文件，其中“CalCRC.h”和“CalCRC.cpp”为第三章采用的计算 CRC 校验码源程序，“serial.h”和“serial.cpp”实现数据的发送与接收，“ParseInstru.h”和“ParseInstru.cpp”封装指令和解析指令。

```
//**********************ParseInstru.h**********************
#ifndef  __PARSEINSTRU_H__
   #define  __PARSEINSTRU_H__
   BOOL  ParseInstru(BYTE *pBuff, int buflen, int *pTValue);
   BOOL  StartTem(int port, int baudrate, int ndbit, int stopbit, int parity);
   BOOL  StopTem(void);
#endif //__PARSEINSTRU_H__

//**********************serial.h**********************
#ifndef __SERICAL_H__
   #define __SERICAL_H__
   #include <windows.h>
   HANDLE  PortOpen(int Port, int BaudRate, int DataBits, int StopBits, int Parity);
   BOOL  PortClose(HANDLE hComm);
   BOOL  PortSend(HANDLE hComm, const BYTE *bytContent, DWORD dwSendLen);
   DWORD  PortRecv(HANDLE hComm, BYTE *bytBuffer, DWORD dwWantLen, DWORD timeout);
   int  PortEnumAllComm(TCHAR *buf, int bufLen);
#endif // __SERICAL_H__
//**********************ParseInstru.cpp**********************
#include "serial.h"
static  BOOL  bRun;
static  HANDLE  ghComm=NULL;
static  HANDLE  hThread=NULL;
extern  void  SendMsgToApp(BYTE *pInfo, DWORD  len);

//数据采集线程
static  DWORD  WINAPI  ThreadProcTask(LPVOID)
{
        DWORD rcvLen;

        BYTE  receive_buf[7];
        //擎立德电子LD7014，地址：01；第一通道采集指令：01 03 00 00 00 01 84 0A
        BYTE  send_buf[8]={0x01, 0x03, 0x00, 0x00, 0x00, 0x01, 0x84, 0x0A};

        //线程运行标志
        bRun=TRUE;

        //当运行标志为true时
        while (bRun)
```

```
        {
            //向串口发送寄存器的内容
            if (PortSend(ghComm, send_buf, 8))
            {
                //等待接收，500ms到了没收到返回
                if ((rcvLen=PortRecv(ghComm, receive_buf, 7, 500)) > 0)
                {
                    int    a;
                    //向窗口发送接收消息，内容在receive_buf中，长度为rcvLen
                    SendMsgToApp(receive_buf, rcvLen);
                    a=5;
                }
            }
        }
        return  0;
}

BOOL  StartTem(int port, int baudrate, int ndbit, int stopbit, int parity)
{
        //打开串口
        ghComm=PortOpen(port, baudrate, ndbit, stopbit, parity);
        //打开串口失败
        if (ghComm==NULL)
        {
            //返回失败信息
            return  FALSE;
        }

        //创建线程
        hThread=CreateThread(NULL, 0, ThreadProcTask, (LPVOID)0, 0, NULL);
         //如果建立线程失败
        if (hThread==NULL)
        {
            //关闭串口
            PortClose(ghComm);
            ghComm=NULL;
            return  FALSE;
        }
        else
        {
            return TRUE;
        }
}

//功能：停止数据采集
BOOL  StopTem(void)
{
        //表示程序运行停止
        bRun=FALSE;
        //关闭串口
        PortClose(ghComm);
        ghComm=NULL;

        //如果线程不为空，关闭线程
        if (hThread !=NULL)
        {
            //关闭线程
            CloseHandle(hThread);
            //句柄指向NULL
            hThread=NULL;
        }
```

```
        //返回true表示成功停止了程序
        return  TRUE;
}

BOOL  ParseInstru(BYTE * pBuff, int  buflen, int  *pTValue)
{
         if (pBuff==NULL || buflen < 7)
         {
            //如果缓冲区为空或者字节数不够，返回false
            return  FALSE;
         }
        //将数据从缓冲区中取出
        *pTValue=pBuff[3]<<8 | pBuff[4];
        return  TRUE;
}
//**********************serial.cpp**********************
#include <windows.h>
#include <tchar.h>

BOOL PortClose(HANDLE hComm)
{
        if (hComm==INVALID_HANDLE_VALUE)
        {
            return FALSE;
        }

        SetCommMask(hComm, 0);
        //清除收/发缓冲
        PurgeComm(hComm, PURGE_TXCLEAR|PURGE_RXCLEAR);
        // 关闭串口操作句柄
        CloseHandle(hComm);
        hComm=INVALID_HANDLE_VALUE;

        return TRUE;
}

HANDLE PortOpen(int Port, int BaudRate, int DataBits, int StopBits, int Parity)
{
        DCB dcb={0};
        COMMTIMEOUTS CommTimeOuts;
        TCHAR PortStr[16];

        if (Port < 10)
        {
#ifdef WINCE
            STPRINTF(PortStr, 16, __TEXT("COM%d:"), Port);
#else
            _stprintf_s(PortStr, 16, __TEXT("COM%d"), Port);

#endif
        }
        else
        {
#ifdef WINCE
            //如果有WINCE有冒号
            STPRINTF(PortStr, 16, __TEXT("\\\\.\\COM%d:"), Port);
#else
            //如果是PC系统，则不用加冒号
            _stprintf_s(PortStr, 16, __TEXT("\\\\.\\COM%d"), Port);
#endif
        }
```

```
    HANDLE  hComm=CreateFile(PortStr, GENERIC_READ|GENERIC_WRITE, 0, 0, OPEN_EXISTING, 0, 
0);//共7个参数，打开哪个串口，以读或写方式打开，打开已经存在的，其他的参数没有太大意义
    if (INVALID_HANDLE_VALUE==hComm)
    {
        DWORD  errcode=GetLastError();
        return  0;
    }
    SetupComm(hComm, 1024, 1024);
    GetCommTimeouts(hComm, &CommTimeOuts);
    CommTimeOuts.ReadIntervalTimeout=MAXDWORD;
    CommTimeOuts.ReadTotalTimeoutMultiplier=0;
    CommTimeOuts.ReadTotalTimeoutConstant=0;
    CommTimeOuts.WriteTotalTimeoutMultiplier=0;
    CommTimeOuts.WriteTotalTimeoutConstant=0;

    if(!SetCommTimeouts(hComm, &CommTimeOuts))
    {
        PortClose(hComm);
        return  0;
    }

    SecureZeroMemory(&dcb, sizeof(DCB));
    dcb.DCBlength=sizeof(DCB);
    if (!GetCommState(hComm, &dcb))
    {
        PortClose(hComm);
        return 0;
    }
    dcb.BaudRate=BaudRate;
    dcb.ByteSize=DataBits;
    dcb.Parity=Parity;
    dcb.StopBits=StopBits;
    dcb.fBinary=TRUE;

    if(!SetCommState(hComm, &dcb))
    {
        DWORD  errcode=GetLastError();
        PortClose(hComm);
        return  0;
    }
    PurgeComm(hComm, PURGE_TXCLEAR|PURGE_RXCLEAR);
    return  hComm;
}

BOOL PortSend(HANDLE hComm, const BYTE *bytContent, DWORD dwSendLen)
{
    DWORD  dwActlen=0;
    DWORD  dwErrorFlags;
    COMSTAT  ComStat;

    ClearCommError(hComm,&dwErrorFlags,&ComStat);
    if (!WriteFile(hComm, bytContent, dwSendLen, &dwActlen, NULL))
    {
        return  FALSE;
    }

    if (dwActlen !=dwSendLen)
    {
        return  FALSE;
    }

    return  TRUE;
```

```
}

DWORD PortRecv(HANDLE hComm, BYTE *bytBuffer, DWORD dwWantLen, DWORD timeout)
{
    DWORD dwActlen=0;
    DWORD RecvLen=0;

    DWORD now, oldtime=GetTickCount();
    while (RecvLen < dwWantLen)
    {
        now=GetTickCount()-oldtime;
        if (now > timeout)
        {
            break;
        }
        if (ReadFile(hComm, bytBuffer + RecvLen, dwWantLen - RecvLen, &dwActlen, NULL))
        {
            RecvLen +=dwActlen;
        }
    }
    return RecvLen;
}

//****************************
// 枚举所有的串口，以及名称
//****************************
int PortEnumAllComm(TCHAR *buf, int bufLen)
{
    HKEY hvalue;
    int result;
    int i=0;

    *buf=0;
    result=RegOpenKeyEx( HKEY_LOCAL_MACHINE,
                        __TEXT( "Hardware\\DeviceMap\\SerialComm" ),
                        NULL,
                        KEY_READ,
                        &hvalue );
        //打开串口注册表
    if (ERROR_SUCCESS==result)
    {
        TCHAR portName[0x100]={0};
        TCHAR commName[0x100]={0};
        DWORD dwLong, dwSize;

        do
        {
            dwSize=sizeof(portName)/sizeof(TCHAR);
            dwLong=dwSize;
            //dwLong指向portName的长度；dwSize指向commName的长度
            result=RegEnumValue(hvalue,
                                i,
                                portName,
                                &dwLong, NULL,
                                NULL,
                                (LPBYTE)commName,
                                &dwSize
                                );

            if (ERROR_NO_MORE_ITEMS==result)
            {
                break;
```

```
            }
            //commName是串口名字
            _tcscpy_s(buf, bufLen, commName);
            buf +=(_tcslen(buf) + 1);
            i++;
        } while (1);

        RegCloseKey(hvalue);
    }
    *buf=0;
    return i;
}
```

9.2.4 画图程序

画图程序包括“data_save.h”“DataManage.h”“draw.h”“data_save.cpp”“DataManage.cpp”和“draw.cpp”六个文件。“DataManage.h”和“DataManage.cpp”采用 AVL 树对数据进行排序管理，实时获得缓冲区内数据的最大值与最小值，及时更新画图区的 *Y* 轴坐标；“data_save.h”和“data_save.cpp”实时存储采集数据，以追加模式更新数据文件；“draw.h”和“draw.cpp”从内存中不断获取实时数据，将其绘制到绘图区，更新坐标轴。“DataManage.h”和“DataManage.cpp”为第 7 章文件。

```
//**********************data_save.h**********************
#ifndef  __DATA_SAVE_H__
   #define  __DATA_SAVE_H__
   #include  <stdio.h>
   #include  <tchar.h>
   FILE  * DS_OpenFile(const  TCHAR * FileName, const  TCHAR * mode);
   int  DS_CloseFile(FILE  * fp);
   int  DS_WriteFile(FILE  * fp, double x, double y);
   int  DS_FlushFile(FILE  * fp);
#endif  //__DATA_SAVE_H__

//**********************draw.h**********************
#ifndef  __DRAW_H__
#define  __DRAW_H__
#include  <windows.h>
#include  "DataManage.h"

#define  LEFT_OFFSET              60
#define  BOTTOM_OFFSET            40
#define  RIGHT_OFFSET             10
#define  TOP_OFFSET               10
#define  MAX_PEN_NUM              10
#define  MAX_TEXT_NUM             10

//画图板颜色，米黄色
#define  PANEL_CORREF    RGB(236, 233, 216)
//画图区颜色
#define  COORD_CORREF    RGB(125, 125, 150)

typedef  enum  tagDRAWMODE
{
      FULL_STOP_MODE,                    //固定量程，超过不显示
      FIXED_RANGE_MODE,                  //平移式，窗口整体平移
      STRETCH_RANGE_MODE                 //压缩式，数据以压缩形式显示
}DRAWMODE;
```

```
typedef  struct  tagDRAWPOINT
{
     double  x;
     double  y;
}DRAWPOINT;

typedef  struct  tagDRAWPEN
{
     HPEN  hPen;
     HPEN  oldPen;

     HBRUSH  hBrush;
     HBRUSH  oldBrush;

     //0-->点线；1-->实线
     int  mode;
     int  width;

     COLORREF  color;
     DRAWPOINT  *pts;

     DWORD  num;
     //数据点的个数
     LONG  iPointSize;
     LONG  iStartX;
     LONG  iEndX;

     short  invert;
}DRAWPEN;

typedef struct tagMAPRANGE
{
     double  left;
     double  right;
     double  top;
     double  bottom;
}MAPRANGE;

typedef struct tagMAPSCALE
{
     double  xScale;
     double  yScale;
     double  step;
}MAPSCALE;

typedef struct tagDRAWFONT
{
     HFONT  hFont;
     int  left;
     int  top;
     COLORREF  crColor;
     LPTSTR  lpString;
     int  charCount;
}DRAWFONT;
```

```
class CDrawImage
{
     public:
         CDrawImage(HWND hParentWnd, int left, int top, int width, int height);
         ~ CDrawImage();
         BOOL  SetCoordinateMap(MAPRANGE *range, MAPSCALE *scale, DRAWMODE mode);
         DRAWPEN  *CreateDrawPen(int mode, int width, COLORREF color);
```

```
    void  DestroyDrawPen(DRAWPEN *pen);
    BOOL  DrawMoveTo(DRAWPEN *pen, double x, double y);
    void  DrawLineTo(DRAWPEN *pen, double x, double y);
    BOOL  AddString(const TCHAR *lpStr, int left, int top, COLORREF color, int direct);
    BOOL  ClearImage(void);
    BOOL  ShowImage(BOOL bShift);

private:
    HWND  hParentWnd;
    HWND  hLayerWnd;
    HDC  hLayerDC;

    HDC  hMemLayerDC;
    HDC  hMemGraphRegionDC;

    HBITMAP  hLayerBmp;
    HBITMAP  hOldLayerBmp;

    HBITMAP  hGraphRegionBmp;
    HBITMAP  hOldGraphRegionBmp;
    HBRUSH  hLayerBrush;
    HBRUSH  hCoorBrush;
    HRGN  hGraphRegionRgn;

    int  nLayerWidth;
    int  nLayerHeight;
    BOOL  bCoorMapFirst;
    unsigned  int  nPoint;
    MAPRANGE  range0, range;
    MAPSCALE  scale0, scale;
    double  avgBar;
    double  kx;
    double  ky;
    double  oriWidth;
    double  oriScaleNum;

    //偏移量，当处于固定窗口不变时使用
    double  offset;
    double  ymin;
    double  ymax;

    DATAMGR_HANDLE  hDMGR;
    DRAWMODE  mode;

    //当在全量程挤压模式下，shift=1时，x轴扩大，shift=0时，x轴不扩大
    LONG  shift;
    int  nPenNum;
    DRAWPEN  *pen[MAX_PEN_NUM];
    DRAWFONT  text[MAX_TEXT_NUM];
    int  nTextItem;

private:
    int LogicX2WindowX(double x)
    {
        return (int)((x - range.left) * kx) + LEFT_OFFSET;
    }
    int LogicY2WindowY(double y)
    {
        return (int)((range.top - y) * ky) + TOP_OFFSET;
    }
    BOOL  DrawLine(HDC hDC, DRAWPEN *pen, int xEnd, int yEnd);
    void  DrawGraphRegion(void);
```

```
        void  DrawAllCurve(void);
        void  ResetAllCurve(void);
        void  DrawPolyline(DRAWPEN *pen, int startPos, int length);
        void  DrawAll__TEXT(void);
};
#endif // __DRAW_H__

//**********************data_save.cpp**********************
#include  <tchar.h>
#include  "data_save.h"

FILE  *DS_OpenFile(const  TCHAR *FileName, const  TCHAR *mode)
{
      FILE  *fp=NULL;
      _tfopen_s(&fp, FileName, mode);
      return  fp;
}

int  DS_CloseFile(FILE *fp)
{
      int  ret=-1;

      if (fp)
      {
         ret=fclose(fp);
      }
      return ret;
}

int  DS_WriteFile(FILE *fp, double x, double y)
{
      int  count=0;
      char  line[128];
      count=sprintf_s(line, 128, "%3.3lf  %2.3lf\n", x, y);
      count=fwrite(line, count*sizeof(char), 1, fp);
      return count;
}

int  DS_FlushFile(FILE * fp)
{
      //将缓冲区内的数据输出到文件fp中
      return  fflush(fp);
}

//**********************draw.cpp**********************
#include  <windows.h>
#include  "draw.h"
#include  "tchar.h"

static  const TCHAR szImageName[]=__TEXT("DrawImage");
//移动到内存区的X，Y点坐标处
#define   MOVETO(dblX, dblY) ::MoveToEx(hMemGraphRegionDC, LogicX2WindowX(dblX),
LogicY2WindowY(dblY), NULL)
//在内存区用笔pen画线到X，Y处
#define   LINETO(pen, dblX, dblY) DrawLine(hMemGraphRegionDC, pen, LogicX2WindowX(dblX),
LogicY2WindowY(dblY))

//图像类的回调函数
static  LRESULT CALLBACK ImageWndProc(HWND hWnd, UINT uMsg, WPARAM wParam, LPARAM lParam)
{
      switch(uMsg)
      {
```

```
        case WM_PAINT:
        {
            PAINTSTRUCT pt;
            CDrawImage *objDraw=(CDrawImage *)::GetWindowLong(hWnd, GWL_USERDATA);  //获得用户
定义的函数指针
            HDC hDC=::BeginPaint(hWnd, &pt);                          //初始化画布结构体
            objDraw->ShowImage(FALSE);                                //FALSE表示不移动曲线
            ::EndPaint(hWnd, &pt);                                    //结束画布结构体
            return 0;
        }
        default:
            break;
    }
    return DefWindowProc(hWnd, uMsg, wParam, lParam);
}

//功能：在父窗体中画图像
CDrawImage::CDrawImage(HWND hParentWnd, int left, int top, int width, int height)
{
    RECT  rect;
    WNDCLASS  wc;

    wc.style=CS_HREDRAW|CS_VREDRAW|CS_NOCLOSE;
    //过程处理函数
    wc.lpfnWndProc=ImageWndProc;
    wc.cbClsExtra=0;
    wc.cbWndExtra=0;
    wc.hInstance=NULL;
    wc.hIcon=NULL;
    wc.hCursor=LoadCursor(NULL, IDC_ARROW);
    //自定义颜色
    wc.hbrBackground=CreateSolidBrush(PANEL_CORREF);
    wc.lpszMenuName=NULL;
    wc.lpszClassName=szImageName;

    if (RegisterClass(&wc)==0)
    {
        ;
    }

    hLayerWnd=CreateWindowEx(WS_EX_CLIENTEDGE,
                            szImageName,
                            NULL,
                            WS_CHILD|WS_VISIBLE|WS_BORDER,
                            left, top, width, height,
                            hParentWnd,
                            NULL,
                            NULL,
                            NULL
                            );

    if (!IsWindow(hLayerWnd))
    {
        return;
    }

    ::SetWindowLong(hLayerWnd, GWL_USERDATA, (LONG)this);
    this->hParentWnd=hParentWnd;
    //获得hLayerWnd的客户区
    ::GetClientRect(hLayerWnd, &rect);
    //画图窗口的宽度
    nLayerWidth=rect.right - rect.left;
```

```
    //画图窗口的高度
    nLayerHeight=rect.bottom - rect.top;
    //获得画图区窗体的设备描述句柄
    hLayerDC=::GetDC(hLayerWnd);
    //背景画刷
    hLayerBrush=wc.hbrBackground;
    //创建一个坐标画刷
    hCoorBrush=::CreateSolidBrush(PANEL_CORREF);
    //创建设备描述句柄的内存背景画刷
    hMemLayerDC=::CreateCompatibleDC(hLayerDC);
    //创建设备描述句柄的内存坐标画刷
    hMemGraphRegionDC=::CreateCompatibleDC(hLayerDC);
    //创建与画图窗口一样大的内存画图区
    hLayerBmp=::CreateCompatibleBitmap(hLayerDC, nLayerWidth, nLayerHeight);
    //创建与画图窗口一样大的内存坐标区
    hGraphRegionBmp=::CreateCompatibleBitmap(hLayerDC, nLayerWidth, nLayerHeight);
    //将当前坐标图选至设备环境
    hOldLayerBmp=(HBITMAP)::SelectObject(hMemLayerDC, hLayerBmp);
    //将当前画图选至坐标设备环境
    hOldGraphRegionBmp=(HBITMAP)::SelectObject(hMemGraphRegionDC, hGraphRegionBmp);
    //填充画图板内存
    ::FillRect(hMemLayerDC, &rect, hLayerBrush);
    //填充坐标内存
    ::FillRect(hMemGraphRegionDC, &rect, hLayerBrush);

    //设置画图板为透明
    ::SetBkMode(hMemLayerDC, TRANSPARENT);
    //设置坐标为透明
    ::SetBkMode(hMemGraphRegionDC, TRANSPARENT);

     hGraphRegionRgn=::CreateRectRgn(rect.left + LEFT_OFFSET, rect.top + TOP_OFFSET, rect.
right - RIGHT_OFFSET+1, rect.bottom - BOTTOM_OFFSET+1);     //通过左上角+右下角坐标选定裁剪区
    //将裁剪区选入内存坐标区
    ::SelectClipRgn(hMemGraphRegionDC, hGraphRegionRgn);

    bCoorMapFirst=TRUE;
    nPoint=0;
    //决定图是否进行平移，shift=0表示不平移，挤压式
    shift=0;
    nPenNum=0;                                            //笔的个数
    nTextItem=0;                                          //文本的个数

    offset=0;

    oriWidth=0;                                           //初始宽度
    oriScaleNum=0;                                        //刻度数

    ymin=0;
    ymax=0;
    hDMGR=dm_create();                                    //创建数据区
}

CDrawImage::~CDrawImage()
{
    int  i;
    //把旧的系统字体选入内存环境
    ::SelectObject(hMemLayerDC, GetStockObject(SYSTEM_FONT));
    for (i=0; i<nTextItem; ++i)
    {
        //删除设备字体
        ::DeleteObject(text[i].hFont);
```

```
        if (text[i].lpString)
        {
            //释放字符串变量
            free(text[i].lpString);
            text[i].lpString=NULL;
        }
    }
    //删除坐标画刷
    ::DeleteObject(hCoorBrush);
    //将旧的画板选入内存
    ::SelectObject(hMemLayerDC, hOldLayerBmp);
    //将旧的坐标选入内存
    ::SelectObject(hMemGraphRegionDC, hOldGraphRegionBmp);
    //删除画图句柄
    ::DeleteObject(hLayerBmp);
    //删除坐标句柄
    ::DeleteObject(hGraphRegionBmp);
    //删除画图区
    ::DeleteDC(hMemLayerDC);
    //删除坐标区
    ::DeleteDC(hMemGraphRegionDC);
    //删除坐标区域
    ::DeleteObject(hGraphRegionRgn);
    //删除设备环境
    ::ReleaseDC(hLayerWnd, hLayerDC);
    //删除画图窗口对应的句柄
    ::DestroyWindow(hLayerWnd);
    ::DeleteObject(hLayerBrush);

    //删除数据区域
    dm_destroy(hDMGR);
}

BOOL CDrawImage::SetCoordinateMap(MAPRANGE *range, MAPSCALE *scale, DRAWMODE mode)
{
    //如果右边小于左边，或者上边小于下边，退出
    if (range->right <=range->left || range->top <=range->bottom)
    {
        return  FALSE;
    }
    //将外面的左上角赋给类内的变量
    this->range.left=range->left;
    this->range.top=range->top;
    this->range.right=range->right;
    this->range.bottom=range->bottom;

    //坐标点/用户定义的宽度
    kx=(nLayerWidth - LEFT_OFFSET-RIGHT_OFFSET)/(range->right - range->left);
    //坐标点/用户定义的高度
    ky=(nLayerHeight - BOTTOM_OFFSET-TOP_OFFSET)/(range->top - range->bottom);

    //x轴方向用户定义的每一大格长度
    this->scale.xScale=scale->xScale;
    //y轴方向用户定义的每一大格长度
    this->scale.yScale=scale->yScale;
    //x轴方向用户定义的最小步长
    this->scale.step=scale->step;
    //画图模式
    this->mode=mode;
    //y轴分几段
    this->avgBar=(range->top - range->bottom)/scale->yScale;
```

```
    if (bCoorMapFirst)
    {
        //x轴宽度
        oriWidth=range->right - range->left;
        //x轴分几段
        oriScaleNum=(range->right - range->left)/scale->xScale;
        //x轴方向根据步长计算的点数有多少个
        this->nPoint=(unsigned int)((range->right - range->left)/scale->step) + 1;

        this->range0.left=this->range.left;
        this->range0.right=this->range.right;
        this->range0.top=this->range.top;
        this->range0.bottom=this->range.bottom;
        this->scale0.xScale=this->scale.xScale;
        this->scale0.yScale=this->scale.yScale;
        this->scale0.step=this->scale.step;
        bCoorMapFirst=FALSE;
    }
    return TRUE;
}

DRAWPEN  *CDrawImage::CreateDrawPen(int mode, int width, COLORREF color) //创建画笔
{
    DRAWPEN  *pen=NULL;
    //如果画笔大于最大画笔数，返回NULL
    if (nPenNum > MAX_PEN_NUM)
    {
        return  NULL;
    }

    do
    {
        //分配一个画笔结构指针
        pen=(DRAWPEN *)malloc(sizeof(DRAWPEN));
        if (pen==NULL)
        {
            break;
        }
        //给画笔指针结构填充0
        memset(pen, 0x00, sizeof(DRAWPEN));
        //创建指定颜色、宽度的实心画笔
        pen->hPen=::CreatePen(PS_SOLID, width, color);
        if (pen->hPen==NULL)
        {
            break;
        }
        //创建画刷
        pen->hBrush=::CreateSolidBrush(color);
        if (pen->hBrush==NULL)
        {
            break;
        }
        //将x轴可以画的点数赋给画笔数组大小
        pen->iPointSize=this->nPoint;
        //点数×坐标(x,y)
        pen->pts=(DRAWPOINT *)malloc(sizeof(DRAWPOINT) * pen->iPointSize);
        if (pen->pts==NULL)
        {
            break;
        }
        pen->mode=mode;                           //mode=0，画点；mode=1，画线
        pen->width=width;                         //width 线的宽度
```

```
        pen->color=color;                                         //线的颜色
        this->pen[nPenNum++]=pen                                  //画笔数增加
        return  pen;
    }while (0);

    //如果有要画的点
    if (pen->pts)
    {
        free(pen->pts);
    }
    //删除画刷
    if (pen->hBrush)
    {
        ::DeleteObject((HGDIOBJ)pen->hBrush);
    }
    //删除画笔
    if (pen->hPen)
    {
        ::DeleteObject((HGDIOBJ)pen->hPen);
    }
    //释放画笔
    if (pen)
    {
        free(pen);
    }

    return NULL;
}

void  CDrawImage::DestroyDrawPen(DRAWPEN  *pen)
{
    int  i, j;

    if (pen)
    {
        //如果有要画的点
        if (pen->pts)
        {
            free(pen->pts);
        }
        //删除画刷
        if (pen->hBrush)
        {
            ::SelectObject(hMemGraphRegionDC, pen->oldBrush);
            ::DeleteObject((HGDIOBJ)pen->hBrush);
        }
        //删除画笔
        if (pen->hPen)
        {
            ::SelectObject(hMemGraphRegionDC, pen->oldPen);
            ::DeleteObject((HGDIOBJ)pen->hPen);
        }

        for (i=0; i<nPenNum; ++i)
        {
            if (this->pen[i]==pen)
            {
                //释放画笔
                free(pen);
                for (j=i; j<nPenNum; ++j)
                {
                    //画笔逐一往前覆盖
```

```
                this->pen[j]=this->pen[j+1];
            }
            break;
        }
    }
    //画笔数组减1
    nPenNum--;
  }
}

//将画笔移动到指定点
BOOL  CDrawImage::DrawMoveTo(DRAWPEN  *pen, double  x, double  y)
{
    return ::MoveToEx(hMemGraphRegionDC, LogicX2WindowX(x), LogicY2WindowY(y), NULL);
}

//功能：将画笔移动到指定点
void CDrawImage::DrawLineTo(DRAWPEN *pen, double x, double y)
{
    if (x<=range.right && shift==0)
    {
        //iPointSize表示要画的点数，相当于x轴对应的点数
        if (pen->iEndX==pen->iPointSize)
        {
            //扩展数据点，把当前窗口的点加新的数据点
            DRAWPOINT  *p=(DRAWPOINT *)malloc((pen->iPointSize + this->nPoint)*sizeof(DRAWPOINT));
            if (p)
            {
                //将原来的数组拷进新的p指向的内存
                memcpy(p, pen->pts, pen->iPointSize*sizeof(DRAWPOINT));
                //释放画笔指向的数组指针
                free(pen->pts);
                //数组扩充，加上视图中的数据个数
                pen->iPointSize +=this->nPoint;
                //给pen->pts赋予新的地址
                pen->pts=p;
            }
            else
            {
                return;
            }
        }
        pen->pts[pen->iEndX].x=x;                                   //终点x值
        pen->pts[pen->iEndX].y=y;                                   //终点y值
        pen->iEndX++;                                               //终点数加1
        pen->num++;
        //平移式，窗口整体平移
        if (mode==FIXED_RANGE_MODE)
        {
            //向数据缓冲池hDMGR插入y值
            dm_insert(hDMGR, y);
        }

        else
        {
            //记录最小y值
            if (ymin > y)
            {
                ymin=y;
            }
            //记录最大y值
            if (ymax < y)
```

```
            {
                ymax=y;
            }
        }
    }
    else
    {
        shift=1;
        //平移式，窗口整体平移
        if (mode==FIXED_RANGE_MODE)
        {
            //将起始点的值赋给偏移量
            offset=pen->pts[pen->iStartX].x;
            if (pen->iEndX==pen->iPointSize)
            {
                //00-->01(0-->1)；01-->00(1-->0)；10-->11(2-->3)；11-->10(3-->2)
                pen->invert ^=1;
                pen->iEndX=0;
            }
            //删掉iEndX中的y值
            dm_delete(hDMGR, pen->pts[pen->iEndX].y);
            pen->pts[pen->iEndX].x=x;
            pen->pts[pen->iEndX].y=y;

            //向AVL树插入y值
            dm_insert(hDMGR, pen->pts[pen->iEndX].y);
            pen->iEndX++;
            pen->iStartX++;
            //如果起始点超过画笔的数组大小
            if (pen->iStartX==pen->iPointSize)
            {
                pen->iStartX=0;
                //01-->11(1-->3);11-->01(3-->1)
                pen->invert ^=2;
            }
            //起始点对应x - offset
            offset=pen->pts[pen->iStartX].x - offset;
        }
        //压缩式，数据以压缩形式显示
        else if (mode==STRETCH_RANGE_MODE)
        {
            if (pen->iEndX==pen->iPointSize)
            {
                //扩展数据点，把当前窗口的点加新的数据点
                DRAWPOINT *p=(DRAWPOINT *)malloc((pen->iPointSize + this->nPoint)*sizeof(DRAWPOINT));
                //如果分配到了内存
                if (p)
                {
                    //将原来的数组拷进新的p指向的内存
                    memcpy(p, pen->pts, pen->iPointSize*sizeof(DRAWPOINT));
                    //释放画笔指向的数组指针
                    free(pen->pts);
                    //数组扩充，加上视图中的数据个数
                    pen->iPointSize +=this->nPoint;
                    //给pen->pts赋予新的地址
                    pen->pts=p;
                }
            }
            pen->pts[pen->iEndX].x=x;                          //终点x值
            pen->pts[pen->iEndX].y=y;                          //终点y值
            pen->iEndX++;                                      //终点数加1
            pen->num++;
```

```
            //记录最小y值
            if (ymin > y)
            {
                ymin=y;
            }
            //记录最大y值
            if (ymax < y)
            {
                ymax=y;
            }
        }
        else
        {
            ;
        }
    }
}

void CDrawImage::DrawPolyline(DRAWPEN *pen, int startPos, int endPos)
{
    int i;
    int nX, nY;
    //移动到起始点，然后将起始点转化为windows坐标
    DrawMoveTo(pen, pen->pts[startPos].x, pen->pts[startPos].y);
    for (i=startPos; i<endPos; ++i)
    {
        //将待画数组中的数据转化为windows坐标
        nX=LogicX2WindowX(pen->pts[i].x);
        nY=LogicY2WindowY(pen->pts[i].y);
        //在内存中用画笔画至(nX,nY)处
        DrawLine(hMemGraphRegionDC, pen, nX, nY);
    }
}

void CDrawImage::DrawAllCurve(void)
{
    int  i;
    DRAWPEN  *pen;

    //巡检所有的画笔
    for (i=0; i<nPenNum; ++i)
    {
        //选中某一支画笔
        pen=this->pen[i];
        //将当前选中的画笔选入内存
        pen->oldPen=(HPEN)::SelectObject(hMemGraphRegionDC, pen->hPen);
        //invert=0或invert=3表示到了数据的终点
        if (pen->invert==0 || pen->invert==3)
        {
            DrawPolyline(pen, pen->iStartX, pen->iEndX);
        }
        else
        {
            //先画原来的数据到结尾，因为iStartX在增加，所以相当于在画尾部的数据
            DrawPolyline(pen, pen->iStartX, pen->iPointSize);
            //画原点数据
            LINETO(pen, pen->pts[0].x, pen->pts[0].y);
            //再从原点开始画，画到iEndX，这个点不一定是结尾，因为iEndX在一直变化
            DrawPolyline(pen, 0, pen->iEndX);
        }
        //将原来的画笔选入内存
        ::SelectObject(hMemGraphRegionDC, pen->oldPen);
```

```
    }
}

void CDrawImage::ResetAllCurve(void)
{
    int  i;
    DRAWPEN  *pen;

    for (i=0; i<nPenNum; ++i)
    {
        //对每一支画笔进行处理
        pen=this->pen[i];
        if (pen)
        {
            pen->num=0;
            pen->iStartX=0;
            pen->iEndX=0;
            pen->invert=0;
        }
    }
}

BOOL CDrawImage::ShowImage(BOOL bShift)
{
    RECT  rect;
    //获得hLayerWnd对象对应的矩形
    ::GetClientRect(hLayerWnd, &rect);
    //在内存中用画刷填充矩形
    ::FillRect(hMemLayerDC, &rect, hLayerBrush);

    rect.left=0;                                        //左上角点的左坐标
    rect.top=0;                                         //左上角点的上坐标
    rect.right=nLayerWidth;                             //画图区的宽度
    rect.bottom=nLayerHeight;                           //画图区的高度

    ::FillRect(hMemGraphRegionDC, &rect, hCoorBrush);

    if (bShift && (shift|| mode==FIXED_RANGE_MODE || mode==STRETCH_RANGE_MODE))
    {
        if (mode==FIXED_RANGE_MODE)
        {
            //新的画图范围
            MAPRANGE  newRange;
            MAPSCALE  newScale;
            DRAWMODE  newMode=mode;

            //新的用户坐标，总在变化，offset通常指的是步长
            newRange.left=range.left + offset;
            newRange.right=range.right + offset;
            ymin=dm_getmin(hDMGR, range.bottom);            //新用户坐标最小值
            ymax=dm_getmax(hDMGR, range.top);               //新用户坐标最大值

            if (ymax - ymin < 1.0E-6)
            {
                //恢复成老的坐标
                newRange.top=range.top;
                newRange.bottom=range.bottom;
            }
            else
            {
                //如果最大值不等于top
                if (ymax !=range.top)
```

```
        {
            //如果ymax大于顶值或大于顶值 - 半个刻度
            if (ymax > range.top || ymax < range.top-scale.yScale/2)
                newRange.top=ymax + scale.yScale/2;
            else
                newRange.top=range.top;
        }
        else
        {
            newRange.top=range.top;
        }
        //如果最小值不等于bottom
        if (ymin !=range.bottom)
        {
            //如果ymin小于底值或小于底值 - 半个刻度
            if (ymin < range.bottom || ymin > range.bottom-scale.yScale/2)
                newRange.bottom=ymin - scale.yScale/2;
            else
                newRange.bottom=range.bottom;
        }
        else
        {
            newRange.bottom=range.bottom;
        }
    }
    //原来的x值赋给新的x
    newScale.xScale=scale.xScale;
    //根据段数重新分配每一段的长度
    newScale.yScale=(newRange.top - newRange.bottom)/avgBar;
    newScale.step=scale.step;
    //重新画坐标
    SetCoordinateMap(&newRange, &newScale, newMode);
}
else if (mode==STRETCH_RANGE_MODE)
{
    MAPRANGE newRange;
    MAPSCALE newScale;
    DRAWMODE newMode=mode;
    newRange.left=range.left;
    if (shift)
    {
        //延长三分之一长度
        newRange.right=range.right + (range.right-range.left)/3;
    }
    else
    {
        newRange.right=range.right;
    }
    //如果最大值超过top，则需要将top增加二分之一的刻度
    if (ymax > range.top)
        newRange.top=ymax + scale.yScale/2;
    else
        newRange.top=range.top;

    if (ymin < range.bottom)
        newRange.bottom=ymin - scale.yScale/2;
    else
        newRange.bottom=range.bottom;

    newScale.xScale=(newRange.right - newRange.left)/oriScaleNum;
    newScale.yScale=(newRange.top - newRange.bottom)/avgBar;
    newScale.step=scale.step;
```

```
            //重新画坐标
            SetCoordinateMap(&newRange, &newScale, newMode);
            shift=0;
        }
        else
        {
            ;
        }
    }
    else
    {
        MAPRANGE newRange;
        MAPSCALE newScale;
        DRAWMODE newMode=mode;
        newRange.left=range.left;
        newRange.right=range.right;

        //y轴上方增加半个刻度
        if (ymax > range.top)
            newRange.top=ymax + scale.yScale/2;
        else
            newRange.top=range.top;

        //y轴下方增加半个刻度
        if (ymin < range.bottom)
            newRange.bottom=ymin - scale.yScale/2;
        else
            newRange.bottom=range.bottom;

        newRange.bottom=range.bottom;
        newScale.xScale=scale.xScale;
        newScale.yScale=scale.yScale;
        newScale.step=scale.step;
        SetCoordinateMap(&newRange, &newScale, newMode);
    }

    DrawGraphRegion();
    DrawAllCurve();
    ::BitBlt(hMemLayerDC,
            rect.left + LEFT_OFFSET,
            rect.top + TOP_OFFSET,
            nLayerWidth - LEFT_OFFSET-RIGHT_OFFSET+1,
            nLayerHeight - TOP_OFFSET-BOTTOM_OFFSET+1,
            hMemGraphRegionDC,
            rect.left + LEFT_OFFSET,
            rect.top + TOP_OFFSET,
            SRCCOPY
            );
    DrawAll__TEXT();

    return ::BitBlt(hLayerDC, 0, 0, nLayerWidth, nLayerHeight, hMemLayerDC, 0, 0, SRCCOPY);
//将内存中的图画至设备环境中去
}

BOOL CDrawImage::ClearImage(void)
{
    RECT rect={0, 0, nLayerWidth, nLayerHeight};

    ResetAllCurve();
    shift=0;
    offset=0;
    range.left=range0.left;
```

```
    range.top=range0.top;
    range.right=range0.right;
    range.bottom=range0.bottom;
    scale.xScale=scale0.xScale;
    scale.yScale=scale0.yScale;
    scale.step=scale0.step;
    DrawGraphRegion();
    ymax=0;
    ymin=0;
    dm_reset(hDMGR);
    //用hLayerBrush画刷去填充内存中指定的rect
    ::FillRect(hMemLayerDC, &rect, hLayerBrush);
    //将内存中的影像传至设备环境中
    return ::BitBlt(hLayerDC, 0, 0, nLayerWidth, nLayerHeight, hMemLayerDC, 0, 0, SRCCOPY);
}

BOOL CDrawImage::AddString(const TCHAR *lpStr, int left, int top, COLORREF color, int direct)
{
    LOGFONT lf;
    BOOL ret=FALSE;
    TCHAR fontName[LF_FACESIZE];

    //获得内存中当前设备字体的大小
    ::GetTextFace(hMemLayerDC, LF_FACESIZE, fontName);
    //如果文本数小于设定的最大值MAX_TEXT_NUM
    if (nTextItem < MAX_TEXT_NUM)
    {
        //获得字符串的字节大小
        text[nTextItem].charCount=_tcslen(lpStr);
        //在内存分配指定个字节的空间大小
        text[nTextItem].lpString=(TCHAR *)malloc((text[nTextItem].charCount + 1) * sizeof(TCHAR));
        if (text[nTextItem].lpString !=NULL)
        {
            memset(&lf, 0x00, sizeof(LOGFONT));
            wcscpy_s(lf.lfFaceName, _countof(lf.lfFaceName), fontName);

            lf.lfWeight=FW_NORMAL;

            if (direct)
            {
                lf.lfEscapement=90*10;
            }
            else
            {
                lf.lfEscapement=0;
            }

            text[nTextItem].hFont=::CreateFontIndirect(&lf);

            if (text[nTextItem].hFont !=NULL)
            {
                text[nTextItem].left=left;
                text[nTextItem].top=top;
                text[nTextItem].crColor=color;
                _tcscpy_s(text[nTextItem].lpString, text[nTextItem].charCount + 1, lpStr);
                nTextItem++;
                ret=TRUE;
            }
            else
            {
                free(text[nTextItem].lpString);
                text[nTextItem].lpString=NULL;
```

```
            }
        }
    }
    return ret;
}

//功能：画坐标轴 + 标签
void CDrawImage::DrawGraphRegion(void)
{
    #define  TXT_LEN 32
    HGDIOBJ  objOld;
    HPEN  hCoorPen, hScaleLinePen;
    RECT  rect;
    TCHAR  txt[TXT_LEN];
    double  x, y;

    hCoorPen=::CreatePen(PS_SOLID, 1, RGB(0, 0, 0));
    objOld=::SelectObject(hMemGraphRegionDC, hCoorPen);

    MOVETO(range.left, range.bottom);
    ::LineTo(hMemGraphRegionDC, LogicX2WindowX(range.right), LogicY2WindowY(range.bottom));
    ::LineTo(hMemGraphRegionDC, LogicX2WindowX(range.right), LogicY2WindowY(range.top));
    ::LineTo(hMemGraphRegionDC, LogicX2WindowX(range.left), LogicY2WindowY(range.top));
    ::LineTo(hMemGraphRegionDC, LogicX2WindowX(range.left), LogicY2WindowY(range.bottom));
    ::DeleteObject(hCoorPen);

    ::SetTextColor(hMemLayerDC, RGB(0, 0, 0));
    hScaleLinePen=::CreatePen(PS_DOT, 1, RGB(0, 0, 0));
    ::SelectObject(hMemGraphRegionDC, hScaleLinePen);

    for (x=range.left; x<=range.right; x+=scale.xScale)
    {
        MOVETO(x, range.bottom);
        ::LineTo(hMemGraphRegionDC, LogicX2WindowX(x), LogicY2WindowY(range.top));

        _snwprintf_s(txt, TXT_LEN, _TRUNCATE, __TEXT("%.1lf"), x);
        memset(&rect, 0x00, sizeof(rect));
        ::DrawText(hMemLayerDC, txt, -1, &rect, DT_CALCRECT);

        rect.left=LogicX2WindowX(x) - (rect.right-rect.left)/2;
        rect.top=LogicY2WindowY(range.bottom) + 4;
        rect.right +=rect.left;
        rect.bottom +=rect.top;
        //居中对齐，在x轴中矩形框中画txt内的内容，相当于x轴各个标签的内容
        ::DrawText(hMemLayerDC, txt, -1, &rect, DT_CENTER);
    }
    //以y轴的刻度区间为步长增长输出标签
    for (y=range.bottom; y<=range.top; y+=scale.yScale)
    {
        MOVETO(range.left, y);
        ::LineTo(hMemGraphRegionDC, LogicX2WindowX(range.right), LogicY2WindowY(y));

        _snwprintf_s(txt, TXT_LEN, _TRUNCATE, __TEXT("%.1lf"), y);
        memset(&rect, 0x00, sizeof(rect));

        //计算txt内的字符需要多大的rect可以放得下
        ::DrawText(hMemLayerDC, txt, -1, &rect, DT_CALCRECT);

        rect.left=LogicX2WindowX(range.left) - (rect.right-rect.left) - 4;
        rect.top=LogicY2WindowY(y) - (rect.bottom - rect.top)/2;
        rect.right +=rect.left;
        rect.bottom +=rect.top;
```

```
        //居中对齐，在y轴中矩形框中画txt内的内容，相当于y轴各个标签的内容
        ::DrawText(hMemLayerDC, txt, -1, &rect, DT_RIGHT);
    }

    ::SelectObject(hMemGraphRegionDC, objOld);
    ::DeleteObject(hScaleLinePen);
}

void CDrawImage::DrawAll__TEXT(void)
{
    int  i;
    HFONT  hOldFont=NULL;

    hOldFont=(HFONT)::GetStockObject(SYSTEM_FONT);
    for (i=0; i<nTextItem; ++i)
    {
        ::SelectObject(hMemLayerDC, text[i].hFont);
        ::SetTextColor(hMemLayerDC, text[i].crColor);
        ::TextOut(hMemLayerDC, text[i].left, text[i].top, text[i].lpString, text[i].charCount);
    }
    ::SelectObject(hMemLayerDC, hOldFont);
}

//功能：用pen在hDC内画线，以xEnd,yEnd为中心画一个椭圆或点
inline  BOOL CDrawImage::DrawLine(HDC  hDC, DRAWPEN *pen, int  xEnd, int  yEnd)
{
    if (xEnd <=this->nLayerWidth-RIGHT_OFFSET)
    {
        int  width=pen->width * 2;
        if (width > 0)
        {
            ::SelectObject(hDC, pen->hBrush);
            ::Ellipse(hDC, xEnd - width, yEnd - width, xEnd + width, yEnd + width);
            ::SelectObject(hDC, pen->oldBrush);
        }
        else
        {
            ::SetPixel(hDC, xEnd, yEnd, pen->color);
        }

        if (pen->mode)
        {
            return ::LineTo(hDC, xEnd, yEnd);
        }
    }

    return TRUE;
}
```

第10章 水位监测与控制系统

知识点思维导图

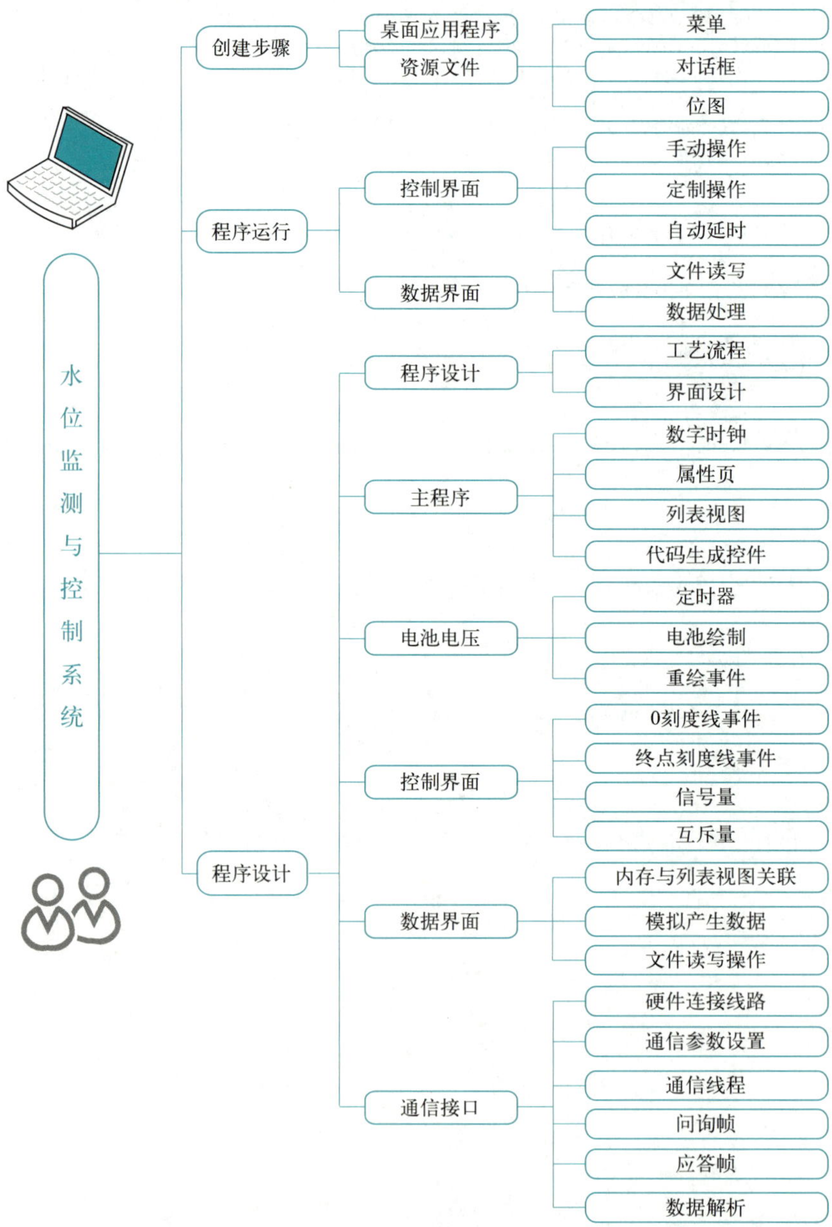

本章通过水箱内水位监测与控制实现通信线程、工艺控制过程和数据处理过程的融合，采用手动操作、定制操作和自动延时三种方式控制排水阀门的打开与闭合。内容包括Modbus-RTU 问询帧与应答帧、数据读取线程、界面控件创建、定制事件响应、定时器事件、事件对象、互斥对象、信号量对象、文件内容读取、文件新建与数据追加、属性页、列表视图和数字时钟等。

10.1 创建步骤

本章 Win32 程序包括菜单、对话框和位图等资源，这些资源通过扩展名为“.rc”的文件管理，字母“rc”表示“resource”，即资源，程序代码通过资源 ID 调用操作各种资源。使用资源文件方便开发者快速创建界面控件、对界面控件规划布局、简化代码编写过程，Win32 程序创建步骤如下。

程序设计与运行

（1）创建桌面应用程序

① 运行“Visual Studio 2019”应用程序进入集成开发环境。

② 在“Visual Studio 2019”窗体右侧点击“创建新项目 (N)”按钮。

③ 在“创建新项目”窗口，选择“Windows 桌面向导”选项，点击“下一步 (N)”按钮。

④ 在“配置新项目”窗口“项目名称 (J)”对应的输入框中输入“WaterLevel”，在“位置 (L)”下方的输入框中选择“桌面”目录，不要勾选“将解决方案和项目放在同一目录中 (D)”前面的方框，点击右下角“创建 (C)”按钮。

⑤ 在“Windows 桌面项目”窗口“应用程序类型 (T)”中选择“桌面应用程序 (.exe)”，勾选“空项目”前方的方框，点击“确定”按钮，完成空“WaterLevel”桌面应用程序的创建。

（2）配置属性

① 点击“项目 (P)”菜单，在下拉菜单中选择“WaterLevel 属性 (P)”，弹出“WaterLevel 属性页”，在“配置 (C)”后面的列表框中选择“Debug”或“Release”，“Debug”表示调试版本，“Release”表示发行版本，选择了哪一项，表明后续的选项为哪一项进行配置。在“配置属性”下方点击“高级”选项，在右侧对应栏中查找“MFC 的使用”，在其右侧的列表框中选择“使用标准 Windows 库”；“字符集”选择“使用 Unicode 字符集”。

② 选中“C/C++”下方“代码生成”选项，在右侧对应栏中查找“运行库”。如果为“Release”，则在其右侧对应的列表框中选择“多线程 (/MT)”；如果为“Debug”，则在其右侧对应的列表框中选择“多线程调试 (/MTd)”。

③ 选中“C/C++”下方“语言”选项，在右侧对应栏中查找“符合模式”，在其右侧对应的列表框中选择“默认值”，点击“应用 (A)”按钮，再点击“确定”按钮。

（3）准备位图素材

准备一个位图文件“logo_help.bmp”，将该文件拷贝至与解决方案文件“WaterLevel.sln”并列的目录“WaterLevel”中。

（4）添加文件资源

① 点击“窗口 (W)”菜单，在下拉菜单中选择“重置窗口布局 (R)”，右侧的“解决方案资源管理器”窗口将重新布局。

② 在“解决方案资源管理器”中选择“源文件”，右键弹出菜单，选择“添加 (D)”→“现

有项 (G)…”，弹出“添加现有项 -WaterLevel”窗口，按住左“Ctrl”键，从“WaterLevel”目录下依次选择“BatteryStatus.c”“ControlUI.c”“MainWaterLevel.c”“SerialPort.c”“ShowDataUI.c”“TabPages.c”和“TimeDisplay.c”七个文件，点击“添加 (A)”按钮，完成源文件的添加。

③ 在“解决方案资源管理器”中选择“头文件”，右键弹出菜单，选择“添加 (D)”→“现有项 (G)…”，弹出“添加现有项 -WaterLevel”窗口，按住左“Ctrl”键，从“WaterLevel”目录下依次选择“BatteryStatus.h”“ControlUI.h”“MainWaterLevel.h”“SerialPort.h”“ShowDataUI.h”“TabPages.h”和“TimeDisplay.h”七个文件，点击“添加 (A)”按钮，完成头文件的添加。

（5）添加位图资源

① 在“解决方案资源管理器”界面中选中“资源文件”，点击右键，在弹出菜单中选中“添加 (D)”，再选择“资源 (R)…”，弹出“添加资源”窗口，选择“Bitmap”选项，点击“导入 (M)…”按钮，从“WaterLevel”目录导入“logo_help.bmp”文件，此时，在“资源文件”下方出现“logo_help.bmp”。

② 双击“WaterLevel.rc”进入“资源视图”，展开“Bitmap”文件夹，将“IDB_BITMAP1”（logo_help.bmp 文件）对应 ID 改为“IDB_LOGO”。

（6）添加菜单资源

① 在“解决方案资源管理器”界面中选中“资源文件”，点击右键，在弹出菜单中选中“添加 (D)”，再选择“资源 (R)…”，弹出“添加资源”窗口。选择“Menu”选项，点击“新建 (N)”按钮，在菜单中输入“&File”和“&Help”，创建两个顶层菜单。在“&File”下方创建“&Exit”子菜单项，如图 10-1（a）所示。

② 在“&Help”下方创建“&About…”子菜单，如图 10-1（b）所示。

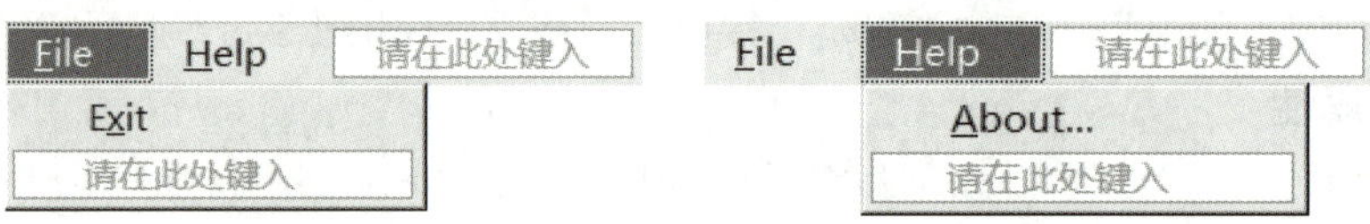

(a) (b)

图 10-1 水位监测与控制系统菜单设计效果

③ 双击“WaterLevel.rc”进入“资源视图”，下面有“Menu”文件夹，将“IDR_MENU1”对应 ID 改为“"WATERLEVEL"”字符串，“WATERLEVEL”必须加英文双引号。

（7）添加对话框资源

① 在“解决方案资源管理器”界面中选中“资源文件”，点击右键，在弹出菜单中选中“添加 (D)”，再选择“资源 (R)…”，弹出“添加资源”窗口，点击展开“Dialog”选项，选择“IDD_DIALOGBAR”，点击“新建 (N)”按钮，双击“WaterLevel.rc”进入“资源视图”，下面有“Dialog”文件夹，将“IDD_DIALOGBAR”对应 ID 改为“"ABOUTBOX"”字符串，“ABOUTBOX”必须加英文双引号。

② 从工具箱分别向“"ABOUTBOX"”对话框添加“Text Control”“Picture Control”和“Button Control”，各个控件和“"ABOUTBOX"”对话框的属性设置如表 10-1 所示。

表 10-1 对话框及各个控件属性设置列表

ID	控件类型	属性	属性值
IDOK	Button Control	描述文字	确定

续表

ID	控件类型	属性	属性值
"ABOUTBOX"	Dialog	边框	对话框外框
		居中	True
		系统菜单	False
		样式	Popup
IDC_STATIC_LOGO	Picture Control	类型	Bitmap
		图像	IDB_LOGO
IDC_STATIC_TANG	Text Control	描述文字	自小刺头深草里，而今渐觉出蓬蒿。
IDC_STATIC_DUXUNHE	Text Control	描述文字	时人不识凌云木，直待凌云始道高。

10.2 程序运行

点击“调试 (D)”菜单中的“开始调试 (S)”按钮，或者直接按下“F5”键，程序开始运行，运行结果如图 10-2（a）所示，点击“Help”下拉菜单，点击“About...”按钮，如图 10-2（b）所示，显示图标和文本信息。

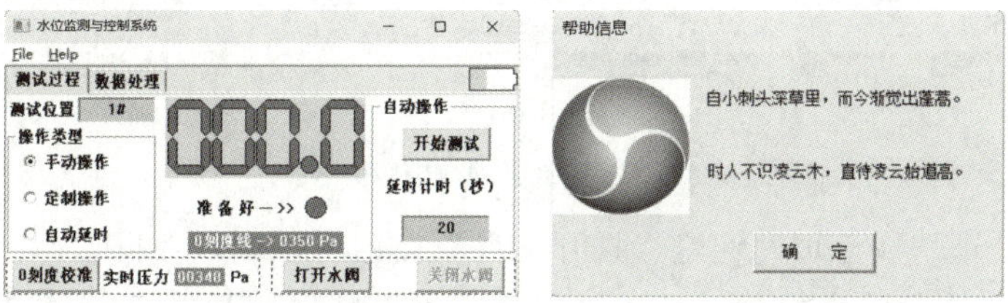

(a)　　(b)

多线程分析

图 10-2　软件运行界面效果

向水箱内注入水，当压力平衡后，点击“0 刻度校准”按钮，即可将当前的压力值作为 0 刻度线对应的压强，因此，实际操作时，必须保证水位在水箱的“0 刻度”才能点击该按钮，否则会出现校准错误。图 10-3 表示“0 刻度线”对应 350Pa 压力值。

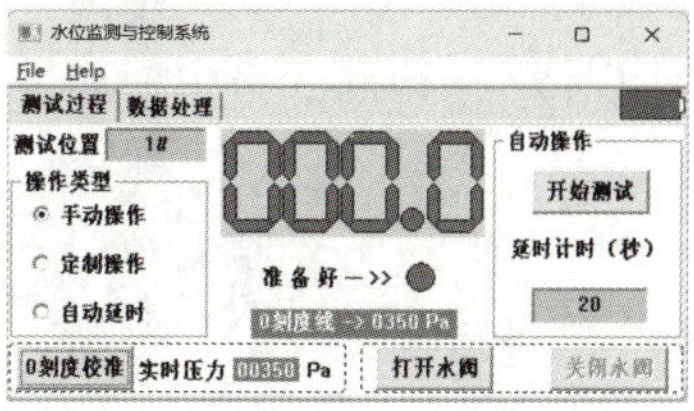

图 10-3　0 刻度校准界面效果

用鼠标点击“手动操作”单选按钮，点击“打开水阀”按钮，表示水箱排水阀打开，点击“开始测试”按钮，数字时钟开始计时，点击“停止测试”按钮记录液位终点位置，完成单次数据的测量，如图 10-4 所示。

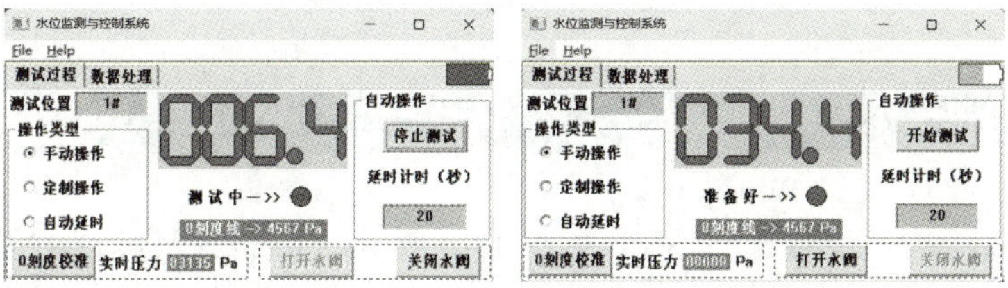

(a)　　(b)

图 10-4　手动操作界面效果

用鼠标点击“定制操作”单选按钮，点击“开始测试”按钮，程序自动打开排水阀，时刻监测水箱水位，当达到定制起始水位时开始计时，进入“测试中”状态，指示灯由红变绿，当水位到达终点水位时，自动停止测试，关闭排水阀，完成水箱水位的自动监测与控制，如图 10-5 所示。

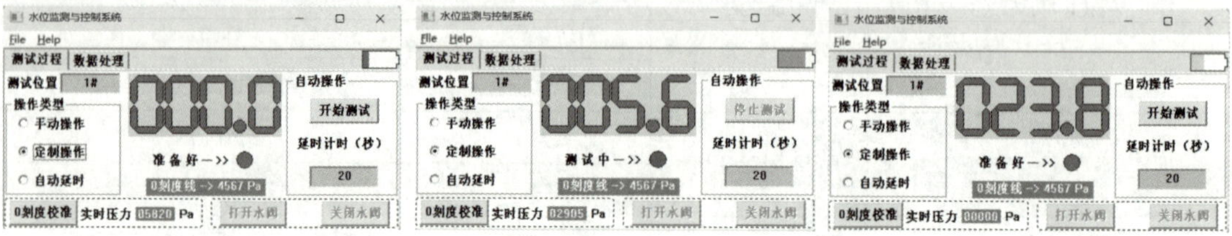

(a)　　(b)　　(c)

图 10-5　定制操作界面效果

用鼠标点击“自动延时”单选按钮，在右侧“延时计时”下方的文本框中输入延时时间“10”秒，点击“开始测试”按钮，程序倒计时 10 秒后测定水位的起始位置，进入“测试中”状态，指示灯由红变绿；当水位达到终止液位时，自动停止测试，指示灯由绿变红，如图 10-6 所示。

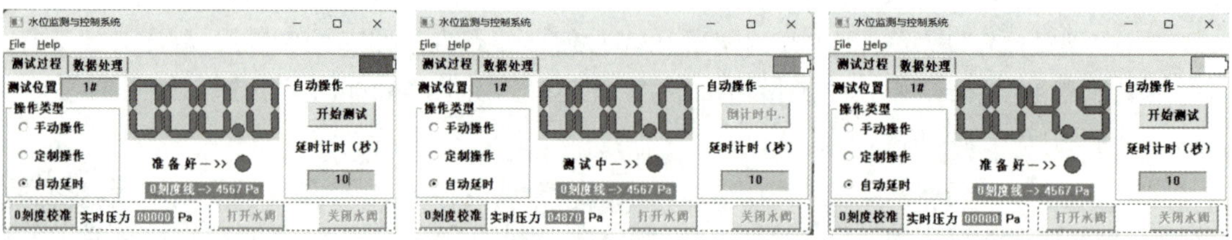

(a)　　(b)　　(c)

图 10-6　自动延时测量界面效果

点击“数据处理”属性页，通过“打开文件”按钮可以调入数据文件；每次测量的结果会自动存储在该属性页的表格中，点击“保存数据”按钮将数据存储到指定文件中，如图 10-7（a）所示；当表格中有测试数据时，点击“统计计算”按钮计算标准差、平均值和变异系数，如图 10-7（b）所示。点击“清空记录”按钮可以将表格中的数据清除掉；点击“追加记录”按钮向表格中追加模拟数据。

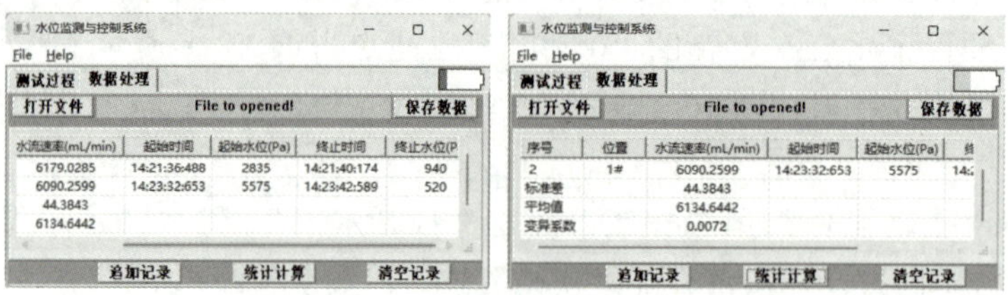

(a)　　(b)

图 10-7　数据处理界面效果

10.3 程序设计

软件的设计必须与工艺过程相匹配，如图 10-8 所示，工艺过程包括六个步骤。

（1）注水

关闭电磁阀，向水箱内注满水。

（2）充填

打开电磁阀，水充填至排水阀后续管道与水箱之间的空隙，气体被排出，同时伴有排水过程。

（3）校准

关闭电磁阀，向水箱内填水至 0mL 刻度线，通过上位机软件对测得的压强值进行校准。

（4）开始

当水位高度到达 100mL 刻度线时，程序通过压力值反馈识别水位高度，精准记录起始时刻。

（5）排水

排水时，压力监测系统可以实时感应相应的压强变化，将过程数据完整地记录下来。

（6）结束

当水位高度到达 500mL 刻度线时，结束计时。

测试完毕后，根据终止时刻与起始时刻的时间差和压强差，计算对应的水流速率。

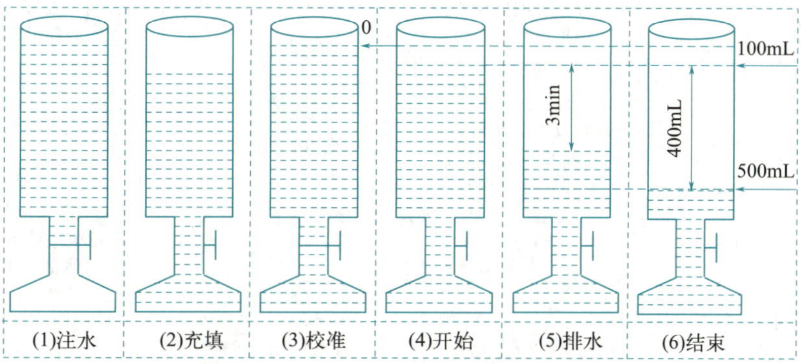

图 10-8　水箱水位监测与控制工艺流程图

水位监测与控制系统软件包括菜单、测试过程、数据处理和电池电压四部分，如图 10-9 所示。菜单包括帮助信息、对话框、图标 Logo、退出程序；测试过程包括刻度校准、数字时钟动态计时、三种操作类型；数据处理包括记录保存、读文件数据、标准差计算、平均值计算和变异系数计算；电池电压包括电压模拟、颜色匹配、区域宽度和电压指示。

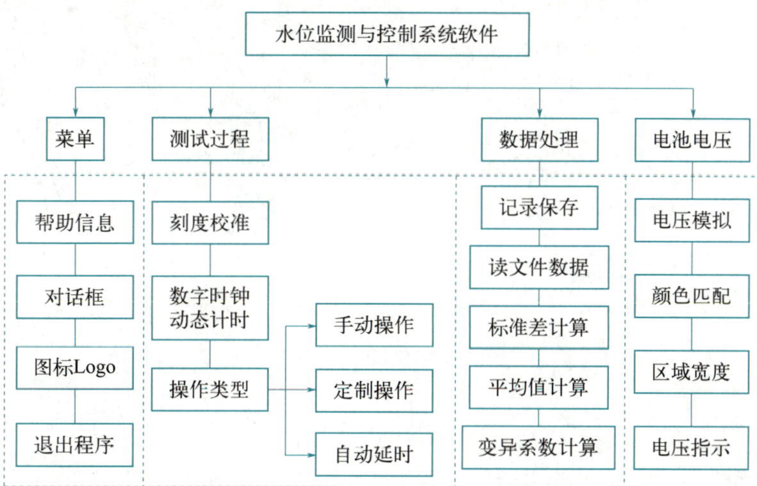

图 10-9　水位监测与控制系统软件设计框架

10.4 主程序

10.4.1 程序流程

主程序负责界面控件的创建与布局、各种消息（命令消息、按钮消息、事件消息）的响应处理、定时器与线程的管理，如图10-10所示。Win32程序运行为消息驱动机制，菜单、按钮、定时器等消息全部由消息循环处理；主程序创建含有事件、信号量和互斥量的线程，并行处理各种定制响应事件，保护和共享资源。

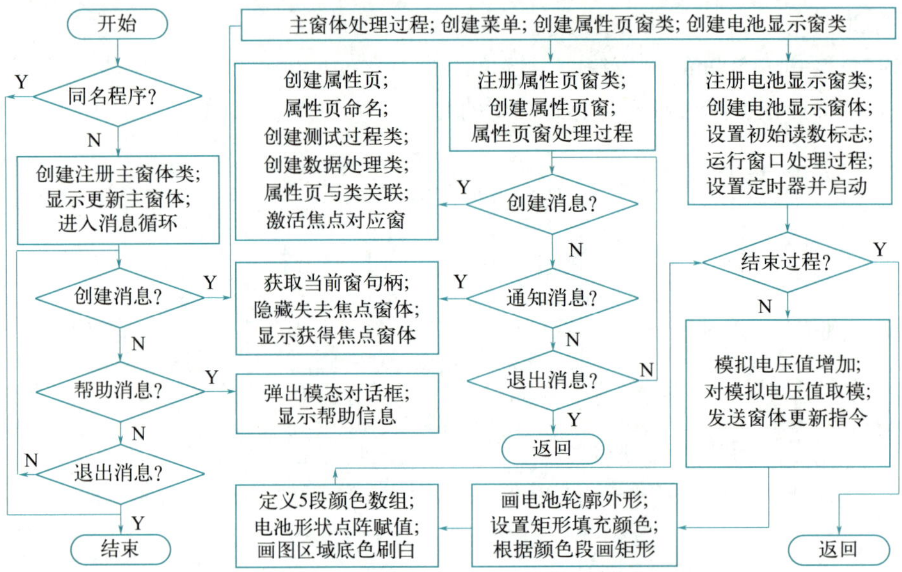

图10-10 水位监测与控制系统软件主程序流程图

10.4.2 C源代码

```
//***********************MainWaterLevel.h**********************
#ifndef MST_MAINWATERLEVEL_H
  #define  MST_MAINWATERLEVEL_H

  #define  IDC_CMDBAND          1
  #define  IDC_CMDBAR           2
  #define IDB_BITMAP1           110
  #define APP_DEMO              130
  #define ID_FILE_EXIT          40001
  #define ID_HELP_ABOUT         40002

  LRESULT  CALLBACK  MainWndProc (HWND hwnd, UINT message, WPARAM wParam, LPARAM lParam);
  BOOL  CALLBACK  AboutDlgProc (HWND hWnd, UINT wMsg, WPARAM wParam, LPARAM lParam);
#endif //MST_MAINWATERLEVEL_H
//**********************MainWaterLevel.c**********************
#include  <windows.h>
#include  <commctrl.h>
#include  <tchar.h>
#include  "MainWaterLevel.h"
#include  "resource.h"
```

```
#include  "BatteryStatus.h"
#include  "TabPages.h"

int     cxClient, cyClient ;
static HINSTANCE  hGlobalInstance;

int WINAPI  WinMain (HINSTANCE  hInstance, HINSTANCE  hPrevInstance, PSTR  szCmdLine, int iCmdShow)
{
      static   TCHAR  szAppName[]=TEXT ("WaterLevel") ;
      WNDCLASS wndclass;
      HWND  hwnd ;
      MSG   msg ;

      hwnd=FindWindow(szAppName, NULL);
      if (hwnd)
      {
          SetForegroundWindow((HWND)(((DWORD)hwnd)|0x01));          //在窗体最小化时使用
          return 0;
      }

      hGlobalInstance=hInstance;

      wndclass.style=CS_HREDRAW | CS_VREDRAW ;
      wndclass.lpfnWndProc   =MainWndProc ;
      wndclass.cbClsExtra    =0 ;
      wndclass.cbWndExtra    =0 ;
      wndclass.hInstance     =hInstance ;
      wndclass.hIcon         =LoadIcon (NULL, IDI_APPLICATION) ;
      wndclass.hCursor       =LoadCursor (NULL, IDC_ARROW) ;
      wndclass.hbrBackground=(HBRUSH) GetStockObject (WHITE_BRUSH) ;
      wndclass.lpszMenuName =szAppName ;
      wndclass.lpszClassName=szAppName ;

      if (!RegisterClass (&wndclass))
      {
          MessageBox (NULL, TEXT ("Program requires Windows NT!"), szAppName, MB_ICONERROR) ;
          return  0 ;
      }

      hwnd=CreateWindow (szAppName, TEXT ("水箱模型"),
                        WS_OVERLAPPEDWINDOW,
                        CW_USEDEFAULT, CW_USEDEFAULT,
                        480, 272,
                        NULL, NULL, hInstance, NULL) ;
    //避免重复运行程序
    if (!IsWindow (hwnd)) return 0;

      ShowWindow (hwnd, iCmdShow) ;
      UpdateWindow (hwnd) ;

      while (GetMessage (&msg, NULL, 0, 0))
      {
           TranslateMessage (&msg) ;
           DispatchMessage (&msg) ;
      }
      return   msg.wParam ;
}

LRESULT  CALLBACK MainWndProc (HWND  hwnd, UINT  message, WPARAM  wParam, LPARAM  lParam)
```

```
{
    HDC hdc ;
    RECT     rect ;
    PAINTSTRUCT  ps ;
    int  wmId, wmEvent;

    switch (message)
    {
    case  WM_CREATE :
        {
            GetClientRect (hwnd, &rect);
            CreateTabPages(hwnd, 0, 0, 470, 220, hGlobalInstance);
            BatteryStatusCreate(hwnd, rect.right - BatteryWidth - PositiveWidth - 2, rect.top + 2,
hGlobalInstance) ;
        }
        return  0 ;

    case  WM_SIZE :
        {
            cxClient=LOWORD (lParam) ;
            cyClient=HIWORD (lParam) ;
        }
        return  0;

    case  WM_PAINT :
        {
            hdc=BeginPaint (hwnd, &ps) ;
            EndPaint (hwnd, &ps) ;
        }
        return  0 ;

    case WM_COMMAND:
        {
            wmId   =LOWORD(wParam);
            wmEvent=HIWORD(wParam);
            //分析菜单选择
            switch (wmId)
            {
            case ID_FILE_EXIT:
                {
                    SendMessage (hwnd, WM_CLOSE, 0, 0);
                    return  0;
                }
                break;

            case ID_HELP_ABOUT:
                {
                    DialogBox (hGlobalInstance, TEXT ("aboutbox"), hwnd, AboutDlgProc);
                    return  0;
                }
                break;

            default:
                break;
            }
        }
        return  0;

    case  WM_DESTROY :
        {
```

```
            PostQuitMessage (0) ;
        }
        return  0 ;
    }
    return  DefWindowProc (hwnd, message, wParam, lParam) ;
}

BOOL  CALLBACK  AboutDlgProc (HWND  hwnd, UINT  wMsg, WPARAM  wParam, LPARAM  lParam)
{
    switch (wMsg)
    {
        case  WM_COMMAND:
            switch (LOWORD (wParam))
            {
                case  IDOK:
                case  IDCANCEL:
                    EndDialog (hwnd, 0);
                    return  TRUE;
            }
            break;
    }
    return  FALSE;
}
```

10.5 电池电压

电池电压程序模块定时读取电池电压，将其映射为颜色和区域宽度，通过颜色和区域宽度的改变提示用户，如图 10-11 所示，将电压范围等分为 5 段，电压显示区域等分为 5 段，每段电压范围对应一段显示区域宽度。当电压处于第一段电压范围时，对应颜色为红色，红色显示区域宽度为总宽度的五分之一；当电压处于第二段电压范围时，对应颜色为黄色，黄色对应显示区域宽度为总宽度的五分之二。以此类推，对五段电压范围用五种不同颜色和五种区域宽度表示。BatteryStatusProc 主函数在 WM_CREATE 消息中启动时钟，每 500ms 产生一次 WM_TIMER 消息，通过该消息每 500 ms 重绘一次电池电压显示区域。

```
#define  __BATTERYSTATUS_H__
#define  BatteryWidth          40  //BW
#define  BatteryHeight         20  //BH
#define  PositiveWidth         3   //PW
#define  PositiveHeight        10  //PH
#define  SegmentNumbers        5   //SN
#define  IDC_BATTERY           20
#define  ID_TIMER_BATTERY      10
#define  TIME_INTERVAL         500
```

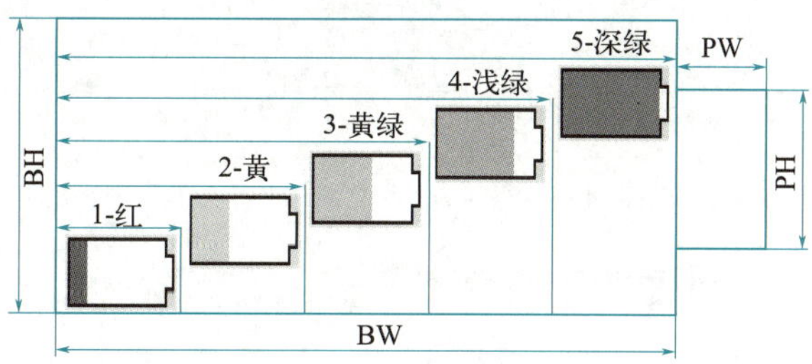

图 10-11 电池电压对应颜色和区域宽度

10.5.1 电压指示

以 3 节 26800Li 电池为例，单节电压为 2.6 ～ 4.3V，容量为 7000mA · h，电量耗尽时电压为 2.6V，充满电时电压为 4.3V，三节电池的电压范围为 7.8 ～ 12.9V。假设 A/D 转换采用 12 位单片机，对应 2^{12}=4096 个数值，其范围为 0 ～ 4095。通常情况下，A/D 转换后的数据波动较大，必须进行阈值和防抖滤波，再将数值分段和映射。

通过实际测量，A/D 转化后的数字值 D_Voltage 与电池电压 A_Voltage 的对应关系为 D_Voltage=263 × A_Voltage + 6.596。7.8V 电压对应 D_Voltage 为 2058，12.9V 电压对应 D_Voltage 为 3399。将 2058 ～ 3399 等分为 5 段，在软件界面中用不同颜色块表示，分别为：红 (2058 ～ 2325)、黄 (2326 ～ 2593)、黄绿 (2594 ～ 2861)、浅绿 (2862 ～ 3129) 和深绿 (3130 ～ 3399)。

本程序通过演示方式简化上述过程，采用时钟触发对电压模拟值累加，由于电压状态包括红、黄、黄绿、浅绿和深绿五个级别，因此电压累加后的数值对 5 取模，得到的余数 0、1、2、3 和 4 分别对应红、黄、黄绿、浅绿和深绿，通过 WM_PAINT 消息刷新电池电压显示区域实现模拟状态下的电压指示，程序运行时可以观察到五种不同颜色的交替轮回显示。

10.5.2 C源代码

```
//*********************BatteryStatus.h*********************
#ifndef __BATTERYSTATUS_H__
   #define __BATTERYSTATUS_H__

   #define BatteryWidth                                    40
   #define BatteryHeight                                   20
   #define PositiveWidth                                   3
   #define PositiveHeight                                  10
   #define SegmentNumbers                                  5
   #define IDC_BATTERY                                     20
   #define TIME_INTERVAL                                   500
   #define ID_TIMER_TIMEDISPLAY                            1

   static       HINSTANCE  sghInst ;
   static       HWND  hWndBatteryStatus ;
   static       int  sgBatteryStatus=0;
   static       TCHAR  BatteryStatusClassName[]=TEXT("Battery Status");

   void         DrawBattery (HWND hwnd, int x, int y, int ratio);
   void         ChangeBatteryStatus( void );
   BOOL     BatteryStatusCreate(HWND hParentWnd, int left, int top, HINSTANCE hInst);
   static   LRESULT CALLBACK BatteryStatusProc(HWND hWnd, UINT uMsg, WPARAM wParam, LPARAM lParam);
#endif //__BATTERYSTATUS_H__

//*********************BatteryStatus.c*********************
#include    <windows.h>
#include    "resource.h"
#include    "BatteryStatus.h"

BOOL  BatteryStatusCreate(HWND  hParentWnd, int  left, int  top, HINSTANCE  hInst)
{
   WNDCLASS  wc;

   wc.style=0;
   wc.lpfnWndProc=BatteryStatusProc;
   wc.cbClsExtra=0;
   wc.cbWndExtra=0;
   wc.hInstance=NULL;
   wc.hIcon=NULL;
   wc.hCursor=LoadCursor(NULL, IDC_ARROW);
   wc.hbrBackground=(HBRUSH)CreateSolidBrush(RGB(236, 233, 216));
   wc.lpszMenuName=NULL;
```

```
    wc.lpszClassName=BatteryStatusClassName;
    if (RegisterClass(&wc)==0)
    {
        return 0;
    }

    sghInst=hInst;

    hWndBatteryStatus=CreateWindow(BatteryStatusClassName, NULL,
            WS_CHILD|WS_VISIBLE,//|WS_BORDER,
            left, top,
            BatteryWidth + PositiveWidth + 1, BatteryHeight + 1,
            hParentWnd, (HMENU) IDC_BATTERY,
            NULL, NULL);

    return hWndBatteryStatus !=NULL ? TRUE : FALSE;
}

void  DrawBattery (HWND  hwnd, int  x, int  y, int  ratio)
{
    HBRUSH  hOldBrush, hBrush ;
    HDC    hdc ;
    RECT   rect ;
    POINT  apt[8];

    static  COLORREF  crPower[5]={ RGB (255, 0, 0), RGB (255, 255, 0), RGB (218,255, 0),
                        RGB (0, 255, 0), RGB (0, 128, 0) } ;

      apt[0].x=apt[7].x=x;
      apt[1].x=apt[2].x=apt[5].x=apt[6].x=apt[0].x +  BatteryWidth;
      apt[3].x=apt[4].x=apt[1].x + PositiveWidth;

      apt[0].y=apt[1].y=y;
      apt[2].y=apt[0].y + ( BatteryHeight - PositiveHeight ) / 2;
      apt[3].y=apt[2].y;
      apt[4].y=apt[2].y + PositiveHeight ;
      apt[5].y=apt[4].y;
      apt[6].y=apt[7].y=apt[0].y + BatteryHeight ;

    SetRect(&rect,x + 1, y + 1, x + BatteryWidth * ( ratio + 1) / SegmentNumbers, y + BatteryHeight);
    hdc=GetDC (hwnd) ;
    hOldBrush=(HBRUSH) SelectObject (hdc, GetStockObject (WHITE_BRUSH)) ;
    Polygon (hdc, apt, 8) ;

    hBrush=CreateSolidBrush (crPower[ratio]);
    FillRect(hdc, &rect, hBrush);
    DeleteObject(SelectObject (hdc, hOldBrush));

    DeleteObject(hBrush);
    DeleteObject(hOldBrush);

    ReleaseDC (hwnd, hdc) ;
      return;
}

void  ChangeBatteryStatus( void )
{
    sgBatteryStatus++;
    sgBatteryStatus=sgBatteryStatus % 5;
```

```
    RedrawWindow( hWndBatteryStatus, NULL, NULL, RDW_INTERNALPAINT );
}

static  LRESULT  CALLBACK BatteryStatusProc(HWND hWnd, UINT uMsg, WPARAM wParam, LPARAM lParam)
{
    switch(uMsg)
    {
        case  WM_CREATE:
            {
                SetTimer (hWnd, ID_TIMER_TIMEDISPLAY, TIME_INTERVAL, NULL) ;
            }
            return 0;

        case  WM_PAINT:
            {
                PAINTSTRUCT pt;

                HDC hDC=BeginPaint(hWnd, &pt);
                    DrawBattery ( hWnd, 0, 0, sgBatteryStatus );
                EndPaint(hWnd, &pt);
            }
            return 0;
        //模拟电池电压的变化
        case WM_TIMER:
            ChangeBatteryStatus();
            return 0 ;

        case WM_DESTROY:
            KillTimer(hWnd, ID_TIMER_TIMEDISPLAY);
            break;

        default:
            break;
    }
    return  DefWindowProc(hWnd, uMsg, wParam, lParam);
}
```

10.6 控制界面

10.6.1 操作流程

图 10-12 展示了控制界面所有事件执行的逻辑顺序和操作流程，包括创建控制界面内的各个控件、设置全局变量初始值、接收消息并执行消息对应处理函数、创建通信线程和设置定时器等。

10.6.2 C源程序

```
//**********************ControlUI.h**********************
#ifndef __CONTROLUI_H__
    #define __CONTROLUI_H__

  #define  IDC_PAGE_CONTROL_UI                    60
  #define  ID_PRESSURE_CAPTION                    61
  #define  ID_PRESSURE_TEXT                       62
```

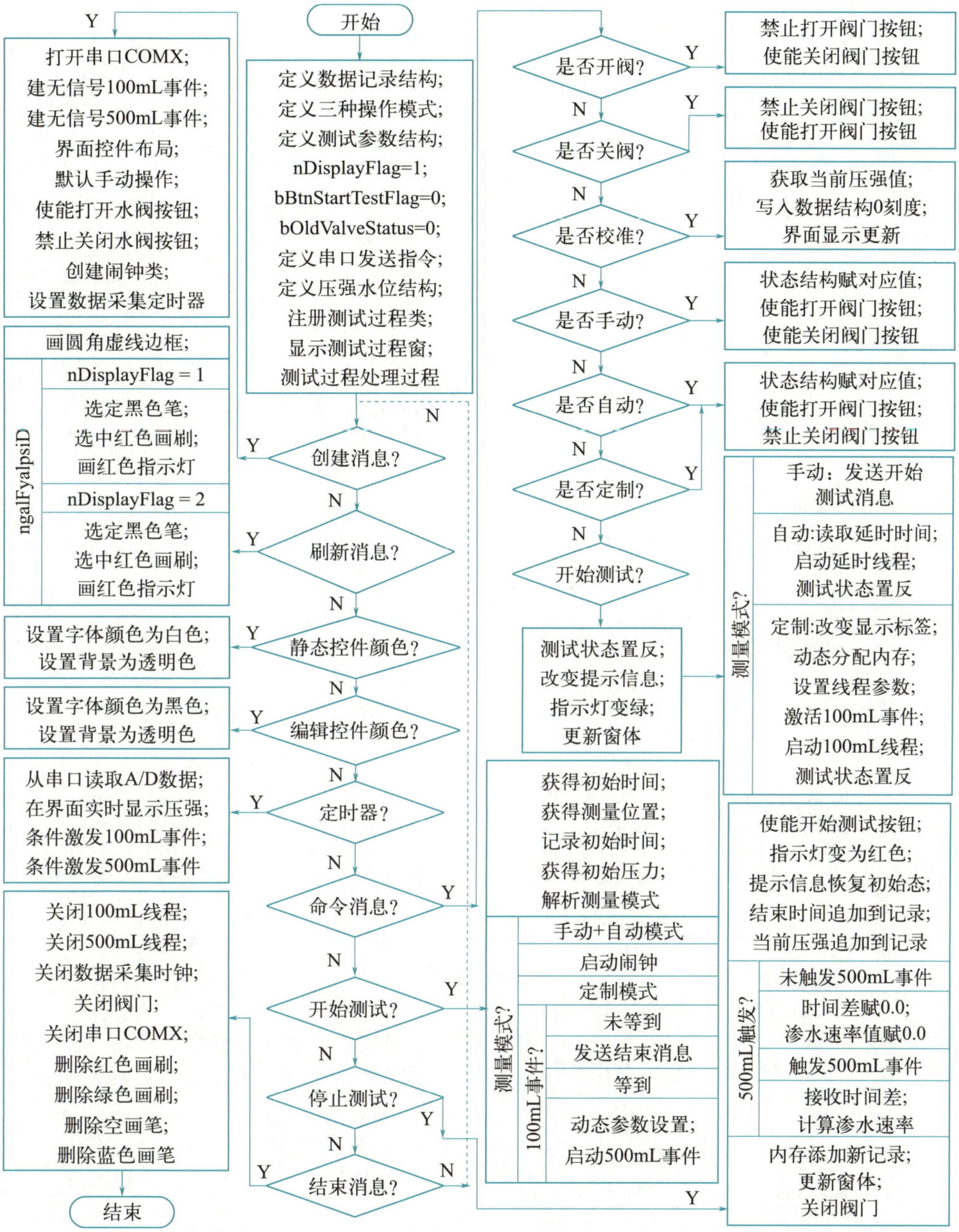

图 10-12 水位监测与控制系统软件控制界面操作流程图

```
#define  ID_PRESSURE_UNIT                   63
#define  ID_BTN_CALIBRATION                 64

#define  ID_BTN_OPEN_VALVE                  65
#define  ID_BTN_CLOSE_VALVE                 66

#define  IDC_READY_CATION                   67
#define  IDC_ZERO_SCALE                     68
#define  ID_POSITION_CAPTION                69
#define  ID_POSITION_TEXT                   70

#define  IDC_BTN_OPERATION_TYPE             1017
#define  IDC_BTN_MANUAL                     1018
```

```
#define  IDC_BTN_COMTOMER                        1019
#define  IDC_BTN_AUTO_DELAY                      1020

#define  IDC_BTN_FRAME_AUTO                      1020
#define  IDC_CAPTION_TIMEDELAY                   1021
#define  IDC_EDT_DELAYTIME                       1022
#define  IDC_BTN_BEGIN_TEST                      1023

#define  ID_TIMER_CONTROLUI                      3

#define  WM_TEST_START                           (WM_USER+32)
#define  WM_TEST_END                             (WM_USER+33)

  //体积(mL)/水柱高度(mmH2O)，单位水柱高度对应的体积，根据定制操作，内径为50.5mm，2.00296mL/mm
#define  COE_VOLUME_OVER_HEIGHT                  2.00296
#define  GET_VOLUME_FROM_PRESSURE(val)(((val) * 0.09963 - 72.50073) * COE_VOLUME_OVER_HEIGHT)
//水位高度(mmH2O)= 0.09963(mmH2O/Pa)×压强(Pa)- 72.50073(mmH2O)，再通过水柱高度换算为体积
#define  PRESSURE_OF_100ML     501                                //对应501Pa
#define  PRESSURE_OF_500ML     2506                               //对应2506Pa

//数据结构体
typedef struct tagTestParams
{
    int     nPresZero ;                           //0刻度水位对应的压力
    int     nOperateState ;               //操作状态：0为手动操作；1为定制操作；2为自动操作
} TEST_PARAMS ;

//线程消息结构体
typedef  struct tagRecvParam
{
    HWND   hwndRecv ;
    DWORD  dwDelayTime ;
}RECV_PARAM;

//100mL线程消息结构体
typedef  struct tagRecv100mL
{
    HWND   hwndRecv ;
    DWORD  dwElapseTime ;
}RECV_100mL;

//500mL线程消息结构体
typedef  struct tagRecv500mL
{
    HWND   hwndRecv ;
    DWORD  dwElapseTime ;
}RECV_500mL;

static   enum  OperationType {ManualOperation, Costomer, AutoOperation}  otStatus=ManualOperation ;
static   int  nDisplayFlag=1 ;
static   TEST_PARAMS   tpTestParams={3500 , ManualOperation };
static   BOOL   bBtnStartTestFlag=0 ;

LRESULT CALLBACK ControlUIPageProc(HWND hwnd, UINT message, WPARAM wParam, LPARAM lParam);
HWND     CreateControlUIPage(HWND hwndParent, int left, int top, int width, int height,
HINSTANCE hInst);

#ifdef  WINCE
static  DWORD  WaitFor_TimeOut_AutoOperation(PVOID  pParam);
#else
static DWORD  WINAPI  WaitFor_TimeOut_AutoOperation(PVOID  pParam);
#endif
```

```
    #ifdef  WINCE
    static  DWORD  WaitFor1_100mL_WaterLevel(PVOID  pParam);
    #else
    static  DWORD  WINAPI  WaitFor_100mL_WaterLevel(PVOID  pParam);
    #endif

    #ifdef  WINCE
    static  DWORD  WaitFor1_500mL_WaterLevel(PVOID  pParam);
    #else
    static  DWORD  WINAPI  WaitFor_500mL_WaterLevel(PVOID  pParam);
    #endif
#endif //__CONTROLUI_H__
//********************TimeDisplay.h********************
#ifndef __TIMEDISPLAY_H__
    #define __TIMEDISPLAY_H__

    #define  FrameWidth                                  180
    #define  FrameHeight                                 74
    #define  IDC_TIME_DISPLAY                            21
    #define  ID_TIMER_TIMEDISPLAY  2

    #define  WM_TIME_START                        (WM_USER+30)
    #define  WM_TIME_STOP                         (WM_USER+31)

    static  int    nHundDigit=0 ;
    static  int    nTenDigit=0 ;
    static  int    nOneDigit=0 ;
    static  int    nDecileDigit=0 ;
    int  TimeDisplayCreate(HWND hParentWnd, int left, int top, HINSTANCE hInst);
    LRESULT  CALLBACK  TimeDisplayProc (HWND, UINT, WPARAM, LPARAM) ;
#endif //__TIMEDISPLAY_H__
//********************ControlUI.c********************
#include  <windows.h>
#include  <tchar.h>
#include  <process.h>
#include  "resource.h"
#include  "ControlUI.h"
#include  "TimeDisplay.h"
#include  "ShowDataUI.h"
#include  "SerialPort.h"

extern  HANDLE    hMutex ;
extern  DATA_WATER_P   dwpWaterPressure ;

static  DATA_RECORD  drDataRecordControlUI={
        0 ,                   //nNumber=0,                          记录序号-->从0开始
        TEXT("水箱A") ,        //szPosition=TEXT("水箱B"),           测试位置-->水箱B
        TEXT("01:02:03:123") ,//szStartTime=TEXT("01:02:03:123"),起始时间-->01:02:03:123
        9876 ,                          //nStartPressure=4560,       起始水位对应的压强-->4560 Pa
        TEXT("04:05:06:456") ,//szEndTime=TEXT("04:05:06:456") , 终止时间-->04:05:06:456
        5432 ,                          //nEndPressure=2345,         终止水位对应的压强-->2345 Pa
        188.667 ,                       //dbTimeDifference=166.667,  时间差-->166.667秒
        133.4797 ,    //dbWaterRate=159.4797,水流速率-->159.4797 mL/min（4560-2345）*0.1*2*60/166.667
        };

//液位加满到0刻度后水的压力值
static   int   nPressure=3500 ;
static   HANDLE    hSemaphore=NULL ;
static   HANDLE    hEvent_100mL=NULL ;
static   HANDLE    hEvent_500mL=NULL ;
static   HANDLE    hThreadWaitWaterLevel=NULL ;
static   DWORD     dwWaterlevelBeginTime;
```

```
HWND CreateControlUIPage(HWND hwndParent, int left, int top, int width, int height, HINSTANCE hInst)
{
   static TCHAR ControlUIPageClassName[]=TEXT ("ControlUI");
   WNDCLASS wndclass;
   HWND hwndControlUIPage;

   wndclass.style =0 ;
   wndclass.lpfnWndProc =ControlUIPageProc ;
   wndclass.cbClsExtra =0 ;
   wndclass.cbWndExtra =0 ;
   wndclass.hInstance =hInst ;
   wndclass.hIcon =NULL ;
   wndclass.hCursor =LoadCursor (NULL, IDC_ARROW) ;
   wndclass.hbrBackground=(HBRUSH) (COLOR_BTNFACE ) ;
   wndclass.lpszMenuName =NULL ;
   wndclass.lpszClassName=ControlUIPageClassName ;

   if (RegisterClass(&wndclass)==0)
   {
      return NULL;
   }

   hwndControlUIPage=CreateWindow (ControlUIPageClassName, NULL,
             WS_CHILD|WS_VISIBLE,
             left, top, width, height,
             hwndParent, (HMENU) IDC_PAGE_CONTROL_UI, NULL, NULL) ;
   return hwndControlUIPage;
}

   LRESULT CALLBACK ControlUIPageProc(HWND hwnd, UINT message, WPARAM wParam, LPARAM lParam)
{
   HDC hdc ;
   PAINTSTRUCT ps ;
   RECT rect ;
   static TCHAR szTimeBuffer[12]=TEXT("3500");
   static HPEN hNullPen , hOldPen, hBluePen;
   static HBRUSH hBrushRed, hBrushGreen ;

   switch( message )
   {
   case WM_CREATE:
      {
         HWND hTmpWnd , hwndFrame ;

         hBrushRed=CreateSolidBrush (RGB (255, 0, 0)) ;
         hBrushGreen=CreateSolidBrush (RGB (0, 128, 0)) ;
         hNullPen=CreatePen (PS_NULL, 1, RGB(0, 0, 255));      //空的笔，因为类型为：PS_NULL
         hBluePen=CreatePen (PS_DOT, 1, RGB(0, 0, 255));       //蓝的笔，因为类型为：PS_DASH

         hSemaphore=CreateSemaphore( NULL, 0, 1, TEXT("CountDown"));     //创建信号量
         if ( NULL==hSemaphore )
         {
            return 0;
         }

         hEvent_100mL=CreateEvent(NULL, FALSE, FALSE, TEXT("100mL"));  //创建"100mL"驱动事件，
没有信号状态
         if (NULL==hEvent_100mL)
         {
            return 0 ;
         }
```

```
        hEvent_500mL=CreateEvent(NULL, FALSE, FALSE, TEXT("500mL"));  //创建"500mL"驱动事件，
没有信号状态
        if (NULL==hEvent_500mL)
        {
            return   0 ;
        }

        //当前测试位置
        hTmpWnd=CreateWindow (TEXT ("static"), TEXT("测试位置"),
                              WS_CHILDWINDOW | WS_VISIBLE | SS_LEFT,
                              2, 5, 70, 18,
                              hwnd, (HMENU) ID_POSITION_CAPTION,
                              NULL,  NULL) ;

        hTmpWnd=CreateWindowEx(WS_EX_CLIENTEDGE, TEXT("EDIT"), TEXT("1#"),
                              WS_CHILD|WS_VISIBLE|WS_TABSTOP|ES_CENTER,
                              65, 2, 70, 24,
                              hwnd, (HMENU)ID_POSITION_TEXT, NULL, NULL);

        //"手动操作"与"自动操作"按钮开关
        hwndFrame=CreateWindow(TEXT("BUTTON"), TEXT("操作类型"),
                              WS_CHILD|WS_VISIBLE|BS_GROUPBOX,
                              1, 30 , 135, 115,
                              hwnd, (HMENU)IDC_BTN_OPERATION_TYPE,
                              NULL, NULL);

        hTmpWnd=CreateWindow ( TEXT("BUTTON"), TEXT("手动操作"),
                              WS_CHILD | WS_VISIBLE | BS_AUTORADIOBUTTON,
                              15, 52 , 80, 20,
                              hwnd, (HMENU) IDC_BTN_MANUAL,
                              NULL, NULL) ;

        hTmpWnd=CreateWindow ( TEXT("BUTTON"), TEXT("定制操作"),
                              WS_CHILD | WS_VISIBLE | BS_AUTORADIOBUTTON,
                              15, 85 , 110, 20,
                              hwnd, (HMENU) IDC_BTN_COMTOMER,
                              NULL, NULL) ;

        hTmpWnd=CreateWindow ( TEXT("BUTTON"), TEXT("自动延时"),
                              WS_CHILD | WS_VISIBLE | BS_AUTORADIOBUTTON,
                              15, 118 , 80, 20,
                              hwnd, (HMENU) IDC_BTN_AUTO_DELAY,
                              NULL, NULL) ;
        CheckRadioButton( hwnd , IDC_BTN_MANUAL , IDC_BTN_AUTO_DELAY, IDC_BTN_MANUAL +
tpTestParams.nOperateState % 3 ) ;

        //显示测试状态
        hTmpWnd=CreateWindow (TEXT ("static"), TEXT("准 备 好 --- >>"),
                       WS_CHILDWINDOW | WS_VISIBLE | SS_LEFT,
                       172, 95, 95, 18,
                       hwnd, (HMENU) IDC_READY_CATION,
                       NULL,
                       NULL) ;
        hTmpWnd=CreateWindow (TEXT ("static"), TEXT("0刻度线 --> 4567 Pa"),
                       WS_CHILDWINDOW | WS_VISIBLE | SS_CENTER,
                       165, 125, 140, 20,
                       hwnd, (HMENU) IDC_ZERO_SCALE,
                       NULL , NULL ) ;

        //"自动操作"面板控件构成
        hwndFrame=CreateWindow(TEXT("BUTTON"), TEXT("自动操作"),
                       WS_CHILD|WS_VISIBLE|BS_GROUPBOX,
```

```
                330, 2, 130, 143,
                hwnd, (HMENU)IDC_BTN_FRAME_AUTO,
                NULL, NULL);

hTmpWnd=CreateWindow ( TEXT("button"), TEXT("开始测试"),
                WS_CHILD | WS_VISIBLE | BS_PUSHBUTTON,
                357, 30, 80, 30,
                hwnd, (HMENU) IDC_BTN_BEGIN_TEST,
                NULL, NULL) ;

hTmpWnd=CreateWindow (TEXT ("static"), TEXT("延时计时（秒）"),
                WS_CHILDWINDOW | WS_VISIBLE | SS_CENTER,
                340, 75, 110, 20,
                hwnd, (HMENU) IDC_CAPTION_TIMEDELAY,
                NULL,  NULL) ;

hTmpWnd=CreateWindowEx(WS_EX_CLIENTEDGE, TEXT("EDIT"), TEXT("20"),
                WS_CHILD|WS_VISIBLE|WS_TABSTOP|ES_CENTER,
                357, 110, 80, 25,
                hwnd, (HMENU)IDC_EDT_DELAYTIME, NULL, NULL);

//显示实时压力
hTmpWnd=CreateWindow (TEXT ("static"), TEXT("实时压力"),
                WS_CHILDWINDOW | WS_VISIBLE | SS_LEFT,
                88, 158, 60, 16,
                hwnd, (HMENU) ID_PRESSURE_CAPTION,
                NULL, NULL) ;

hTmpWnd=CreateWindow (TEXT ("static"), szTimeBuffer,
                WS_CHILDWINDOW | WS_VISIBLE | SS_CENTER,
                153, 158, 45, 16,
                hwnd, (HMENU) ID_PRESSURE_TEXT,
                NULL , NULL ) ;

hTmpWnd=CreateWindow (TEXT ("static"), TEXT("Pa"),
                WS_CHILDWINDOW | WS_VISIBLE | SS_LEFT,
                203, 158, 20, 16,
                hwnd, (HMENU) ID_PRESSURE_UNIT,
                NULL, NULL) ;

hTmpWnd=CreateWindow ( TEXT("button"),
                TEXT("0刻度校准"),
                WS_CHILD | WS_VISIBLE | BS_PUSHBUTTON,
                5, 150 ,80, 30,
                hwnd, (HMENU) ID_BTN_CALIBRATION,
                ((LPCREATESTRUCT) lParam)->hInstance, NULL) ;

//"打开水阀"与"关闭水阀"按钮开关
hTmpWnd=CreateWindow ( TEXT("button"), TEXT("打开水阀"),
                WS_CHILD | WS_VISIBLE | BS_PUSHBUTTON,
                250, 150 , 80, 30,
                hwnd, (HMENU) ID_BTN_OPEN_VALVE,
                NULL, NULL) ;

hTmpWnd=CreateWindow ( TEXT("button"), TEXT("关闭水阀"),
                WS_CHILD | WS_VISIBLE | BS_PUSHBUTTON,
                370, 150 , 80, 30,
                hwnd, (HMENU) ID_BTN_CLOSE_VALVE,
                NULL , NULL) ;

EnableWindow( hTmpWnd , FALSE );

GetClientRect (hwnd, &rect);
```

```
        TimeDisplayCreate(hwnd, rect.left + 144, rect.top + 2, NULL) ;

        //启动读取数据线程
        MonitorBegin(hwnd);
        SetTimer (hwnd, ID_TIMER_CONTROLUI, 200, NULL) ;
    }
    return  0;

case  WM_COMMAND:
    {
        int  wmId=LOWORD(wParam);
        switch (wmId)
        {
        case  IDC_BTN_MANUAL :
            {
                otStatus=ManualOperation ;
                tpTestParams.nOperateState=otStatus ;
                EnableWindow( GetDlgItem(hwnd, ID_BTN_OPEN_VALVE), TRUE );
                EnableWindow( GetDlgItem(hwnd, ID_BTN_CLOSE_VALVE), FALSE );
            }
            break;

        case  IDC_BTN_COMTOMER :
            {
                otStatus=Costomer ;
                tpTestParams.nOperateState=otStatus ;
                EnableWindow( GetDlgItem(hwnd, ID_BTN_OPEN_VALVE), FALSE );
            }
            break;

        case  IDC_BTN_AUTO_DELAY :
            {
                otStatus=AutoOperation ;
                tpTestParams.nOperateState=otStatus ;
                EnableWindow( GetDlgItem(hwnd, ID_BTN_OPEN_VALVE), FALSE );
            }
            break ;

        case  ID_BTN_CALIBRATION :
            {
                TCHAR   strTemp[64] ;
                HWND    hwndCalibration ;

                hwndCalibration=GetDlgItem( hwnd, ID_PRESSURE_TEXT ) ;
                //获得当前压力值
                GetWindowText(hwndCalibration, szTimeBuffer, 12) ;
                tpTestParams.nPresZero=_ttoi(szTimeBuffer) ;
                _stprintf_s(strTemp, 64 , TEXT("0刻度线 --> %04d Pa"), tpTestParams.nPresZero );

                //标签显示更新的0刻度校准压力
                hwndCalibration=GetDlgItem( hwnd, IDC_ZERO_SCALE ) ;
                SetWindowText(hwndCalibration , strTemp );
            }
            break;

        case  IDC_BTN_BEGIN_TEST:
            {
                HWND    hwndTemp ,  hwndShowTime,  hwndDelayTime, hwndReady ;
                TCHAR    strTemp[32] ;

                //按钮状态指示-->置反
                bBtnStartTestFlag=!bBtnStartTestFlag ;
                //获得static标签句柄
```

```
            hwndReady=GetDlgItem(hwnd, IDC_READY_CATION ) ;
            hwndTemp=(HWND)(lParam) ;
            //延时计时文本框
            hwndDelayTime=GetDlgItem(hwnd, IDC_EDT_DELAYTIME) ;
            hwndShowTime=GetDlgItem(hwnd, IDC_TIME_DISPLAY) ;
            //进入-->开始测试状态
            if(bBtnStartTestFlag)
            {
                //static标签-->显示更改
                SetWindowText( hwndReady, TEXT("测 试 中 --- >>"));
                //指示灯状态-->绿
                nDisplayFlag=2 ;
                InvalidateRect(hwnd, NULL, TRUE);
                switch(otStatus)
                {
                case ManualOperation:
                    {
                        SetWindowText( hwndTemp, TEXT("停止测试")); //按钮标
签-->显示更改;
                        SendMessage(hwnd, WM_TEST_START, (WPARAM)0, (LPARAM)
NULL);  //进入-->开始测试状态
                    }
                    break;

                case Costomer:
                    {
                        RECV_100mL * pRecv100mL;
                        HANDLE   hWaitFor100mL ;

                        //按钮标签-->显示更改;
                        SetWindowText( hwndTemp, TEXT("停止测试"));
                        //禁止"停止测试"按钮
                        EnableWindow(hwndTemp, FALSE ) ;

                        pRecv100mL=(RECV_100mL *)malloc(sizeof(RECV_100mL));
                        if(NULL==pRecv100mL)
                            return  0;
                        pRecv100mL->hwndRecv =hwnd ;
                        pRecv100mL->dwElapseTime =0 ;

                        //起动100mL线程
                        ResetEvent(hEvent_100mL);
                        hWaitFor100mL=(HANDLE)_beginthreadex(NULL, 0,
WaitFor_100mL_WaterLevel, (PVOID)pRecv100mL, 0, NULL);
                        CloseHandle(hWaitFor100mL);

                        //按钮状态改变一下
                        bBtnStartTestFlag=!bBtnStartTestFlag ;//按钮状态指示
-->置反，因为没有手动置反过程
                    }
                    break;

                case AutoOperation:
                    {
                        int   nCountDown ;
                        RECV_PARAM  *  pRecv_Param ;
                        HANDLE   hAutoOperation ;
                        SetWindowText( hwndTemp, TEXT("倒计时中..")) ;  //按
钮标签-->显示"倒计时中.."
                        EnableWindow(hwndTemp,FALSE ) ;             //禁止"倒计
时中.."按钮

                        //线程输入参数准备工作
```

```
                                        GetWindowText(hwndDelayTime, strTemp, 32) ;     //获取
操作者设定的时间
                                        nCountDown=1000 * _ttoi(strTemp) ;                //转化
为ms

                                        pRecv_Param=(RECV_PARAM *)malloc(sizeof(RECV_PARAM));
                                        if(NULL==pRecv_Param)
                                                return  0;
                                        pRecv_Param->hwndRecv=hwnd ;
                                        pRecv_Param->dwDelayTime=nCountDown ;

                                        //起动线程
                                        hAutoOperation=(HANDLE)_beginthreadex(NULL, 0,
WaitFor_TimeOut_AutoOperation, (PVOID)pRecv_Param, 0, NULL);
                                        CloseHandle(hAutoOperation);
                                        bBtnStartTestFlag=!bBtnStartTestFlag ;//按钮状态指示
-->置反，因为没有手动置反过程
                                }
                                break;

                        default:
                                break;
                        }
                }
                //进入-->结束测试状态
                else
                {
                        SendMessage(hwndShowTime, WM_TIME_STOP, (WPARAM)NULL, (LPARAM)NULL );
                        SendMessage(hwnd, WM_TEST_END, (WPARAM)0, (LPARAM)(GetTickCount() -
dwWaterlevelBeginTime));
                        InvalidateRect(hwnd, NULL, TRUE);
                }
            }
            break;

        case  ID_BTN_OPEN_VALVE:
            {
                HWND  hwndTemp ;
                hwndTemp=(HWND)(lParam) ;
                EnableWindow( hwndTemp , FALSE ) ;      //"打开阀门"按钮无效

                hwndTemp=GetDlgItem( hwnd , ID_BTN_CLOSE_VALVE ) ;
                EnableWindow( hwndTemp , TRUE ) ;       //"关闭阀门"按钮有效
            }
            break;

        case ID_BTN_CLOSE_VALVE:
            {
                HWND  hwndTemp ;
                hwndTemp=(HWND)(lParam) ;
                EnableWindow( hwndTemp , FALSE ) ;      //"关闭阀门"按钮失效
                hwndTemp=GetDlgItem( hwnd , ID_BTN_OPEN_VALVE ) ;
                EnableWindow( hwndTemp , TRUE ) ;       //"打开阀门"按钮有效
            }
            break;

        default:
            break ;
        }
    }
    return  0;

  case WM_TIMER:
```

```
    {
        //从串口读取数据
        HWND  hwndPressure;
        TCHAR  strTemp[32];
        int  nTmpPressure ;

        //获得互斥权限
        WaitForSingleObject(hMutex, INFINITE);
        nTmpPressure=dwpWaterPressure.nDataPressure ;
        //释放互斥权限
        ReleaseMutex(hMutex);

        if(nTmpPressure <=(tpTestParams.nPresZero - PRESSURE_OF_100ML))
        {
            SetEvent(hEvent_100mL);
        }
        if(nTmpPressure <=(tpTestParams.nPresZero - PRESSURE_OF_500ML))
        {
            SetEvent(hEvent_500mL);
        }

        //更新界面压力显示
        hwndPressure=GetDlgItem( hwnd, ID_PRESSURE_TEXT ) ;
        _stprintf_s(strTemp, 32, TEXT("%05d"), nTmpPressure);
        SetWindowText( hwndPressure, strTemp );
    }
    break ;

case  WM_TEST_START:
    {
        HWND  hwndPosition, hwndPressure,  hwndShowTime;
        SYSTEMTIME  stNow ;
        TCHAR   strTemp[32] ;
        DWORD   dwState;

        dwWaterlevelBeginTime=GetTickCount() ;      //记录初始时间

        hwndPosition=GetDlgItem(hwnd, ID_POSITION_TEXT) ;
        hwndPressure=GetDlgItem(hwnd, ID_PRESSURE_TEXT) ;
        hwndShowTime=GetDlgItem(hwnd, IDC_TIME_DISPLAY) ;

        GetWindowText(hwndPosition, drDataRecordControlUI.szPosition , 32);     //测试位置

        GetLocalTime(&stNow) ;
        //起始时间
        _stprintf_s(drDataRecordControlUI.szStartTime , 15,
                    TEXT("%02d:%02d:%02d:%03d") ,
                    stNow.wHour ,
                    stNow.wMinute ,
                    stNow.wSecond ,
                    stNow.wMilliseconds );

        GetWindowText(hwndPressure , strTemp , 32 );
        //开始压力
        drDataRecordControlUI.nStartPressure=_ttoi(strTemp);
        //检测是手动-->0; 定制-->1; 自动-->2
        dwState=(DWORD)wParam ;
        //手动-->0;
        if(0==wParam)
        {
            //开始计时;
            SendMessage(hwndShowTime, WM_TIME_START, (WPARAM)NULL, (LPARAM)NULL );
        }
```

```
            //定制-->1;
            else if(1==wParam)
            {
                DWORD   dwTimeElapse ;
                dwTimeElapse=(DWORD)lParam ;
                if (0==dwTimeElapse)
                {
                    RECV_500mL  * pRecv500mL;
                    HANDLE   hWaitFor500mL ;
                    //开始计时
                    SendMessage(hwndShowTime, WM_TIME_START, (WPARAM)NULL, (LPARAM)NULL );

                    //500mL 线程准备工作
                    pRecv500mL=(RECV_500mL *)malloc(sizeof(RECV_500mL));
                    if(NULL==pRecv500mL)
                        return  0;
                    pRecv500mL->hwndRecv =hwnd ;
                    pRecv500mL->dwElapseTime =0 ;

                    //启动 500mL 线程
                    ResetEvent(hEvent_500mL);
                    hWaitFor500mL=(HANDLE)_beginthreadex(NULL, 0, WaitFor_500mL_WaterLevel,
(PVOID)pRecv500mL, 0, NULL);
                    CloseHandle(hWaitFor500mL);
                }
                else if(1==dwTimeElapse )
                {
                    //发送结束消息
                    SendMessage(hwnd, WM_TEST_END, (WPARAM)1, (LPARAM)0);
                }
            }
            //自动-->2;
            else if(2==wParam)
            {
                //开始计时;
                SendMessage(hwndShowTime, WM_TIME_START, (WPARAM)NULL, (LPARAM)NULL );
            }
        }
        break;
    case WM_TEST_END:
        {
            SYSTEMTIME    stNow ;
            HWND     hwndTemp, hwndReady, hwndPressure ;
            TCHAR    strTemp[32] ;

            hwndTemp=GetDlgItem( hwnd, IDC_BTN_BEGIN_TEST );
            hwndReady=GetDlgItem( hwnd, IDC_READY_CATION );
            //按钮标签-->显示更改
            SetWindowText( hwndTemp, TEXT("开始测试"));
            //如果原来是自动状态，被"禁止"了，需要重新"使能"
            EnableWindow( hwndTemp, TRUE );
            //static 标签-->显示更改
            SetWindowText( hwndReady, TEXT("准 备 好 --- >>"));
            //指示灯状态-->红
            nDisplayFlag=1 ;

            GetLocalTime(&stNow) ;
            //终止时间
            _stprintf_s(drDataRecordControlUI.szEndTime , 15, TEXT("%02d:%02d:%02d:%03d") ,
stNow.wHour , stNow.wMinute , stNow.wSecond , stNow.wMilliseconds ) ;

            hwndPressure=GetDlgItem(hwnd, ID_PRESSURE_TEXT) ;
            GetWindowText(hwndPressure , strTemp , 32 );
```

```
        //终止压力
        drDataRecordControlUI.nEndPressure=_ttoi(strTemp);
        //没有启动500mL线程，直接终止测试过程
        if((1==(DWORD)wParam)&&(1==(DWORD)lParam))
        {
            //将"ms"转化为"s"
            drDataRecordControlUI.dbTimeDifference=0.0;
            //直接赋0.0值，表示达到100mL起始水位超时
            drDataRecordControlUI.dbWaterRate=0.0 ;
        }
        else
        {
            //将"ms"转化为"s"
            drDataRecordControlUI.dbTimeDifference=(DWORD)(lParam) * 1.0 / 1000;
            //水流速率
            drDataRecordControlUI.dbWaterRate=((GET_VOLUME_FROM_PRESSURE(drDataRecordControlUI.
nStartPressure) - GET_VOLUME_FROM_PRESSURE(drDataRecordControlUI.nEndPressure)) * 60 )/
drDataRecordControlUI.dbTimeDifference ;
        }

        SendMessage( GetDlgItem(GetParent(hwnd), IDC_PAGE_SHOW_UI), WM_COMMAND, (WPARAM)
MAKEWPARAM( IDC_BTN_ADD_RECORD, 1), (LPARAM)&drDataRecordControlUI );
        InvalidateRect(hwnd, NULL, TRUE);
    }
    break;

  case  WM_PAINT:
    {
        hdc=BeginPaint(hwnd, &ps);

        if ( nDisplayFlag==1)
        {
            SelectObject (hdc, hOldPen );
            SelectObject ( hdc, hBrushRed ) ;
            Ellipse( hdc, 270, 93, 290, 113 );
        }

        if ( nDisplayFlag==2)
        {
            SelectObject (hdc, hOldPen );
            SelectObject ( hdc, hBrushGreen ) ;
            Ellipse( hdc, 270, 93, 290, 113 );
        }

        hOldPen=SelectObject( hdc, hBluePen );
        SelectObject( hdc, GetStockObject(WHITE_BRUSH));
        RoundRect(hdc, 0, 148, 230, 182, 6, 6 );
        RoundRect(hdc, 240, 148, 460, 182, 6, 6 );

        EndPaint(hwnd, &ps);
    }
    return  0;

  case WM_CTLCOLORSTATIC:
    {
        HDC hdcPressure=(HDC)wParam;

        if ( ID_PRESSURE_TEXT==GetWindowLong((HWND)lParam, GWL_ID))
        {
            SetTextColor(hdcPressure,RGB(255, 255, 255));
            SetBkMode(hdcPressure, TRANSPARENT);
            return (INT_PTR)CreateSolidBrush(RGB(140, 140, 00));
        }
```

```
        else if( IDC_ZERO_SCALE==GetWindowLong((HWND)lParam, GWL_ID))
        {
            SetTextColor(hdcPressure,RGB(255, 255, 255));
            SetBkMode(hdcPressure, TRANSPARENT);
            return (INT_PTR)CreateSolidBrush(RGB(140, 140, 00));
        }
        else
        {
            return (INT_PTR)GetStockObject(WHITE_BRUSH);
        }
    }
    return 0;

case WM_CTLCOLOREDIT:
    {
        HDC  hdcPressure=(HDC)wParam;

        if ( ID_POSITION_TEXT==GetWindowLong((HWND)lParam, GWL_ID))
        {
            SetTextColor(hdcPressure,RGB(0, 0, 0));
            SetBkMode(hdcPressure, TRANSPARENT);
            return (INT_PTR)CreateSolidBrush(RGB(204, 233, 173));
        }
        else if(IDC_EDT_DELAYTIME==GetWindowLong((HWND)lParam, GWL_ID))
        {
            SetTextColor(hdcPressure,RGB(0, 0, 0));
            SetBkMode(hdcPressure, TRANSPARENT);
            return (INT_PTR)CreateSolidBrush(RGB(204, 233, 173));
        }
        else
        {
            return (INT_PTR)GetStockObject(WHITE_BRUSH);
        }
    }
    return 0;

case WM_DESTROY:
    {
        if( hSemaphore!=NULL)
        {
            CloseHandle( hSemaphore );
            hSemaphore=NULL ;
        }

        if( hEvent_100mL !=NULL )
        {
            CloseHandle(hEvent_100mL) ;
            hEvent_100mL=NULL ;
        }

        if( hEvent_500mL !=NULL )
        {
            CloseHandle(hEvent_500mL) ;
            hEvent_100mL=NULL ;
        }

        if(hThreadWaitWaterLevel !=NULL)
        {
            CloseHandle(hThreadWaitWaterLevel);
            hThreadWaitWaterLevel=NULL ;
        }

        KillTimer (hwnd, ID_TIMER_CONTROLUI) ;          //关闭时钟
```

```
            DeleteObject(hBrushRed);
            DeleteObject(hBrushGreen);
            DeleteObject(hNullPen);
            DeleteObject(hBluePen);
            PostQuitMessage(0) ;
        }
        return 0 ;

    default:
        break;
    }
    return  DefWindowProc (hwnd, message, wParam, lParam) ;
}

#ifdef  WINCE
static  DWORD  WaitFor_TimeOut_AutoOperation(PVOID  pParam)
#else
static DWORD  WINAPI  WaitFor_TimeOut_AutoOperation(PVOID  pParam)
#endif
{
    HWND   hwndTimeDisplay ;
    HWND   hwndRecvWin=((RECV_PARAM  *)pParam)->hwndRecv ;
    DWORD  dwDelayTime=((RECV_PARAM  *)pParam)->dwDelayTime ;
    if (pParam !=NULL)
    {
        free(pParam);
        pParam=NULL;
    }

    hwndTimeDisplay=GetDlgItem(hwndRecvWin, IDC_TIME_DISPLAY);
    //阀门已经打开，等待水面达到稳定
    Sleep(dwDelayTime);
    SendMessage(hwndRecvWin, WM_TEST_START, (WPARAM)2, (LPARAM)NULL);
    //等待规定的3min时间
    Sleep(5000);
    SendMessage(hwndRecvWin, WM_TEST_END, (WPARAM)2, (LPARAM)(GetTickCount() - dwWaterlevelBeginTime));
    SendMessage(hwndTimeDisplay, WM_TIME_STOP, (WPARAM)NULL, (LPARAM)NULL);
    return  0;
}

#ifdef  WINCE
static  DWORD  WaitFor1_100mL_WaterLevel(PVOID  pParam)
#else
static  DWORD  WINAPI WaitFor_100mL_WaterLevel(PVOID  pParam)
#endif
{
    int   nRetValue ;

    HWND   hwndRecvWin=((RECV_100mL *)pParam)->hwndRecv ;
    DWORD  dwElapseTime=((RECV_100mL *)pParam)->dwElapseTime ;
    if (pParam !=NULL)
    {
        free(pParam);
        pParam=NULL;
    }

    nRetValue=WaitForSingleObject(hEvent_100mL, 180000);
    if(WAIT_OBJECT_0==nRetValue)
    {
        SendMessage(hwndRecvWin, WM_TEST_START, (WPARAM)1, (LPARAM)0);
    }
    else  if(WAIT_TIMEOUT==nRetValue)
    {
```

```
        //时间到，发送标志1
        SendMessage(hwndRecvWin, WM_TEST_START, (WPARAM)1, (LPARAM)1);
    }

    return  0;
}

#ifdef  WINCE
static  DWORD  WaitFor1_500mL_WaterLevel(PVOID  pParam)
#else
static  DWORD  WINAPI WaitFor_500mL_WaterLevel(PVOID  pParam)
#endif
{
    int  nRetValue;
    HWND  hwndTimeDisplay ;
    DWORD  dwTimeStart, dwTimeElapse ;

    HWND   hwndRecvWin=((RECV_500mL *)pParam)->hwndRecv ;
    DWORD  dwElapseTime=((RECV_500mL *)pParam)->dwElapseTime ;
    free(pParam);

    hwndTimeDisplay=GetDlgItem(hwndRecvWin, IDC_TIME_DISPLAY);

    dwTimeStart=GetTickCount();
    nRetValue=WaitForSingleObject(hEvent_500mL, 180000);
    dwTimeElapse=GetTickCount() - dwTimeStart ;

    if((WAIT_OBJECT_0==nRetValue)||(WAIT_TIMEOUT==nRetValue))
    {
        SendMessage(hwndRecvWin, WM_TEST_END, (WPARAM)1, (LPARAM)dwTimeElapse);
        SendMessage(hwndTimeDisplay, WM_TIME_STOP, (WPARAM)NULL, (LPARAM)NULL);
    }
    return  0;
}
//********************TimeDisplay.c********************
#include   <windows.h>
#include   "resource.h"
#include   "TimeDisplay.h"
#include   "ControlUI.h"

int  TimeDisplayCreate(HWND  hParentWnd, int  left, int  top, HINSTANCE  hInst)
{
      static  TCHAR  TimeDisplayClassName[]=TEXT ("Time Display");

      HWND    hwndTimeDisplay ;
      WNDCLASS wndclass ;

      wndclass.style=0 ;
      wndclass.lpfnWndProc=TimeDisplayProc ;
      wndclass.cbClsExtra=0 ;
      wndclass.cbWndExtra=0 ;
      wndclass.hInstance=NULL ;
      wndclass.hIcon=NULL ;
      wndclass.hCursor =LoadCursor (NULL, IDC_ARROW) ;
      wndclass.hbrBackground=(HBRUSH)CreateSolidBrush(RGB(236, 233, 216));
      wndclass.lpszMenuName =NULL ;
      wndclass.lpszClassName=TimeDisplayClassName ;

      if (!RegisterClass (&wndclass))
      {
          return       0 ;
      }
```

```
        hwndTimeDisplay=CreateWindow (TimeDisplayClassName, NULL,
                WS_CHILD|WS_VISIBLE,
                left, top, FrameWidth, FrameHeight,
                hParentWnd, (HMENU) IDC_TIME_DISPLAY, NULL, NULL) ;

    return  hwndTimeDisplay !=NULL ? TRUE : FALSE;
}

void  DisplayDigit (HDC hdc, int left, int top, int iNumber)
{
    static  BOOL  fSevenSegment [10][7]={
                        1, 1, 1, 0, 1, 1, 1,     // 0
                        0, 0, 1, 0, 0, 1, 0,     // 1
                        1, 0, 1, 1, 1, 0, 1,     // 2
                        1, 0, 1, 1, 0, 1, 1,     // 3
                        0, 1, 1, 1, 0, 1, 0,     // 4
                        1, 1, 0, 1, 0, 1, 1,     // 5
                        1, 1, 0, 1, 1, 1, 1,     // 6
                        1, 0, 1, 0, 0, 1, 0,     // 7
                        1, 1, 1, 1, 1, 1, 1,     // 8
                        1, 1, 1, 1, 0, 1, 1 } ;  // 9
    static  POINT ptSegment [7][6]={
                            7,  6,  11,  2,  31,  2,  35,  6,  31, 10,  11, 10,
                            6,  7,  10, 11,  10, 31,   6, 35,   2, 31,   2, 11,
                           36,  7,  40, 11,  40, 31,  36, 35,  32, 31,  32, 11,
                            7, 36,  11, 32,  31, 32,  35, 36,  31, 40,  11, 40,
                            6, 37,  10, 41,  10, 61,   6, 65,   2, 61,   2, 41,
                           36, 37,  40, 41,  40, 61,  36, 65,  32, 61,  32, 41,
                            7, 66,  11, 62,  31, 62,  35, 66,  31, 70,  11, 70 } ;
    int iSeg ;

    OffsetViewportOrgEx(hdc, left, top, NULL);
    for (iSeg=0; iSeg < 7; iSeg++)
    {
        if (fSevenSegment[iNumber][iSeg])
        {
            Polygon(hdc, ptSegment[iSeg], 6);
        }
    }
}

static  LRESULT  CALLBACK TimeDisplayProc(HWND hwnd, UINT message, WPARAM wParam, LPARAM lParam)
{
    static  HWND    hwndTestCation ;
    static  HBRUSH  hBrushRed ;
    HDC hdc ;
    PAINTSTRUCT ps ;
    static  DWORD   dwBeginTime ;

    switch(message)
    {
    case  WM_CREATE:
        {
            hBrushRed=CreateSolidBrush (RGB (255, 0, 0)) ;
        }
        return  0;

    case WM_PAINT:
        {
            hdc=BeginPaint (hwnd, &ps) ;

            SelectObject ( hdc, hBrushRed ) ;
```

```
            DisplayDigit (hdc,0, 0, nHundDigit );
            DisplayDigit (hdc,40, 0, nTenDigit );
            DisplayDigit (hdc,40, 0, nOneDigit );
            OffsetViewportOrgEx(hdc, 40, 0, NULL);
            Ellipse(hdc, 2, 54, 18, 70);
            DisplayDigit (hdc,18, 0, nDecileDigit );

            EndPaint (hwnd, &ps) ;
        }
        return  0 ;

    case  WM_TIME_START:
        {
            SetTimer (hwnd, ID_TIMER_TIMEDISPLAY, 100, NULL) ;          //启动时钟
            dwBeginTime=GetTickCount();
            InvalidateRect (hwnd, NULL, TRUE) ;
        }
        return  0;

    case WM_TIMER:
        {
            DWORD   dwTemp ;
            dwTemp=GetTickCount() - dwBeginTime ;
            nHundDigit=(int)((dwTemp / 100000 ) % 10 );
            nTenDigit=(int)((dwTemp / 10000 ) % 10 );
            nOneDigit=(int)((dwTemp / 1000 ) % 10 );
            nDecileDigit=(int)((dwTemp / 100 ) % 10 );
            InvalidateRect (hwnd, NULL, TRUE) ;
        }
        return  0;

    case  WM_TIME_STOP:
        {
            KillTimer (hwnd, ID_TIMER_TIMEDISPLAY) ;               //关闭时钟
        }
        return  0;

    case WM_DESTROY:
        {
            DeleteObject (hBrushRed) ;
            PostQuitMessage (0) ;
        }
        return  0 ;

    default:
        break;
    }
    return  DefWindowProc (hwnd, message, wParam, lParam) ;
}
```

10.7 数据界面

10.7.1 控制流程

数据界面采用列表视图显示各次测量结果，新数据以行记录形式追加到列表中。列表视图与内存变量形成一一映射关系，列表视图中的数据通过内存结构体数据更新与同步，视图的作用主要是显示，“清空记录”按钮不仅清空了列表视图的显示数据，也清空了列表视图对

应的内存数据，同理，追加记录不仅向列表视图追加行记录，也向对应的内存结构体追加行记录，此外，在“测试过程”属性页中每次正常测量结束时产生的数据都会及时追加到该列表视图对应的表格中。用户还可以通过“打开文件”按钮查看已有的数据文件，对其重新计算，还可以通过“保存数据”按钮将列表视图中已有的测量数据和计算结果保存到默认文件中，默认文件以时间为单位命名，不发生重叠同名现象，保证数据的独立性。界面的流程图如图 10-13 所示。

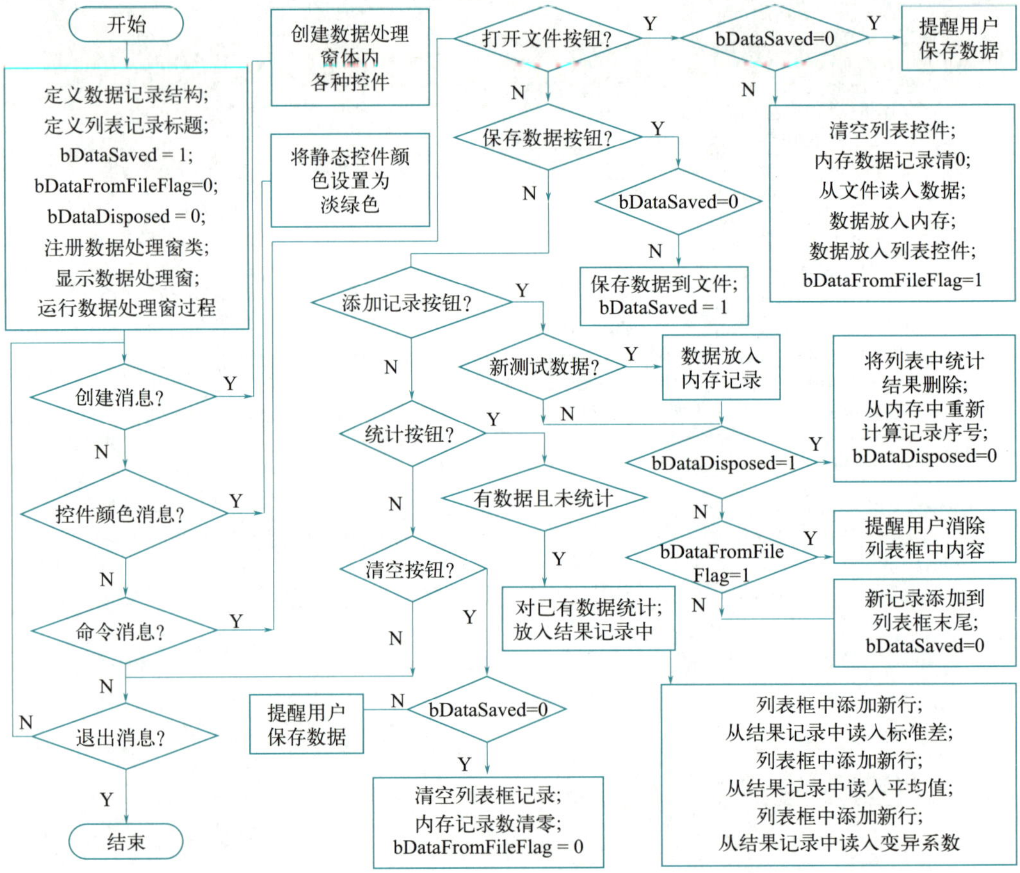

图 10-13 水位监测与控制系统软件数据界面流程图

10.7.2 C源程序

```
//**********************ShowDataUI.h**********************
#ifndef __SHOWDATAUI_H__
  #define __SHOWDATAUI_H__

  #define IDC_PAGE_SHOW_UI                          40

  #define IDC_BTN_OPEN_FILE                         41
  #define IDC_BTN_SAVE_DATA                         42
  #define IDC_BTN_CALCULATE                         43
  #define IDC_BTN_CLEAR_RECORDS                     44
  #define IDC_DATA_TABLE                            45
  #define IDC_FILE_OPENED                           46
  #define IDC_BTN_ADD_RECORD                        47
```

```
    #define  LIST_COLUMN_NUMS                         7

    //数据结构体
    typedef struct tagDataRecord
    {
        int  nNumber ;                               //记录序号
        TCHAR    szPosition[32] ;                    //测试位置
        TCHAR    szStartTime[15] ;                   //起始时间，hh:mm:ss:ms
        int  nStartPressure ;                        //起始水位对应的压强，Pa
        TCHAR    szEndTime[15] ;                     //终止时间，hh:mm:ss:ms
        int  nEndPressure;                           //终止水位对应的压强，Pa
        double        dbTimeDifference ;             //时间差，s
        double        dbWaterRate ;                  //计算得到的水流速率，要将压强转化为体积，这个根据人工做的
实验数据曲线进行转化，mL/min
    } DATA_RECORD ;

    //数据结构体
    typedef struct tagDataResult
    {
        double        dbAverage ;                    //平均值
        double        dbSTD ;                        //标准差
        double        dbCoeOfVariation ;             //变异系数
    } DATA_RESULT ;

    HWND  CreateShowDataUIPage(HWND hwndParent, int left, int top, int width, int height, HINSTANCE hInst);
    LRESULT  CALLBACK  ShowDataUIPageProc(HWND hwnd, UINT message, WPARAM wParam, LPARAM lParam) ;
    static  void  AddBlankRecord(HWND hwndListView, int nRow) ;
    static  void  AddDataRecord(HWND hwnd, DATA_RECORD *pdrDataRecord, int nRow, int nColumn ) ;
    static  void  WriteString(HANDLE hFile, TCHAR *str) ;
    static  int  SaveTableData(HWND hwnd, DATA_RECORD * pdrDataRecord, DATA_RESULT  * pdrsDataResult) ;
    static  int  Statistics( HWND  hwnd, DATA_RECORD * pdrDataRecord , DATA_RESULT * pdrsDataResult) ;
    static  BOOL   bReadDataFromFile(TCHAR * strFileName, DATA_RECORD * pdrDataRecord, HWND
hwndListView, BOOL * pbDataFromFileFlag );
#endif //__SHOWDATAUI_H__
//*********************TabPages.h*********************
#ifndef __TABPAGES_H__
    #define __TABPAGES_H__

    #define  TAB_PAGE_NUM                2
    #define  TAB_WIDTH                   470
    #define  TAB_HEIGHT                  220

    #define  IDC_TAB_PAGES               30
    #define  IDC_TAB_CONTROL             31

    typedef  struct  tagTabPages
    {
        TCHAR    szTabClassName[12];
        WNDPROC  lpfnTabProc;
        HWND     hwndTab;
    } TAB_PAGES;

    LRESULT  CALLBACK  TabPagesProc(HWND hwnd, UINT message, WPARAM wParam, LPARAM lParam) ;
    HWND  CreateTabPages(HWND hwndParent, int left, int top, int width, int height, HINSTANCE hInst) ;
#endif //__TABPAGES_H__
//*********************ShowDataUI.c*********************
#include  <windows.h>
#include  <commctrl.h>
#include  <commdlg.h>
#include  <math.h>
#include  <tchar.h>
#include  "resource.h"
```

```
#include  "ShowDataUI.h"

static  DATA_RECORD  drDataRecord={
          0 ,                    //nNumber=0,                记录序号-->从0开始；
          TEXT("水箱B") ,         //szPosition=TEXT("水箱B"),         测试位置-->水箱B；
          TEXT("01:02:03:123") ,//szStartTime=TEXT("01:02:03:123"),起始时间-->01:02:03:123；
          4560 ,                 //nStartPressure=4560,       起始水位对应的压强-->4560 Pa；
          TEXT("04:05:06:456") ,//szEndTime=TEXT("04:05:06:456") , 终止时间-->04:05:06:456；
          2345 ,                 //nEndPressure=2345,              终止水位对应的压强-->2345 Pa；
          166.667 ,              //dbTimeDifference=166.667,       时间差-->166.667s；
          159.4797 ,             //dbWaterRate=159.4797,      水流速率-->159.4797 mL/min，(4560-
2345)*0.1*2*60/166.667；
          };

static  DATA_RESULT  drsDataResult={ 0.0, 0.0, 0.0 };
static  TCHAR  *head[LIST_COLUMN_NUMS]={TEXT("序号"), TEXT("位置"), TEXT("水流速率(mL/min)") ,
TEXT("起始时间"), TEXT("起始水位(Pa)"), TEXT("终止时间"), TEXT("终止水位(Pa)")};

static  BOOL  bDataSaved=1 ;              // 数据是否被存盘标志：0-->没有被存盘；1-->数据已被存盘
static  BOOL  bDataFromFileFlag=0 ;       //bDataFromFileFlag=0，数据来源于测试数据；
static  BOOL  bDataDisposed=0 ;           //bDataDisposed=0，数据没有被处理

HWND  CreateShowDataUIPage(HWND hwndParent, int left, int top, int width, int height, HINSTANCE hInst)
{
   static  TCHAR ControlUIPageClassName[]=TEXT ("ShowDataUI");
   WNDCLASS  wndclass;
   HWND  hwndControlUIPage;

   wndclass.style =0 ;
   wndclass.lpfnWndProc =ShowDataUIPageProc ;
   wndclass.cbClsExtra =0 ;
   wndclass.cbWndExtra =0 ;
   wndclass.hInstance  =hInst ;
   wndclass.hIcon  =NULL ;
   wndclass.hCursor  =LoadCursor (NULL, IDC_ARROW) ;
   wndclass.hbrBackground=(HBRUSH) (COLOR_BTNFACE + 2) ;
   wndclass.lpszMenuName =NULL ;
   wndclass.lpszClassName=ControlUIPageClassName ;

   if (RegisterClass(&wndclass)==0)
   {
       return NULL;
   }

   hwndControlUIPage=CreateWindow (ControlUIPageClassName, NULL,
                     WS_CHILD|WS_VISIBLE,
                     left, top, width, height,
                     hwndParent, (HMENU) IDC_PAGE_SHOW_UI, NULL, NULL) ;
   return hwndControlUIPage;
}

LRESULT  CALLBACK  ShowDataUIPageProc(HWND hwnd, UINT message, WPARAM wParam, LPARAM lParam)
{
   HDC       hdc ;
   PAINTSTRUCT ps ;
   static  TCHAR szFileName[256]=TEXT("File to opened!");
   int wmId ;

   switch( message )
   {
   case WM_CREATE:
       {
           HWND     hwndBtnControl, hwndListView ;
```

```
    //listview控件具有表格属性和选中时全行属性
    DWORD    dwExFlags=LVS_EX_GRIDLINES|LVS_EX_FULLROWSELECT ;
    //定义一个listview column变量
    LV_COLUMN      lvc ;

    //列表框上方的按钮
    hwndBtnControl=CreateWindow(TEXT("BUTTON"), TEXT("打开文件"),
            WS_CHILD|WS_VISIBLE,
            5, 3, 80, 20,
            hwnd, (HMENU)IDC_BTN_OPEN_FILE,
            NULL, NULL);

    hwndBtnControl=CreateWindow (TEXT ("static"), szFileName,
            WS_CHILDWINDOW | WS_VISIBLE | SS_CENTER,
            88, 3, 284, 20 ,
            hwnd, (HMENU) IDC_FILE_OPENED,
            NULL , NULL ) ;

    hwndBtnControl=CreateWindow(TEXT("BUTTON"), TEXT("保存数据"),
            WS_CHILD|WS_VISIBLE,
            375, 3, 80, 20,
            hwnd, (HMENU)IDC_BTN_SAVE_DATA,
            NULL, NULL);

    //列表框下方的按钮
    hwndBtnControl=CreateWindow(TEXT("BUTTON"), TEXT("追加记录"),
            WS_CHILD|WS_VISIBLE,
            90, 163, 80, 20,
            hwnd, (HMENU)IDC_BTN_ADD_RECORD,
            NULL, NULL);

    hwndBtnControl=CreateWindow(TEXT("BUTTON"), TEXT("统计计算"),
            WS_CHILD|WS_VISIBLE,
            220, 163, 80, 20,
            hwnd, (HMENU)IDC_BTN_CALCULATE,
            NULL, NULL);

    hwndBtnControl=CreateWindow(TEXT("BUTTON"), TEXT("清空记录"),
            WS_CHILD|WS_VISIBLE,
            350, 163, 80, 20,
            hwnd, (HMENU)IDC_BTN_CLEAR_RECORDS,
            NULL, NULL);
    hwndListView=CreateWindowEx(0, _T("syslistview32"), NULL,
WS_CHILD|WS_VISIBLE|WS_BORDER|LVS_REPORT|WS_HSCROLL|WS_VSCROLL|WS_THICKFRAME,
    1, 32, 460, 130,
    hwnd, (HMENU)IDC_DATA_TABLE,
    NULL, NULL);

    ListView_SetExtendedListViewStyle(hwndListView, dwExFlags) ;    //设定listview控件的属性
    ZeroMemory(&lvc, sizeof(LV_COLUMN)) ;

    lvc.mask=LVCF_WIDTH|LVCF_TEXT|LVCF_SUBITEM|LVCF_FMT ;   //掩码开关，就是指定列的哪些属性有效
    //居中对齐
    lvc.fmt=LVCFMT_CENTER ;

    //指定列的宽度
    lvc.cx=36;
    lvc.pszText=head[0];
    lvc.iSubItem=0;
    ListView_InsertColumn(hwndListView, 0, &lvc);
    //指定列的宽度
    lvc.cx=60;
    lvc.pszText=head[1];
```

```
        lvc.iSubItem=1;
        ListView_InsertColumn(hwndListView, 1, &lvc);
        //指定列的宽度
        lvc.cx=120;
        lvc.pszText=head[2] ;
        lvc.iSubItem=2 ;
        ListView_InsertColumn(hwndListView, 2, &lvc);
        //指定列的宽度
        lvc.cx=90;
        lvc.pszText=head[3] ;
        lvc.iSubItem=3 ;
        ListView_InsertColumn(hwndListView, 3, &lvc);
        //指定列的宽度
        lvc.cx=86;
        lvc.pszText=head[4] ;
        lvc.iSubItem=4 ;
        ListView_InsertColumn(hwndListView, 4, &lvc);
        //指定列的宽度
        lvc.cx=90;
        lvc.pszText=head[5] ;
        lvc.iSubItem=5 ;
        ListView_InsertColumn(hwndListView, 5, &lvc);
        //指定列的宽度
        lvc.cx=86;
        lvc.pszText=head[6] ;
        lvc.iSubItem=6 ;
        ListView_InsertColumn(hwndListView, 6, &lvc);
    }
    return 0;

case WM_CTLCOLORSTATIC:
    {
        HDC hdcFileOpened=(HDC)wParam;

        if ( IDC_FILE_OPENED==GetWindowLong((HWND)lParam, GWL_ID))
        {
            SetTextColor(hdcFileOpened,RGB(0, 0, 0));
            SetBkMode(hdcFileOpened, TRANSPARENT);
            return (INT_PTR)CreateSolidBrush(RGB(204, 233, 173));
        }
        else
        {
            return (INT_PTR)GetStockObject(WHITE_BRUSH);
        }
    }
    return 0;

case WM_COMMAND:
    {
        wmId =LOWORD(wParam);
        //分析菜单选择
        switch (wmId)
        {

        case  IDC_BTN_OPEN_FILE:
            {
                OPENFILENAME  ofn={0} ;
                TCHARext[]=TEXT(".txt");
                TCHARszFile[MAX_PATH]=TEXT("runtime");
                TCHARszFilter[]=TEXT("记录文件 (*.txt)\0*.txt\0")
                                                    TEXT("All Files (*.*)\0*.*\0\0");
                HWND hwndListView ;
                HWND hwndStatic ;
```

```
                hwndListView=GetDlgItem(hwnd, IDC_DATA_TABLE);

                //1.-->如果数据没有保存，先保存；2. -->如果数据已经保存，清空界面
                //bDataSaved=0，表示没有存储数据，要先存为文件
                if (FALSE==bDataSaved )
                {
                     MessageBox(hwnd, TEXT("友情提示：\r\n(1)点击右上角"保存数据"按钮，先保存
数据；\r\n(2) 再点击"清空记录"按钮对列表进行清空操作！ "), TEXT("操作提醒"), MB_ICONWARNING) ;
                }
                else
                {
                     //等同于：ListView_DeleteAllItems(hwndListView);
                     SendMessage(hwndListView, LVM_DELETEALLITEMS, 0, 0L);
                     //数据清空后，表示没有可以用于存储的数据了，所以要将记录中的数据记数器清为0
                     drDataRecord.nNumber=0 ;
                }

                ZeroMemory(&ofn, sizeof(OPENFILENAME));
                ofn.lStructSize=sizeof(OPENFILENAME);
                ofn.hwndOwner=hwnd ;
                ofn.lpstrFilter=szFilter ;
                ofn.nFilterIndex=1 ;
                ofn.lpstrFile=szFile ;
                ofn.nMaxFile=MAX_PATH ;
                ofn.lpstrDefExt=ext ;
                ofn.Flags=OFN_PATHMUSTEXIST|OFN_READONLY ;

                if(GetOpenFileName(&ofn))
                {
                     bReadDataFromFile( ofn.lpstrFile , &drDataRecord , hwndListView ,
&bDataFromFileFlag );
                     hwndStatic=GetDlgItem( hwnd , IDC_FILE_OPENED ) ;
                     //显示打开文件的名字
                     SetWindowText( hwndStatic , ofn.lpstrFile ) ;
                }
           }
           return  0;

      case  IDC_BTN_SAVE_DATA:
           {
                DATA_RECORD   *pdrDataRecord;
                HWND  hwndListView ;
                hwndListView=GetDlgItem(hwnd, IDC_DATA_TABLE);

                pdrDataRecord=&drDataRecord ;
                //bDataSaved=0，表示没有存储数据，要先存为文件
                if ( FALSE==bDataSaved )
                {
                     //保存数据
                     SaveTableData(hwndListView, pdrDataRecord , &drsDataResult ) ;
                     //数据保存完毕，将标志置为：1
                     bDataSaved=1 ;
                }
           }
           return  0;

      case  IDC_BTN_ADD_RECORD:
           {
                HWND  hwndListView ;
                int   nRecordCounts ;
                DATA_RECORD  *pdrDataRecord ;
                int   i ;
                pdrDataRecord=&drDataRecord ;
```

```
            if (1==HIWORD(wParam))
            {
                memcpy(pdrDataRecord->szPosition , ((DATA_RECORD *)lParam)-
>szPosition, sizeof(DATA_RECORD) - sizeof(pdrDataRecord->nNumber ));
            }

            hwndListView=GetDlgItem(hwnd, IDC_DATA_TABLE) ;
            nRecordCounts=SendMessage( hwndListView, LVM_GETITEMCOUNT, 0, 0L);
            //已经做过统计分析，要把前面的统计结果删掉
            if ( 1==bDataDisposed )
            {
                for (i=1 ; i <=(nRecordCounts - pdrDataRecord->nNumber); i++)
                {
                    SendMessage(hwndListView, LVM_DELETEITEM, (WPARAM)(int)
(pdrDataRecord->nNumber), 0L );
                }
                bDataDisposed=0 ;
            }

            if ( 1==bDataFromFileFlag )
            {
                MessageBox(hwnd, TEXT("友情提示：\r\n(1)有来自文件的数据，先进行"清空记录
"操作；\r\n(2) 点击"清空记录"按钮对列表进行清空操作！"), TEXT("操作提醒"), MB_ICONWARNING) ;
            }
            else
            {
                nRecordCounts=SendMessage( hwndListView, LVM_GETITEMCOUNT, 0, 0L);
                AddBlankRecord(hwndListView, nRecordCounts);
                pdrDataRecord->nNumber++ ;
                AddDataRecord(hwndListView, pdrDataRecord, nRecordCounts, 0);
                AddDataRecord(hwndListView, pdrDataRecord, nRecordCounts, 1);
                AddDataRecord(hwndListView, pdrDataRecord, nRecordCounts, 2);
                AddDataRecord(hwndListView, pdrDataRecord, nRecordCounts, 4);
                AddDataRecord(hwndListView, pdrDataRecord, nRecordCounts, 3);
                AddDataRecord(hwndListView, pdrDataRecord, nRecordCounts, 5);
                AddDataRecord(hwndListView, pdrDataRecord, nRecordCounts, 6);
                //产生新的数据
                bDataSaved=0 ;
            }
        }
        return 0;

    case IDC_BTN_CALCULATE:
        {
            //对数据进行统计分析计算
            TCHAR       strRecordBuffer[32];
            LV_ITEM     lvi ;
            HWND        hwndListView ;
            DATA_RECORD  *pdrDataRecord ;
            DATA_RESULT  *pdrsDataResult ;

            pdrDataRecord=&drDataRecord ;
            pdrsDataResult=&drsDataResult ;

            if(pdrDataRecord->nNumber > 0 && bDataDisposed==0)    //有新的数据，并且数据没
有被统计过
            {
                hwndListView=GetDlgItem(hwnd, IDC_DATA_TABLE);
                Statistics( hwndListView, pdrDataRecord , pdrsDataResult) ;

                //加入新的行，用于显示"标准差"
                ZeroMemory(&lvi, sizeof(LV_ITEM)) ;
                lvi.mask=LVIF_TEXT ;
```

```
lvi.cchTextMax=MAX_PATH ;

lvi.iItem=pdrDataRecord->nNumber ;
//加入空行
SendMessage( hwndListView, LVM_INSERTITEM, 0, (LPARAM)&lvi ) ;

lvi.iSubItem=0 ;
#ifdef WINCE
_stprintf(strRecordBuffer, TEXT("%s"), TEXT("标准差"));
#else
_stprintf_s(strRecordBuffer, 32, TEXT("%s"), TEXT("标准差") );
#endif

//将strbuf值赋给lvi中的字符串
lvi.pszText=strRecordBuffer;
//插入一行记录
ListView_SetItem(hwndListView, &lvi);

lvi.iSubItem=2 ;
#ifdef WINCE
_stprintf_s(strRecordBuffer, TEXT("%.4lf"), drsDataResult.dbSTD);
#else
_stprintf_s(strRecordBuffer, 32, TEXT("%.4lf"), pdrsDataResult->dbSTD );
#endif

//将strbuf值赋给lvi中的字符串
lvi.pszText=strRecordBuffer;
ListView_SetItem(hwndListView, &lvi);                //插入一行记录
ListView_EnsureVisible(hwndListView, lvi.iItem , TRUE);

//加入新的行，用于显示"平均值"
ZeroMemory(&lvi, sizeof(LV_ITEM)) ;
lvi.mask=LVIF_TEXT ;
lvi.cchTextMax=MAX_PATH ;

lvi.iItem=pdrDataRecord->nNumber + 1;
//加入空行
SendMessage( hwndListView, LVM_INSERTITEM, 0, (LPARAM)&lvi ) ;

lvi.iSubItem=0 ;
#ifdef WINCE
_stprintf(strRecordBuffer, TEXT("%s"), TEXT("平均值"));
#else
_stprintf_s(strRecordBuffer, 32, TEXT("%s"), TEXT("平均值") );
#endif
//将strbuf值赋给lvi中的字符串
lvi.pszText=strRecordBuffer;
//插入一行记录
ListView_SetItem(hwndListView, &lvi);

lvi.iSubItem=2 ;
#ifdef WINCE
_stprintf_s(strRecordBuffer, TEXT("%.4lf"), drsDataResult.dbAverage);
#else
_stprintf_s(strRecordBuffer, 32, TEXT("%.4lf"), pdrsDataResult->dbAverage );
#endif
//将strbuf值赋给lvi中的字符串
lvi.pszText=strRecordBuffer;
ListView_SetItem(hwndListView, &lvi);                //插入一行记录
ListView_EnsureVisible(hwndListView, lvi.iItem , TRUE);

//加入新的行，用于显示"变异系数"
ZeroMemory(&lvi, sizeof(LV_ITEM)) ;
```

```
                    lvi.mask=LVIF_TEXT ;
                    lvi.cchTextMax=MAX_PATH ;
                    lvi.iItem=pdrDataRecord->nNumber + 2 ;
                    //加入空行
                    SendMessage( hwndListView, LVM_INSERTITEM, 0, (LPARAM)&lvi ) ;

                    lvi.iSubItem=0 ;
                    #ifdef WINCE
                    _stprintf(strRecordBuffer, TEXT("%s"), TEXT("变异系数"));
                    #else
                    _stprintf_s(strRecordBuffer, 32, TEXT("%s"), TEXT("变异系数") );
                    #endif
                    //将strbuf值赋给lvi中的字符串
                    lvi.pszText=strRecordBuffer;
                    //插入一行记录
                    ListView_SetItem(hwndListView, &lvi);

                    lvi.iSubItem=2 ;
                    #ifdef WINCE
                    _stprintf_s(strRecordBuffer, TEXT("%.4lf"), drsDataResult.dbCoeOfVariation);
                    #else
                    _stprintf_s(strRecordBuffer, 32, TEXT("%.4lf"), pdrsDataResult-
>dbCoeOfVariation );
                    #endif
                    //将strbuf值赋给lvi中的字符串
                    lvi.pszText=strRecordBuffer;
                    //插入一行记录
                    ListView_SetItem(hwndListView, &lvi);
                    ListView_EnsureVisible(hwndListView, lvi.iItem , TRUE);
                    bDataDisposed=1;
                }
            }
            return 0;

        //1--> 如果是新的数据，要先保存，再清空；2-->如果是从文件读入的数据，可以直接清空
        case IDC_BTN_CLEAR_RECORDS:
            {
                HWND  hwndListView ;
                hwndListView=GetDlgItem(hwnd, IDC_DATA_TABLE);
                //bDataSaved=0，表示没有存储数据，要先存为文件
                if (FALSE==bDataSaved)
                {
                    MessageBox(hwnd, TEXT("友情提示：\r\n(1)点击右上角"保存数据"按钮，先保存
数据；\r\n(2) 再点击"清空记录"按钮对列表进行清空操作！ "), TEXT("操作提醒"), MB_ICONWARNING) ;
                }
                //(1) 可能是从文件调入的数据；(2) 可能数据已被存储，但是仍在界面显示
                else
                {
                    //等同于：ListView_DeleteAllItems(hwndListView);
                    SendMessage(hwndListView, LVM_DELETEALLITEMS, 0, 0L);
                    //数据清空后，表示没有可以用于存储的数据了，所以要将记录中的数据计数器清为0
                    drDataRecord.nNumber=0 ;
                    //如果有来自文件的数据，也要进行清空，将数据来源于文件标志清0，表示没有数据了
                    bDataFromFileFlag=0 ;
                }
            }
            return 0;

        default:
            break;
        }
    }
    return 0;
```

```
    case WM_PAINT:
        {
            hdc=BeginPaint(hwnd, &ps);
            EndPaint(hwnd, &ps);
        }
        return 0;

    case WM_DESTROY:
        {
            PostQuitMessage(0) ;
        }
        return 0 ;

    default:
        break;
    }
    return DefWindowProc (hwnd, message, wParam, lParam) ;
}

void AddBlankRecord(HWND hwndListView, int nRow)
{
    LV_ITEM  lvi;
    ZeroMemory(&lvi, sizeof(LV_ITEM));
    lvi.iItem=nRow ;
    SendMessage( hwndListView, LVM_INSERTITEM, 0, (LPARAM)&lvi ) ;
    return ;
}

static  void  AddDataRecord(HWND hwnd, DATA_RECORD *pdrDataRecord, int nRow, int nColumn )
{
    //定义字符串的大小，临时使用
    #define  RECORD_BUF_SIZE 32
    LV_ITEM  lvi;
    //定义一个临时字符串变量，用于存储转换过来的字符串
    TCHAR  strRecordBuffer[RECORD_BUF_SIZE];
    //将定义的记录变量清零
    ZeroMemory(&lvi, sizeof(LV_ITEM));
    lvi.mask=LVIF_TEXT;
    lvi.cchTextMax=MAX_PATH;
    //索引值从0开始，所以nNumber最小为1
    lvi.iItem=nRow;

    switch (nColumn)
    {
    case 0:
        {
            //赋值0，表示第1列
            lvi.iSubItem=0 ;
            #ifdef WINCE
            _stprintf(strRecordBuffer, TEXT("%2d"), pdrDataRecord->nNumber);
            #else
            _stprintf_s(strRecordBuffer, RECORD_BUF_SIZE, TEXT("%2d"), pdrDataRecord->nNumber );
            #endif
            lvi.pszText=strRecordBuffer;                    //将strbuf值赋给lvi中的字符串
            ListView_SetItem(hwnd, &lvi);                   //插入一行记录
        }
        break;

    case 1:
        {
            //赋值1，表示第2列
            lvi.iSubItem=1 ;
            #ifdef WINCE
```

```
            _stprintf(strRecordBuffer, _T("%s"), pdrDataRecord->szPosition );
            #else
            _stprintf_s(strRecordBuffer,RECORD_BUF_SIZE , _T("%s"), pdrDataRecord->szPosition );
            #endif
            lvi.pszText=strRecordBuffer ;                           //将strbuf值赋给lvi中的字符串
            ListView_SetItem(hwnd, &lvi);                           //设定第2列的值
        }
        break;

    case 2:
        {
            lvi.iSubItem=2 ;
            #ifdef WINCE
            _stprintf(strRecordBuffer, TEXT("%.4lf"), pdrDataRecord->dbWaterRate);
            #else
            _stprintf_s(strRecordBuffer, RECORD_BUF_SIZE, TEXT("%.4lf"), pdrDataRecord->dbWaterRate);
            #endif
            lvi.pszText=strRecordBuffer;
            ListView_SetItem(hwnd, &lvi);
        }
        break;

    case 3:
        {
            lvi.iSubItem=3 ;
            #ifdef WINCE
            _stprintf(strRecordBuffer, TEXT("%s"), pdrDataRecord->szStartTime );
            #else
            //_stprintf_s(strRecordBuffer, RECORD_BUF_SIZE, TEXT("%02d:%02d:%02d:%03d"),
stStartTime.wHour , stStartTime.wMinute , stStartTime.wSecond , stStartTime.wMilliseconds );
            _stprintf_s(strRecordBuffer, RECORD_BUF_SIZE, TEXT("%s"), pdrDataRecord->szStartTime );
            #endif
            lvi.pszText=strRecordBuffer ;
            ListView_SetItem(hwnd, &lvi);
        }
        break;

    case 4:
        {
            lvi.iSubItem=4 ;
            #ifdef WINCE
            _stprintf(strRecordBuffer, TEXT("%5d"), pdrDataRecord->nStartPressure);
            #else
            _stprintf_s(strRecordBuffer, RECORD_BUF_SIZE, TEXT("%5d"), pdrDataRecord->nStartPressure);
            #endif
            lvi.pszText=strRecordBuffer;
            ListView_SetItem(hwnd, &lvi);
        }
        break;

    case 5:
        {
            SYSTEMTIME   stStartTime ;
            GetLocalTime( &stStartTime );
            lvi.iSubItem=5 ;
            #ifdef WINCE
            _stprintf(strRecordBuffer, TEXT("%s"), pdrDataRecord->szEndTime );
            #else
            _stprintf_s(strRecordBuffer, RECORD_BUF_SIZE, TEXT("%s"), pdrDataRecord->szEndTime );
            #endif
            lvi.pszText=strRecordBuffer ;
            ListView_SetItem(hwnd, &lvi);
        }
```

```
        break;

    case 6:
        {
            lvi.iSubItem=6 ;
            #ifdef WINCE
            _stprintf(strRecordBuffer, TEXT("%5d"), pdrDataRecord->nEndPressure);
            #else
            _stprintf_s(strRecordBuffer, RECORD_BUF_SIZE, TEXT("%5d"), pdrDataRecord->nEndPressure);
            #endif
            lvi.pszText=strRecordBuffer;
            ListView_SetItem(hwnd, &lvi);
        }
        break;

    default:
        break;
    }
    ListView_EnsureVisible(hwnd, lvi.iItem , TRUE);

    #undef RECORD_BUF_SIZE
}

static int SaveTableData(HWND hwnd, DATA_RECORD * pdrDataRecord, DATA_RESULT * pdrsDataResult)
{
    int i, j ;
    SYSTEMTIME  stNowTime ;
    TCHAR   strDataFileName[256];
    TCHAR   strTemp[256];
    HANDLE  hFile=NULL;
    DWORD   wrotten;
    WORD    wHead;
    int nLenOfString ;
    HWND    hwndShowSavedFile;

    GetLocalTime( &stNowTime );
    _stprintf_s(strDataFileName, 256, __TEXT("Data_%04d年%02d月%02d日_%02d时%02d分%02d秒.txt"),
              stNowTime.wYear,stNowTime.wMonth,stNowTime.wDay,
              stNowTime.wHour, stNowTime.wMinute, stNowTime.wSecond
              );

    hFile=CreateFile(strDataFileName, GENERIC_WRITE, FILE_SHARE_WRITE, NULL, CREATE_ALWAYS, FILE_
ATTRIBUTE_NORMAL, NULL);
    if (hFile==INVALID_HANDLE_VALUE)
    {
        return -1;
    }
    hwndShowSavedFile=GetDlgItem(GetParent(hwnd), IDC_FILE_OPENED );
    SetWindowText(hwndShowSavedFile, strDataFileName);

    //存储Unicode格式文件的标志
    wHead=0xFEFF;
    WriteFile(hFile, &wHead,sizeof(WORD), &wrotten, NULL);  //对于Unicode码文件存表头字符标志：0xFEFF

    //存储文件日期
    _stprintf_s (strTemp, 256, TEXT("#The file is saved at: %04d-%02d-%02d  %02d:%02d:%02d\r\n"),
                                    stNowTime.wYear ,
                                    stNowTime.wMonth ,
                                    stNowTime.wDay ,
                                    stNowTime.wHour,
                                    stNowTime.wMinute,
                                    stNowTime.wSecond);
    nLenOfString=_tcslen(strTemp);
```

```
    WriteFile(hFile, strTemp, nLenOfString *sizeof(TCHAR), &wrotten, NULL);  //向文件写入：时间标签

    //存储表头
    WriteString(hFile,_T("#"));
    for (i=0; i < LIST_COLUMN_NUMS; i++)
    {
        WriteString(hFile, head[i]);
        WriteString(hFile,_T("\t"));
    }
    WriteString(hFile,_T("\r\n"));

    //存储列表中的记录，相当于数据
    for(i=0; i < pdrDataRecord->nNumber; i++)
    {
        for(j=0 ; j < LIST_COLUMN_NUMS ; j++ )
        {
            ListView_GetItemText(hwnd, i, j, strTemp, sizeof(TCHAR) * 256);
            WriteString(hFile, strTemp);
            WriteString(hFile,_T("\t"));
        }
            WriteString(hFile,_T("\r\n"));
    }

    //存储计算的结果
    Statistics( hwnd, pdrDataRecord , pdrsDataResult);
    _stprintf_s(strTemp, 256, TEXT("#标准差\t\t%.4lf"), pdrsDataResult->dbSTD );
    WriteString(hFile, strTemp);
    WriteString(hFile,_T("\r\n"));

    _stprintf_s(strTemp, 256, TEXT("#平均值\t\t%.4lf"), pdrsDataResult->dbAverage );
    WriteString(hFile, strTemp);
    WriteString(hFile,_T("\r\n"));

    _stprintf_s(strTemp, 256, TEXT("#变异系数\t\t%.4lf"), pdrsDataResult->dbCoeOfVariation );
    WriteString(hFile, strTemp);
    WriteString(hFile,_T("\r\n"));

    //对数据进行最后清理操作，将数据从内存放入文件中
    FlushFileBuffers(hFile);
    CloseHandle(hFile);
    hFile=NULL;
    return  0;
}

static  void  WriteString(HANDLE  hFile, TCHAR * str)
{
    DWORD  wrotten;
    int  nLenOfString ;

    nLenOfString=_tcslen(str);
    WriteFile(hFile, str, nLenOfString * sizeof(TCHAR), &wrotten, NULL);
}

static  int  Statistics( HWND  hwnd, DATA_RECORD  * pdrDataRecord , DATA_RESULT  * pdrsDataResult)
{
    int   i ;
    double   dbSum=0.0 ;
    TCHAR   *endptr, strTemp[256];
    double   *arr ;

    //从数据表中读取数据，只要第2列的数值
    arr=(double *) malloc((sizeof(double) * pdrDataRecord->nNumber));
    if (NULL==arr)
```

```
    {
        return  1;
    }

    for(i=0; i < pdrDataRecord->nNumber; i++)                    //水流速率-->求和
    {
        ListView_GetItemText(hwnd, i, 2, strTemp, sizeof(TCHAR) * 256);
        arr[i]=_tcstod(strTemp, &endptr);
        dbSum=dbSum + arr[i] ;
    }
    pdrsDataResult->dbAverage=dbSum / pdrDataRecord->nNumber ;   //水流速率-->平均值

    dbSum=0.0 ;
    for(i=0; i < pdrDataRecord->nNumber; i++)                    //水流速率-->标准差
    {
        dbSum +=(pdrsDataResult->dbAverage - arr[i]) * (pdrsDataResult->dbAverage - arr[i]) ;
    }
    dbSum=dbSum /pdrDataRecord->nNumber / (pdrDataRecord->nNumber - 1);
    pdrsDataResult->dbSTD=sqrt(dbSum);

    dbSum=0.0 ;
    pdrsDataResult->dbCoeOfVariation=pdrsDataResult->dbSTD / pdrsDataResult->dbAverage ;   //水流
速率-->变异系数

    free(arr);
    return  0;
}

static  BOOL  bReadDataFromFile(TCHAR * strFileName, DATA_RECORD * pdrDataRecord, HWND
hwndListView, BOOL * pbDataFromFileFlag )
{
    DWORD    dwFileSize=0 ;
    HANDLE   hFile ;
    TCHAR    * buffer ;
    DWORD   dwReadSize=0;
    DWORD   dwReadTotal=0;
    TCHAR   *pBegin  ;
    TCHAR   *pEnd ;
    TCHAR   szTempStr[MAX_PATH] ;
    int   nRecordCounts ;

    hFile=CreateFile(strFileName, GENERIC_READ , FILE_SHARE_READ , NULL , OPEN_EXISTING , FILE_
ATTRIBUTE_NORMAL , NULL);
    if( INVALID_HANDLE_VALUE==hFile )
    {
        CloseHandle(hFile);
        hFile=NULL ;
        return   -1;
    }
    dwFileSize=GetFileSize(hFile, NULL);

    buffer=(TCHAR *)malloc(sizeof(BYTE)* dwFileSize);
    if (NULL==buffer)
    {
        return   -2 ;
    }
    ZeroMemory(buffer, dwFileSize);

    while( dwReadTotal < dwFileSize )
    {
        ReadFile(hFile, buffer + dwReadTotal, dwFileSize - dwReadSize, &dwReadSize, NULL);
        dwReadTotal +=dwReadSize ;
    }
```

```
    //去掉Unicode码文件头标志：0xFEFF
    if (*buffer==0xFEFF)
    {
        dwReadTotal=(dwReadTotal - 2)/ sizeof(TCHAR);
        pBegin=buffer + 1;
    }
    else
    {
        dwReadTotal=dwReadTotal / sizeof(TCHAR);
        pBegin=buffer ;
    }

    while (dwReadTotal > 0)
    {
        pEnd=_tcschr(pBegin, TEXT('\n'));
        dwReadTotal -=(pEnd - pBegin + 1);
        _tcsncpy_s(szTempStr, 256, pBegin, pEnd - pBegin + 1);
        if (*pBegin==TEXT('#'))
        {
            pBegin=pEnd + 1;
            continue;
        }
        else
        {
            _stscanf_s(szTempStr, TEXT(" %d %s %lf %s %d %s %d") ,
                        &pdrDataRecord->nNumber ,
                        pdrDataRecord->szPosition , _countof(pdrDataRecord->szPosition),
                        &pdrDataRecord->dbWaterRate,
                        pdrDataRecord->szStartTime , _countof(pdrDataRecord->szStartTime),
                        &pdrDataRecord->nStartPressure ,
                        pdrDataRecord->szEndTime , _countof(pdrDataRecord->szEndTime),
                        &pdrDataRecord->nEndPressure );
            nRecordCounts=SendMessage( hwndListView, LVM_GETITEMCOUNT, 0, 0L);
            AddBlankRecord(hwndListView, nRecordCounts);
            AddDataRecord(hwndListView, pdrDataRecord, nRecordCounts, 0);
            AddDataRecord(hwndListView, pdrDataRecord, nRecordCounts, 1);
            AddDataRecord(hwndListView, pdrDataRecord, nRecordCounts, 2);
            AddDataRecord(hwndListView, pdrDataRecord, nRecordCounts, 4);
            AddDataRecord(hwndListView, pdrDataRecord, nRecordCounts, 3);
            AddDataRecord(hwndListView, pdrDataRecord, nRecordCounts, 5);
            AddDataRecord(hwndListView, pdrDataRecord, nRecordCounts, 6);
            *pbDataFromFileFlag=1 ;
            pBegin=pEnd + 1;
        }
    }//while (dwReadTotal > 0)

    if (buffer !=NULL)
    {
        free(buffer);
        buffer=NULL;
    }
    return  0;
}
//*********************TabPages.c*********************
#include   <windows.h>
#include   <commctrl.h>
#include   "resource.h"
#include   "ControlUI.h"
#include   "ShowDataUI.h"
#include   "TabPages.h"

static  TAB_PAGES  tps[TAB_PAGE_NUM]={
            {TEXT("ControlUI"), ControlUIPageProc, NULL},
```

```
        {TEXT("ShowDataUI"), ShowDataUIPageProc, NULL},
        };

HWND  CreateTabPages(HWND  hwndParent, int  left, int  top, int  width, int  height, HINSTANCE  hInst)
{
   static  TCHAR  TabPagesClassName[]=TEXT ("TabPages");
   WNDCLASS  wndclass;
   HWND  hwndTabPages;

   wndclass.style =0 ;
   wndclass.lpfnWndProc=TabPagesProc ;
   wndclass.cbClsExtra=0 ;
   wndclass.cbWndExtra=0 ;
   wndclass.hInstance=hInst ;
   wndclass.hIcon=NULL ;
   wndclass.hCursor=LoadCursor (NULL, IDC_ARROW) ;
   wndclass.hbrBackground=(HBRUSH) (COLOR_BTNFACE + 1) ;
   wndclass.lpszMenuName =NULL ;
   wndclass.lpszClassName=TabPagesClassName ;

   if (RegisterClass(&wndclass)==0)
   {
      return  NULL;
   }

   hwndTabPages=CreateWindow (TabPagesClassName, NULL,
                  WS_CHILD|WS_VISIBLE,
                  left, top, width, height,
                  hwndParent, (HMENU) IDC_TAB_PAGES, NULL, NULL) ;
   return hwndTabPages;
}

static  LRESULT CALLBACK  TabPagesProc(HWND hwnd, UINT message, WPARAM wParam, LPARAM lParam)
{
   HDC hdc ;
   PAINTSTRUCT      ps ;

   switch( message )
   {
   case  WM_CREATE:
      {
         HWND     hwndTabControl ;
         TCITEM   item;
         int      i;
         LPWSTR       szTabPagesName[TAB_PAGE_NUM]={TEXT("测试过程"), TEXT("数据处理")};

         hwndTabControl=CreateWindowEx(0, TEXT("systabcontrol32"), NULL,
                  WS_CHILD|WS_VISIBLE|WS_CLIPSIBLINGS|WS_BORDER,
                  0, 0,TAB_WIDTH, TAB_HEIGHT,
                  hwnd, (HMENU)IDC_TAB_CONTROL,
                  NULL, NULL);

         item.mask=TCIF_TEXT|TCIF_IMAGE;
         item.iImage=-1;

         for (i=0; i < TAB_PAGE_NUM; ++i)
         {
            item.pszText=szTabPagesName[i];
            TabCtrl_InsertItem(hwndTabControl, i, &item);
         }

         tps[0].hwndTab=CreateControlUIPage(hwnd, 2, 27, 460, 184, NULL);
         tps[1].hwndTab=CreateShowDataUIPage(hwnd, 2, 27, 460, 184, NULL);

         TabCtrl_SetCurSel(hwndTabControl, 0);
```

```
            ShowWindow(tps[0].hwndTab, TRUE);
            ShowWindow(tps[1].hwndTab, FALSE);
        }
        return  0;

    case  WM_PAINT:
        {
            hdc=BeginPaint(hwnd, &ps);
            EndPaint(hwnd, &ps);
        }
        return  0;

    case  WM_NOTIFY:
        {
            UINT  code=((LPNMHDR)lParam)->code;
            switch ( code )
            {
            case  TCN_SELCHANGING:
                {
                    HWND  hwndTemp=GetDlgItem(hwnd, IDC_TAB_CONTROL);
                    int  sel=TabCtrl_GetCurSel(hwndTemp);
                    ShowWindow(tps[sel].hwndTab , FALSE);
                }
                break;

            case  TCN_SELCHANGE:
                {
                    HWND  hwndTemp=GetDlgItem(hwnd, IDC_TAB_CONTROL);
                    int  sel=TabCtrl_GetCurSel(hwndTemp);
                    ShowWindow(tps[sel].hwndTab , TRUE);
                }
                break;

            default:
                break;
            }
        }
        return  0;

    case  WM_DESTROY:
        {
            PostQuitMessage(0) ;
        }
        return  0 ;

    default:
        break;
    }
    return  DefWindowProc (hwnd, message, wParam, lParam) ;
}
```

10.8 通信接口

采用数字压力传感器实时获取液位压强。数字压力传感器有 4 根引脚，1 引脚与电池正极相连，3 引脚与电池负极相连，通过 USB2.0 TO RS-422/RS-485 转换接口与上位机通信，将 USB 转换接口的“T/R+”端子连接传感器的 2 引脚 (RS-485A)，将 USB 转换接口的“T/R−”端子连接传感器的 4 引脚 (RS-485B)。通信参数设置为“9600, N, 8, 1”，说明异步通信的速率为 9600bit/s，每字符 8 位，1 个起始位（默认），1 个停止位。

10.8.1　液位传感器

采用压力传感器测量液位，压力传感器的测量范围为 0 ～ 10kPa，输出数字范围为 0 ～ 2000，则每一个数字对应压强为 5Pa，相当于 0.5mm 水柱高度，水箱内径为 50.5mm，0.5mm 水柱高度对应水的体积为 1mL，即压力传感器分辨的最小体积。压力传感器测量数据的刷新频率为 5Hz，根据香农定理，上位机采集压力传感器数据的频率要大于等于 5Hz 的 2 倍，即 10Hz 才能保证数据不失真，因此，软件设置读取指令的时间间隔为 100ms 较合适。

压力传感器与上位机通过 RS-485 半双工通信接口实现数据交互，采用 Modbus-RTU 通信协议，其发送指令格式如下。

01 03 00 00 00 01 84 0A

它表示读（03 功能码）01 号地址压力传感器 00 00 地址开始的 00 01 个字（相当于 2 个字节），循环冗余校验码为 84 0A（低字节在前，高字节在后）。

接收指令格式如下。

01 03 02 01 BD 79 A5

它表示读（03 功能码）01 号地址压力传感器后得到 02 个字节数据，其值为 01 BD，循环冗余校验码为 79 A5（低字节在前，高字节在后）。

得到的数据 01 BD 为十六进制，将其转化为十进制为 $0\times16^3+1\times16^2+11(B)\times16^1+13(D)\times16^0=445$。根据压力传感器输出值范围 0 ～ 2000 与压力值范围 0 ～ 10kPa 的对应关系，测得的压强为 $0+445\times(10000-0)/(2000-0)=2225(Pa)$。

10.8.2　C 源程序

```
//*********************SerialPort.h*********************
#ifndef __SERIALPORT_H__
  #define __SERIALPORT_H__

  #define TIMEDELAY                    50
  typedef struct tagDataWaterP
  {
     DWORD  dwRecvData;
     int   nDataPressure;
     int   nDataWaterHeight ;
  }DATA_WATER_P;

  unsigned short GenCRC16 (unsigned char *pBuff, unsigned short nBuffLen);
  int  MakeRTUFrame(unsigned char pBuff[256], unsigned char addr, unsigned char func, unsigned
char *data, int DataLen);
  int  PortEnumAllComm(TCHAR *buf, int bufLen);
  HANDLE  PortOpen(int Port, int BaudRate, int DataBits, int StopBits, int Parity);
  BOOL  PortClose(HANDLE hComm);
  BOOL  PortSend(HANDLE hComm, const BYTE *bytContent, DWORD dwSendLen);
  DWORD  PortRecv(HANDLE hComm, BYTE *bytBuffer, DWORD dwWantLen, DWORD timeout);

  #ifdef  WINCE
  static  DWORD  RecvDataThread(PVOID  pParam);
  #else
  static  DWORD  WINAPI RecvDataThread(PVOID  pParam);
  #endif

  #ifdef  WINCE
  static  DWORD  RecvDataThread(PVOID  pParam);
```

```
    #else
    static  DWORD  WINAPI RecvDataThread(PVOID  pParam);
    #endif

    int  MonitorBegin(HWND  hwnd);
    void  StartThread(void);
    void  StopThread(void);
    void  MonitorEnd(void);
#endif //__SERIALPORT_H__

//********************SerialPort.c*******************
#include  <windows.h>
#include  <tchar.h>
#include  <process.h>
#include  "resource.h"
#include  "SerialPort.h"

DATA_WATER_P   dwpWaterPressure={0};
static  volatile BOOL  bRun ;
//串口句柄
static  HANDLE   hCom ;
//互斥对象
HANDLE   hMutex ;

static  HANDLE   hThreadSend ;                    //发送线程句柄
static  HANDLE   hThreadRecv ;                    //接收线程句柄

static  HANDLE   hSendEvent ;                     //发送事件
static  HANDLE   hRecvEvent ;                     //接收事件

//高位字节的CRC值
static  const  unsigned  char  auchCRCHi[]={
    0x00, 0xC1, 0x81, 0x40, 0x01, 0xC0, 0x80, 0x41, 0x01, 0xC0, 0x80, 0x41, 0x00, 0xC1, 0x81, 0x40,
    0x01, 0xC0, 0x80, 0x41, 0x00, 0xC1, 0x81, 0x40, 0x00, 0xC1, 0x81, 0x40, 0x01, 0xC0, 0x80, 0x41,
    0x01, 0xC0, 0x80, 0x41, 0x00, 0xC1, 0x81, 0x40, 0x00, 0xC1, 0x81, 0x40, 0x01, 0xC0, 0x80, 0x41,
    0x00, 0xC1, 0x81, 0x40, 0x01, 0xC0, 0x80, 0x41, 0x01, 0xC0, 0x80, 0x41, 0x00, 0xC1, 0x81, 0x40,
    0x01, 0xC0, 0x80, 0x41, 0x00, 0xC1, 0x81, 0x40, 0x00, 0xC1, 0x81, 0x40, 0x01, 0xC0, 0x80, 0x41,
    0x00, 0xC1, 0x81, 0x40, 0x01, 0xC0, 0x80, 0x41, 0x01, 0xC0, 0x80, 0x41, 0x00, 0xC1, 0x81, 0x40,
    0x00, 0xC1, 0x81, 0x40, 0x01, 0xC0, 0x80, 0x41, 0x01, 0xC0, 0x80, 0x41, 0x00, 0xC1, 0x81, 0x40,
    0x01, 0xC0, 0x80, 0x41, 0x00, 0xC1, 0x81, 0x40, 0x00, 0xC1, 0x81, 0x40, 0x01, 0xC0, 0x80, 0x41,
    0x01, 0xC0, 0x80, 0x41, 0x00, 0xC1, 0x81, 0x40, 0x00, 0xC1, 0x81, 0x40, 0x01, 0xC0, 0x80, 0x41,
    0x00, 0xC1, 0x81, 0x40, 0x01, 0xC0, 0x80, 0x41, 0x01, 0xC0, 0x80, 0x41, 0x00, 0xC1, 0x81, 0x40,
    0x00, 0xC1, 0x81, 0x40, 0x01, 0xC0, 0x80, 0x41, 0x01, 0xC0, 0x80, 0x41, 0x00, 0xC1, 0x81, 0x40,
    0x01, 0xC0, 0x80, 0x41, 0x00, 0xC1, 0x81, 0x40, 0x00, 0xC1, 0x81, 0x40, 0x01, 0xC0, 0x80, 0x41,
    0x00, 0xC1, 0x81, 0x40, 0x01, 0xC0, 0x80, 0x41, 0x01, 0xC0, 0x80, 0x41, 0x00, 0xC1, 0x81, 0x40,
    0x01, 0xC0, 0x80, 0x41, 0x00, 0xC1, 0x81, 0x40, 0x00, 0xC1, 0x81, 0x40, 0x01, 0xC0, 0x80, 0x41,
    0x01, 0xC0, 0x80, 0x41, 0x00, 0xC1, 0x81, 0x40, 0x00, 0xC1, 0x81, 0x40, 0x01, 0xC0, 0x80, 0x41,
    0x00, 0xC1, 0x81, 0x40, 0x01, 0xC0, 0x80, 0x41, 0x01, 0xC0, 0x80, 0x41, 0x00, 0xC1, 0x81, 0x40
};
//低位字节的CRC值
static  const  unsigned  char  auchCRCLo[]={
    0x00, 0xC0, 0xC1, 0x01, 0xC3, 0x03, 0x02, 0xC2, 0xC6, 0x06, 0x07, 0xC7, 0x05, 0xC5, 0xC4, 0x04,
    0xCC, 0x0C, 0x0D, 0xCD, 0x0F, 0xCF, 0xCE, 0x0E, 0x0A, 0xCA, 0xCB, 0x0B, 0xC9, 0x09, 0x08, 0xC8,
    0xD8, 0x18, 0x19, 0xD9, 0x1B, 0xDB, 0xDA, 0x1A, 0x1E, 0xDE, 0xDF, 0x1F, 0xDD, 0x1D, 0x1C, 0xDC,
    0x14, 0xD4, 0xD5, 0x15, 0xD7, 0x17, 0x16, 0xD6, 0xD2, 0x12, 0x13, 0xD3, 0x11, 0xD1, 0xD0, 0x10,
    0xF0, 0x30, 0x31, 0xF1, 0x33, 0xF3, 0xF2, 0x32, 0x36, 0xF6, 0xF7, 0x37, 0xF5, 0x35, 0x34, 0xF4,
    0x3C, 0xFC, 0xFD, 0x3D, 0xFF, 0x3F, 0x3E, 0xFE, 0xFA, 0x3A, 0x3B, 0xFB, 0x39, 0xF9, 0xF8, 0x38,
    0x28, 0xE8, 0xE9, 0x29, 0xEB, 0x2B, 0x2A, 0xEA, 0xEE, 0x2E, 0x2F, 0xEF, 0x2D, 0xED, 0xEC, 0x2C,
    0xE4, 0x24, 0x25, 0xE5, 0x27, 0xE7, 0xE6, 0x26, 0x22, 0xE2, 0xE3, 0x23, 0xE1, 0x21, 0x20, 0xE0,
    0xA0, 0x60, 0x61, 0xA1, 0x63, 0xA3, 0xA2, 0x62, 0x66, 0xA6, 0xA7, 0x67, 0xA5, 0x65, 0x64, 0xA4,
    0x6C, 0xAC, 0xAD, 0x6D, 0xAF, 0x6F, 0x6E, 0xAE, 0xAA, 0x6A, 0x6B, 0xAB, 0x69, 0xA9, 0xA8, 0x68,
    0x78, 0xB8, 0xB9, 0x79, 0xBB, 0x7B, 0x7A, 0xBA, 0xBE, 0x7E, 0x7F, 0xBF, 0x7D, 0xBD, 0xBC, 0x7C,
```

```
    0xB4, 0x74, 0x75, 0xB5, 0x77, 0xB7, 0xB6, 0x76, 0x72, 0xB2, 0xB3, 0x73, 0xB1, 0x71, 0x70, 0xB0,
    0x50, 0x90, 0x91, 0x51, 0x93, 0x53, 0x52, 0x92, 0x96, 0x56, 0x57, 0x97, 0x55, 0x95, 0x94, 0x54,
    0x9C, 0x5C, 0x5D, 0x9D, 0x5F, 0x9F, 0x9E, 0x5E, 0x5A, 0x9A, 0x9B, 0x5B, 0x99, 0x59, 0x58, 0x98,
    0x88, 0x48, 0x49, 0x89, 0x4B, 0x8B, 0x8A, 0x4A, 0x4E, 0x8E, 0x8F, 0x4F, 0x8D, 0x4D, 0x4C, 0x8C,
    0x44, 0x84, 0x85, 0x45, 0x87, 0x47, 0x46, 0x86, 0x82, 0x42, 0x43, 0x83, 0x41, 0x81, 0x80, 0x40
};

//计算指定数据长度的CRC码
unsigned short GenCRC16 (unsigned char * pBuff, unsigned short nBuffLen)
{
    unsigned char uchCRCHi=0xFF;
    unsigned char uchCRCLo=0xFF;
    unsigned uIndex;

    while (nBuffLen--)
    {
        uIndex=uchCRCLo ^ *pBuff++;
        uchCRCLo=uchCRCHi ^ auchCRCHi[uIndex];
        uchCRCHi=auchCRCLo[uIndex];
    }

    return (uchCRCHi << 8 | uchCRCLo);
}

//将地址+功能码+数据+CRC封装完一条完整的指令
int MakeRTUFrame(unsigned char pBuff[256], unsigned char addr, unsigned char func,
unsigned char *data, int DataLen)
{
    int i, len=0;
    unsigned short crc;

    pBuff[len++]=addr;
    pBuff[len++]=func;

    for (i=0; i<DataLen; i++)
    {
        pBuff[len++]=data[i];
    }

    crc=GenCRC16(pBuff, len);
    pBuff[len++]=(unsigned char)(crc & 0xFF);
    pBuff[len++]=(unsigned char)((crc >> 8) & 0xFF);

    return len;
}

//关闭串口
BOOL PortClose(HANDLE hComm)
{
    if (hComm==INVALID_HANDLE_VALUE)
    {
        return FALSE;
    }
    else
    {
        SetCommMask(hComm, 0);
        // 清除收/发缓冲
        PurgeComm(hComm, PURGE_TXCLEAR|PURGE_RXCLEAR);
        // 关闭串口操作句柄
        CloseHandle(hComm);
        hComm=INVALID_HANDLE_VALUE;
        return TRUE;
    }
```

```
}

//打开串口
HANDLE  PortOpen(int  Port, int  BaudRate, int  DataBits, int  StopBits, int  Parity)
{
    DCB  dcb={0};
    COMMTIMEOUTS  CommTimeOuts;
    TCHAR  PortStr[16];
  HANDLE  hComm ;

    if (Port < 10)
    {
     #ifdef WINCE
         STPRINTF(PortStr, 16, __TEXT("COM%d:"), Port);
     #else
         _stprintf_s(PortStr, 16, __TEXT("COM%d"), Port);

     #endif
     }
     else
    {
     #ifdef WINCE
         STPRINTF(PortStr, 16, __TEXT("\\\\.\\COM%d:"), Port);    //如果有WINCE有冒号
     #else
         _stprintf_s(PortStr, 16, __TEXT("\\\\.\\COM%d"), Port);     //如果是PC系统，则不用加冒号
     #endif
    }
    //共7个参数，打开哪个串口，以读或写方式打开，打开已经存在的，其他的参数没有太大意义
    hComm=CreateFile(PortStr, GENERIC_READ|GENERIC_WRITE, 0, 0, OPEN_EXISTING, 0, 0);

  if (INVALID_HANDLE_VALUE==hComm)
    {
        //获得错误码，方便查看错误
        DWORD errcode=GetLastError();
        return 0;
    }
    // 设置接收与发送的缓冲区大小
    SetupComm(hComm, 1024, 1024);
    GetCommTimeouts(hComm, &CommTimeOuts);
    // 接收字符间最大时间间隔
    CommTimeOuts.ReadIntervalTimeout=MAXDWORD;
    CommTimeOuts.ReadTotalTimeoutMultiplier=0;
    // 读数据总超时常量
    CommTimeOuts.ReadTotalTimeoutConstant=0;

    CommTimeOuts.WriteTotalTimeoutMultiplier=0;
    CommTimeOuts.WriteTotalTimeoutConstant=0;

    //设定串口句柄指定的时间结构体
    if(!SetCommTimeouts(hComm, &CommTimeOuts))
    {
        PortClose(hComm);
        return 0;
    }
    //确保分配的结构体空间全部置0
    SecureZeroMemory(&dcb, sizeof(DCB));
    dcb.DCBlength=sizeof(DCB);
    //读取串口的DCB
    if (!GetCommState(hComm, &dcb))
    {
        PortClose(hComm);
        return 0;
    }
```

```
    dcb.BaudRate=BaudRate;
    dcb.ByteSize=DataBits;
    dcb.Parity=Parity;
    dcb.StopBits=StopBits;
    dcb.fBinary=TRUE;

    if(!SetCommState(hComm, &dcb))    //设置串口的DCB
    {
        DWORD errcode=GetLastError();
        PortClose(hComm);
        return 0;
    }
    PurgeComm(hComm, PURGE_TXCLEAR|PURGE_RXCLEAR);    //清除接收与发送缓冲区

    return hComm;
}

BOOL  PortSend(HANDLE  hComm, const BYTE  * bytContent, DWORD  dwSendLen)
{
    DWORD  dwActlen=0;
    DWORD  dwErrorFlags;
    COMSTAT  ComStat;
    //清除错误信息+通信状态信息
    ClearCommError(hComm,&dwErrorFlags,&ComStat);
    //清除输出缓冲区
    PurgeComm(hComm, PURGE_TXCLEAR) ;
    if (!WriteFile(hComm, bytContent, dwSendLen, &dwActlen, NULL))
    {
        return FALSE;
    }

    if (dwActlen !=dwSendLen)
    {
        return FALSE;
    }

    return TRUE;
}
DWORD PortRecv(HANDLE hComm, BYTE *bytBuffer, DWORD dwWantLen, DWORD timeout)
{
    DWORD dwActlen=0;
    DWORD RecvLen=0;

    DWORD now, oldtime=GetTickCount();
    while (RecvLen < dwWantLen)
    {
        now=GetTickCount()-oldtime;
        if (now > timeout)
        {
            break;
        }
        if (ReadFile(hComm, bytBuffer + RecvLen, dwWantLen - RecvLen, &dwActlen, NULL))
        {
            RecvLen +=dwActlen;
        }
    }
    //清除输入缓冲区
    PurgeComm(hComm, PURGE_RXCLEAR) ;
    return RecvLen;
}

int  PortEnumAllComm(TCHAR  *buf, int  bufLen)
{
```

```
    HKEY hkey;
    int result;
    int i=0;

    *buf=0;
    result=RegOpenKeyEx( HKEY_LOCAL_MACHINE,
                              TEXT( "Hardware\\DeviceMap\\SerialComm" ),
                            (DWORD)NULL,
                            KEY_READ,
                            &hkey );

    if (ERROR_SUCCESS==result)      //打开串口注册表
    {
        TCHAR portName[0x100]={0};
        TCHAR commName[0x100]={0};
        DWORD dwLong, dwSize;

        do
        {
            dwSize=sizeof(portName)/sizeof(TCHAR);
            dwLong=dwSize;
            //dwLong指向portName的长度；dwSize指向commName的长度
            result=RegEnumValue(hkey,
                                i,
                                portName,
                                &dwLong, NULL,
                                NULL,
                                (LPBYTE)commName,
                                &dwSize
                                );

            if (ERROR_NO_MORE_ITEMS==result)
            {
                break;
            }
            _tcscpy_s(buf, bufLen, commName);
            buf +=(_tcslen(buf) + 1);
            i++;
        } while (1);
        RegCloseKey(hkey);
    }
    *buf=0;
    return i;
}

#ifdef  WINCE
   static  DWORD  SendDataThread(PVOID  pParam)
#else
   static  DWORD  WINAPI SendDataThread(PVOID  pParam)
#endif
{
   DWORD  dwActlen=0 ;
   DWORD  dwErrorFlags ;
   COMSTAT  ComStat ;
   int  nSendLen ;
   BYTE  byTxBuf[8]={0x01, 0x03, 0x00, 0x00, 0x00, 0x01, 0x84, 0x0A};

   nSendLen=sizeof(byTxBuf)/sizeof(BYTE) ;

   while(bRun)
   {
     WaitForSingleObject(hSendEvent, TIMEDELAY);
```

```
        ClearCommError(hCom,  &dwErrorFlags, &ComStat);
        //清空输入缓冲区
        PurgeComm(hCom, PURGE_TXCLEAR);
        //向串口写入数据
        WriteFile(hCom, byTxBuf, nSendLen, &dwActlen, NULL) ;

        SetEvent(hRecvEvent);
    }
    return   0;
}

#ifdef  WINCE
static  DWORD  RecvDataThread(PVOID  pParam)
#else
static  DWORD  WINAPI RecvDataThread(PVOID  pParam)
#endif
{
    BYTE  byRxBuf[7];
    DWORD  dwActlen ;
    DWORD  dwRecvLen ;
    DWORD  dwWantLen ;

    dwWantLen=sizeof(byRxBuf)/sizeof(BYTE) ;

    while(bRun)
    {
        WaitForSingleObject(hRecvEvent, TIMEDELAY);
        dwActlen=0 ;
        dwRecvLen=0 ;
        while(dwRecvLen < dwWantLen)
        {
            ReadFile(hCom, byRxBuf + dwRecvLen, dwWantLen - dwRecvLen, &dwActlen, NULL);
            dwRecvLen +=dwActlen ;
        }

        if(dwRecvLen==dwWantLen)
        {
            //保护数据，获得互斥权限
            WaitForSingleObject(hMutex, INFINITE);
            dwpWaterPressure.dwRecvData=byRxBuf[3]<<8 | byRxBuf[4];
            dwpWaterPressure.nDataPressure=dwpWaterPressure.dwRecvData * 5;
            //释放互斥权限
            ReleaseMutex(hMutex);
        }
        //清除输出缓冲区
        PurgeComm(hCom, PURGE_TXCLEAR) ;
        SetEvent(hSendEvent);
    }
    return   0;
}

int  MonitorBegin(HWND  hwnd)
{
    //打开串口
    hCom= PortOpen(5, 9600, 8, 0, 0);
    if(NULL==hCom)
    {
        DWORD  errcode=GetLastError();
        MessageBox(hwnd, TEXT("无法打开串口，可能是以下问题：\r\n 1.  请检查串口设备是否上电;\r\n 2.
请检查压力传感器是否上电"), TEXT("友情提示！ "), MB_OK);
        return  -1;
    }
```

```
    //创建"TxData"驱动事件，没有信号状态
    hSendEvent=CreateEvent(NULL, FALSE, FALSE, TEXT("TxData"));
    if (NULL==hSendEvent)
    {
        MessageBox(hwnd, TEXT("未能创建发送数据事件"), TEXT("发送事件"), MB_OK) ;
        return  -2;
    }
    ResetEvent(hSendEvent);
    //创建"RxData"驱动事件，没有信号状态
    hRecvEvent=CreateEvent(NULL, FALSE, FALSE, TEXT("RxData"));
    if (NULL==hRecvEvent)
    {
        MessageBox(hwnd, TEXT("未能创建接收数据事件"), TEXT("接收事件"), MB_OK) ;
        return  -3;
    }
    ResetEvent(hRecvEvent);

    //创建互斥量
    hMutex=CreateMutex(NULL, FALSE, TEXT("PressureData"));  //创建了互斥量，但是并没有拥有互斥量
    bRun=TRUE;

    //发送线程
    #ifdef WINCE
        hThreadSend=CreateThread(NULL, 0, SendDataThread, NULL, CREATE_SUSPENDED, NULL);
    #else
        hThreadSend=(HANDLE)_beginthreadex(NULL, 0, SendDataThread, NULL, 0, NULL);
    #endif

    //接收线程
    #ifdef WINCE
        hThreadRecv=CreateThread(NULL, 0, RecvDataThread, NULL, CREATE_SUSPENDED, NULL);
    #else
        hThreadRecv=(HANDLE)_beginthreadex(NULL, 0, RecvDataThread, NULL, 0, NULL);
    #endif

    return  0;
}

void  StartThread(void)
{
    ResumeThread(hThreadSend);
    ResumeThread(hThreadRecv);
}

void  StopThread(void)
{
    SuspendThread(hThreadSend);
    SuspendThread(hThreadRecv);
}

void MonitorEnd(void)
{
    bRun=FALSE;

    ResumeThread(hThreadSend);
    ResumeThread(hThreadRecv);

    WaitForSingleObject(hThreadSend, INFINITE);
    WaitForSingleObject(hThreadRecv, INFINITE);

    CloseHandle(hThreadSend);
    CloseHandle(hThreadRecv);
}
```

参考文献

[1] 高宇，回朝妍，张辉，等 . 基于滤波宽度动态调整的递推中值与外延算法 [J]. 仪表技术与传感器，2022, (01): 104-108+120.

[2] 贾梦涵，回朝妍，张辉，等 . 基于无基底扣除的数据趋势累积谱峰检测算法 [J]. 色谱，2021, 39(06): 670-677.